적정기술의 이해

Introduction to Appropriate Technology

적정기술의 이해
Introduction to Appropriate Technology

1판 1쇄 발행일 2019년 1월 5일
1판 4쇄 발행일 2023년 9월 15일

지은이 | 신선경, 이충훈, 안성훈, 반다리 비나약, 박형동, 김준원, 이원구, 윤제용, 박순호,
박헌균, 신관우, 여명석, 이호용, 정해관, 홍수진, 정대홍, 김형진
펴낸이 | 이민화
그림 | 김세정
디자인 | 디자인도트

펴낸곳 | 도서출판 7분의언덕
주소 | 서울 서초구 서초중앙로 5길 10-8 607호
전화 | 02-582-8809
팩스 | 02-6488-9699
등록 | 2016년 9월 6일(제2020-000241호)
이메일 | 7minutes4hill@gmail.com

ISBN 979-11-964121-2-8

적정기술의 이해

Introduction to Appropriate Technology

신관우 외

7분의언덕

저자 서문

인간의 삶을 이해하고 공감하는 과학기술

2008년 여름, 서강대학교의 대표단과 함께 베트남의 하노이와 호치민을 거쳐 캄보디아의 프놈펜을 방문했던 날을 기억합니다. 아직도 기억에 남는 장면은 1970년대 캄보디아를 지배한 크메르 루즈가 감옥으로 사용했던 뚜올슬랭 학살 박물관(Tuol Sleng Genocide Museum)입니다. 박물관의 입구에 들어서 복도를 천천히 걸어가자 벽면에 적힌 죄수들의 규칙이 나타났습니다. "제7조: 아무것도 하지 마라. 앉아서 명령을 기다려라. 그리고 입을 다물어라. 무엇이든 시키면 즉각 시행하라." 자그마한 고등학교 교실을 무서운 감옥과 고문실로 바꾸고 2만 명 가까운 지식인과 젊은이를 학살한 공간에서 저자를 가장 놀라게 한 것은 크메르 루즈에 의해 죽임을 당한 사람들을 한 명 한 명 촬영한 사진입니다. 정면을 똑바로 바라보며 응시하던 수많은 눈빛을 지금도 기억합니다.

고문실로 사용된 방에 혼자 조용히 앉아서 그 당시의 역사를 생각했습니다. 프랑스에서 유학한 지식인이었던 폴 포트에 의해 비참한 죽음을 맞은 캄보디아. 모든 대학은 폐쇄되고, 모든 교사와 교수, 대학생의 절반 이상이 안타깝게 목숨을 잃은 지식인 대량학살로 인해, 해방 후에도 가르칠 교사가 없는 나라가 된 현실이 다시 보였습니다. 그동안 가까운 주변 나라의 역사에 대해 아무것도 몰랐던 자신이 부끄러웠고, 길에서 만난 순박한 캄보디아 사람들에게 미안한 마음이 들어 무엇을 할 수 있을까 고민하게 되었습니다. 대학 시절 민주주의에 대한 사회적 열망과 정치적 현실을 이해하게 된 이후, 처음으로 느낀 부끄러움과 죄스러움이었습니다.

한국으로 돌아온 후, 주변의 교수들과 동남아시아의 국가를 도울 방법에 대해 논의하기 시작했습니다. 마침내 2012년부터 서강대학교의 여러 교수들과 함께 캄보디아의 왕립대학에 기초과학을 강의하고, 실습할 수 있는 공간을 만드는 활동을 시작했습니다. 대학은 있으나 가르칠 교수가 없고, 실험실은 있으나 연구하는 방법을 모르는 캄보디아의 대학교에서 실험실을 정비하고, 정규 교과목을 가르치게 된 것이지요. 최근에는 서강대학교 대학생들이 만든 3D 프린터를 현지의 고등학교에 기증하면서, 작은 과학기술 지식이 현장에서는 훌륭한 교육과정과 도구로 활용될 수 있음을 깨달았습니다.

한국의 대학교에서는 학생들이 취업이라는 통과의례를 거치기 위해서 학점과 씨

름하며, 숙제와 다양한 프로젝트를 해결하기 위해 도서관과 실험실로 바쁘게 뛰어다니고 있습니다. 아직 우리 학생들에게는 가난, 환경, 보건과 복지 그리고 다양한 환경에 처한 삶의 문제를 가르치는 강의가 개설되어 있지 않습니다. 커리큘럼은 물론, 교과서도 없습니다. 저자 역시 이러한 현실에서 적정기술을 대학 강의실과 연구실로 가져오는 것이 가능한가에 대한 확신이 부족했습니다.

2015년 초 프놈펜에서 윤제용 교수와 장수영 교수로부터 '적정기술학회' 설립에 대한 이야기를 듣게 되었습니다. 개별적인 경험과 봉사로 생각했던 적정기술이 과학기술의 주제가 될 수 있다는 희망을 보았습니다. 그리고 적정기술 활동을 대학으로 확산시키기 위하여 교과서의 필요성을 공감하게 되었습니다. 두 분 교수님과 적정기술학회 회원들의 격려와 도움이 없었다면 감히 시작도 하지 못할 일을 하게 됩니다. 적정기술학회의 모든 분들이 과학기술정보통신부에 요청하여 본서를 제작할 수 있도록 예산을 확보하고 행정적인 지원을 해 주셨습니다. 다시 한 번 적정기술학회 및 초대 공동회장이신 윤제용, 장수영 교수님의 열정과 격려에 감사드립니다.

이 과정에서 미국 브라운대학의 바렛 헤이즐타인(Barrett Hazeltine) 교수가 집필한 적정기술 대학 교재인『Appropriate Technology: Tools and Implication』을 접했고, 헤이즐타인 교수를 만나 미국의 공학교육에는 '가난을 이겨낼 수 있는 과학기술'을 가르치는 과목이 필수 교과목으로 포함된 것을 알게 되었습니다. 미국의 많은 명문대학에서는 적정기술 교과목이 개설되어 학생들이 과학기술 전문가로 키워지는 과정에서 '인간의 삶'을 이해하고 '공감'하는 자세가 얼마나 중요한지를 배우고 있습니다.

본서가 미력이나마, 대학 강의실에서 활용되어 과학기술자의 삶을 준비하는 학생들에게 '삶의 문제'를 해결하는 것이 바로 과학기술의 본질이라는 것을 느낄 수 있는 계기가 되기를 기대합니다. 또한 국내의 수많은 과학기술자들이 적정기술을 새로운 학술 주제로 활용하기를 희망합니다. 현장에서 생존을 위해 시작된 기술이 학술적 영역으로 확장되어 강의실과 연구실에서 체계적으로 연구된다면 더없이 기쁘겠습니다.

본서는 한국에서 적정기술 활동에 동참하는 교수와 연구자가 직접 참여해서 개발한 첫 번째 책입니다. 본서를 집필할 수 있도록 북돋아 준 동료 연구자, 책을 준비하는 첫 미팅부터 마지막까지 수고한 박은선 선생에게도 감사드립니다. 교과서 제작을 선뜻 지원해 준 과학기술정보통신부와 연구재단 관계자에게도 감사드립니다. 적극적으로 각 장을 맡아서 원고를 집필하신 신선경, 이충훈, 안성훈, 반다리 비나약, 박형동, 김준원, 이원구, 박순호, 박헌균, 여명석, 이호용, 정해관, 홍수진, 김형진, 정대홍 박사에게는 이루 말로 표현할 수 없을 만큼 고마운 마음입니다. 저자들의 원고를 하나하나 읽으며 제가 생각한 방향과 저자들의 마음이 일치한다는 것을 알 수 있었습니다. 편집을 맡아 준 대학 동기인 이민화 편집장께도 감사드립니다.

아직도 부족한 부분이 많습니다. 미처 포함되지 않은 주제도 많고, 각 장마다 원리와 심화 그리고 실습에 필요한 자료도 부족함을 느끼고 있습니다. 아직도 본서에 기술된 작은 과학기술이 정말로 현실의 가난을 해결할 수 있을까라는 의문에 답하지 못합니다. 우리가 가서 활동할 수 있는 지역은 이제 모든 주민들이 휴대전화를 갖고 있으며 오토바이를 이용합니다. 그러나 문명의 이기를 접하지 못하는 고립된 지역은 너무 멀고 험해서 가 보지 못했습니다. 동시에 하루가 다르게 변화하는 정보통신 환경과 교육현장에서 본서가 뒤늦은 내용이 아닌가 걱정도 됩니다.

적정기술에 관심 있는 대학생뿐 아니라, 중 · 고등학생 및 현지로 파견되는 자원봉사자도 활용할 수 있는 자료를 더 모으려고 합니다. 앞으로 독자들의 많은 의견과 비판을 모아서 지속적으로 본서를 개정해 나갈 것을 약속드립니다. 저자 모두는 인세를 모아서 향후 더 많은 사람들에게 이용될 수 있는 책을 만드는 데 보태기로 하였습니다. 부족하지만 노력하겠습니다.

2018년 11월 저자를 대표하여

서강대에서 신관우

추천사

출발점에 다시 서서

과학기술은 단지 수단에 지나지 않아 가치중립적이라는 생각으로 오랫동안 살아왔다. 어떤 과학기술은 기릴 만한 것이고, 어떤 것은 아닌지를 따지는 것은 마땅히 과학기술을 활용할 사람들의 몫이니, 모름지기 전문 과학기술인은 과학기술 자체에만 집중하면 된다고 제자와 후학들에게 가르치고 권했다. 하지만 이런 생각은 현실적이지 않았다.

오늘날 현대 과학기술의 대세는 시장 경제 논리에 의해 결정되고 있다. 사기업의 연구 의제는 물론이거니와 막대한 세금이 투입되는 국가 과학기술 연구개발 의제도 과학기술의 잠재적 시장 가치에 따라 결정되는 사실은 부인할 수 없는 현실이다. 과학기술의 산업적 응용이 늘어나고, 이에 따라 과학기술적 발견이 산업적으로 널리 이용되기까지의 시간이 극히 짧아진 점은 마땅히 환영할 만한 일이다. 하지만 선후가 바뀌어 산업적 응용이 가져올 잠재적 시장 가치에 의해 과학기술 연구개발의 내용과 향방이 결정되는 현실은 경계해야 한다.

물론 세상의 소리 일체에 무심하여 독야청청이나 유유자적을 칭송하던 선비의 태도도 급변하는 이 시대에 현대 과학기술을 공부하는 학자와 학생들에게 합당하다고 할 수 없다. 오히려 두 팔 걷어붙이고 온고지신과 실사구시의 자세로 현실이 요구하는 문제에 해답을 모색하는 일이 바로 현대를 사는 과학기술인의 마땅한 의무이다. 하지만 현대를 사는 과학기술인이 시장에서 들려오는 소리에만 귀 기울이고 있다는 점이 참으로 안타깝다.

과학기술의 눈부신 진보를 통해 가능했던 시장 주도형 경제 발전은 우리에게 많은 것을 주었지만, 극복하기 어려운 극심한 양극화도 초래했다는 사실은 부인할 수 없다. 그렇기에 이제 과학기술인은 자신이 하는 공부나 연구가 현실의 어떤 요구에 응답하려는 것인가를 물어야 한다. 그저 장학금을 넉넉히 주는 분야라서, 높은 연봉을 받는 일자리가 기대되어서, 많은 연구비가 지원되는 주제라는 이유만으로 자신의 전문 분야를 선택하는 것이 어쩔 수 없는 현실이지만 진정 미래를 생각하는 과학기술인이라면 여기서 한 걸음 더 나아가 자신이 공부하고 연구하는 일의 결과가 무엇을 위한 것인지 물어야 하는 때가 되었다.

적정기술, 그저 소외된 가난한 사람들의 소리에 귀 기울이는 것이 착한 생각이고 정의라고 생각해서 내디딘 걸음이었다. 적은 수의 사람들이 걷는 길이어서 때론 외롭고 때론 버겁기도 했지만, 견뎌 보자며 길벗들을 격려하며 마음을 굳게 먹곤 했다. 하지만 가난한 사람을 위한 정의를 외치던 나의 말 속에 섞인 미움과 분노에 마음 다쳤을 사람들을 생각하니 두려운 마음이 들고, 소외된 사람을 향한 배려로 애써 포장한 나의 언사에서 자랑과 교만이 보여 부끄럽다. 이런 길을 걸어야 한다고, 어려워도 견뎌야 한다고 한 나는 정작 얼마나 견디며 그 길을 걸었는지 돌이켜 보니 부끄럽다. 그래서 이 한 권의 책에 담긴 저자들의 아름다운 노고 앞에 고맙고 미안하다.

이 책의 저자들이 이야기하는 과학기술에는 소외된 사람들에 대한 사랑이 담겨 있고, 쉽지 않은 과학기술을 알기 쉽게 풀어 낸 수고와 겸손함이 가득하며, 무엇보다도 한 권의 책이 나오기까지의 긴 과정 동안 꾸준히 이 일을 붙들고 묵묵히 걸어 온 노력이 고스란히 담겨 있다.

적정기술은 결코 도착점이 있는 최종 목적지가 아니라 끝나지 않을 하나의 과정이기에, 경제, 사회, 문화적 맥락이 변하는 자리에서 늘 새로운 출발점에 선다. 그렇기에 고도성장에서 지속가능한 성장으로, 무한경쟁 사회에서 포용적 열린사회로 변화해야 한다는 시대정신 앞에서, 적정기술은 새로운 여정의 출발점에 섰다. 이제 새로 떠나는 이 길도 그리 많은 사람들이 가고자 하는 길은 아니겠지만, 그래도 외로운 길은 아닐 것만 같은 기분 좋은 예감이 드는 것은 저자들이 책 구석구석에 정성스럽게 담아낸 따뜻한 소망과 견실한 가능성 때문이리라.

2018년 11월 4일 적정기술학회 공동회장

장수영

차례

I. 적정기술의 시작과 발전

제1장

적정기술의 개념과 조건

"The greatest invention will have little impact if it does not get to the people who need it."

- KickStart International, Lesson learned-

"아무리 위대한 발명품이라고 해도
그것을 필요로 하는 사람과 연결되지 않는다면
아무런 영향을 미치지 못할 것이다."

- 킥스타트 -

생각해 봅시다

❶ 적정기술이란 무엇이며 어떻게 발전해 왔는지 알아 보자.

❷ 적정기술의 특징과 조건에 대해 생각해 보자.

❸ 최근의 기술 혁신과 적정기술의 연관성을 생각해 보자.

❹ 미래에는 적정기술이 어떻게 변화할지 생각해 보자.

더 이상 목마른 작물은 없다

- 키아라 니르긴(Kiara Nirghin)의 구글 과학전 도전기 -

남부 아프리카는 역사상 기록적인 최악의 가뭄으로 인해 9개 주 중 8곳이 재해로 고통 받고 있으며, 수천 곳의 공동체와 수백만 가구가 물 부족을 겪고 있다. 농업조합 Agri South Africa (AgriSA)는 농민을 돕기 위해 정부 보조금으로 10억 달러 이상을 요청했지만 농업용수 공급 단가 인하는 쉽지 않을 것으로 보인다.

남아프리카공화국 요하네스버그의 여학생 키아라 니르긴(Kiara Nirghin, 16세)은 '구글(Google) 과학전 2016'에서 《더 이상 목마른 작물은 없다(No More Thirsty Crops)》라는 논문으로 '지역 사회 공헌상'을 수상했다. 그녀는 농장이나 식품 공장에서 버려지는 오렌지와 아보카도 껍질에서 자기 무게의 수백 배나 되는 수분을 흡수하는 고흡수성 폴리머(super-absorbent polymers, SAPs)를 추출하였다. SAPs를 흙에 섞어 주면 작물에 수분이 지속적으로 공급되면서 가뭄으로 인한 농부의 걱정을 크게 줄여 준다. SAPs는 생분해성 폐기물을 재활용하기 때문에 지속가능한 자원이라는 장점도 있다. 키아라의 논문에 대해 안드레아 코헨 구글 과학전 책임자는 "키아라는 공짜나 다름없는 오렌지와 아보카도 껍질에서 저렴하고 이상적인 수분 저장 소재를 발견했고, 당장이라도 보급 가능한 가뭄 해결책을 제시했다"고 말했다.

키아라는 가뭄이 지역 사회에 끼치는 영향을 최소화하고 싶어 이 실험을 시작하였다. 그녀는 수많은 실험을 통해 SAPs가 고분자 다당류라는 것과 오렌지 껍질에는 다당류 64%와 겔화제로 사용되는 펙틴이 들어 있어 좋은 SAPs로 사용될 수 있다는 것을 알게 되었다. 오렌지 껍질과 기름 성분이 있는 아보카도 껍질을 함께 햇빛 아래에 두자 혼합물이 반응하여 강력한 흡수력을 가진 중합체 화합물(polymer compound)이 만들어졌다. 키아라는 지역 대회에서 우승한 뒤, 구글에서 소개한 관련 분야 전문가와 함께 현장 시험을 하였다.

(출처: 2016, Aug/5, CNN Marketplace Africa)

그림 1.1 남아프리카공화국의 키아라 니르긴(16세)이 구글 과학전람회에서 오렌지와 아보카도 껍질에서 얻은 고흡수성 폴리머에 대해 설명하고 있다.

인류가 현재와 같은 생활을 하게 되기까지 과학기술자들은 중요한 역할을 담당해 왔다. 과학기술자에 의해 발명된 전기는 인류로 하여금 어둠을 극복하고 빛의 세상을 갖게 해 주었고, 과학기술자들에 의해 건설된 상하수도 시설은 100년 전 31세에 그쳤던 인간의 평균 수명을 80세까지 연장시켰다. 라디오, 텔레비전, 컴퓨터의 발명과 고속도로 및 철도의 발명은 시간과 공간의 장벽에 갇혀 있던 인간에게 시간과 공간을 뛰어넘는 소통과 교류의 무한한 가능성을 열어 주었으며 과학기술자들의 농업 기계 개발은 인류를 기아와 빈곤에서 벗어나게 하였다. 이같이 과학기술자들은 유형과 무형의 다양한 물질과 고안품들을 개발하고 발명하면서 세상을 바꾸어 왔으며 이러한 변화를 통해 인류는 다양한 혜택을 누리고 있다.

그렇다면 지구촌에 사는 모든 사람들이 이러한 과학기술의 혜택을 누리고 있는가? 우리가 누려 온 과학기술의 혜택이 지구촌의 지속가능한 발전을 보장하는가? 지구의 남반구에는 아직도 하루 2달러 미만으로 생활하는 사람들이 많고 그들 대부분은 전기나 상수도와 같은 아주 기본적인 기술의 혜택도 받지 못하고 있다. 한편 이제까지 과학기술의 혜택을 누리며 살아온 북반구의 사정도 그리 좋지는 않다. 과도한 소비에 의한 자원 고갈과 환경 파괴, 기후변화에 의한 자연 재해 등 지속가능한 발전을 위해 해결해야 할 새로운 과제들이 그들 앞에 놓여 있다.

지구촌의 이러한 문제를 고민하는 과정에서 우리는 적정기술의 개념에 주목하게 된다. 적정기술은 두 가지 측면에서 주목할 만하다. 하나는 개발도상국으로 분류되는 지역에서 발생한 경제적, 기술적, 사회적 문제에 대한 해결 방안으로서의 적정기술이고, 다른 하나는 미국으로 대표되는 선진국의 사회적, 문화적, 경

그림 1.2 물을 손쉽게 운반하는 Q드럼
아프리카의 시골에 있는 수백만 명의 사람들은 식수원으로부터 수 킬로미터 떨어진 곳에 살고 있다. 이들을 위해 고안된 물통이 바로 Q드럼이다. 드럼통에 알파벳 Q처럼 가운데 끼워 넣은 줄로 굴려서 운반할 수 있는 형태로 디자인 되었고, 한 번에 50ℓ의 물을 굴려서 쉽게 운반할 수 있다. 이후 유사한 형태의 히포 워터 드럼이 개발되었다.

제적 변화에서 기인한 대안기술로서의 적정기술이다.

첫 번째 측면을 살펴보면, 지구의 남반구에 위치한 개발도상국에 살고 있는 사람들의 수는 선진국의 세 배가 넘지만 그들의 평균 소득은 선진국의 10분의 1에도 미치지 못하며 평균 수명 또한 선진국의 절반밖에 되지 않는 곳이 많다. 지난 수십 년에 걸쳐 북반구의 선진국들은 개발도상국에 돈, 식량 또는 보급품을 지원하고 선진국형 공장을 건설하고 임시 기술 전문가를 파견하는 등 다양한 방식으로 원조를 해 왔지만 막대한 양의 원조에 비해 그 효과는 아직도 미미하다. 선진국을 중심으로 한 첨단기술은 구매 능력이 있는 10%에게 주어질 뿐 구매 능력이 없는 소외된 90%의 사람은 여전히 과학기술의 혜택을 충분히 받지 못한 상태로 살아가고 있다.

그림 1.3 빅터 파파넥은 그의 책 『인간을 위한 디자인』에서 소비적이고 반환경적인 디자인에서 벗어나 인간의 진정한 필요를 위한 디자인을 지향해야 함을 주장하였다.

그러나 파파넥의 글에서도 언급되었듯이, 서구의 원조를 강력히 요청하고 있는 대부분의 나라는 풍부한 천연자원과 대체 에너지원을 가지고 있다. 적도 남쪽은 태양, 지열 발전, 바이오매스 등 다양한 대체 에너지의 보고이다. 사막 지역은 밤낮의 온도 차이가 섭씨 40도를 넘기 때문에 열 교환을 기반으로 하는 발전에 있어 가장 큰 가능성을 가지고 있다. 여기에서 우리는 지구촌의 문제가 단순히 돈이나 식량 등의 물질적 문제가 아니라 의식과 지식의 활용과 관련된 좀 더 근본적 문제라는 것을 발견하게 된다. 그리고 근본적 문제 해결의 한 대안으로서 사용자가 처한 사회 문화적 상황과 자연 환경을 고려한 인간 중심 기술 즉 적정기술이 주목하게 되는 것이다.

두 번째 측면은 선진국에서의 적정기술에 대한 관심으로, 기술 발달과 그에 따른 정치, 사회적 문제에서 기인했다. 제2차 세계대전 이후 사람들은 150년 동안 일어난 기술의 발달이 인간 진보의 지평 확대가 아니라 진보를 방해하는 전쟁에 동원되었다는 사실과 공해, 환경 파괴, 에너지 가격의 급격한 상승, 자원 고갈, 인간 소외, 불평등한 자원의 배분 등 여러 사회적 문제를 가져왔음을 자각하게 되었다. 그리고 이에 대한 대안적 기술로서 적정기술의 개념에 주목하게 되었다. 최근에 들어서는 기후변화와 지속가능한 발전이라는 지구촌의 중요 이슈와 관련하여 적정기술의 개념과 방법론이 대안적 방안으로 새롭게 조명되고 있다.

마지막으로, 적정기술에 대한 이해는 교육적 측면에서도 새로운 대안적 개념으로 주목 받고 있다. 이론 수업에 편중되어 있는 과학기술 교육의 한계를 극복하고, 차세대 과학기술자에게 현실적 문제를 바탕으로 한 실질적 문제 해결 능력을 훈련할 수 있게 한다는 면에서 적정기술은 새로운 대안적 과학기술 교육의 주제가 된다. 지식 전수 위주의 대학 교육에서 더 나아가 각 지역의 사회적, 기술적 상황을 총체적으로 이해하고 자신이 개발하고 사용할 기술의 최종 수혜자에게 필요한 것은 무엇이며, 어떻게 하면 가장 적은 비용으로 지속가능한 최적의 기술을 제공하기 위해 가장 적절한 기술적 선택을 할 수 있는지를 통합적으로 생각하는 총체적 안목을 길러 준다는 면에서 새로운 교육의 방법론으로서의 적정기술이 주목을 받게 된 것이다.

1.1 적정기술의 정의

그림 1.4 한스 바커(Hans lemke Bakker) 캐나다의 구엘프대학교(University of Guelph)의 사회인류학과 교수로(1980~2012), 사회인류학, 과학 철학, 사회 정책 및 지역 개발 등 다각적 관심사를 가지고 인간 중심의 기술과 지역 발전에 대한 전문가로 활동하고 있다.

적정기술이란 한 사회의 환경, 윤리, 문화, 사회, 환경적인 측면을 모두 고려하여 특별히 고안된 기술로, 적은 비용으로 제품을 제작할 수 있고 유지 관리가 쉬우며 친환경적인 기술을 말한다. 각 국가나 집단이 처해 있는 환경은 매우 다양하여 어떤 국가 혹은 사회적 조건에 맞는 적절함이 다른 곳에서 그렇지 않을 수도 있으므로 특정한 의도 혹은 상황에 맞는 상대적 적합성에 따라 기술을 적용해야 한다는 취지에서 발전한 개념이다.

적정기술의 등장과 역사를 살펴보면 적정기술의 개념은 다양한 주체에 의해, 다양한 맥락에서 달리 정의되어 왔으며 유사한 개념들과 혼용되어 왔다. 예를 들어 적정기술의 개념이 논의된 초기 단계에서는 저개발국의 빈곤 퇴치나 기술의 자주성에 초점이 맞춰지면서 저비용의 단순한 기술(low technology)이라는 개념이 강조되어 이제까지 적정기술을 가난한 사람들을 위한 값싼 기술로 인식하는 사람들이 많은가 하면, 한스 바커(Hans Bakker)와 같이 적정기술을 인간이 생활하는 데 기본적으로 필요한 일에 대해 긍정적 영향을 줄 수 있는 모든 종류의 기술로 정의하는 경우도 있다. 그는 의식주, 건강, 교육과 같은 인간의 기본적 필요를 충족시켜 줄 수 있는 기술이 진정한 적정기술이며 따라서 이러한 필요를 채워 주지도 못하며 구매력이 있는 상위의 소비자만을 대상으로 하는 첨단의 기술은 진정한 의미의 적정기술이 될 수 없다고 주장한다. 이러한 정의는 기술이 무엇을 위해 왜 존재하는가 하는 기술의 목적론적 관점에서 적정기술을 정의하는 것으로 빈곤과 결핍 등을 해결하여 인간의 삶의 질을 개선하고 지속가능한 삶을 모두가 함께 누리게 하는 기술의 효용적 가치에 중점을 둔 정의라고 할 수 있다.

한편, 미국의 국립적정기술센터는 적정기술에 대해 '활용되는 상황에 비추어 비용과 규모 면에서 적합한 도구 또는 전략'이라는 실제적 적용과 절차적 측면에 중점을 둔 실제적 정의를 택하기도 한다. 다시 말해 적정기술은 기술에 대한 태도나 목적에 기반한 가치 지향적 정의와 실제적 적용과 구현이라는 도구적 관점에 기반한 방법 지향적 정의가 함께 쓰이고 있다. 한국적정기술학회는 이러한 두 가지 관점을 아울러 다음과 같은 포괄적 정의를 내리고 있다.

"해당 지역 사회에서 지속가능하게 운영할 수 있는 중간 기술적인 성격을 가지며, 소규모, 분산형, 노동집약형, 저에너지, 친환경적인 기술을 일컫는다. 지역 사회의 상황과 특색, 인간에 대한 이해를 강조하며 개발도상국에서의 삶의 문제를 저비용으로 스스로 해결할 수 있는 기술이다. UN의 SDGs (Sustainable Development Goals)의 신적정기술(appropriate new technology)과 그 맥을 같이한다."(한국적정기술학회)

일반적으로 쉽게 접할 수 있는 적정기술의 정의들을 정리하면 다음과 같다.

① "일반적으로 작은 규모이며, 에너지 효율적이고, 환경적으로 건전하며, 노동집약적이고 지역 공동체가 통제할 수 있는 기술"(Engineers without Borders)

② "대상이 되는 공동체의 환경과 윤리, 문화, 사회, 정치 그리고 경제적 측면을 특별히 고려하여 설계된 기술"(Appropriate Technology Source book)

③ "현재 사용되고 있는 기능적으로 동일한 기술보다 환경친화적인 기술" (위키피디아)

④ "지역의 재료를 이용하고, 보통 사람들이 살 수 있을 정도의 가격에, 인간 사회와 환경에 미치는 해로움을 최소화시키는 방식으로 만들 수 있는 기술" (Environmental Science: A Global Concern, 7e)

⑤ "활용되는 상황에 비추어 비용과 규모 면에서 적합한 도구 또는 전략"(미국 국립적정기술센터)

⑥ "고액의 투자가 필요하지 않고, 에너지 사용이 적으며, 누구나 쉽게 배워서 쓸 수 있고, 현지에서 나는 원재료를 쓰고, 소규모의 사람들이 모여서 제품 생산이 가능한 기술"(한밭대 적정기술센터)

⑦ "인간의 필요를 만족시켜 줌으로 인간의 실현을 강화하는 일련의 목표와 과정, 사상, 실천"(홍성욱, 2010)

⑧ "적정기술은 무엇보다도 그 기술을 사용하는 맥락- 염두에 두고 있는 커뮤니티의 환경적, 윤리적, 문화적, 사회적, 정치적, 경제적 측면을 고려하여 고안된 기술"(어프로페디아 http://www.appropedia.org/Portal:Appropriate_technology)

위와 같이 적정기술은 매우 다양하게 정의되고 있지만, 공통적으로 중요하게 다루어지는 3가지 키워드는 다음과 같다.

첫째, 현지화된 발전(contextualized development)

- 현지의 문화, 경제적 사정에 맞는가?

둘째, 지속가능한 발전(sustainable development)

- 재료 확보, 생산, 유지 보수 등이 현지에서 지속적으로 이루어질 수 있는가?
- 수익 창출을 통하여 기술의 생산, 유통, 활용이 지속적으로 가능한가?

셋째, 환경 친화적 발전(eco-friendly development)

- 전 과정이 환경 친화적인가?
- 경제적, 문화적 상황에 맞는가?

이상에서 소개한 3가지 키워드는 1.3 「적정기술의 조건」에서 좀 더 상세히 다루기로 한다.

1.2 적정기술의 역사

1. 적정기술의 시작

적정기술은 1973년 영국의 경제학자 에른스트 슈마허(Ernst Friedrich Schumacher, 1911~1977)의 저서『작은 것이 아름답다(Small is Beautiful)』에서 '중간 기술(intermediate technology)'이라는 개념으로 처음 소개되었다. 첨단기술과 토속기술의 중간에 위치한다는 의미로 쓰인 중간 기술은 그것이 사용되는 현지 사람들의 직접적인 필요를 채우는 기술, 지역에서 생산되는 재료를 기반으로 하는 값싼 기술, 전문가가 아니더라도 손쉽게 활용될 수 있는 기술을 뜻했다.

이와 같은 슈마허의 개념은 간디(Mohandas Karamchand Gandhi, 1869~1948)로부터 비롯되었다. 비폭력 무저항 운동의 창시자인 간디는 물레를 통한 전통적인 방식의 천짜기를 통해 처음으로 적정기술의 상징적인 행동을 전 세계에 선보였고, 슈마허는 바로 간디의 이러한 행동에 영향을 받았다. 슈마허는 자신의 철학이 사람들의 삶을 실제적이고 지속적으로 향상시킬 수 있다는 것을 증명하기 위해서 1966년 '중간기술개발그룹(Intermediate Technology Development Group, ITDG)'을 영국에 설립한다. 그리고 1973년 슈마허는 적정기술의 기념비적인 저서『작은 것이 아름답다』를 출간하게 된다. 슈마허는 이 책에서 저개발국가의 토착기술보다는 훨씬 우수하지만 선진국의 거대기술에 비해서는 값싸고 소박한 중간 기술이란 개념을 선보였다.

그림 1.5『Small is Beautiful』 초판 표지 슈마허는 경제 성장이 물질적 풍요를 가져온다 해도 그 과정에서 환경 파괴, 인간성 파괴의 결과를 낳는다면 이에 대한 맹목적 수용은 옳지 않음을 지적하고 그 대안으로 인간 스스로가 통제 조절할 수 있을 정도의 작은 경제 규모를 유지할 것을 제안했다.

한편, 미국에서는 1969년 동부 매사추세츠주에 '신연금술연구소(New Alchemy Institute)'가, 서부 캘리포니아주에 '패럴른연구소(Farallons Institute)'가 설립되었다. 이들은 학문적 경계를 뛰어넘어 윤리적, 생태적, 정치적, 심지어 형이상학적 차원에서 과학적 연구와 기술적 혁신이 이루어질 수 있는 바탕을 마련하고자 했다. 이들은 적정기술을 ① 모든 사람들이 사용할 수 있도록 저렴할 것 ② 쉽게 사용할 수 있고 수리할 수 있도록 단순할 것 ③ 소규모 운영에 적합할 것 ④ 인간의 창의성에 부합할 것 ⑤ 환경보존에 대한 경각심을 깨울 것 등의 조건을 갖춘 기술로 정의하였다.

슈마허가 중간 기술 아이디어를 처음 구상했을 때는 중간 기술이란 값싸게 에너지를 구입할 수 있었던 서구의 대규모 대량생산 기술과 달리 저개발국의 자원과 필요에 적합하게 소규모이며 간단하고 돈이 적게 드는 기술을 의미했다. 그러나 얼마 지나지 않아 선진국에서도 그 상황에 적합한 새로운 형태의 기술이 필요하다는 것이 증명되기 시작했다. 석유 부족, 환경 파괴, 비인간적인 노동에 대한 저항, 실업과 같은 위기 상황 속에서 전 세계는 중간 기술의 필요성을 절감하게 된다.

그림 1.6 간디는 물레를 사용한 전통적 천짜기를 통해 적정기술의 상징적 행동을 실천해 보였다.

1973~1974년에 있었던 석유 파동으로 인해 미국인들은 값싸고 풍족하다고

여겼던 석유가 한순간에 고갈될 수 있다는 사실을 깨닫게 된다. 이에 지미 카터 대통령은 몇 가지 에너지 보존 방안을 강구하게 되었고 1976년 몬태나 주에 '국립적정기술센터(National Center for Appropriate Technology, NCAT)'를 설립했다. 국립적정기술센터의 목표는 저소득 가정의 가장 큰 걱정이 에너지였으므로 초기에는 에너지 관련 기술 개발에 중점을 두었다. 같은 해 캘리포니아의 브라운 주지사는 저소득층 가정과 소수민족의 삶의 질을 향상시키기 위해 주정부 내에 '적정기술국(The Office of Appropriate Technology)'을 설립하기에 이르렀다. 하지만 적정기술에 대한 미국의 이러한 노력은 오래 지속되지 못했다. 카터 정부의 재정 보조 하에 이루어진 적정기술의 부흥은 신자유주의를 표방하는 레이건 정부가 들어서면서 다시 쇠퇴하게 된다. 시장중심주의와 함께 강한 미국을 표방하는 미국의 재웅성화(remasculinization) 흐름에서 적정기술은 강한 미국과는 어울리지 않는 개념으로 인식된 것이다.

정부 차원의 적정기술은 쇠퇴하였지만 비정부기구(NGO)를 중심으로 한 적정기술은 명맥을 유지하며 발전하게 되었다. 예를 들어 콜로라도의 정신과 의사 폴 폴락(Paul Polak)이 1981년에 설립한 '국제개발회사(International Development Enterprises, IDE)'는 1982년에 소말리아 난민촌 방문을 시작으로 공식적 활동을 시작하였고, 이후 디자인 혁명(design revolution)을 뜻하는 비영리기구 디 레브(D-Rev)를 통해 하루 2달러 이하로 살아가는 주민들의 보건과 소득 증진에 힘쓰고 있다.

함께 읽어보기
제9장 9.1 적정기술 도구의 구분 및 종류

1991년 기계공이었던 닉 문(Nick Moon)과 스탠포드대학교 기계공학 박사 출신의 마틴 피셔(Martin Fisher)가 케냐에 아프로텍(ApproTec)을 설립했고, 현재는 '킥스타트(KickStart)'로 명칭을 바꾸어 활동하고 있다. 킥스타트는 수백만의 사람들을 빠른 시일 내에 가난에서 벗어나게끔, 비용과 효율성을 따져 지속가능한 사업을 진행하면서 세상이 가난과 싸우는 방법을 모색하는 것을 목표로 하고 있다. 킥스타트가 개발한 '머니메이커 펌프(MoneyMaker Pump)'는 동아프리카의 농가에 소득 증대를 가져온 대표적 사례로 꼽힌다.

국제개발회사(IDE)와 킥스타트(KickStart)는 저개발국의 빈곤 계층을 자선의 대상이 아닌 고객으로 인식하고 적정기술을 봉사나 자선의 차원에서 수익을 창출하여 스스로 자립하게 하는 적정기술의 사업적 지속가능성의 개념을 적극적으로 도입한 기념비적 기관이다. 적정기술이 사용자에게 경제적 이익을 주고, 가계의 수익 창출로 이어질 때만 지속가능한 기술로서 발전할 수 있으며 적정기술의 생산과 보급 자체가 새로운 수익 창출의 계기를 마련하여 지역 사회의 경제적 자립으로 이어지게 해야 한다는 점을 강조하였다. 위에서 언급한 사회적 기업 두 곳의 활동을 통해, 초기에는 인간을 위한 기술, 가난한 사람을 위한 착한 기술이라는 다소 추상적이고 정신적인 슬로건의 성격이었던 적정기술이 경제적 가치를 창출하는 실용적이고 자립적 기술로 개념이 확장되는 새로운 계기를 맞게 되었다.

그림 1.7 엠브레스(베이비워머)
스탠포드대학교 학생들이 저체온증으로 인한 신생아 사망을 막기 위해 고안한 제품으로, 전기 없이도 온도를 유지할 수 있고 소독이 쉬우며 여러 번 재사용이 가능하다.

그림 1.8 사탕수수 숯(좌)과 드럼통 세탁기(우) 미국 MIT의 학생들이 개발한 사탕수수 숯과 자전거 회전을 활용한 드럼통 세탁기

한편, 2000년대에 들어서면서 대학에서 적정기술을 교육에 접목시키고자 하는 시도도 활발해졌다. 아프리카 보츠와나에서 2년간 평화봉사단(Peace Corps)으로 활동한 뒤 미국으로 돌아온 에이미 스미스(Amy Smith)는 2003년 매사추세츠 공과대학교(MIT)의 기계공학과에 D-lab 과목을 개설했다. D-lab은 방학 중에 개발도상국을 방문하여 현지의 문제점을 파악한 후 학기 중에 이러한 문제점을 공학적으로 해결하기 위한 공학설계 과목이다. 지금까지 나온 주요 설계 제품으로는 사탕수수 숯, 드럼통 세탁기, 태양광 살균장치 등이 있다.

이와 함께 미국 서부의 스탠포드대학교에도 적정기술을 기반으로 한 설계 교육을 주관하는 D-school이 설립되었다. 이곳에서도 적정기술과 관련된 다양한 제품 설계 과목이 운영되고 있으며 이를 통해, 저체온증을 통한 영아사망 문제를 해결하는 엠브레스(Embrace)와 같은 제품이 개발되기도 하였다. 최근 들어 국내외 공과대학에서 글로벌 역량을 비롯한 학생들의 기초 역량 강화를 위한 프로그램으로 적정기술을 다루는 대학이 점점 늘어나고 저개발국의 빈곤 퇴치와 사회 경제적 문제를 적정기술의 적용을 통해 해결하고자 하는 글로벌 공학 프로젝트 수행 사례도 점점 증가하는 추세이다.

이와 같이 적정기술은 국제개발 NGO와 대학에 의해 꾸준히 발전해 오면서 과학기술 분야와 국제개발 분야에 중요한 개념을 제공하고 있다. 예를 들어 유엔을 중심으로 한 국제사회가 추진하고 있는 새천년 개발 목표(Millennium Development Goals, MDGs)를 달성하는 데 있어서 가장 큰 과제 중 하나인 빈곤 계층의 자립 문제를 해결하는 방안으로, 가난한 사람들이 구매할 수 있을 만큼 저렴하고, 사용 방법이 쉬워야 하며 그들의 삶이 개선될 수 있는 구체적인 도구로서 적정기술이 주목을 받게 된 것이다. 적정기술과 국제개발협력의 만남은 앞으로도 지속적으로 언급될 중요한 주제 중의 하나이다.

함께 읽어보기

제2장 2.1 발전의 의미와 방향

● 적정기술의 사상적 기초자 간디

간디(Mohandas Karamchand Gandhi, 1869~1948)

간디는 기본적인 삶을 영위할 수 있는 적절한 기술의 발달을 주창했다. 이러한 접근은 '스와데시(Swadesh)'라고 불리는 인도의 지역 자립적 전통으로부터 비롯되었다. 스와데시는 아무리 값싸고 품질이 우수하더라도 지역의 경제와 자립을 훼손하여 개개인의 외부 의존도를 높이는 제품이나 기술이 아닌 현지인이 스스로 자립할 수 있게 돕는 기술이야말로 진정한 지역 발전에 도움이 된다는 개념이다. 예를 들어 물레를 돌려 직물을 제조하는 방식은 비록 시간이 걸릴지라도 누구든지 필요한 만큼의 옷을 만들 수 있고 다른 사람에게 의존할 필요가 없는 스와데시 방식을 따른 것이라고 할 수 있다.

간디가 최신기술의 도입을 반대한 것은 아니다. 그러나 간디는 사람들이 기술 혁신을 받아들일 준비가 되지 않은 상태이거나 자발적인 필요에 의한 기술 도입이 아닌 외부로부터의 강제적인 기술 이전은 특히 농촌 마을의 삶을 향상시키기보다는 오히려 삶을 방해한다고 생각했다. 따라서 그는 현장에 이미 존재하는 사회, 경제, 문화적 관습과 전통을 존중하면서 점진적으로 진행되는 발전을 옹호했다. 그렇지 않은 급격한 발전은 실업 문제와 빈곤을 야기할 것이라고 보았던 것이다.

급속한 사회 변화에 따른 실업과 소외 등 개인과 가정이 짊어져야 할 사회적 비용의 증가는 비단 간디가 활동했던 시대만의 특징이 아니라 바로 오늘날의 문제이기도 하다. 이런 이유로 간디가 사상적 기초를 제공한 적정기술은 현대에도 유효성을 가진다.

● 적정기술의 아버지 슈마허

에른스트 슈마허(Ernst Friedrich Schumacher, 1911~1977)

적정기술이 세계적인 관심을 갖게 된 것은 영국의 경제학자 슈마허의 공헌이 크다. 슈마허는 영국국립석탄위원회의 경제자문관으로 1955년 미얀마를 방문하였을 때, 미얀마의 자급자족하는 생산과 소비 문화에 깊은 인상을 받고 『작은 것이 아름답다』의 바탕이 되는 인간 중심의 경제 발전을 구상하게 된다.

이러한 배경 아래, 슈마허는 1966년 영국에서 그의 생각을 실제로 실현하기 위한 '중간기술개발그룹(Intermediate Technology Development Group)'을 설립하였고 1973년 인간 중심의 경제학이라 부제를 단 『작은 것이 아름답다』를 출간한다. 타임(Time)지에 의해 제2차 세계대전 이후 출간된 가장 영향력 있는 100권의 책으로도 선정된 바 있는 이 책은 "인간은 작다. 그러므로 작은 것이 아름답다."라고 주장하며 규모의 경제 발전을 추구하던 당시 주류 경제학을 정면으로 비판하며 중간 기술의 개념을 발전시킨다.

중간 기술은 남반구의 빈곤 문제를 악화시키는 원시적 도구와 북반구의 강력한 기술 시스템 사이에 있는 기술을 말한다. 그는 대량생산 기술이 생태계를 파괴하고 희소한 자원을 낭비한다고 지적하면서 근대의 지식과 경험을 잘 활용하고 분산화를 유도하며 자원을 낭비하지 않는 '대중에 의한 생산 기술'을 제안했다. 그가 설립한 중간기술개발그룹은 'Practical Action'이라는 사회적 기업으로 지금까지 이어지고 있다.

간디가 적정기술의 사상적 기초를 마련했다면, 슈마허는 경제학자의 시각으로 적정기술과 경제 발전 간의 상관관계를 이론적으로 구축했다고 볼 수 있다. 또한 당시 세계의 중심지 중 하나였던 영국에서 그가 촉발한 기술 담론은 그의 신분과 배경으로 인해 숱한 언론과 기관, 유명 인사들의 관심을 이끌어내어 적정기술에 대한 세계적 관심을 일으키는 데 큰 역할을 하였다.

● 적정기술의 디자인 개척자 빅터 파파넥

빅터 파파넥(Victor Papanek, 1927~1998)

적정기술을 디자인적인 측면에서 접근했던 인물 중 눈여겨볼 사람은 바로 빅터 파파넥이다.

MIT에서 디자인을 공부한 그는 "디자인에서 유일하게 중요한 것은 디자인 자체가 아니라 디자인이 사람과 어떤 관계에 있는지에 대한 것이다."라고 했다. 그는 디자인이 '사람이 겪는 실제적인 해결책'이 되어야 하며 단지 심미안 또는 순간적인 욕망을 채우는 도구로 전락해서는 안 된다고 믿었다. 빅터는 특히 디자인이 개발도상국에 기여할 수 있는 부분에 관심을 가졌다. 개발도상국이야말로 실제적인 필요를 쉽게 관찰할 수 있고, 대부분의 디자이너에게 무시되는 영역이었기 때문이다. 유네스코, 세계보건기구 등 유엔과 다양한 디자인 프로젝트를 진행한 그의 대표작은 '9센트 깡통 라디오'로 알려진 작품이다.

당시 1960년대의 인도네시아는 빈번한 화산활동과 지진으로 원주민들의 피해가 막심했는데 원주민들이 재난경보나 소식을 미리 듣게 된다면 피해를 최소화할 수 있다고 생각한 빅터는 발리 섬에 관광객들이 버리고 간 깡통에 라디오 장치를 넣고 주변에서 흔히 볼 수 있는 동물의 배설물을 연소시켜 작동하는 라디오를 제작한 것이다. 적정기술의 지속가능성을 제시한 이 작품으로 빅터는 전 세계의 찬사도 받았지만, 그와 동시에 어처구니없는 디자인이란 비아냥거림도 감수해야만 했다. 하지만 그는 여기서 그치지 않고 아프리카의 교육문제를 돕기 위한 교육용 텔레비전 아이디어를 발전시켜 9달러에 불과한 TV를 일본에서 제작하기도 했다.

그는 『인간을 위한 디자인』이라는 문제작을 통해 지속가능성을 위한 디자인, 인간을 섬기는 디자인이라는 개념을 전파했는데, 이 책은 지금도 디자인계에 입문하는 수많은 사람들에게 영감을 주고 있다.

● 적정기술의 비즈니스 개척자 폴 폴락

폴 폴락(Paul Polak)

빅터 파파넥을 통해 더욱 풍성해진 적정기술의 전통을 비즈니스와 연결시킨 사람은 바로 폴 폴락이다. 캐나다에서 의학박사 학위를 취득하고 20년 넘게 베테랑 정신과의사로 활동했던 폴은 방글라데시 방문을 통해 자신의 환자가 빈곤에 시달리는 전 세계의 사람들로 확장될 수 있음을 깨닫게 된다.

폴 폴락은 "전 세계 90퍼센트의 디자이너는 단지 10퍼센트의 고객을 위한 제품과 서비스를 구현하기 위해 자신의 모든 재능과 열정을 쏟아 붓고 있다. 만약 그들이 소외된 나머지 90퍼센트의 고객을 위해 일하게 된다면 어떻게 될까?"라는 도전적 질문을 던진다. 그는 적정기술을 기반으로 비즈니스를 전개하는 '국제개발회사(International Development Enterprise)'를 설립하고 인간 동력을 활용한 '족동식 펌프'를 개발하여 보급하였다. 현재까지 2백만 개 이상이 80달러에 팔리면서 현존하는 적정기술 중 베스트셀러가 된 이 제품은 건기에 지하수를 끌어 올려 경작지에 지속적으로 물을 공급하게 함으로써 수많은 소농작인의 수입을 증가시켰다.

폴 폴락은 선의를 가진 비전문가들이 그동안 적정기술 운동을 이끌어 왔다면 이제는 기업가 정신을 가진 전문가들이 전면에 나서야 한다고 주장한다. 그는 독특한 아이디어로 현장의 문제를 해결해 줄 것 같았던 수많은 적정기술 제품들이 소리 소문 없이 사라지는 이유는 제품개발자에게 철저한 기업가 정신이 부족하기 때문이라고 분석했다. 그는 적정기술에 기반을 둔 제품은 하루에 4달러 이하로 살아가는 극빈층도 직접 구매가 가능하거나 소액금융을 통해 구매할 수 있도록 하는 획기적인 혁신이 필요하며, 그런 가능성을 기업가 정신에서 찾을 수 있다고 말한다. 적정기술이 지속가능성을 갖추기 위해 가져야 할 담대한 비전과 도전을 폴 폴락은 지금도 이끌어가고 있다.

그림 1.9 타이니 하우스 지속가능한 작은 집으로, 이동이 가능한 형태이다.

2. 21세기 적정기술에 대한 재조명

적정기술은 석유파동 이후 또 다른 종류의 위기를 통해 정책 입안자, 공무원, 기업인, 언론인 등의 관심사가 되었다. 현대 사회에는 석유파동 때보다 강력한 위기가 동시다발적으로 발생하고 있다. 선진국조차도 예측할 수 없는 다양한 자연재해와 거듭되는 위기로 인해 기존의 고비용 중앙집중식 에너지 공급의 한계, 원자력발전의 재난위기 취약성, 성장 위주 경제 발전의 부작용 등에 대한 문제를 다시 생각하게 되었다.

이러한 문제점과 적정기술은 어떠한 관계가 있을까? 일본의 적정기술 권위자인 히토츠바시대학(一橋大学)의 요네쿠라 세이치로(米倉誠一郎) 교수는 지난 2011년 3월에 발생한 동일본 대지진 이후 일본 사회에서 일어난 변화를 소개했는데, 그중 하나가 바로 '적정기술의 재발견'이었다. 과거 개발도상국에 원조 성격으로 제공되는 기술 또는 제품으로 여겨졌던 적정기술이 이제는 일본에서도 필요한 기술이 되어 관심을 받기 시작하면서 중앙집중식 의존을 줄이고 소규모 단위의 자립과 생존성을 보장해 나가는 추세다. 일본은 후쿠시마 원전 사고로 인해 37년 만에 전력 제한령을 시행하였다. 71일 동안 지속된 전력 제한은 일본 사회에서 다양한 반응과 유행을 만들어 냈는데, 그중 흥미로운 것은 바로 '페달로 축전되는 전력공급기'였다. 도쿄 시내의 한 소프트웨어 개발업체는 사무실 전력을 일부라도 생산해 내기 위해 직원의 책상 밑에 페달을 설치하고 직원들은 업무를 하면서 페달을 밟아 전력을 자체 생산해 냈고 이 소식이 방송을 타고 소개되면서 히트상품이 되었다.

미국에서도 비슷한 변화가 일어나고 있다. 최근 한 일간지에는 '집 때문에 저당 잡힌 내 인생, 더 이상은 싫다!'라는 흥미로운 기사가 실렸다. '타이니 하우스(tiny house)'라는 3평짜리 집이 인기를 끌고 있다는 내용이다. 타이니 하우스에 사는 주민들은 전기는 태양광발전을 이용하고, 물은 빗물과 샘물을 활용한다. 경제가 지속적으로 호황이라고 여겨졌던 시기에는 찾아보기 힘든 변화가 실제로 지속가능성의 위기를 통해 만들어지고 있다.

최첨단 기술이 위기상황에 취약한 것은 다름이 아니라 '지속가능성'에 취약하게 설계되었기 때문이다. 최첨단 기술은 거대한 시스템의 구축 지원을 필요로 하며 인위적인 에너지 소비와 관리도 필요하다. 전기가 하루 동안 끊길 때, 상수도가 중단되었을 때를 상상해 보면 현재 인류가 누리는 첨단기술의 한계를 바로 이해할 수 있다. 반면 적정기술은 기본적으로 지속가능한 시스템을 배경으로 작동한다. 노동력이 풍부한 곳에서는 노동력을 활용하는 방법을 모색하고, 재생에너지가 풍부한 곳에서는 재생에너지를 활용하는 방법을 찾는다. 최빈국인 부룬디의 수도 주변에는 민둥산이 많다. 주민들이 땔감용으로 주변의 수목을 마구 베었기 때문이다. 그리고 인근의 르완다, 콩고 등지에서 연료를 수입해 오는 악순환이 지속되고 있었다. 이를 본 한 중국인 기업가가 버려지는 쌀겨를 압축해 제작한 '쌀겨 조개탄'을 만들어 공급하고 있다. 적정기술은 위기의 상황에서 혁신을 유도하는 대안이 된다.

지속가능성이란 미래의 자원을 현재에 끌어다 쓰지 않으며 현재의 필요를 채우는 성장을 의미한다. 그런 의미에서 적정기술은 지속가능성으로 나아가는 최첨단 기술이 될 수 있다. 최근 언론이나 경영계에서 지속가능이란 말은 일종의 유행이 되었고, 비즈니스계의 최대 화두 또한 지속가능한 수익 창출(sustainable profit)로 자리 잡고 있다. 지속가능성 또는 지속가능한 발전이 시대적 화두가 된 지금, 적정기술의 의의와 활용 가능성이 더욱 주목받고 있다.

1.3 적정기술의 조건

앞에서 적정기술의 다양한 정의를 살피고 이들 정의를 관통하는 3개의 키워드를 아래와 같이 제시한 바 있다.

첫째, 현지화된 발전(contextualized development)
둘째, 지속가능한 발전(sustainable development)
셋째, 환경친화적 발전(eco-friendly development)

여기서는 적정기술의 핵심 키워드 3가지에 대하여 자세히 알아보기로 한다.

첫째, 현지화된 발전(contextualized development)이란 사용자가 처해 있는 지역의 문화, 자연 환경, 경제적 사회적 상황에 맞는 기술이어야 한다는 것이다. 적정기술은 현지 사람들의 경제적 사정에 맞는 가격과 사용자의 문화적 배경과 지식 수준에 맞는 사용법, 현지의 지리적, 환경적, 인적 자원을 활용할 수 있는 기술이어야 한다.

예를 들어, 교통 인프라를 구축하기 위해 도로 공사를 한다면 선진국의 경우 중장비를 동원하여 공사 기간을 단축하여 비용을 줄이는 것이 가장 적절한 방법이겠지만, 값싼 유휴노동력이 많은 저개발국에서는 인력을 활용하여 공사를 진행하는 방법을 택하기도 한다. 공사 기간은 늘어나지만 동일한 비용으로 주민들의 일자리 창출과 마을 공동체의 자기 주도적 사업 진행 경험을 통해 기술과 자립 의지를 키울 수 있는 일석이조의 효과를 거둘 수 있기 때문이다. 전기에너지 확보의 경우도 좋은 예가 된다. 일조량이 많은 적도 부근의 지역이라면 태양광 발전, 고도가 높은 산간 지역에서는 낙차를 이용한 수력발전, 일교차가 심한 사막 지역에서는 온도차 발전의 방식 등 자연환경에 따라 적절한 발전 방식을 선택하는 것이 바람직하다.

그림 1.10 플레이펌프 남아프리카의 사회적 기업 roundabout outdoor에서 제작한 제품으로 아이들이 놀이기구를 돌리며 놀면 물탱크에 물이 차도록 고안된 제품이다. 반짝이는 아이디어로 대대적 지원을 받아 1800개소까지 설치되었으나 제대로 사용되지 않아 실패한 적정기술의 대표적 사례로 회자되고 있다.

함께 읽어보기

· 플레이펌프: 제14장 p.326~327

· 머니메이커: 제9장 9.1 적정기술 도구의 구분 및 종류

둘째, 지속가능한 발전(sustainable development)이란 외부인의 도움 없이 재료 확보나 생산, 유지, 보수 등이 현지에서 자체적으로 지속적으로 이루어질 수 있는 기술, 생산자나 소비자가 해당 기술을 통해 개인적, 공동체적 차원에서 소득 창출이 이루어져 지속적으로 상품을 생산하고 소비할 수 있는 동기를 제공하는 기술이어야 한다는 것이다. 초기에 개발된 적정기술 제품 중 지금까지 지속적으로 개선 발전되고 있는 제품이 있는가 하면 사용되지 않고 사장된 제품도 있다. 앞으로 다른 챕터에서 다루어지겠지만, 플레이펌프(PlayPump)와 라이프스트로우(LifeStraw)는 적정기술의 대표적 사례로 다루어졌던 제품이다. 그러나 시간이 지난 후 현재는 실패한 적정기술의 사례로 회자되고 있다. 플레이펌프는 아이들이 펌프를 재미 삼아 돌리면 지하수가 수조로 올라와 놀이와 식수 해결을 동시에 하는 아이디어 상품으로 각광을 받았으나, 시간이 흐름에 따라 '주민들이 먹을 만큼의 지하수를 올리려면 아이들이 학교도 가지 않고 하루종일 놀이기구를 돌려야 하는 불편'을 감수해야 하는 적정기술로 인식되어 더 이상 사용되지 않는다. 라이프스트로우도 더러운 물을 정수하여 마실 수 있게 만들어 주는 개인 휴대용 정수기로, 아프리카의 식수 문제를 해결하는 적정기술의 대표 주자로 각광 받았다. 그러나 높은 가격과 사용기한이 한정적이라는 점 때문에 이제는 적정기술 제품이 아닌 캠핑이나 재난 키트의 하나로 분류되고 있다.

반면 킥스타트가 개발한 머니메이커(MoneyMaker)는 발로 밟아 물을 끌어올리는 펌프로 처음 출시되었을 때 80달러(USD)라는 다소 비싼 가격이 아프리카 농부들에게 적절한가라는 의문을 품게 했다. 하지만 머니메이커를 빌려 써 본 사람은 손쉽게 농장을 일굴 수 있었고, 왜 돈을 모아야 하는지, 어떻게 하면 좀 더 효과적으로 농장을 개발할 수 있는지를 생각하기 시작했다. 머니메이커는 아프리카 주민에게 19만여 대 이상 팔렸으며 60만 명이 넘는 사람이 절대빈곤에서 탈출하는 계기가 되었고 농업 생산성 400% 향상, 새로운 일자리 5만 4천 개 창출, 수익 1,200억 원 발생, 신규 창업자 12만여 명이라는 성과를 거두었다.

그림 1.11 머니메이커(MoneyMaker) 인간 동력(foot-powered)만으로 지하 최고 깊이 7 m의 물을 최고 14 m까지 올릴 수 있고, 수평적으로는 200 m를 이동해 2에이크에 해당하는 면적의 관개 작업을 몇 시간 만에 끝낼 수 있다. 킥스타트 창립자인 마틴 피셔가 개발했다.

이상과 같은 기술의 지속가능한 발전을 가능하게 한 킥스타트(KickStart)의 5가지 원칙을 소개하면 다음과 같다.

① 문제가 곧 기회이며, 문제를 즐긴다.
② 제품은 단순하게 디자인한다.
③ 생산은 최저 비용이 들도록 개선한다.
④ 쉬지 않고 시장을 개척해 나간다.
⑤ 측정하고 다시 움직인다.

셋째, 환경친화적 발전(eco-friendly development)이란 기술이 현지의 문화적 환경이나 자연적 환경을 손상, 파괴할 요소가 없어야 한다는 것이다. 산업화 시대를 거치면서 우리가 사용했던 많은 기술이 기후변화나 환경 파괴를 초래하고 지역 공동체의 문화를 파괴한 경험을 거울 삼아 동일한 시행착오를 겪지 않도록 해야 한다는 것이다. 자칫 적정기술을 값이 싼 기술이나 기술적으로 낮은 단계의 기술로 이해하여 산업화 초기 단계에 사용하였던 재료나 방법을 그대로 적용하는 경우가 종종 있다. 예를 들어, 환경 문제를 일으키는 플라스틱 제품이나 에너지 효율이 낮은 값싼 부품을 사용하여 가격을 낮추거나 인체에 해로운 화학물질을 사용하는 경우이다.

적정기술은 싼 기술이나 낮은 단계의 기술이라는 생각은 매우 잘못된 생각으로 비용을 최대한 줄이되 환경친화적인 결과를 만들어 내야 한다는 면에서 적정기술은 그 어떤 첨단기술보다 정교하게 설계된 선진 기술이 되어야 함을 기억할 필요가 있다.

한편, 기술적 측면뿐 아니라 사회문화적 측면에서도 환경친화적 발전의 개념은 중요하다. 일상생활의 편의성과 경제적 이익 창출을 가져올 적정기술이 지역 사회의 일부 지역의 특정 그룹에게만 제공될 경우, 지역 사회의 분열과 분쟁을 일으킬 가능성이 있음을 기억할 필요가 있다. 예를 들어 물 문제가 심각한 북아프리카 지역에 물 문제 해결을 위한 관개 시설이나 우물을 설치하는 것이나 전기가 없는 곳에 발전 시설을 설치하는 작업에서 위치 선정은 매우 신중하게 고려해야 할 사항이다. 물이나 전기는 모두에게 생존과 이해관계가 걸린 중대한 문제이므로 어느 지역의 누가 사용권이나 관리권을 갖느냐 하는 것은 매우 중요한 문제가 된다. 따라서 지역 사회의 발전과 행복한 삶을 위해 개발된 적정기술로 인해 지역 사회가 파괴되고 주민들 간의 갈등이 심화되어 유혈사태로까지 번질 수 있다는 사실을 염두에 두고 적정기술의 본래 취지가 훼손되지 않도록 지역 사회 구성원과의 협력과 지속적 의사소통을 통해 기술을 개발하고, 그것에 대한 권리와 책임을 공평하게 나눌 수 있도록 현지의 자연적 환경과 사회적 환경을 두루 고려하는 신중한 태도가 필요하다.

그림 1.12 말라리아 모기장 말라리아 퇴치를 위해 약품 처리한 모기장이 개발되었으나 더 많은 사람들에게 보급하기 위해 원래 가격의 1/10 혹은 무상으로 보급하는 과정에서 기존의 모기장 판매 시장을 붕괴시키고, 무상 배급한 모기장을 결혼식 면사포 등 원래 목적과 달리 사용하면서 적정기술의 실패 사례로 남게 되었다.

이상과 같은 적정기술의 기본 조건에 대한 논의를 기반으로 적정기술의 조건을 좀 더 구체적으로 정리하면 다음과 같다.

① 적은 비용으로 활용한다.
② 가능하면 현지에서 나는 재료를 사용한다.
③ 현지의 기술과 노동력을 활용하여 일자리를 창출한다.
④ 제품의 크기는 적당해야 하고 사용방법은 간단해야 한다.
⑤ 특정 분야의 지식이 없어도 이용할 수 있어야 한다.
⑥ 지역 주민 스스로 만들 수 있어야 한다.
⑦ 사람들의 협동 작업을 이끌어 내며 지역 사회 발전에 공헌해야 한다.
⑧ 분산된 재생 가능한 에너지 자원을 활용한다.
⑨ 기술을 사용하는 사람들이 해당 기술을 이해할 수 있어야 한다.
⑩ 상황에 맞게 변화할 수 있어야 한다.
⑪ 지적 재산권, 컨설팅 비용, 수입 관세 등이 포함되지 않는다.

실제로 위에 열거한 11가지 조건을 완벽하게 만족시킬 수 있는 기술은 그리 많지 않으며 11개의 조건이 모두 동등한 정도로 적용되어야 하는 것도 아니다. 예를 들어 국내 적정기술 연구 및 관련 활동이 시작된 초기 활동에서는 현지 재료 활용 등 현지성에 더 많은 관심을 가졌다면, 시간이 지날수록 기술의 지속가능성에 중점이 맞춰지면서 시장성이나 현지인들의 수익 창출 등이 더 중요하게 부각되고 있다. 위에 열거한 기준 중에서 몇 가지를 만족시키지 못해도 해당 적정기술을 통해서 지역 주민의 역량이 강화되거나, 삶의 질이 향상되며, 고용 창출이 발생하면 이를 적정기술의 범주에 포함시킬 수 있다. 최근 들어 적정기술은 지속적인 이용과 관리, 사용자들의 생계 또는 경제적 자립을 강조하고 장기적인 관점에서 수익성 또는 비즈니스와 연관하여 추진되는 경향이 더 강해지고 있다.

진정한 적정기술이 되려면 목적에 적합한 다양한 기술 선택지에 대한 지식, 지역 사람과 자연 환경에 대한 주의 깊은 분석, 대안적 선택 사항에 대한 규범적 평가, 정의적이고 기술적인 선택 실천 등이 전제되어야 한다. 적정기술은 단순히 실질적인 기술적 인공물(협의의 적정기술)이 아니라 보다 넓은 의미로 적정기술과 관련된 운동, 혁신 전략, 기술-실천 방식 등을 총칭하는 용어로 이해되어야 할 것이다.

한편 표 1.1과 같이 적정기술 제품을 사회적, 경제적, 환경적 기준에 따라 평가하는 평가 기준을 정리해 볼 수 있다.

이상에서 적정기술의 개념과 역사에 대해 살펴보고, 적정기술이 다른 기술과 구별되는 특징을 이해하기 위해 적정기술의 조건에 대해 논의하였다. 본문에서 언급된 모든 조건을 완벽하게 만족시킬 수 있는 실제적 기술은 그리 많지 않으며 이들 11개의 조건이 모두 동등한 정도로 적용되어야 하는 것도 아니다.

표 1.1 적정기술 지속가능성 평가 기준

대분류	소분류	항목	내용
사회	윤리	인권 기업가 정신 주인의식	특정 계급의 권리가 무시되지 않을 것 스스로 자립할 수 있는 정신을 심어 줄 것 주인의식을 가지고 사용하게 해야 할 것
	구매장벽	착한 자본 제품 홍보	소액 융자로 구매가 가능할 것 많은 사람들이 알 수 있도록 해야 할 것
	수용	인체공학 문화 사용의 편의	구조상 사용상에 어려움이 없어야 할 것 특정 지역의 문화를 존중해야 할 것 어려움 없이 조작이 가능할 것
	커뮤니티	농촌	지역 사회 구성원을 포함할 것
경제	비용	저비용 확장성 수익 발생	제품의 구매 비용이 적을 것 제품의 확장(업그레이드)이 용이할 것 수익을 얻거나 증가시킬 것
	관리	설치 이동성 유지	조립이나 설치가 용이할 것 제품을 이동시키기 용이할 것 성능을 유지하는 데 드는 비용이 적을 것
	공정	생산성 재료 수급 수리	제작을 위한 가공이 용이할 것 현지에서 구할 수 있는 재료를 이용할 것 고장 났을 때 간편하게 고칠 수 있을 것
	품질	성능 수명 강도/내구	제시된 만큼의 성능이 구현될 것 일정 기간 이상의 수명을 유지할 것 쉽게 부서지거나 고장나지 않을 것
환경	재사용	폐기물 분해 해체	환경적으로 폐기가 용이할 것 분해가 쉬울 것 해체하여 다른 곳에 사용할 수 있을 것
	건강	위생 오염 무독성	질병이나 세균을 옮기지 않을 것 쉽게 오염되지 않을 것 페인트 등으로 인해 제품의 독성이 없을 것
	자원	자연 에너지 대체 에너지 에너지 절감	자연에서 얻을 수 있는 에너지를 이용할 것 화석연료가 아닌 재생 가능 에너지를 이용할 것 사용 시 필요한 에너지가 적을 것
	지역화	운반/배송 지역화 지역 산업	운반/배송으로 인한 비용이 적게 발생할 것 지역 환경에 적합할 것 지역 산업과 연계될 것

초기의 적정기술이 기술의 현지화라는 측면을 강조하며 시작되었지만 실제적 적정기술 제품이 개발되고 현지에 적용되는 과정에서 개인과 지역 사회의 수익 창출을 통한 적정기술의 지속가능한 발전이라는 경제적 측면의 중요성이 인식되었다. 따라서 상품가치가 있는 적정기술, 사용자에게 경제적 이익을 가져다 주는 적정기술이 더욱 강조되었다. 최근 들어서는, 자원 고갈과 환경 파괴, 기후변화와 자연재해의 발생 등에 대한 대안으로서 지구촌의 지속가능한 발전에 기여하는 대안적 기술로 적정기술의 적용 영역이 확대되고 있는 경향을 보인다.

앞으로 본서에서는 각 적정기술이 실제로 적용되는 대표적인 분야인 에너지, 물, 도구, 보건, 식량과 농업, 여성 및 교육에 대한 챕터로 조금 더 구체적인 내용이 다뤄지면, 적정기술의 기술적인 측면과 현장에서 해결해야 할 새로운 문제에 대한 접근을 이해할 수 있을 것이다.

1.4 적정기술의 향후 전망

아직도 적정기술을 '가난하고 열악한 환경에 처해 있는 사람들을 위한 값싸고 단순한 낮은 수준의 기술' 혹은 '가난한 사람들을 위해 봉사하고 헌신하는 기술'로만 인식하는 사람들이 많다. 하지만 앞서 논의한 바와 같이 적정기술의 개념은 지구촌의 빠른 변화와 함께 그 개념도 지속적으로 진화, 확장되어 가고 있다. 적정기술은 지속가능성(sustainability)이라는 글로벌 이슈가 주목을 받는 시대적 상황을 만나게 되면서, '새로운 가계 수입과 일자리를 만들고 경제적 이익 창출을 통해 기술의 공급자와 사용자 모두 총체적 역량을 강화하는 기술'로 개념이 확장되었고 이런 의미에서 단순하고 낮은 수준의 기술뿐 아니라 ICT를 비롯한 첨단 기술과의 접목을 통해 적은 비용으로, 자원을 고갈시키지 않으며 저개발 국가뿐 아니라 선진국의 다양한 사회 문제를 해결하는 복지 기술, 공동체 기술, 혹은 사회문제 해결 기술 등과 같은 새 시대의 대안적 기술로 적용 범위와 개념이 지속적으로 확장되어 갈 전망이다.

1. 저소득 시장의 잠재력

먼저 경제적 측면에서 적정기술은 BOP (Bottom of Pyramid) 시장의 부상과 관련하여 새로운 가능성을 찾을 수 있다. BOP는 프라할라드(C.K. Prahalad) 전 미시간 경영대학원 교수가 주창한 개념으로 구매력이 있는 1%의 인구가 50%의 시장을 차지하고 있는 반면, 나머지 99%의 인구는 나머지 50%의 시장을 차지하고 있으므로 부의 피라미드에서 두터운 바닥층을 형성하는 저소득층의

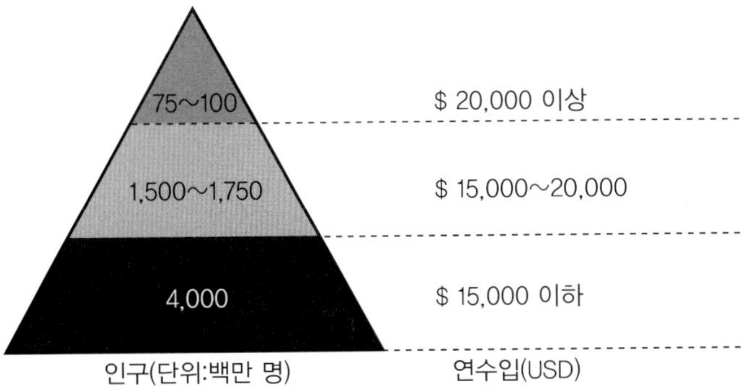

그림 1.13 BOP (Bottom of Pyramid) (출처: U.N. World Development Reports)

필요를 채우는 BOP 시장이 미래에 새롭게 주목할 시장임을 주장하는 이론이다. 그는 2004년 출간된 『The Fortune at the Bottom of the Pyramid(한국어판: 저소득층 시장을 공략하라)』에서 저개발 문제를 해결하는 새로운 해법으로 BOP 시장에 대한 가능성을 제시했다. 그동안 기업들은 저개발국가와 저소득층은 소득이 낮으니 구매력이 없고, 기껏해야 영세한 시장에 불과하다는 고정관념을 갖고 있었다. 하지만 포화상태에 이른 선진국의 시장에 비해 잠재적 구매 요구가 큰 저소득층을 대상으로 하는 시장은 일종의 블루오션으로, 현실적으로 이들 저소득 국가들은 신흥시장으로 급부상하고 있다. 흔히 브릭스(BRICs)라고 불리는 브라질, 러시아, 인도, 중국뿐만 아니라 멕시코, 인도네시아, 터키, 남아공, 태국 등 9개국의 구매력 기준 GDP(국내총생산) 총합은 12조 5000억 달러로 일본, 독일, 프랑스, 영국, 이탈리아의 구매력 기준 GDP 총합보다 더 크다.

그림 1.14 『The Fortune at the Bottom of the Pyramid』 저자인 프라할라드 교수는 이 책에서 빈곤 문제를 해결하는 새로운 해법으로 BOP 시장에 대한 가능성을 제시하였다.

프라할라드 교수는 단순히 저개발국가의 성장 잠재력이 크다는 이유 외에도 저개발국의 소비자에게 선진국과 유사한 소비 기회를 제공하는 일이 필요하다는 점도 지적한다. 이제까지 사람들은 개발도상국의 소비자 욕구가 선진국과 근본적으로 다르다고 가정해 왔으며 그들은 고급 제품이나 서비스를 사용해서는 안 된다는 암묵적인 전제 하에 사업을 해 왔다. 그러나 부유층과 소비의 규모가 다를 뿐 개발도상국도 선진국과 똑같은 질 좋은 제품과 서비스를 원한다는 점에 주목할 필요가 있다는 것이다. BOP 시장의 부상과 관련하여 미래 적정기술은 크게 두 가지 부분에서 변화될 가능성이 있다.

첫째, 적정기술의 시장적 가치를 인식하고 이를 새로운 사업 분야로 인식하는 사고의 전환이 필요하다. 이제까지의 적정기술 연구는 기술 개발에 치중되어 제품의 시장성과 구매, 판매, 소비와 공급 등 시장성과 수익 창출이라는 경제적 측면에 대한 적극적 고려가 부족하였고 적정기술을 새로운 비즈니스의 기회로 여기는 사람도 적었다. 그러나 적정기술의 개발은 저개발국가라는 거대한 신흥시장을 갖고 있고 이것이 미래의 젊은 세대에게 새로운 먹거리를 제공할 수 있는 유망한 분야가 될 수 있다.

둘째, 적정기술의 질적 제고이다. 앞서 언급한 바와 같이 소비의 규모나 방식은 다소 다르지만 질 좋은 제품에 대한 소비 욕구는 부유층이나 저소득층에 상관없이 동일하다. 따라서 질이 담보되지 않는 적정기술은 더 이상 설 자리가 없어질 것이다. 따라서 저렴한 비용으로 고품질의 자원을 활용할 수 있는 글로벌 생태계에 대한 연구와 이를 적극 활용한 제품 개발이 미래 적정기술의 새로운 과제로 부각되고 있다.

2. 지속가능 개발 목표와 적정기술

함께 읽어보기
제2장 2.1 발전의 의미와 방향

2000년대 들어서 유엔이 정한 새천년 개발 목표의 기한이 2015년으로 만료됨에 따라 유엔은 지속가능 개발 목표(Sustainable Development Goals, SDGs)라는 새로운 개발 의제를 내놓았다. 지속가능 개발 목표(SDGs)는 2016~2030년 모든 나라가 공동으로 추진해 나갈 목표로, 새천년 개발 목표(MDGs)의 후속 사업이다. 새천년 개발 목표(MDGs)가 추구하던 빈곤 퇴치의 완료를 최우선 목표로 하되 나아가 글로벌하게 전개되고 있는 경제 · 사회의 양극화, 각종 사회적 불평등의 심화, 지구 환경의 파괴 등 각국 공통의 지속가능발전 위협 요인들을 동시다발적으로 완화해 나가기 위한 국가별 종합적 행동 및 글로벌 협력 아젠다로 구성되어 있다.

지속가능 개발 목표의 특징을 정리하면, 첫째, 기존의 새천년 개발 목표가 개발도상국의 빈곤 퇴치에 집중되었던 반면, 지속가능 개발 목표는 개발도상국과 선진국 모두에게 적용되는 보편적(universal) 의제를 다룬다. 둘째, 기존의 새천년 개발 목표가 빈곤, 의료, 교육과 같은 사회문제에 집중한 반면, 지속가능 개발 목표는 개발도상국과 선진국의 이분법적 틀을 깨고 경제 · 사회 · 환경을 포괄하는 변혁적(transformative) 의제를 다룬다. 셋째, 기존의 새천년 개발 목표는 정부 주도로 진행되었던 것과는 달리, 지속가능 개발 목표는 정부, 시민사회, 민간단체 등 모든 이해 관계자들이 참여하는 파트너십(multi-stakeholder partnership)을 강조하는 포용적 의제를 다룬다. 마지막으로 다양한 재정적(ODA, 국내 공적 재원, 민간 재원 등) · 비재정적(과학, 기술, 역량 강화 등) 이행 수단 동원 및 글로벌 파트너십 활성화와 다층적(국가-지역-글로벌) 후속 조치 · 평가 체제 수립 등을 통해 구체적인 이행 수단 및 강력한 후속 조치 · 평가 시스템 등을 확보한다는 것이다.

이상과 같은 유엔의 개발 목표의 전환은 적정기술의 미래 발전 방향을 정립할 때 적극적으로 고려될 문제이다. 이제까지의 적정기술이 극빈층의 빈곤 퇴치와 생존 조건을 개선하는 기술에 집중하였다면 미래의 적정기술은 계층 간의 격차 해소, 자원의 발굴과 보존, 적절한 활용, 환경 보존에 대한 민감성, 삶의 질 개선 등 좀 더 포괄적이면서도 각 분야의 질적 제고를 목표로 하는 기술로 범위를 확장해 나가야 할 것이다.

지난 20년간의 노력으로 교육과 보건 분야에서의 양적 발전이 이루어졌다. 전 세계 1살 유아의 예방접종률은 80%까지 올라갔으며, 세계의 평균수명은 70세가 되었다. 저개발국가의 소녀 60% 이상이 초등교육을 받게 되었고 남성과 여성의 교육 격차도 현격히 줄어 미미한 정도에 지나지 않게 되었다. 세계의 전기 사용 가능 인구도 80%로 증가하였다. 통계적으로 볼 때, 물질적이고 양적인 발전은 상당한 성과를 이루었다고 할 수 있다. 그럼에도 불구하고, 통계로 잡을 수 없는 질적인 발전과 내용적 충실성은 아직도 많은 관심과 노력이 필요한 상황이므로 미래 적정기술은 이러한 내용적, 질적 발전을 가능하게 하는 방향으로 확장되어야 할 것이다.

예를 들어 이전의 적정기술이 교육 기회를 높이기 위한 기술이었다면, MDGs의 실행을 통해 초등교육의 보급률이 높아진 상태에서는 양적 발전을 기반으로 한 교육의 균형적 질 제고를 위한 기술로 확장되어야 할 것이다. 저개발국의 대부분 마을에는 초등학교가 건설되어 학생들에게 초등교육의 제도적 기회가 제공되고 있지만 아직도 교과서를 갖고 있지 못한 아이들, 교사가 부족한 교실, 교육 내용이 부실한 수업 등 교육의 질은 담보되지 않고 있기 때문이다. 이전의 적정기술이 모자 보건과 영아사망률을 낮추기 위한 기술 개발에 집중했다면 이제는 성평등과 여성의 역량 강화를 위한 기술 개발 영역이 확장되어야 한다. 1살 이하 유아의 예방접종률은 80%에 이르렀지만 아이 양육을 맡은 여성의 인권은 보장되고 있지 못하기 때문이다. 이전의 적정기술이 마실 수 있는 식수 확보에 집중했다면 이제는 수자원의 접근성과 지속가능한 관리 기술로 그 범위를 넓혀 나가야 한다. 아무리 깨끗한 물을 만들 수 있는 기술이 있다고 해도 이러한 혜택이 골고루 돌아가고 지속가능하게 유지될 수 없다면 지속가능한 기술로 자리 잡을 수 없기 때문이다. 지속가능 개발 목표에서 강조하는 또 하나의 의제는 기후변화와 지구환경 파괴에 대응하는 재생 가능한 대체 에너지 개발의 문제이다. 환경오염과 자원 고갈을 막는 소규모 분산형 신재생에너지를 개발하고 자원 낭비와 에너지 절감 노력을 전 지구적으로 함께 기울이자는 것이다. 이는 '현지에서 확보 가능한 자원을 활용한 소규모 분산형 대체 에너지 자원을 활용'한다는 적정기술의 기본 취지와 일치하는 것으로, 태양광, 소수력, 풍력, 바이오매스를 활용한 전력 확보 기술 개발, 에너지 소외 계층을 위한 기술, 전기나 화석연료에 의존하지 않는 주거 방식 개발 기술 등 새로운 에너지원의 개발과 에너지 의존성을 줄이는 기술도 미래 적정기술의 한 분야가 될 수 있다.

3. 새로운 기술 혁신 모델로서의 적정기술

20세기 서구 경제가 팽창하던 시기, 기업들은 연구 개발 부서를 만들고 아이디어를 상품화하는 데 필요한 사업 절차를 표준화하는 등 혁신 역량을 표준화하는 구조적 혁신 방법을 제도화하기 시작했다. 예산 규모를 키우고 사업 절차를 표준화하며 지식에 대한 접근을 통제하는 방식으로 20세기의 혁신은 이루어졌다. 하지만 변동성이 크고 변화의 속도가 빠른 21세기에 들어서면서 너무 비싸고 자

그림 1.15 지역 사회의 중요 문제를 창의적으로 해결하고 있는 개발도상국과 선진국의 기업가와 기업 사례를 중심으로 주가드 이노베이션의 6가지 원칙을 제시하고 있다.

그림 1.16 미티쿨 냉장고 진흙을 이용하여 제작된 무전력 냉장고

원 소모적이며 유연성이 부족하고 엘리트 중심의 배타성을 갖는 구조적 혁신 기법은 한계에 부딪치게 된다. 많은 자본을 투입했음에도 불구하고 결과는 쉽게 나오지 않고 변화에 대응하기에는 유연성이 부족한 기존의 구조적 혁신 방법은 실효성을 잃게 되었다. 글로벌 경기 침체에 따른 경제 성장의 둔화, 천연 자원의 고갈 등으로 인해 대공황 이래 최악의 경제 상황을 맞게 되었고 이와 함께 인도나 중국 같은 신흥 시장의 빠른 성장에 따른 인구 통계학적 변화, 급격한 기술 변화, 가속화되는 세계화는 산업혁명 이후 가장 복잡한 비즈니스 환경을 조성하고 있다. 이러한 변화에 대응하기 위해 적은 자원으로 많은 일을 하는 검소한 혁신의 필요성이 새롭게 대두되고 있다. 더 빠르고 유연하며 비용이 적게 드는 혁신에 대한 필요가 절실해진 것이다.

역경에서 기회를 발견하는 '회복력', 적은 비용으로 많은 일을 하는 '검소함', 유연하게 사고하고 행동하는 '적응성', 과정이나 구조를 단순화하는 '단순성', 소외 계층과 더불어 가는 '공감능력' 그리고 마음이 시키는 대로 하는 '열정' 등을 강조하며 혁신을 주도하는 방식도 최근 제기되고 있다. 그중 한 예로, 주가드 이노베이션이라 불리는 원칙은 적정기술의 기본 조건과 많은 부분 일치한다. 사실상 주가드 혁신의 방식으로 개발된 제품 중 많은 사례는 적정기술의 전형적 예라고 할 수 있다. 예를 들어 전력을 전혀 사용하지 않는 50달러짜리 '미티쿨 냉장고'나 충격흡수장치의 동력을 추진력으로 전환하여 구덩이가 많은 비포장도로에서 더 빨리 달릴 수 있게 고안된 '다스의 자전거' 등은 주가드 정신을 기반으로 한 적정기술의 예라고 할 수 있다. 21세기의 시대적 변화에 대응하는 새로운 혁신의 방식과 적정기술의 기본 조건이 많은 부분 일치한다는 것은 적정기술이 20세기 구조적 혁신의 한계에 대한 대안적 기술 혁신으로 새롭게 재해석 될 수 있음을 보여 주는 것이라 하겠다.

청년실업, 고령화 사회로의 이행에 따른 사회적 부담, 시장의 성장은 있으나 일자리는 줄어드는 대기업 중심의 산업 구조, 세계 기후 변화 등 여러 문제 가운데, 적정기술은 현재 인류가 당면한 많은 문제를 해결할 뿐만 아니라, 오히려 이러한 변화를 기회로 만들어 다양한 먹거리를 제공해 줄 수 있는 대안적 기술이라고 말한다. 적정기술의 확대 적용을 통한 신산업 발굴과 국제적 적정기술 창업(에너지, 물, 보건, 농업 등) 등을 통해 여러 문제의 실마리를 찾고 공학교육, 더 나아가서는 우리의 초등, 중등, 고등 교육 전반에서 적정기술에 대한 교육을 통해 공헌성을 중심 가치로 삼는 창의적 인재를 배출하여 제4차 산업혁명을 주도할 수 있을 것이라는 전망과 아울러 국내에 유학 중인 개발도상국 우수 인재들에게 적정기술을 기반으로 한 발전된 한국형 교육을 제공하고, 이를 통해 저개발국의 문제 해결과 지속가능 동반 성장을 꾀할 수 있을 것이라고 기대해 본다.

연습문제

1. 아래의 적정기술 제품 5가지를 다음 표의 적정기술 11가지 조건에 대하여 5점 척도로 평가하고 각각의 적정성을 비교하여라.
   (5 매우 만족/4 만족/3 보통/2 부족/1 매우 부족)

   ① OLPC (The One Laptop per Child)의 100달러짜리 노트북
   ② 프리플레이 에너지(FreePlay Energy)의 태양에너지 전등
   ③ 킥스타트의 머니메이커
   ④ 고디사 테크놀로지(Godisa Technologies)의 태양광 보청기
   ⑤ 스탠포드대학의 1달러 현미경

(5점 척도)

적정기술의 조건	①	②	③	④	⑤
1) 적은 비용으로 활용한다.					
2) 가능하면 현지에서 나는 재료를 사용한다.					
3) 현지의 기술과 노동력을 활용하여 일자리를 창출한다.					
4) 제품의 크기는 적당해야 하고 사용방법은 간단해야 한다.					
5) 특정 분야의 지식이 없어도 이용할 수 있어야 한다.					
6) 지역 주민 스스로 만들 수 있어야 한다.					
7) 사람들의 협동 작업을 이끌어 내며 지역 사회 발전에 공헌해야 한다.					
8) 분산된 재생 가능한 에너지 자원을 활용한다.					
9) 기술을 사용하는 사람들이 해당 기술을 이해할 수 있어야 한다.					
10) 상황에 맞게 변화할 수 있어야 한다.					
11) 지적 재산권, 컨설팅 비용, 수입 관세 등이 포함되지 않는다.					

2. 첨단기술이 발달한 현대 사회에서 적정기술이 재조명 되는 배경과 이유에 대해 설명해 보자.

3. 저개발국의 문제를 해결하기 위해 첨단의 IT 기술을 활용하는 것이 적정기술의 조건에 비추어 적절한지 논의해 보자.

참고 문헌

김정태, 홍성욱 (2011), 적정기술이란 무엇인가, 살림출판사.

나비 라드주, 제이딥 프라부, 시몬 아후자 (2015), 주가드 이노베이션(Jugaad Innovation), 홍성욱 옮김, 마인드풀북스.

빅터 파파넥 (2009), 인간을 위한 디자인, 현용순 등 옮김, 미진사.

슈마허 E.F. (2002), 작은 것이 아름답다 - 인간중심의 경제를 위하여, 이상호 옮김, 문예출판사.

스미소니언연구소 (2010), 소외된 90%를 위한 디자인 (Design for the other 90%), 에딧더월드.

신관우, 이충훈 (2017), 대학교육에서의 적정기술의 필요성과 방법에 대한 고찰, *Journal of Appropriate Technology*, 3, 18–23.

안성훈, 독고석, 추원식, 장수영, 이우성, 유영제, 윤제용 (2017), 적정기술의 역할과 비전, *Journal of Appropriate Technology*, 3, 6–10.

이경선 (2013), 국경없는 과학기술자들 - 적정기술과 지속가능한 세상, 뜨인돌.

프라할라드 C.K. (2006), 저소득층 시장을 공략하라 (The Fortune at the Bottom of the Pyramid), 유호현 옮김, 럭스미디어.

홍성욱, 김정태, 하재웅 (2010), 적정기술을 활용한 ODA (공적개발원조)의 효과적 수행방안에 대한 연구, 특허청.

Rosling H., Rosling O. Rosling A. Rönnlund (2018), Factfulness: Ten Reasons We're Wrong About the World—and Why Things Are Better Than You Think, Flatiron Books.

Website

http://economychosun.com/client/news/view.php?boardName=C05&t_num=4642.

제2장

빈곤과 원조 그리고 과학기술

"Development does not start with goods;
it starts with people and their education,
organization and discipline."

- E. F. Schumacher -

"발전은 재화로 시작되지 않는다.
발전은 사람과 더불어 시작된다. 사람의 교육,
사람의 조직 그리고 사람의 훈련으로 시작된다."

- 슈마허 -

생각해 봅시다

❶ 제2차 세계대전 이후 국제사회는 어떠한 발전을 추구했는지 생각해 보자.

❷ 국제 원조가 시작된 역사적 배경과 함께 성공과 실패의 원인에 대해 생각해 보자.

❸ 물질적 빈곤의 의미와 빈곤으로 생기는 문제에 대하여 생각해 보자.

❹ 과학기술이 어떻게 빈곤 퇴치에 공헌할 수 있을 지 생각해 보자.

Pearson Report, 국제 원조의 원칙을 선포하다

현재 경제협력개발기구(OECD) 산하 개발원조위원회(DAC)는 정부개발원조(Official development assistance, ODA)에 대한 권고 사항으로 국민총생산(GNP) 대비 0.7%라는 양적 목표를 제시하고 있다. 한국은 지속적으로 ODA 규모를 확대 중이나, 2016년 기준 GNP 대비 약 0.16%, 금액 기준 22억 4천 6백만 달러이며 최소 목표치인 0.2% 달성을 위해 노력하는 상황으로, DAC 산하 29개 회원국 중 16위에 불과하다.

개발도상국 지원에 대한 전략이 처음 논의된 때는 언제일까? 그 시작은 1969년 세계은행(World Bank) 총회에 제출된 400쪽짜리 피어슨 보고서(Pearson Report)이다. 피어슨 보고서는 개발 원조와 관련된 문제점을 통해 나아갈 방향을 제시한 매우 중요한 보고서이며, 국가 간 개발 협력 및 기술 원조의 역사를 판단할 때 가장 중요한 시발점이라 할 수 있다.

레스터 피어슨(Lester B. Pearson)은 UN 구성을 주도한 공로로 1957년 노벨상을 수상하고, 1963년부터 1968년까지 캐나다 총리를 역임했다. 피어슨은 1969년 9월 15일 『Partners in Development』라는 보고서를 발표하는데, 그 안에는 인류의 3분의 2에 해당하는 저개발 지역의 사람들을 돕기 위해서 신속하면서도 충분한 규모의 지원이 필요하며, 향후 20년간의 개발 계획이 포함된 혁신적인 내용이 담겨져 있다.

다음 표 2.1은 피어슨 보고서의 주요 목표 30가지와 권고사항 중 가장 혁신적인 항목을 발췌한 것으로, 현재 ODA 대부분에서 바탕으로 하는 핵심 정신이다.

표 2.1 피어슨 보고서의 핵심 내용 요약

통상 분야	• 선진국은 개발도상국의 주요 생산품에 대한 높은 관세와 세금을 철폐해야 한다. • 저개발국가에 대한 적극적인 파이낸싱이 필요하다.
해외 투자 분야	• 해외 투자가는 개발도상국의 인력 개발 및 훈련, 지역 산업, 국가 발전 등에 기여해야 한다. • 국제기구는 개발도상국에 너무 많은 해외 채무가 있을 경우, 조기 경보시스템을 구축해야 한다. • 사적인 해외 투자는 공공 지원의 대체가 아니다. 병원, 학교, 도로 등의 공적 지원이 사적 투자의 전제 조건이 되어야 한다.
경제 개발	• 원조 확대의 목표는 개발도상국의 지속적인 성장을 돕는 것이다. 1970년대의 목표는 최소 GNP 6%의 성장이며, 2000년대까지 스스로 자립하는 것을 목표로 한다.
지원 규모	• UN의 목표는 1975년까지 선진국 전체 GNP의 1%를 원조할 것을 권고한다. 그중 공공 혹은 국가 원조는 1975년까지 최소 0.7%를 달성하도록 한다. • 식량 원조는 개발도상국이 스스로 자급할 수 있는 형태로 변경해야 한다.
기술 원조	• 자본의 지원에는 교육과 농업이 포함되어야 한다. • 국제적 기술 지원은 직업을 만들 수 있어야 한다.
교육과 연구 지원	• 교육 관련 연구 및 새로운 교수법에 대한 지원을 확대하여 과학적, 기술적 지식을 받아들이도록 돕는다. • 산업화된 국가에서 연구와 개발 중 일부분은 개발도상국의 문제점을 해결하는 것에 목표를 두어야 한다. 또한 선진국은 연구와 개발, 특히 농업, 기술의 발전, 교육, 도시계획 등의 분야에 국제적, 지역적 센터 설립을 지원해야 한다.

빈곤의 해결은 인류 역사의 오랜 화두였다. 세계 총생산을 통해 발전과 빈곤을 논의한다면, 18세기에 이르기까지 대부분의 인류 역사는 빈곤의 상태였다. 세계 총생산의 증가 시점을 인류가 빈곤의 상태로부터 벗어나기 시작한 시점으로 파악한다면, 인류가 빈곤의 상태를 벗어나기 시작한 것은 인류 역사의 극히 일부분인 이백 년 정도밖에 되지 않은 셈이다. 그림 2.1은 세계 인구의 폭발적인 성장과 동시에 1인당 국내총생산(GDP)도 폭발적으로 증가하는 모습을 보여 준다.

발전이라는 말은 인류가 빈곤을 벗어나기 시작하자 그 진정한 의미를 획득하기 시작했다. 19세기 서구에서 발전은 '진보를 위한 처방', '따라잡기', '산업화', '식민지 자원 관리', '신탁 관리' 등을 의미했다. 20세기에 들어서 특히 제2차 세계대전 이후, 발전의 의미에는 '경제 성장', '정치 · 사회적 근대화', '축적', '인간의 번영 및 역량 강화', '사람들의 선택 폭이 확대되는 것', '구조 개혁', '탈규제', '자유화', '사유화' 등이 추가되었다. 또한 1990년대에는 발전 자체에 비판적인 **탈발전**(post-development)의 관점에서 발전의 의미를 '공학기술의 독재' 혹은 '재앙'과 동일시하기도 했다. 이 외에도 발전은 인간뿐만 아니라 인간 삶의 전 영역 그리고 과학기술과 자연 등 모든 것을 포함하는 개념으로 확장되어 왔다.

그렇다면 현재 우리는 발전을 어떻게 이해하고 있는가? 영어의 'development'에 해당되는 '발전'과 '개발'은 다음과 같이 정의되고 있다. 발전은 '더 낫고 좋은 상태나 더 높은 단계로 나아가거나, 일이 어떤 방향으로 전개됨'을 의미하며, '개발'은 '토지나 천연자원 따위를 유용하게 만드는 것, 지식이나 재능 따위를 발달시키는 것, 산업이나 경제 따위를 발전시키는 것, 새로운 물건을 만들

탈발전

서구 중심의 개발 모델이 가져온 결과가 국가 간 불평등과 계층 간의 불평등을 심화시킨 것에 대한 반성으로, 문화적, 역사적 맥락을 고려하여, 서구의 산업화 모델에서 탈피한 문화적, 역사적 맥락을 고려한 다원주의, 민주적 공정 거래 등을 포함한다.

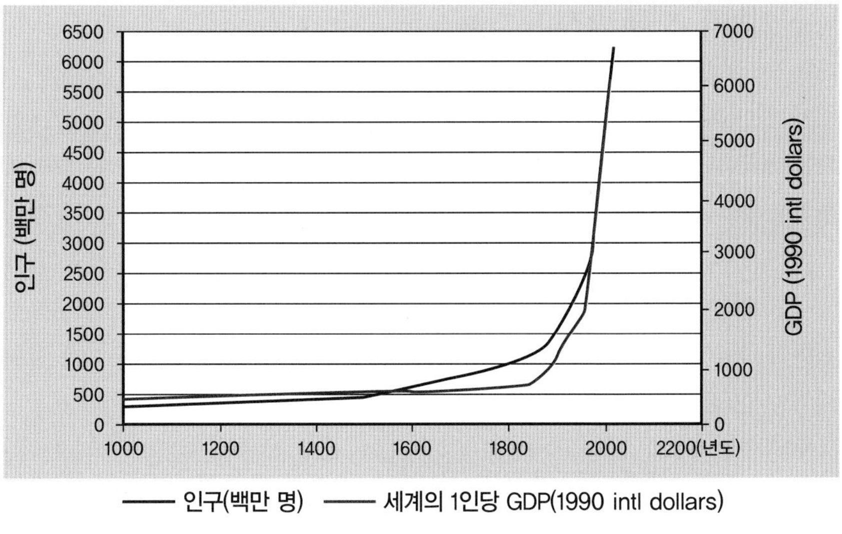

그림 2.1 세계 인구 추이와 1인당 국내총생산(1000~2001년) (출처: mss research, http: www.mssresearch.org/?q=node/581)

거나 새로운 생각을 내어놓는다는 것' 등을 의미한다. 이처럼 발전과 개발이라는 용어는 능동적이고 긍정적인 의미로 이해되고 있다. 발전과 개발은 무언가 새로운 변화를 의미한다. 그리고 이는 무언가 긍정적인 방향으로의 변화를 함축하고 있다. 어떤 것의 '더 낫고 좋은 상태나 더 높은 단계'로의 변화를 의미한다.

실제로 이러한 발전, 특히 자본주의적 발전을 통해 인류는 지난 200여 년 동안 경이로울 정도의 빠른 속도와 큰 규모로 변화해왔다. 그림 2.1의 세계 총생산이 지난 200여 년 동안 수직에 가깝게 증가해 왔듯이, 인간 삶의 전 영역에 걸쳐 급격한 변화가 이루어졌다. 그러나 이러한 발전(개발)의 과정이 언제나 모든 이에게 '더 낫고 좋은 상태나 더 높은 단계'를 의미하는 것은 아니다. 많은 경우, 개발의 이익은 기업, 특정한 집단 혹은 소수의 힘 있는 자들에게 돌아가고, 힘없는 자들은 좀처럼 이익을 얻기 어렵다. 공동체나 힘없는 자의 이해관계는 제대로 표출되지 않거나, 개발 과정에서 배제되거나 소외되는 경우도 흔하다. 이는 발전의 시대에도 인류의 오랜 화두인 빈곤이 지속되고 불평등이 확대되는 주요한 이유이기도 하다.

이 장은 빈곤과 발전 그리고 과학기술에 관한 것이다. 이 장에서는 특히 발전과 빈곤 간의 관계와 발전의 한 방식으로서 과학기술과 빈곤 퇴치의 가능성을 가늠한다. 이를 위한 하나의 방법인 적정기술은 제2차 세계대전 이후 전 지구적 차원에서 벌어진 자본주의적 발전에 대한 대안적 사회운동이다. 그리고 인간 및 공동체 중심적인 발전의 중추적인 구성 요소이자, 인간 및 공동체를 구성하는 기술 발전의 원리로 이해할 수 있다.

2.1 발전의 의미와 방향

1. 산업화를 통한 발전과 그늘

제2차 세계대전 이후 전 지구적 차원에서 새로운 발전(개발)의 시대를 고지한 것은 미국 대통령 트루먼(Henry S. Truman)이었다. 1949년 1월 20일 대통령 취임사에서 그는 다음과 같이 선언했다. "우리(미국)는 우리의 앞선 과학과 진보한 산업의 혜택이 저개발 지역의 개선과 성장을 위해 활용될 수 있도록 대담하고 새로운 프로그램에 착수해야 합니다 …… 제국의 이윤을 위해 식민지를 착취했던 과거의 제국주의는 더 이상 지구상에 설 자리가 없어졌습니다. 우리가 염두에 두고 있는 것은 민주적이며 공정한 관계에 기반을 둔 발전입니다."

20세기 후반부터 현재에 이르기까지도 많은 경우 발전이란 트루먼이 취임사에서 강조했던 의미로 인식되어 왔다. 그것은 '과학기술과 산업의 진보'에 관한 이야기이고, '저발전된 국가와 지역의 경제 성장'에 관한 것이었다. 발전의 '대담함'은 시장을 위한 자본의 대규모 투자와 거대한 인프라의 구축 그리고 급속한 산업화로 표현되었다. 반면에 '민주적이며 공정한 관계'는 종종 냉전 관계나 기업을 발전의 중심에 놓는 시장 관계로 대체되었다. 제2차 세계대전 이후 식민주의로부터 독립한 아프리카 및 아시아의 많은 신생국가와 저발전 상태에 놓여 있었던 중남미 국가에게도 발전은 그들을 과학기술과 산업의 진보로 인도할 수 있는 등대와 같은 것으로 인식되었다. 종종 근대화(modernization)라 불렸던 발전을 통해, 그들은 그들이 처해 있던 빈곤과 저발전의 상태를 극복하고 미국 및 서구와 마찬가지로 부유한 국가가 되기를 원했다. 정치적, 사회문화적 차이에도 불구하고, 그들에게 국가 혹은 민족적 발전은 공통적인 최우선 과제였고, 많은 경우 경제 성장이나 자립과 동일시되었다.

제2차 세계대전 이후 성장한 사회주의 국가들 역시 발전에 있어서는 많은 면에서 트루먼의 연설을 공유했다. 그들에게 있어서도 발전의 의미는 '과학기술과 산업의 진보'였다. 거대한 인프라의 구축, 급속한 산업화, 경제 성장, 생산력 증대 등은 그들에게 있어서도 발전(개발)의 공리였다. 비록 미국 및 서유럽 국가들과의 냉전 속에서 자본주의와 시장관계에 반대하고 계획경제와 국가에 의한 집산화를 추구했음에도 말이다.

그럼에도 불구하고, 발전의 시대에 산업화와 경제 성장을 중심으로 한 저발전 국가의 발전은 그다지 성공적이지 않았다. 20세기 후반까지 급속한 산업화와 경제 성장을 통해 절대 빈곤과 저발전의 굴레로부터 벗어난 국가는 아시아의 호랑이라 불렸던 한국, 대만, 홍콩, 싱가포르 정도이다. 아시아, 아프리카, 중남미 국가 대부분은 여전히 저발전 상태에 있고, 인구의 많은 수는 여전히 절대 빈곤의 상태를 벗어나지 못하고 있다.

위와 같은 저발전과 빈곤 상태는 발전에 대한 근본적인 회의를 낳기도 했다. 빈곤은 종종 발전의 부재나 부족으로, 발전은 빈곤을 극복하는 결과를 의미했지만, 발전 과정, 특히 자본주의적 발전 과정은 빈곤의 퇴치 없이 진행되거나 심지어 빈곤과 불평등을 악화시키기도 하였다. 많은 이들이 아프리카와 아시아 그리고 중남미에서 진행된 발전이 실패했다고 단언했고, 선진국이 저개발국에 가한 극심한 피해나 종속적 관계를 감추기 위한 거짓에 불과하다고 비판했다. 선진국과 저개발국 간의 관계는 언제나 불공평했으며, 발전은 단지 제2차 세계대전 이후 미국의 헤게모니를 강화하는 데 이용되었을 뿐이라는 것이다. 이러한 관점에서 20세기 후반 탈발전 옹호론자들은 발전 자체를 거부해야 한다고 주장하기도 했다.

2. 발전의 개념 전환기

앞으로 원조의 역사에서 다루게 될 피어슨 보고서(Pearson Report)를 시작으로, 1970년대부터 발전에 대한 두 가지 새로운 관점이 본격적으로 등장하기 시작했다. 하나는 인간 혹은 공동체에 초점을 맞춘 '인간 중심적 발전'이고, 다른 하나는 환경과 생태에 초점을 맞춘 '지속가능한 발전'이다. 이 두 관점은 기본적으로 탈발전론자와 동일하게 기존의 발전에 대해 비판적이다. 그러나 탈발전론자와는 달리 발전 자체를 거부하는 것은 아니다.

인간 중심적 발전은 기존의 발전과는 달리 모든 인간과 공동체의 잠재력을 실현하는 것을 발전의 비전으로 삼는다. 발전은 산업화나 과학기술의 진보, 거대한 인프라를 의미하는 것이 아니라, 개인이나 공동체가 그들의 잠재력을 충분하게 실현할 수 있도록 개인이나 공동체의 권한을 강화하는 것을 의미한다. 이러한 발전은 국가나 기업이 아니라 개인과 공동체를 중심으로 한 일종의 사회운동을 통해 이루어진다.

지속가능한 발전 역시 기존의 발전이 가져온 환경의 변화 및 파괴와 빈곤에 비판적이다. 그러나 이 역시 발전 그 자체를 거부하지 않는다. 환경 및 생태에 초점을 맞추어 부의 창출과 재산의 생산이 자연에 대한 존중과 선순환적 관계를 이루는 것을 핵심으로 하는 발전을 추구한다.

동시에 자본주의적 진보의 결점을 개선하는 것을 발전으로 이해하려는 시각이 광범위하게 확산되기 시작했다. 예를 들어 빈곤이 자본주의적 진보의 산물이라면, 이를 퇴치하는 것은 발전을 의미한다는 것이다. 실제로 빈곤 퇴치가 발전의 목표로 자리 잡게 된 것은 바로 이러한 시각에 기반을 둔 것이었다. 많은 국제 조직과 비정부기구(NGO)는 이러한 시각에 기초하여 발전과 개발 활동을 수행하기 시작했으며, 그 분야 역시 빈곤뿐만 아니라 자본주의적 진보의 결점이 나타나는 모든 분야로 확대되기 시작했다. 이러한 시각은 또한 21세기의 발전을 위한 초석을 마련했다.

1995년 **세계은행(World Bank)**은 2015년까지 달성할 목표로, 최우선적으로 고려해야 할 여섯 가지 분야에 대한 발전 목표를 제시했다. '빈곤', '아동', '교육', '보건 및 의료', '여성' 그리고 '환경' 등의 분야가 최우선적으로 고려되었고, 각각의 분야는 달성해야 할 구체적인 목표를 담고 있다. 구체적으로 빈곤의 경우, 2015년까지 달성해야 할 목표는 전 세계 절대 빈민층의 절반을 줄이는 것이다. 아동 분야는 5세 이하 아동의 사망률을 3/4으로 줄이는 것, 교육 분야는 모든 국가에서 초등 교육의 의무화, 보건 및 의료 분야는 모든 이에게 출산 의료 서비스 제공, 여성 분야는 초·중등학교에서의 성비 격차를 해소함으로써 남녀 간의 평등과 여성의 권한 강화에 이바지, 환경 분야는 2005년까지 모든 국가가 '지속가능한 발전'을 위한 국가 전략을 마련하고, 2015년부터는 손실된 환경 자원을 전 지구적 혹은 국가적 차원에서 복원되는 방향으로 나아가도록 하는 것 등을 발전 목표로 삼았다.

세계은행

1944년 빈곤이 없는 세계를 위한다는 모토로 설립된, 개발도상국에 대한 자금 대출과 정책 개혁을 주도하는 국제 자본 금융 기관이다. 국제부흥개발은행(IBRD)과 국제개발협회(IDA)를 산하에 두고 있으며, 1980년대 이전에는 국가 재건과 개발에 필요한 자금을 중심으로 대출하고, 현재는 환경과 보건, 지속가능한 성장을 위한 분야에 투자하고 있다. 2012년부터 한국 출신의 김용 총재가 수장을 맡고 있다.

3. 지속가능한 발전의 시대

함께 읽어보기
제1장 1.4 적정기술의 향후 전망

이처럼 자본주의적 진보의 결점을 개선하는 것을 발전으로 이해하려는 시각은 21세기에 들어 유엔(UN)을 중심으로 한 국제기구와 NGO의 활동을 통해 확대 · 강화되는 추세이다. 2000년에는 UN 회원국 191개국과 국제기구 20여 개 이상이 참여한 '유엔 밀레니엄 선언'이 채택되었다. 유엔 밀레니엄 선언의 의제로 채택된 새천년 개발 목표(Millennium Development Goals, MDGs)는 1995년 세계은행이 설정한 발전 분야 및 목표와 거의 유사하다. 빈곤 분야에서는 2015년까지 전 세계 절대 빈민층의 절반을 줄이는 것을 목표로 삼았다. 전 세계에서 보편적 초등 교육을 달성하고, 초 · 중등 교육, 나아가 교육 전반에서 성비 격차와 성적 차별을 철폐하며, 5세 이하 유아 사망률을 3/4으로 줄이고, 산모 사망률 역시 2015년까지 3/4으로 줄이는 것을 목표로 삼고 있다. 더불어 말라리아의 발병 억제, 에이즈 확산 근절, 생활 환경의 개선(슬럼 지역의 생활 환경 개선, 식수 및 위생시설 확충) 등이 포함되어 있다.

새천년 개발 목표와 세계은행의 발전 목표와의 차이점은 발전 분야에 '발전을 위한 전 지구적 파트너십'이 추가된 점이다. 이 분야를 통해 MDGs는 공개적이고 원칙적이며 예측가능하고 비차별적인 무역 및 금융시스템의 개발, 저개발국 수출품을 위한 비관세와 시장 접근 마련, 채무 경감과 부채 탕감 방안 마련, 빈곤 감소를 공약한 국가에 대한 정부개발원조(Official Development Aids, ODA) 확대, 개발도상국 청년을 위한 적절하고 생산적인 일자리 마련을 위한 전략 개발 및 실행, 국제적인 제약회사와의 협력을 통해 개발도상국이 감당할 수 있는 가격에 필수의약품 공급, 민간 부문과의 협력을 통해 정보통신 기술 등과 같은 신기

그림 2.2 새천년 개발 목표(MDGs)의 8가지 실행 목표 (출처: United Nations Millennium Goals and Beyond 2015)

술의 혜택을 개발도상국이 접근할 수 있도록 하는 방안 등을 모색하고자 했다.

2000년부터 시작된 MDGs는 2015년 종료되고, 현재 국제사회는 MDGs의 연장선에서 채택된 유엔의 '지속가능한 발전(sustainable development)'을 추구하고 있다. 2030년까지 달성을 목표로 한 지속가능 개발 목표(Sustainable Development Goals, SDGs)는 MDGs의 8가지 발전 분야를 포함하여 총 17개의 발전 분야로 구성되어 있고, 각 분야는 2030년까지 달성되어야 할 구체적인 목표를 담고 있다.

경제와 도시 그리고 정치는 SDGs에서 새롭게 추가된 분야이다. 여덟 번째 분야인 양질의 일자리와 경제 성장은 포괄적이고 지속가능한 경제 성장, 완전고용, 모든 이를 위한 양질의 일자리와 생산적 고용 등을 추구한다. 아홉 번째 분야인 산업, 혁신, 인프라는 원상태로 회복가능한 인프라의 건설, 포괄적이고 지속가능한 산업화, 혁신의 조성 등을 목표로 삼고 있다. 열 번째 분야인 불평등 문제에 관하여 국가 내, 국가 간의 불평등을 줄이는 것을 목표로 하고 있다. 도시와 공동체(열한 번째 분야)를 위해서는 포괄적이고 안정적이며 원상태로 회복가능하고 지속가능한 인간의 거주와 정착을 추구한다. 열두 번째 분야인 책임 있는 소비와 생산 분야에서는 지속가능한 소비와 생산 패턴을 보장하는 것을 목표로 삼고 있다. 마지막으로 열여섯 번째 분야인 평화, 정의, 강한 제도에서는 지속가능한 발전을 위한 평화롭고 포용적인 사회와 모든 이에게 정의로운 사회, 효과적이며 책임 있고 포괄적인 제도 구축을 목표로 하고 있다.

우리가 현재 살아가고 있는 21세기를 지속가능한 발전의 시대라고 부를 수도 있을 것이다. 현재 UN을 중심으로 전개되고 있는 지속가능한 발전에는 1970년대부터 자본주의적 발전에 대한 대안적 발전으로 제시되었던 인간 중심적 발전과 지속가능한 발전 그리고 자본주의적 진보의 결점 개선을 발전으로 이해하려

그림 2.3 지속가능 개발 목표(SDGs)의 17가지 분야와 실행 목표(출처: United Nations Sustainable Development Platform)

는 시각이 중첩되어 있다. 그간 자본주의적 발전에 가려졌던 적정기술은 지속가능한 기술 혹은 환경친화적 기술이라는 이름으로 빈곤을 퇴치하고 환경 문제를 해결하기 위하여 다시금 주목 받고 있다.

그러나 지속가능한 발전이 현재 유일한 발전 방식이나 모델인 것은 아니다. 여전히 많은 국가들은 산업화와 경제 성장을 발전의 최우선적 목표로 삼고 있다. 거대한 인프라 구축은 여전히 현재 진행형이다. 특히 20세기 후반부터 주도적인 위치를 차지해 온 신자유주의는 탈규제, 자유화, 사유화 등을 통하여 자본주의적 발전을 가속화시켰다. 이에 따라, 절대 빈곤을 벗어난 사회에서조차 불평등 심화와 같은 문제는 가속화되었다. 이에 대한 대안적 발전을 모색하는 데 있어서도 적정기술은 중요한 함의를 제시한다.

2.2 빈곤의 개념과 의미 변화

인류 역사의 오랜 화두였던 빈곤은 20세기 후반 발전의 시대를 거쳐 21세기인 현재에 이르기까지도 인류가 해결하거나 개선해야 할 가장 기본적이고 중요한 문제로서 여전히 남아 있다. 앞서 살펴보았던 MDGs와 SDGs에서 빈곤을 퇴치하기 위한 과제는 항상 첫 번째 주제로 다루어지고 있다.

특히 현재 진행 중인 SDGs 빈곤 퇴치의 세부 목표로 ① 2030년까지 하루에 1달러 25센트 이하로 살아가고 있는 전 세계 절대 빈민층의 완전한 해결 ② 2030년까지 절대 빈곤선(absolute poverty line)을 규정하고 있는 국가들의 절대 빈민층 중 적어도 절반 이상의 절대 빈민층 해결 ③ 각 국가에 적합한 사회보장 시스템의 확립 ④ 빈민층에게 경제적 자원에 대한 권리, 기본적인 서비스에 접근할 권리, 소유권, 토지와 여타의 재산, 유산, 천연 자원, 신적정기술(appropriate new technology)과 **마이크로파이낸스(microfinance)**를 포함한 재정 · 금융 서비스 등에 대한 통제권 보장 ⑤ 경제 위기나 사회적 · 환경적 충격 및 재난, 자연재해 등으로부터 빈민층이 받을 수 있는 영향 감소와 위기, 재난, 자연 재해로부터 빈민층이 회복할 수 있는 복원력 구축 등을 제시하고 있다.

> **마이크로파이낸스(소액대출)**
> 금융 관련 서비스에 접근할 수 없는 소규모 기업에 대한 소규모 대출의 의미와 함께 빈곤층이 빈곤에서 벗어날 수 있도록 지원할 수 있는 금융을 기반으로 한 서비스이다.

1. 절대적 빈곤

빈곤 퇴치의 세부 목표에서 살펴볼 수 있듯이, 빈곤 특히 절대 빈곤은 특정한 기준의 설정을 통해 파악된다. 예를 들어 SDGs는 전 세계적인 차원에서 절대 빈민층을 1인당 하루 1달러 25센트 이하로 생활하는 사람으로 제시하고 있다. 반면 1995년 처음으로 전 세계적 빈곤선을 1인당 하루 1달러로 제시했던 세계은행은 현재 1달러 90센트를 전 세계적 빈곤선으로 설정하고 있다.

또한 개별 국가들 역시 자체적으로 절대 빈곤선을 설정해 왔다. 국가가 설정하는 절대 빈곤선의 경우, 각 국가마다 상이한 기준과 지표를 사용하므로 절대 빈곤선이 서로 다르게 산출된다. 예를 들어 미국의 경우 2015년 기준, 65세 이하 개인의 빈곤선은 연소득 11,770달러이고, 아동 2인을 포함한 4인 가족의 빈곤선은 연소득 24,250달러이다. 가장 높은 수준의 빈곤선을 책정하고 있는 룩셈부르크의 경우, 1인당 하루 42달러 정도를 빈곤선으로 설정하고 있다. 반면 인도의 경우, 도시 거주자는 월 12달러, 농촌 거주자는 월 7.50달러를 빈곤선으로 정하고, 그 이하 비용으로 생활하는 사람을 절대 빈민층으로 구분한다. 실제로 인도의 빈곤선은 도시나 농촌 모두 유엔이나 세계은행이 정한 전 세계적 빈곤선에 못 미치는 형편이다.

일반적으로 빈곤은 '수입이나 재산이 적어서 살림살이가 넉넉하지 못하고 어려움', 혹은 '필요한 것이 모자라거나 부족함'으로 이해되고 있다. 개인이나 가계의 소득(수입)이나 소비(지출) 그리고 구매력(purchasing power)은 빈곤이냐 그렇지 않느냐를 판단하는 중요한 시금석이 되어 왔다. 절대 빈곤은 인간 생존을 위하여 필요한 최소한의 것조차 충족되지 못한 빈곤 상태를 의미한다. 인간 생존을 위해 필요한 최소한의 것으로는 거주지, 식량, 안전한 식수, 자산, 보건 · 의료, 교육, 위생시설, 정보, 시간 등이 고려된다. 빈곤 상태가 수 년, 수십 년 혹은 세대로 이어질 경우, 이는 만성적 빈곤으로 불린다. 반면 일시적 빈곤은 비교적 짧은 시간 동안 빈곤 상태에 있는 경우를 말한다.

SDGs와 같은 발전(개발) 프로젝트나 세계은행과 같은 국제기구 그리고 절대 빈곤선을 설정하는 국가들은 빈곤의 이슈를 지속적으로 환기시키고, 빈민층을 확인하고 그들을 목표로 한 적절한 개입 수단을 마련하며, 빈민층에 초점을 맞춘 프로젝트와 정책 등을 감시하거나 평가하고, 빈민층을 돕는 기관들의 효율성을 평가하기 위하여 빈곤을 정의하고 절대 빈곤선과 같은 기준을 마련하고 있다.

2. 상대적 빈곤

일반적인 빈곤에 대한 이해와는 달리 상대적 빈곤은 '한 사회 내에서 개인, 가계, 혹은 그룹이 기본적인 재화를 얻고, 그러한 활동에 참여하며, 삶의 조건을 개선하고 편의시설을 이용하기 위한 자원이 부족한 경우'로 빈곤을 정의한다. 그 이유로는 평균적인 개인이나 가계가 통제하는 자원보다도 심각할 정도로 낮은 수준의 사람들은 일상적인 삶의 패턴, 관습, 활동으로부터 배제되기 마련이라는 점을 꼽고 있다.

일반적으로 상대적 빈곤은 한 국가에서 평균 소득의 60% 이하에 있는 사람들을 빈민층으로 간주한다. 선진국과 개발도상국 모두에서 사용할 수 있지만, 주로 부유한 선진국에서 빈곤을 측정하는 데 좀 더 유용할 수 있다. 실제로 **유엔개발계획(United Nations Development Programme, UNDP)**, 유엔아동기금(United Nations Children's Fund), 유럽연합(EU) 등이 상대적 빈곤에 입각하여 빈곤을 측정하고 있다.

> UNDP
> 유엔의 글로벌 개발 네트워크로 개발도상국에 대한 경험적 지원, 훈련 그리고 최빈국에 대한 경제적 지원 등을 수행하고 있는 국제기구이다. 최근에는 빈곤문제 해결, AIDS 문제, 민주적 거버넌스, 에너지와 환경, 사회발전 등에 중점을 두며 UN의 SDGs를 해결하는 데 중점을 두고 있다. 1965년에 설립되어 2013년 예산은 약 50억 달러에 이른다.

그러나 빈곤에 대한 측정보다 상대적 빈곤 개념에서 보다 중요하게 강조되어 온 것은 상대적 빈곤에 처한 사람들이 그들이 통제하는 자원의 심각한 부족 때문에, '일상적인 삶의 패턴, 관습, 활동으로부터 배제'되는 측면, 즉 사회적 배제의 측면이다. '개인이나 집단이 그들이 살아가고 있는 사회에 참여하는 데 완전히 혹은 부분적으로 배제되는 과정'인 사회적 배제는 발전(개발)의 시대에 빈곤의 원인을 규명하고 그 해법을 찾는 데 중요한 함의를 제시한다.

빈곤에 대한 이러한 접근은 불안정한 고용, 낮은 임금, 성별 차이(gender), 인종이나 문화 혈통성(ethnicity)의 차이, 신체적 장애나 좋지 못한 건강 상태, 참여의 기회 부족 등이 여기에 속하는 사람들에 대한 사회적 배제를 일으켜 빈곤의 원인이 될 수 있다는 것을 보여 준다. 이러한 원인들은 단일할 수도 복합적일 수도 있으며, 특정한 그룹은 마치 빈곤의 원인이라는 교차로 한가운데 서 있는 것처럼 중첩적으로 빈곤의 원인에 시달릴 수 있다. 또한 이러한 접근은 특정한 사람들을 배제하는 국가 정책이나 제도 그리고 그러한 메커니즘에 초점을 맞추기도 한다. 그러한 국가 정책이나 제도 그리고 메커니즘이 빈곤의 원인을 강화시키거나 만들어낼 수 있다는 것이다.

이에 따라 상대적 빈곤은 소득(수입)이나 소비(지출), 혹은 구매력보다는 사회적 배제의 메커니즘에 보다 많은 관심을 기울인다. 이러한 개념에 입각하여 UNDP는 빈곤에 대한 새로운 지표를 제시했다. 인간개발지수(Human Development Index, HDI)로 알려진 지표를 통해, UNDP는 국내총생산(gross domestic product, GDP)과 더불어 국가별 기대수명과 교육 수준을 조사해왔다. 이와 더불어 인간개발지수는 상대적으로 젊은 나이에 사망하는 사망자의 비율, 지식의 결핍 여부, 사회적 기준에 적합한 삶의 조건 등에 대한 지표 역시 포함한다. 또한 위에서 언급한 SDGs 역시 빈곤 퇴치를 위한 세부 목표에서 빈민층의 사회경제적 활동에 대한 권리와 통제권의 보장을 명시하고 있다.

> **함께 읽어보기**
> 제12장 12.1 굶주림과 식량 문제의 현황

절대적 빈곤과 상대적 빈곤의 차이는 세계은행과 UNDP의 비교를 통해 분명하게 살펴볼 수 있다. 세계은행은 소득과 구매력을 중심으로 빈곤을 파악하는 반면, UNDP는 교육이나 보건 · 의료 등을 포함한 다차원적인 지표(인간개발지수)를 사용하여 빈곤을 파악한다. 또한 빈곤 퇴치를 위한 정책적인 측면에 있어서도 세계은행은 경제적 활동에 주된 초점을 맞추고 있는 반면, UNDP는 교육이나 보건 · 의료와 같은 사회적 서비스의 개발에 주된 초점을 맞추어 왔다.

2.3 빈곤, 발전과 국제 원조

1. 국제 원조의 전략 수립

제2차 세계대전 이후 시작된 서구의 발전으로 1970년대부터 지역 간의 극심한 불평등이 심화되기 시작하였고, 이에 대한 국제적 대응이 중요한 화두로 떠오르기 시작한다. 그 시작은 앞에서 소개된 피어슨 보고서이다. 1968년 새로 임명된 세계은행의 로버트 맥나마라(Robert McNamara) 총재는 전 캐나다 총리인 레스터 피어슨(Lester B. Pearson)에게 제2차 세계대전 이후 시작된 국가 간 개발 지원의 평가와 향후 계획에 대한 정책과 제안을 요청한다. 피어슨은 피어슨 위원회(Pearson Commission)를 구성하여 논의한 끝에, 1년 후 세계은행에 보고서를 제출한다. 그리고 보고서는 『Partners in Development』라는 이름으로 출판되었다.

이 무렵 개발에 대한 많은 새로운 연구가 등장하기 시작한다. 특히 『작은 것이 아름답다』를 출간한 슈마허의 연구 및 다양한 국제 싱크탱크의 보고서가 등장한다. 1977년 세계은행 총재 맥나마라는 국제 개발 원조에 대한 새로운 연구를 제안하고, 전 독일 총리였던 빌리 브란트(Willy Brandt)를 의장으로 하는 브란트 위원회(Brandt Commission)가 조직되었고, 세계은행과는 독립적으로 북반구의 산업화된 국가와 남반구의 신흥국가를 구분하기 시작한다.

1987년 안전보장과 군축에 대한 팔메 위원회(Palme Commission), 환경과 개발에 관한 위원회 등이 조직되고, 노르웨이 총리였던 그로 할렘 브룬틀란에 의해서 조직된 브룬틀란 위원회(Brundtland Commission)는 처음으로 『지속가능한 성장 그리고 우리 공동의 미래(Sustainable Development: Our Common Future)』라는 보고서를 제출한다. 보고서의 핵심은 지속가능한 발전은 환경 문

그림 2.4 1968년 처음 소집된 피어슨 위원회(좌)와 1987년 브룬틀란 위원회의 의장이 된 노르웨이의 총리인 그로 할렘 브룬틀란(Gro Harlem Brundtland)(우)

제를 포함해야 한다는 점의 강조이다. 이후 천연자원, 환경, 아동에 대한 문제, 지속가능한 사회에 대한 리포트 등 다양한 국제적 위원회와 새로운 문제에 대한 통계 및 보고서가 제출된다. 1990년 UNDP에서 인간 중심의 개발(Human Delvelopment) 분야에 대한 최초의 보고서가 세계은행의 경제 위주의 노력에 대한 보완책으로 발표된다.

피어슨 보고서에서는 도시화와 빈곤의 문제를 크게 인식하였으며, 일자리를 증가시키는 것을 해결책으로 제시한다. 앞서 소개한 혁신적인 제안도 있었으나, 투자와 통상의 증가 필요성을 강조하면서, 섣불리 판단한 사항도 몇 가지 포함되어 있다. 예를 들면, 개발도상국에 대한 직접적인 민간 투자를 강조하고, 개발도상국에서 발행한 채권 등을 구매하는 기관투자가에 대한 법적 장벽을 철폐하라는 내용이 들어 있다. 그리고 고용을 모든 문제의 해결책으로 바라보면서 기술이전에 대한 아이디어를 과도하게 단순화한 부분이 있었다. 그러나 브란트 보고서는 다국적 기업에 대한 역할을 배제하였다.

2. 빈곤 퇴치와 국제 원조

20세기 후반부터 국제적 차원에서 본격적으로 제기되기 시작한 전 세계적 빈곤 문제에도 불구하고, 여전히 많은 국가들은 빈곤 퇴치보다는 경제 성장과 산업화를 통한 발전을 최우선적 목표로 삼고 있다. 특히 자본주의적 발전을 가속화 해온 신자유주의는 시장에 대한 탈규제, 사유화, 자유화를 통하여 기업을 주체로 한 경제 성장과 산업화를 추구해 왔다. 빈곤 문제의 해결은 궁극적으로 경제 성장과 산업화를 통해서 가능하다는 것이다. 이른바 **낙수 경제(trickle-down economics)**는 이러한 과정을 설명하는 이론으로 제시되어 왔다.

현실에서 낙수 경제는 기업과 부유층의 부의 축적에는 확실하게 공헌했다. 그러나 부가 흘러내려가 사회 전체에 이익이 되고, 나아가 빈곤 문제를 해결할 것이라는 추정은 여전히 추정으로 남아 있다. 단기적으로 확대된 것은 기업의 투자라기보다는 사회적 불평등이고 빈곤의 문제는 여전히 물음표로 남아 있다. 물론 장기적으로 빈곤의 문제가 해결될 수 있으리라는 추정은 여전히 유효할 수 있지만, 얼마나 장기적인가 혹은 구체적으로 어떻게 빈곤의 문제가 해결될 수 있는가 등의 질문에 대한 답을 낙수 경제에서 구하기는 어려운 실정이다.

이러한 관점에서 선진국에서도 발전과 빈곤의 관계에 대해 '부의 확대'와 '부의 재분배'를 요구하는 두 개의 상반된 관점이 지속적인 논쟁을 하고 있으며, 이는 국제 원조의 부문에서도 동일하게 논쟁이 진행되고 있다. 장기적인 성장 중심의 노력은 필요하나, 이것이 절대 빈곤의 퇴치를 해결할 수 있는 만큼 적용되지 못한다는 것이다. 현실적으로 효율적인 경제 성장과 빈곤 퇴치가 동시에 달성되기란 쉽지 않다. 따라서 두 가지 목표를 달성하기 위해서는 안정적이고 인도적인 발전이 필수적이다.

낙수 경제

단기간에 기업 투자를 자극하여 그 효과가 사회 전체에 이익을 줄 수 있다는 이론으로 기업과 부유층에 대한 특별한 감세 혜택을 정책적으로 시행할 것을 제시하는 경제학 이론이다. 그러나 상위계층의 소득 점유율이 증가하면서 발생한 소득 격차가 실제 사회 발전에 도움이 안된다는 비판에 직면하고 있다.

낙수 경제가 '가난한 사람들이 부자들의 욕망 앞에 결국 파멸할 운명이라는 비극적인 필연성을 암시'하는 가운데 저개발국가들에 대한 국제 원조와 빈곤 간의 관계에 대한 논쟁 속에서 21세기 들어서 빈곤 문제의 해법에 대한 논의가 촉발되었다. 한편에서는 국제 원조가 저개발국가에서의 빈곤의 문제를 해결해 줄 수 있으리라는 낙관론을 주장했지만, 다른 한편으로는 그렇지 않다는 비관론을 제기했다.

우선 국제 원조를 통하여 저개발국에서의 빈곤 문제를 해결하고자 하는 낙관론은 저개발국에서 빈곤이 지속되는 이유를 사람들에 대한 기본 서비스의 낮은 투자에서 찾는다. 따라서 그 해법은 부유한 국가들의 국제 원조를 통하여 농업이나 교육, 보건 의료, 위생시설, 통신, 교통과 같은 기본 서비스를 확충하고 이를 통해 궁극적으로 가난한 사람들 스스로가 저축과 투자를 할 수 있는 역량을 마련하는 것이다. 주로 아프리카 대륙에서 마을 단위를 기반으로 전개된 국제 원조에 기반을 둔 이러한 활동은 빈곤 퇴치를 위하여 부유한 국가들의 무상 원조를 비약적으로 확대할 것을 요구했고, 국제 원조의 수혜국으로 하여금 빈곤을 퇴치하기 위한 전략을 마련하는 데 도움을 주기도 하였다. 또한 마을을 빈곤 퇴치의 기본 단위로 삼음으로써 기본 서비스에 대한 투자 결정을 분권화하기도 하였다. 특히 이러한 과정에서 각각의 서비스 분야를 개선할 기초 기술의 활용 및 개발, 마을 사람들의 참여가 강조되었다.

반면, 국제 원조가 저개발국가의 빈곤 문제를 해결하기 어렵다는 비관론은 기존 국제 원조에 대한 비판에서 나온다. 비관론에 따르면 기존의 국제 원조는 실패할 수밖에 없는데, 그 주된 이유는 기존의 국제 원조가 원조에 참여하는 행위자의 책임을 결여하고 있으며, 원조 받는 사람들의 피드백 없이 위에서 아래 방향으로 원조 계획을 하달하는 방식으로 이루어져 있기 때문이다. 이러한 관점에서는 국제 원조가 제대로 작동하기 위해서는 먼저 아래에서 위 방향으로, 즉 원조 받는 사람들이 무엇을 원하는지를 분명하게 파악할 필요가 있으며, 시장을 활용하여 그것을 공급해야 한다고 한다. 이와 더불어 비관론에서는 저개발국이나 개발도상국은 스스로 발전과 개발을 추진할 수 있는 자신만의 고유한 창조성을 지니고 있음과 기초 기술을 넘어선 기술과 그에 입각한 서비스 역시 강조한다.

21세기에 접어들어 빈곤 문제를 해결하기 위한 노력과 적정기술적 발전은 많은 면에서 공통점을 가지기 시작했다. 예를 들어 낙관론은 적정기술적 발전의 발전 주체 중 하나인 마을 공동체를 빈곤 퇴치를 위한 주요 기본 단위로 삼는다. 방향은 다르지만 기술 개발의 중요성은 낙관론과 비관론 모두에서 강조되어 왔다. 낙관론의 경우 농업이나 교육, 보건 의료, 위생시설, 통신, 교통과 같은 기본 서비스의 개선을 위하여 기초 기술의 개발 및 활용이 필수적인 반면, 비관론의 경우 기초 기술을 넘어선 기술과 그에 입각한 서비스의 제공 및 개발을 강조한다.

3. 환경 문제와 지속가능한 국제 원조

앞서, 인간 중심의 발전 개념이 국제 원조의 빈곤 문제를 강조한 계기가 되었다. 국제 원조의 또 하나의 중심축은 지속가능한 발전 개념이다. 전 지구적 환경 문제인 오존층, 기후변화 등의 문제가 경고되는 시점에서 브룬틀란 보고서는 에너지를 덜 사용하고 환경을 보호하는 방법을 제시하면서 이를 국제 원조에 적용한다. 예를 들면 벌채를 통해 목재를 확보하고, 이를 가공하는 값만을 국민총생산에 포함시키고, 벌채를 통해서 사라진 자연환경은 감가상각에 포함하지 않는 것을 사례로 들고 있다. 이것은 다른 천연 자원, 즉 광물, 석유, 가스 등에서도 비슷하다. 국제 원조에 대한 고찰을 다룬 도서 『Mastering the Machine Revisited』에 따르면, 1971년부터 1984년 사이에 인도네시아의 국내총생산(GDP)은 OECD 회원국 대부분보다 높은 연간 7.1% 성장률을 보였으나, 순수 천연 자원(기름, 목재 및 토양)의 감가상각 추정치를 제하면, 그 성장률은 4%로 감소한다. 벌채 등으로 인한 언덕 침식, 숲과 농지의 감소, 미래 농업 잠재력의 감소까지 고려하면 문제가 더욱 심각하다.

그림 2.5 『Mastering the Machine Revisited』 I. Smillie가 2000년 Practical Action을 통해 출판한 책으로, ODA와 국제 원조의 역사, 과학기술 및 원조와 빈곤의 문제를 다루고 있다.

또 다른 환경 파괴의 예로는 거대한 댐 프로젝트를 들 수 있다. 댐 건설은 관개, 홍수 통제 및 발전에 대한 기대로, 개발과 관련된 많은 지출에 포함되었다. 특히 개발도상국에서 댐을 건설하려면 자본뿐 아니라 기술적으로도 스스로 건설하기 어렵기 때문에 일회성 기술 이전으로 시작된다. 1970년에 완공된 이집트의 아스완 하이 댐(Aswan High Dam)은 다른 댐들과 마찬가지로 에너지 발전, 관개 및 홍수 조절이라는 목표로 건설되어서 많은 가난한 이집트인들의 삶을 바꾸는 데 일정 정도 기여하였다. 그러나 비료 사용 증가, 나일 델타 지역의 수중 먹이사슬 파괴, 빌하지아(bilhazia)라는 치명적인 질병의 확산 등은 댐 건설과 함께 생겨난 문제이다. 이러한 문제는 선진국에서도 지역 간 빈부의 차이가 만들어내는 계층의 차이가 곧 환경 문제로 불거지기도 한다. 미국에서도 1980년대 이후 인종과 빈부 격차가 야기하고 있는 다양한 사회현상이 나타나고 있다.

환경 인종주의, Environmental Racism

BLACK
LIVES
MATTER

그림 2.6 2013년 시작된 Black Lives Matter (BLM) 국제 흑인 인권 단체의 로고

환경 인종주의(environmental racism)란 미국 전역에서 환경과 관련된 정책이 가난한 동네에 불평등하게 적용되고 있는 것을 인종차별적인 다양한 사회의 불평등과 연계시켜 설명하기 위해 사용되는 용어이다. 환경 인종주의라는 용어는 1982년 미국의 노스캐롤라이나 주에서 대표적 산업용 폐기물인 PCB 폐기물을 가난한 지역에서 처리하는 것을 가리켜 처음 사용되었는데, 기업과 정부가 환경문제를 야기할 수 있는 폐기물의 처리를 가난한 지역(미국에서는 흑인 거주지)에 불평등하게 시행하고 있는 것을 지적한다. 이후 사회적으로 다양한 정책적인 결정이 매우 불공평하게 시행되고 있다는 점이 여러 통계를 통해서 사실로 확인되고 있다. 최근 남미와 아프리카 등지에서도 환경 문제가 전 지구적 문제임에도 불구하고 가난한 사람들이 더 많은 피해를 입는 현실이 확인되었다. 이는 선진국이나 개발도상국 모두에게 벌어지고 있는 공통적인 현상으로 받아들여지고 있다.

가난한 동네에서 폐기물 처리를 시행하는 현상은 실제 다양한 학술 통계로 발표되고 있다. 미국의 유해 폐기물 주변에 살고 있는 9백 명의 사람들 중에서 절반 이상이 유색인종이며, 흑인이 백인에 비해서 호흡기 질환으로 사망할 확률이 3

그림 2.7 2018년 8월 보도된 사진작가 조니 밀러(Johnny Miller)의 사진. 불평등한 삶이 생활 속 환경에서 극적으로 대비되는 현실을 보도하고 있다. 사진은 멕시코와 인도에서 빈부 격차가 있는 마을이 서로 구분되어 있는 모습.

그림 2.8 루이지애나주의 정유공장

배 이상 높게 나타난다. 흑인이 백인보다 천식에 걸릴 확률은 20% 더 높고, 일부 지역 사회에서는 어린이 천식이 평균 25%에 달하는 비율로 나타나고 있다.

미국의 일자리 창출이라는 목표로 생긴 정유 공장과 산업 시설은 주로 흑인이 거주하는 지역에 집중되고 있다. 남부의 무분별한 산업화 정책으로 인해 루이지애나주의 세인트 제임스(St. James) 지역은 전국에서 암 발생 비율이 가장 높게 나타나고 있다. 미시시피 강 주변은 석유 및 가스 개발로 습지가 파괴되고, 해수면 침식과 상승으로 많은 땅을 잃게 되었다. 알라바마의 Africatown 지역은 다이옥신이나 퓨란과 같은 화학약품이 기준을 초과하는 양으로 검출되고 공기, 토양, 물이 모두 오염되어 산업 공장을 상대로 소송을 진행하고 있다. 시카고의 흑인 참전 퇴역 군인의 공동 주택은 매립지 지역에 설치되었는데, 이곳은 수은, 암모니아, 가스 납 그리고 DDT 등에 의해 오염된 지역으로 확인되었다. 결국 주택단지에 거주하는 사람들에서 방광암과 폐암의 과도한 발생률이 확인되었다. 1987년 조사에 의하면 폐기물 시설이 설치된 곳의 위치와 흑인 거주지는 상관관계가 매우 높다는 것이 확인되었고 이러한 문제에 대한 인식은 국제협약 및 정책에서도 문제점으로 확산되어, 범아프리카 회의에서 모든 유해 폐기물의 아프리카 수출을 금지하고 이동을 제한하는 협약으로도 이어지게 되었다.

최근에는 '환경 인종주의'가 실재하고 있는 문제이며, 한 국가 내에서 또는 국가와 국가 간에서 빈부 차이에 의한 환경의 불평등 문제를 인식하게 되는 중요한 용어로 받아들여지고 있다. 이후 환경 인종주의는 환경 정의 운동을 촉발시키고, 여러 인권 단체들과 환경 관련 NGO들이 산업화 정책 결정 시 소수민족과 빈민 계층의 의견을 반영할 것을 요구하는 운동으로 이어지고 있다.

(출처: https://www.bbc.com/korean/news-45267244
https://qz.com/1226984/environmental-racism-has-left-black-americans-three-times-more-likely-to-die-from-pollution/
Dillon, Lindsey and Julie Sze. "Police Power and Particulate Matters: Environmental Justice and the Spatialities of In/securities in U.S. Cities." English Language Notes. Special Issue (2016): 1-11. 18 Nov. 2017.)

2.4 발전과 기술 그리고 적정기술

1. 기술을 통한 발전

인류 문명이 시작된 이후, 기술은 사회 성장과 발전의 핵심 요소였다. 인류 역사를 구분하는 기준인 석기 시대, 청동기 시대, 철기 시대, 항해의 시대, 증기의 시대, 제트기의 시대, 컴퓨터 시대, 인터넷 시대 등은 기술의 발전에 의한 것이다.

The Third Sector: 비정부기구(NGO)의 활약

1970년대까지 개발도상국에 대한 비영리 활동이 주로 정부 간의 개발 지원에 의해서 이루어졌다면 1980년대에 들어서면서 NGO가 제3의 섹터로 불리며 전문성 향상을 바탕으로 성장한다. 막대한 금액이 투자된 농촌 개발 등이 실제 빈곤을 해결하지 못하면서 국제 원조 메커니즘에서 NGO 참여가 더욱 중요한 요소로 여겨지게 되었다. 역사적으로도 NGO는 정부 간 지원과 비교하여 보건, 의료, 여성 및 성문제 등에 대한 기여 면에서 강한 주도권을 갖고 있었다. 특히 중간 기술이나 적정기술 분야는 전적으로 NGO의 참여로 성장하였다. NGO는 정부와 비교하여 가난한 사람들이나 지역적으로 고립된 지역에 대한 접근성이 앞선다. 또한 정부의 발전 계획과 달리, 조직된 인적 파견에 막대한 자본이 필요하지 않는다는 장점이 있다. 그럼에도 불구하고, 세계적인 네트워크를 갖는 성공적인 NGO가 조직되면서 몇몇 거대한 NGO의 물적, 인적 지원 또한 간과할 수 없다.

- 월드비전(World Vision)은 미국, 캐나다, 호주를 포함하는 국제적인 지원을 통해 가장 큰 NGO로 성장하였다. 1990년대 말 5억 달러의 자원을 보유하게 되었다.
- 캐어(CARE)는 미국을 기반으로 현물 기부 및 식량 원조를 하고 있으며, 1997년 현금 및 각종 수입이 4억 3천만 달러에 이른다.
- 옥스팜(Oxfam)과 Foster Parents Plan은 각각 2억 7천만 달러와 2억 3천만 달러를 보유하고 있다.
- 세이브더칠드런(Save the Children Alliance)의 1998년 총 수입은 3억 7천만 달러이다.
- 국경없는 의사회(MSF, Medecins sans Frontieres)는 프랑스 의사들이 설립하였으며, 건강 관련 국제 네트워크로 성장했다. 1996년 1만 5천 명의 직원과 1,131개의 현장 지원과 2,400명의 의사와 보건 요원을 파견했다.

(출처: Ian Smillie Mastering the Machine Revisited: Poverty, Aid and Technology)

그림 2.9 1990년대 이후 급성장하여 세계적인 네트워크를 가지고 있는 NGO

그러나 기술은 단지 컴퓨터나 제트기와 같은 물품에 한정되지 않고, 지식, 기계, 농장이나 공장, 모든 지식과 기술 그리고 이와 관련된 개념의 조합이다. 기술은 개발, 적용되는 문화적, 역사적, 조직적 맥락의 종합적인 개념이라 할 수 있다.

전통적인 경제 발전의 이론은 성장이라는 개념에 의해서 지배되어 왔다. 이것은 지속가능하고 빠른 성장을 위한 필수 조건에 물리적 기반인 인프라와 산업 부문의 자본 투자가 포함된다는 것에 근거한다. 좀 더 생산적인 분야에 투자가 이루어지면 성장도 빨라질 것이다. 원조 부문에서도 투자를 높이면 성장이 촉진되고 발전 프로세스를 빠르게 하는 데 도움이 될 수 있다. 기술 또한 성장 과정에 매우 중요한 부분으로, 선진국에서 개발도상국으로의 기술 이전은 성장을 빠르게 가속화하는 데 많은 도움이 될 수 있다.

발전의 시대에는 발전과 기술의 관계에 대한 다양한 견해가 제시되어 왔다. 우선 가장 대표적인 견해는 발전을 위한 해법으로 기술을 바라보는 것이다. 이에 따르면 기술의 진보는 발전 그 자체를 의미한다. 역으로 발전은 기술의 진보에 의해 달성된다. 발전된 국가나 사회는 동시에 기술적으로 진보된 국가 혹은 사회와 같은 의미이다. 역으로 발전이 더딘 국가나 전통 사회는 기술적으로 진보되지 못한 상태와 동일하게 간주되었다.

발전과 기술의 진보를 동일시하는 이러한 견해는 그간 수없이 많은 개발 프로젝트나 산업화의 과정 속에서 정치 지도자나 대기업, 과학자 및 기술자, 평론가, 미디어 등을 통해 다양한 목적으로 재생산되었고, 대부분의 사람들 역시 의식적이든, 무의식적이든 이러한 견해를 수용해 왔다. 대규모의 산업화 시설이나 원자력발전소, 대규모 댐과 같은 대규모 인프라 건설은 기술의 진보 혹은 발전의 상징이었다. 최근에는 전 지구적 환경 위기 속에서 이러한 견해에 대한 의문이 광범위하게 확산되고 있지만, 발전과 기술의 진보가 동일하다는 견해는 여전히 지배적이다.

발전과 기술의 관계에 대한 두 번째 견해는 일종의 문명 비판적 견해이다. 이러한 견해는 발전을 위한 해법으로 기술을 바라보는 견해에 대한 일종의 반작용으로 볼 수 있는데, 기술의 진보를 인간에 대한 위협으로 간주한다. 문명 비판적 견해에 따르면 기술의 진보는 종국에는 인간이 기술을 통제할 수 없는 수준으로 나아가게 될 것이고, 기계가 지구와 인류를 지배하게 될 것이라고 경고한다.

발전과 기술의 관계에 대한 적정기술의 견해는 문명 비판적 견해와 마찬가지로 발전과 기술의 진보를 동일시하는 견해에 비판적이다. 적정기술의 창시자인 슈마허는 기술의 진보에 의해 형성된 현대 사회가 끊임없이 반복된 위기에 처했고 이러한 위기는 모든 측면에서 재앙으로 나아가게 될 것이라고 경고했다. 그러나 문명 비판적 견해와는 달리 적정기술은 발전과 기술의 진보를 동일시하는 견해에 대한 대안적인 발전으로서 스스로를 자리매김해 왔다. 또한 국가나 대기업의 과학기술 분야 전문가로가 수행하던 기술에 대한 통제를 지역 공동체로의 이전을 추구해 왔다.

그러나 여기서 보다 중요한 점은 적정기술이 특정 사회의 사회 · 문화적, 경제적 관계와 맥락 속에서 발전과 기술의 관계를 바라보고 있다는 점이다. 적정기술은 그 목적이 발전이든, 빈곤 퇴치든 그 사회와 인간의 사회 · 문화적, 경제적 맥락을 고려하여 기술을 선택한다. 맥락에 대한 고려가 없으면, 굳이 기술을 선택할 필요는 없을 것이다.

동시에 적정기술은 기술 도입이나 적용이 그 사회와 인간의 사회 · 문화적 맥락에 영향을 미치거나 그것을 변화시킬 수 있다는 점에 민감하다. 이러한 측면에 민감하지 않으면 적정기술의 적용을 평가하기 어렵고, 기술 도입이나 개발로 초래되는 특정 사람이나 그룹에 대한 사회적 배제와 상대적 빈곤화 과정을 이해하기 어렵기 때문이다.

예를 들어 인도네시아 한 도서 지역에 정미기가 도입되었을 때를 생각해 보자. 정미기의 도입으로 공장형 정미소가 발전하게 되고, 이에 따라 전통적인 방법을 따라 수작업으로 정미를 하던 여성들은 공장형 정미소와 그곳에서 고용한 남성 노동자들로 대체되었다. 그 결과 여성들은 정미를 통한 소득 획득의 기회를 상실하고, 정미 작업에서 주변화 되었으며, 공장형 정미소에서 일하더라도 낮은 임금을 감수해야 했다. 동시에 여성들이 정미 작업을 위해 함께 모이는 기회가 사라지면서 여성들의 집합 행동과 역량 강화, 문화 형성 기회가 감소하였다.

기술의 진보를 발전과 동일시한다면, 정미기의 도입 사례는 발전으로 이해될 수 있을 것이다. 이러한 견해에서 보면 기술의 진보, 즉 발전의 방법은 대량의 쌀을 더 효율적으로 정미할 수 있는 정미기 개발일 것이다. 그러나 적정기술적 견해라면 이러한 사례를 발전으로 생각하기 어렵고, 새로운 기술의 도입으로 인해 여성의 경제적 기회가 박탈되고 상대적 빈곤화가 촉진된 사례로 이해될 수 있다.

이처럼 발전과 기술의 관계에 대한 적정기술의 관점에는 특정한 사회의 사회 · 문화적, 경제적 맥락이 함께 존재한다. 발전을 위하여 어떠한 기술을 선택하고 개발할 것인가 역시 기술 수준에 달려 있는 것이 아니라 그러한 맥락에 달려 있다. 또한 적용된 기술에 대한 평가도 동일한 맥락에 기반을 두고 있어야 한다. 이런 의미에서 발전과 적정기술의 관계를 결정하는 것은 특정 사회의 사회 · 문화적, 경제적 맥락이라고 볼 수 있다.

2. 발전의 관점에서 본 대안으로의 적정기술

적정기술에서 '적정(appropriate)'이라는 말은 그리 분명한 개념은 아니다. '적정'이라는 말은 '어떠한 상황이나 환경에 적합하거나 적절한' 정도의 의미를 담고 있다. 따라서 적정기술 역시 '어떠한 상황이나 환경에 적합하거나 적절한 기술'로서, 적정기술적 발전이란 그러한 기술의 발전을 추구하는 것으로 이해할 수 있다. 그러나 다음과 같은 물음이 제기될 수 있다, 무엇을 적합 또는 적절하다고 할 것인가? 적정기술적 발전은 어떻게 이루어질 수 있는가? 적정기술적 발전은 무엇을 목표로 하는가?

실제로 에른스트 슈마허(E. F. Schumacher)의 중간 기술(intermediate technology)이라는 개념에 그 기원을 두고 있는 적정기술(appropriate technology)은 그간 여러 가지 이름으로 불렸다. 여기에는 '자본절약 기술', '노동집약 기술', '자족 기술', '마을 기술', '공동체 기술', '진보적 기술', '토착 기술', '사람의 기술', '경공학(light-engineering) 기술', '적응 기술', '경자본(light-capital) 기술', '소프트 기술' 등이 포함되어 있다. 또한 최근에는 '지속가능한 기술' 혹은 '환경친화적 기술'로 불리기도 한다.

함께 읽어보기
제1장 1.1 적정기술의 정의

위와 같은 용례에서 살펴볼 수 있듯이 적정기술은 노동집약적, 경공학, 경자본, 소프트 기술을 의미한다. 또한 지속가능한 혹은 환경친화적 기술을 의미한다. 즉 기술적인 의미에서 적정기술에서의 '적정'이라는 말은 자본절약적, 노동집약적, 경공학, 경자본, 소트프, 지속가능한, 환경친화적과 같은 의미를 함축하고 있다고 볼 수 있다. 적정기술의 이러한 기술적 특성은 그 자체만으로도 발전(개발)을 추구할 가치가 있는 것이다. 특히 현대와 같은 전 지구적 환경 위기의 상황에서 환경친화적 기술의 발전은 필수불가결하다. 그렇다면 자족, 마을, 공동체, 사람 등과 같은 다른 용례는 어떻게 이해할 수 있는가?

본 장에서는 바렛 헤이즐타인(Barrett Hazeltine)과 크리스토퍼 불(Christopher Bull)의 기술적 정의와 캐롤 퍼셀(Carroll Pursell)의 역사적 정의를 결합해 적정기술을 작은 규모의, 노동집약적이고, 에너지 효율적이며, 환경적으로 믿을 만하고, 지역적으로 자율적인 기술을 선택하고 적용하는 일종의 운동으로 정의한다. 즉 적정기술은 이러저러한 기술이 아니라, 이러저러한 기술을 선택하고 활용하는 일종의 운동이다. 따라서 후자의 용례는 적정기술을 선택하고 적용하는 자족 운동, 마을 운동, 공동체 운동, 사람의 운동으로 이해할 수 있다.

이렇듯 적정기술적 발전(개발)은 기술의 적정성, 운동이라는 형식 그리고 마을, 공동체 혹은 사람 같은 운동의 주체로 구성되어 있다. 기술의 적정성은 (기술적) 발전의 내용을 제시한다. 운동이라는 형식은 발전(개발)을 위한 사회적 근육을 단련하고, 마을, 공동체 혹은 사람 등은 적정기술적 발전(개발)의 주체로 설정된다.

이러한 적정기술적 발전은 다른 발전 형태와 비교하여 큰 차이가 있다. 우선 (기술적) 발전의 내용과 관련하여 산업화와 경제 성장에 초점을 맞춘 발전은 작은 규모보다는 큰 규모, 노동집약적보다는 자본집약적, 에너지 효율적 기술보다는 생산성 향상 기술을 추구한다. 여기서 환경적인 요인은 부차적이거나 많은 경우 무시되었다.

발전의 주체에 있어서도 큰 차이가 있다. 자본주의적 발전은 기본적으로 발전의 주체를 기업으로 인식한다. 따라서 기업이 활동하기에 좋은 환경을 구축하는 것은 발전을 추진하고 달성하는 데 있어 필수적인 것이다. 특히 20세기 후반부터 발전을 주도해 온 신자유주의는 기업 활동에 적합한 환경을 구축하기 위한 구조개혁, 탈규제, 사유화 및 자유화 등을 발전으로 이해하는 데 공헌해 왔다.

반면 자본주의적 진보의 결점을 개선하는 것을 발전으로 이해하려는 시각에서는 개선의 주체를 주로 국제조직, NGO 그리고 국가의 발전 기관으로 파악하는 경향이 있다. 이러한 주체들은 시장의 효율성을 강화하거나 시장을 관리하면서 발전에 대한 장애물을 제거하거나 발전의 방향을 조정함으로써 자본주의적 진보의 결점을 개선하기 위한 목표에 공헌한다.

이러한 적정기술의 요건들 중, 특히 적정기술적 발전의 목표와 관련하여 주목해야 할 점은 '지역민이 기술의 도구와 과정을 유지하고 작동하며 통제해야 한다'는 것과 '외부의 자원과 기술이 사용될 경우 지역 공동체에 의해 통제가 가능해야 한다'는 것이다. 즉 적정기술적 발전은 적정기술이 개발되고 적용되는 장소에 있는 사람이나 공동체가 적정기술을 유지하고 활용하며 궁극적으로는 통제할 수 있도록 해야 한다. 또한 외부의 자원 및 기술 역시 지역 공동체 구성원이나 공동체의 통제 하에 있어야 한다.

따라서 적정기술적 발전의 목표는 적정기술의 정의에 합당한 이러저러한 적정기술을 개발하는 것에 국한되지 않는다. 오히려 적정기술적 발전의 목표는 적정기술에 입각한 도구를 사람이나 공동체가 사용할 수 있고, 스스로 재생산과 재개발을 할 수 있으며, 궁극적으로는 적정기술을 통제할 수 있도록 사람과 공동체의 역량을 강화하는 데 있다.

나아가 적정기술적 발전은 일회적이고 경직된 발전을 의미하는 것이 아니라 사람이나 공동체의 환경이나 문화, 상황 및 변화에 민감하고 반복적이며 유연한 발전을 지향한다. 적정기술은 '공동체가 미래에 비효율적이고 부당한 시스템에 안주하지 않도록' 유연해야 하며, 적정기술적 발전의 지속성은 '지역민의 복지, 지역 창조성의 극대화, 지역민의 참여'에 달려 있다.

2.5 적정기술의 미래

이제까지 발전의 개념과 적정기술이 추구하는 발전, 빈곤의 개념과 빈곤 퇴치를 위한 적정기술의 공헌 그리고 발전과 기술의 관계 등을 살펴보았다. 현시점에서 적정기술의 발전을 위해 필요한 몇 가지 고려 사항을 다음에 소개하고자 한다.

먼저 적정기술의 발전을 위한 지역 차원의 연구개발(R&D) 센터와 랩(lab)을 고려할 수 있다. 목적은 문자 그대로 지역 차원에서 적정기술의 연구와 발전을 위한 지속적인 활동을 보장하는 데 있다. 이를 통해 특정한 사회의 사회 · 문화적, 경제적 맥락의 파악, 지역민의 복지나 빈곤에 대한 현황 파악, 지역 창조성의

그림 2.10 Public Lab
2010년 멕시코만의 기름 유출사고 이후 사람에게 영향을 미치는 다양한 환경문제를 이해하고 해결하기 위하여 조직되었다. 비영리 민주적 오픈 과학기술 운동을 진행하고 있다.

극대화, 지역민의 참여 등이 이루어질 수 있다. 또한 R&D 센터와 랩은 적정기술에 대한 교육과 훈련 기능을 담당할 수 있다.

R&D 센터의 전형적인 이미지 중 하나는 국가의 이익(national interests)이나 기업의 이윤을 위한다는 점이다. 이는 적정기술의 발전을 위한 지역 차원의 R&D 센터가 '지속가능한 발전'을 지향하는 지역 이익(regional interests)이나 도시, 마을 혹은 공동체의 이익이라는 관점에서 적극적으로 활용될 수 있다는 의미이다. 또한 적정기술의 발전을 위한 지역 차원의 R&D 센터는 지역민을 중심으로 한 협동조합이나 지역의 문제를 해결에 공헌하는 사회적 기업 등과 같이 대안 경제를 지향하는 경제 단위를 위하여 대기업의 R&D 센터와 유사한 기능을 수행할 수 있을 것이다.

적정기술 네트워크 역시 적정기술의 발전을 위하여 중요하게 고려되어야 한다. 적정기술은 특정한 지역과 사회에서의 사회 · 문화적, 경제적 맥락을 중요시하므로 네트워크가 없으면 관련 활동들이 마치 고립된 섬처럼 존재할 수 있다. 네트워크는 그러한 섬들을 연결하는 가교의 역할을 할 수 있을 것이다. 물론 이러한 네트워크는 누구나 참여할 수 있고 수평적으로 구성되어야 하지만, 주요 노드(node)는 다양한 지역과 도시 그리고 마을에 산재하는 적정기술 R&D 센터와 랩이 될 수 있다. 나아가 이러한 네트워크는 적정기술에 관한 국제협력을 위한 중요한 제도적 기반이 될 수 있을 것이다.

마지막으로 적정기술은 기술 개발 과정에서 오픈소스 기술(open-source

그림 2.11 영국의 리드대학의 리빙랩 (living lab) 개념도 사용자 중심의 오픈 이노베이션을 기반으로 한 연구와 교육을 결합시켜 지속가능한 기술을 연구하고 있다.

technology)을 적극적으로 활용할 필요가 있다. 특허나 라이센스의 규제로부터 벗어나 누구라도 사용할 수 있고 모두가 공유하는 오픈소스 기술은 기술 이전(technology transfer)과 같은 문제 없이 기술을 개발할 수 있는 잠재력을 보장하고 있다. 오픈소스 기술은 최근 자발적인 시민들의 오픈과학기술 운동이나 리빙랩 활동과 함께 사회 · 문화적, 경제적 맥락에 적합한 적정기술을 개발하고 창의적으로 진화시키는 데 일조할 수 있을 것이다.

참고 문헌

던컨 그린 (2018), 빈곤과 권력(FROM POVERTY TO POWER: HOW ACTIVE CITIZENS AND EFFECTIVE STATES CAN CHANGE THE WORLD), 김장생 옮김, 한국문화사.

로이크 쇼보 (2011), 지속가능한 발전 : 우리가 꼭 알아야 할 세계의 모든 문제, 윤인숙 옮김, 현실문화.

신관우, 이충훈 (2015), 시민과학기술운동과 적정기술, *Journal of Appropriate Technology*, 1, 24-29.

아룬다티 로이 (2018), 자본주의: 유령이야기, 김지선 옮김, 문학동네.

칼 폴라니 (2009), 거대한 전환: 우리 시대의 정치 · 경제적 기원, 홍기빈 옮김, 길.

Anderson M. B. (1986), 'Technology transfer: implications for women'. in *Gender Roles in Development Projects*. edited by C. Overholt M. B. Anderson, K. Cloud, and J. E. Austin, Kumarian Press.

Ghosh P. K. (1984), Appropriate Technology in Third World Development, Greenwood.

Haughton J. and Khandker, S. R. (2009). Handbook on poverty and inequality, World Bank.

Hazeltine B. and Bull C. (1998), Appropriate Technology: Tools, Choices and Implications, Academic Press.

Lawand T. A., Hvelplund F., Alward R., and Voss J. (1976). 'Brace Research Institute's Handbook of Appropriate Technology'. in *Appropriate Technology: problems and promises*. edited by Jequier N., Development Centre of the Organisation for Economic Co-operation and Development.

Nederveen P. J. (2009), Development Theory, Sage.

Pursell C. (1993), The Rise and Fall of the Appropriate Technology Movement in the United States, 1965-1985, *Technology and Culture*, 34 (3), 629-637.

Sachs D S. (2015), The Age of Sustainable Development, Columbia University Press.

Schumacher E. F. (1973), Small is Beautiful: a study of economics as if people mattered, Blond and Briggs.

Seers D. (1967, 1969), The meaning of development, in *Development Theory: Four Critical Studies*, edited by Lehmann D., Frank Cass.

Sowell T. (2012), "Trickle Down Theory" and "Tax Cuts for the Rich", Hoover Institution Press.

Thomas A. (2000), Poverty and the end of development, in *Poverty and Development into the 21th Century*, edited by Allen T., and Thomas A., Oxford University Press.

Townsend P. (1979), Poverty in the United Kingdom, Allen Lane and Penguin Books.

Wikipedia contributors (2018), 60 Most Popular Sustainable Technologies, Focus on.

Winner L. (1977), Autonomous Technology: Technics-out-of control as a theme in political thought, MIT Press.

Smillie I. (2000), Mastering the Machine Revisited: Poverty, Aid and Technology, Practical Action Publishing.

Website

https://www.britannica.com/topic/Brundtland-Report

https://buddhajeans.com/encyclopedia/brundtland-report/

http://timeline.worldbank.org/event/1776

https://sustainabledevelopment.un.org/sdgs

http://www.mssresearch.org/?q=node/581

연습문제

1. 경제적 발전, 인간 중심의 발전 그리고 지속가능한 발전의 의미를 정리하고 각각의 개념이 탄생한 배경을 설명하여라.
2. OECD에서 결정한 국가별 ODA 가이드라인(GNP 대비)을 찾아보고, 한국의 ODA 규모와 비교하여라.
3. 과학기술 분야의 국제 원조에서 정부 차원의 지원 방법과 NGO의 지원 방법을 서로 비교하여 설명하여라.
4. 〈The Third Sector: 비정부기구(NGO)의 활약〉(p.58 참조)에 나와 있는 각 NGO들의 최근 현황에 대하여 찾아보아라.
5. 슈마허의 중간 기술과 적정기술에 함의된 내용을 각각 설명하고 그 차이점을 비교하여라.

공동 설계 프로젝트

1. 국제 개발 원조에서 세계은행과 UN이 참여한 각 위원회(commission)의 구성과 각 위원회의 결론으로 도출한 국제 개발 원조에 대한 내용을 시대별로 정리하고, 그 시대별 상황과 국제 정세에 대하여 논하여라.
2. 최근 관심이 높아지고 있는 오픈랩(open lab), 시민 과학기술 운동(citizen lab movement) 그리고 리빙랩(living lab)의 의미를 찾아보고, 그 차이점에 대하여 논하여라.

Ⅱ. 에너지와 적정기술

제3장 수력에너지

제4장 태양에너지

제5장 풍력에너지

제3장

수력에너지

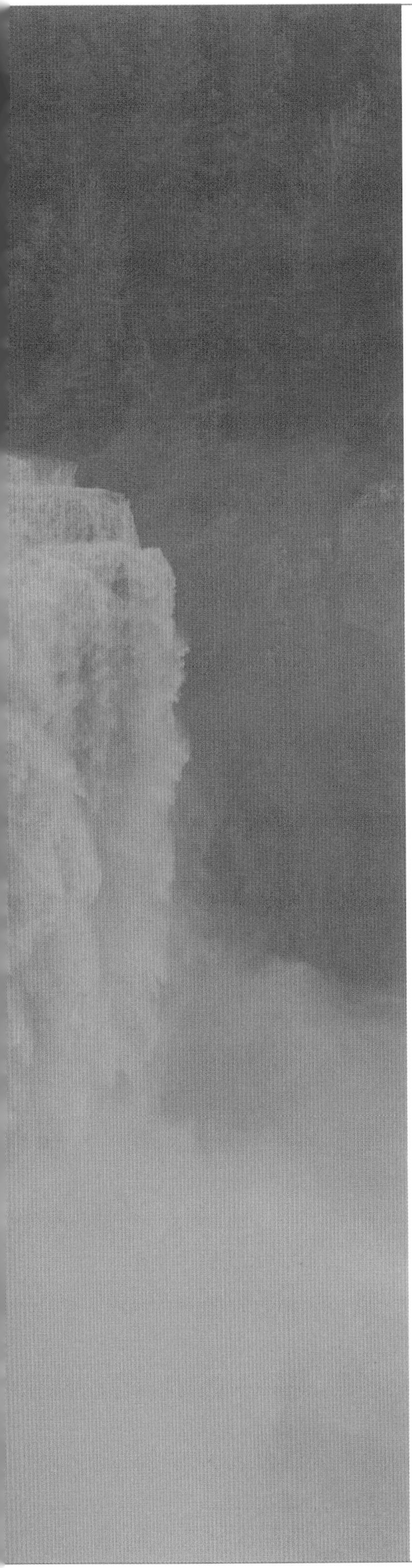

"Water is the driving force for all nature."

- Leonardo da Vinci -

"물은 만물의 원천이다."

- 레오나르도 다 빈치 -

생각해 봅시다

1. 우리 주변에서 에너지로 전환 가능한 수력 자원을 생각해 보자.
2. 주변의 작은 강이나 개울에서 얻을 수 있는 에너지 양이 얼마나 될지 생각해 보자.
3. 태양광발전이나 풍력발전과 비교하여 수력발전이 가지는 장점이 무엇인지 생각해 보자.
4. 수력발전을 이용하여 개발도상국 주민의 삶을 어떻게 도울 수 있을지 생각해 보자.

가구당 필요 전력량 계산하기

적정기술을 적용하여 발전 설비를 설치하고자 할 때, 먼저 해당 지역에서 필요로 하는 전력량을 파악해야 그 규모에 맞게 발전 설비를 설계할 수 있다.

한 가구에 필요한 전력량은 주거지의 면적, 주거인의 수, 가구당 사용하는 전기기구의 종류와 개수, 전기기구의 사용 시기 및 방법, 해당 지역의 기후 등에 따라서 달라질 수 있다.

물리학에서 '에너지(Energy)'는 '일할 수 있는 능력', '일률(Power)'은 '일을 얼마나 빨리(또는 느리게) 할 수 있는가'를 말한다. 일률은 시간당 에너지로 정의되는데 이는 전력과 같은 의미이다. 따라서 필요한 전력량은 전기기구를 사용한 시간당 에너지의 총량과 같다. 이때 사용한 전력량(electricity usage)은 킬로와트-시(kilowatt-hour, kWh)라는 단위로 이해해야 한다.

1 와트(Watt, W)는 1 Joule/sec(시간당 에너지)로 전력의 단위이며, 1 Wh(watt-hour) 혹은 1 kWh는 에너지의 단위이다. 물리학에서는 1 볼트(Volt, V) x 1 암페어(Amp, A) = 1 W 로 정의되어, 1초 동안 1 V의 전압으로 1 A의 전류가 흐를 때 에너지량을 말한다.

가전제품이나 전열기구는 보통 1시간에 사용되는 전력량을 기준으로 한다. 예를 들어 1 kWh는 1시간 동안 1,000 W를 사용하는 것으로, 100 W 전구 하나를 하루에 10시간 동안 사용할 때 필요한 전력량과 같다. 한 가구에 필요한 에너지를 계산하려면 전기기구의 소비전력을 알아야 하는데, 소비전력은 일반적으로 기기 또는 포장재에 인쇄되어 있다.

한 가구의 일일 사용 전력량은 각 전기기구의 소비전력과 하루 중 사용시간을 곱하면 구할 수 있고(표 3.1 참조), 여기에 30을 곱하면 월간 사용 전력량이 된다. 마을 단위에 소규모 발전기를 설치할 때 필요한 마을 단위의 일일 필요 발전량은 가구 수와 가구당 필요로 하는 전력량을 곱하면 구할 수 있다. 전기기구의 전력량은 일반적으로 표 3.2와 같이 계산할 수 있다. 이를 이용하여 소비전력량을 구한 뒤, 이후 다루게 될 수력발전, 태양광발전, 풍력발전 계획에 활용해 보자.

표 3.1 가정용 전기기구의 소비전력

전기기구의 종류	소비전력
백열전구(100 W)	1 kWh (10시간 사용 시)
전기오븐	2 kWh (180℃)
토스터	0.33 kWh (180℃)
전자렌지	0.36 kWh (고출력, 15분 사용 시)
LCD 모니터	18~72 Wh (20~24인치)
세탁기	4.5 kWh/회 (더운 물로 세탁 시)
	0.3 kWh/회 (찬물로 세탁 시)
텔레비전(200 W)	1.2 kWh (6시간 사용 시)
휴대전화 충전기	2 kWh (휴대전화 1대를 1년간 충전 시)
냉장고(~1976년)	2200 kWh (1년 사용 시)
냉장고(1992년)	1100 kWh (1년 사용 시)
CEE Tier 냉장고	425 kWh (1년 사용 시)
데스크탑 PC	60~250 Wh ※ 절전모드: 1~6 Wh
노트북	15~45 Wh, 1년 기준 72 kWh

표 3.2 한 가구의 일일 소비전력량 계산

항목	전력	보유 개수	하루 사용시간	소비 전력량(일)
텔레비전	60 W	1	4h	240 Wh
전등(구)	60 W	4	10h	2,400 Wh
컴퓨터	200 W	1	4h	800 Wh
전기밥솥	500 W	1	2h	1,000 Wh
선풍기	60 W	1	5h	300 Wh
세탁기	130 W	1	0.5h	70 Wh
냉장고	100 W	1	10h	1,000 Wh
총계	5,810 Wh = 5.8 kWh			

우리가 사는 지구는 표면의 70% 이상이 물로 이루어져 있다. 물은 모든 생물이 살아가는 데 가장 중요한 물질일 뿐만 아니라 지구의 에너지를 순환시키는 매개체이다. 바다와 지표면의 물은 증발하여 구름과 공기 중의 수증기 형태로 이동하다가 비나 눈이 되어 지표면으로 떨어지고, 높은 산에 내린 비나 눈은 계곡으로 모인 뒤 강이나 개울 등 점점 낮은 지역으로 이동한다.

수력발전이란 물이 가진 위치에너지를 전기에너지로 바꾸는 발전 방식을 말하는데, 위치에너지의 크기는 물을 흐르지 못하게 모아 두는 저수지로부터 발전기까지의 수직 높이 차이에 비례한다. 이 장에서는 수력발전 방식 중 적은 비용으로 발전이 가능하며, 일반 수력발전에 비해 발전에 필요한 물의 양이 많지 않은 소수력발전(small hydropower)에 대해 소개하고자 한다.

수력에 의해 생산된 전력의 양은 물의 흐름(강, 개울 또는 시내)과 수압에 의해 결정된다. 일반적인 수력발전 시스템에서는 단순히 많은 양의 물이 흐른다고 해서 더 많은 전력이 생산되지는 않는다. 예를 들어 호수에 담긴 물은 댐과 같은 시설을 건설한 후, 물이 저장된 수면의 높이를 올려서 낙차를 크게 해야만 에너지로 활용이 가능하다. 하지만 소수력발전 시스템은 상대적으로 물의 자연스러운 흐름을 이용하여 전력을 생산해 낼 수 있는 특징이 있다. 따라서 소수력발전 시스템은 좀 더 유연하고, 여러 다양한 환경 속에서도 발전이 가능하다는 장점이 있다. 또한 거대한 댐 또는 각종 수력발전 시스템과는 달리 소수력발전 시스템은 해당 지역 공동체 및 주위 환경에 최소한의 영향을 끼치며 필요한 전력을 생산해 낼 수 있다.

수력으로 전기를 생산할 수 있는 지역은 일반적으로 경사가 가파른 지형에 위치한 개울이나 경사가 완만한 강, 하천과 같은 수자원을 보유하고 있는 곳이다. 만약 흐르는 물의 양이 충분하지 않으면 **수조** 또는 저수지를 구축하여 전력 생산을 위한 물을 저장하는 방법이 대안이 될 수 있다.

태양광발전 또는 풍력발전과 비교했을 때 소수력발전이 가지는 장점은 다음과 같다. 첫째, 소수력발전은 날씨에 크게 영향받지 않으며 가동률(capacity operating rate)이 70%에 이를 정도로 높다. 둘째, 소수력발전으로 1 kWh의 전기를 생산할 때 이산화탄소(CO_2)의 생애주기 배출량은 11 g(CO_2)으로 다른 에너지원과 비교하여 가장 낮은 수준이라고 할 수 있다. 셋째, 발전 시설의 건설 또는 운영에 있어서 고도의 기술이 요구되지 않는다. 그러므로 지역공동체가 스스로 설치 및 운영이 가능하며 이와 관련된 직업이 창출되어 지역공동체를 활성화시킬 수 있다.

이와 같이 적정기술로서의 소수력발전소는 경제적이며 유지 보수가 쉬워서 시

수조

소수력발전에 사용되는 물을 높은 곳에 일시적으로 저장하는 역할을 한다. 댐을 사용하는 수력발전에 비해 크기가 매우 작아도 되며 가로, 세로, 깊이가 각각 2 m 이내의 작은 것도 있다.

골 지역에 위치한 빈곤한 공동체의 에너지 수요에 대한 장기적인 해결책을 제공할 수 있다. 그러나 소수력발전소를 설치하기 전 토목 공사가 포함된 초기 공사 비용을 고려해야 하고 설계를 할 때는 터빈 등 어떤 방식의 발전시설을 사용할지에 대한 선택이 중요하다.

3.1 소수력발전의 원리 및 설계

소수력발전 시스템을 설계할 때 중요한 것은 주민들의 에너지 수요를 조사하고, 그 결과를 통해 설계할 발전소의 용량을 정확히 예측하는 것이다. 이러한 에너지 공급 수요조사는 언제, 어디에서, 얼마만큼의 에너지가 필요한지를 구체적으로 알 수 있게 해 준다. 또한 수문학을 포함, 현장 조사 및 타당성 조사 등 여러 조사 연구 활동도 반드시 수행되어야 한다. 발전소의 용량이 결정되면 어떤 원리의 발전 방법이 적절한지를 고려하여 발전기의 종류를 결정한다.

다음에서는 소수력발전의 원리에 대해 알아보고 실제 소수력발전소 설치를 위해 거쳐야 할 과정을 구체적으로 다루고자 한다. 이를 통해 발전 용량, 낙차, 유량을 고려하여 현지 상황에 맞는 수차(turbine)를 선정하고 발전기를 설치하는 데 도움을 얻을 수 있을 것이다.

그림 3.1 소수력발전소의 원리
수조로부터 밸브까지 흐르는 물의 낙차가 물의 위치에너지를 운동에너지로 바꾸고, 발전기에 연결된 수차(turbine)를 돌려 전기를 만든다.

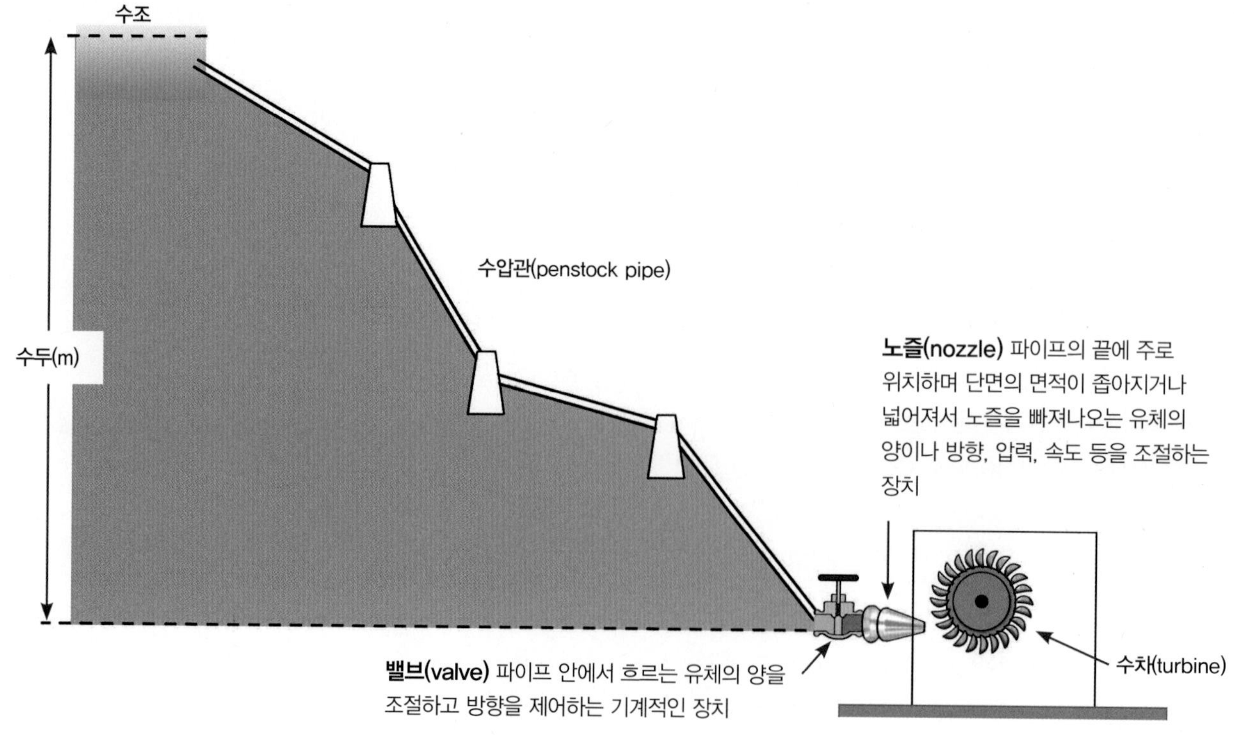

산악국가 네팔과 소수력발전

네팔은 히말라야 산맥이 가로지르는 산악 지역으로 전 세계에서 가장 높은 산 10개 중 8개가 이곳에 위치한다. 고산 지역의 만년설이 녹아 흐르고, 낮은 지역의 몬순기후 때문에 연중 풍부한 강수량이 유지되므로 수력발전에 적합한 조건을 가지고 있다. 더구나 네팔의 산들은 경사가 급하고 높아 소수력발전을 위해 필요한 낙차가 자연적으로 형성되어 있다.

네팔은 약 80,000 MW에 달하는 수력발전 가능성이 있는 국가이나, 자본 및 발전소 공사를 위한 도로 등 인프라 부족으로 실제 수력발전량은 적다. 그 결과 네팔 국민 약 56%만이 전기를 사용하고 있으며 나머지 산악 지역은 전기 없이 생활하고 있다. 현재 네팔은 약 300여 개의 소수력발전소가 여러 산간 마을에 설치되어 있고, 앞으로 더 많은 소수력발전소를 필요로 하는 대표적인 국가이다.

그림 3.2 네팔의 가파른 산악 지형은 소수력발전에 적합하다.

1. 소수력발전기의 구성 및 발전 원리

소수력발전을 설계할 때, 먼저 사용할 수 있는 물의 양과 위치에너지를 얻을 수 있는 낙차의 크기에 따라 발전에 사용할 수차(turbine)의 종류를 선정한다. 흐르는 물의 압력으로 수차를 돌리면 수차에 연결된 발전기로 전기를 생산하는데, 발전기의 원리는 제9장 도구Ⅰ에서 설명하는 렌츠의 법칙(p.202)을 참조하기 바란다.

그림 3.1은 소수력발전기의 대략적인 구조를 보여 준다. 높은 지역에 물을 저장하는 수조(reservoir)를 설치하고 수십 cm 직경의 **수압관**(penstock pipe)으로 물을 흘려 보낸다. 수압관 안에서 흐르는 물은 중력을 받아 고속으로 가속하며 노즐을 거친 뒤 수차의 날개에 부딪혀 수차를 회전하게 만든다. 수차는 회전하면서 연결된 발전기의 축을 돌려 전기를 만들어낸다. 여기서 수두(head)란 수력발전 시스템에서의 물의 유입 위치와 배출 위치의 높이 차를 말하며 단위는 미터(meter)로 나타낸다. 일반적으로 수두는 물이 유입되는 지점과 수차로부터 물이 흘러나가는 지점 사이의 높이라고도 할 수 있다. 일정한 유량에서 수두가 높을수록 더 많은 전력을 생산하며, 소수력발전 시스템에 요구되는 수두의 최소량은 유량에 따라 달라진다.

수압관

수조의 물이 높은 위치에서 노즐로 낙하할 때 속도와 압력을 조절하기 위한 물의 통로. 낙차가 작을 때는 플라스틱 관을 사용해도 되지만 수십 미터 이상의 낙차에서는 수압을 견디기 위해 금속관을 사용한다.

2. 소수력발전소의 발전량과 효율 계산

낙하하는 물체(여기서는 물)가 방출하는 에너지(Energy, 단위: Joule)는 물체의 무게(질량×중력가속도)와 낙하한 거리의 곱이다. 낙하한 수직거리를 낙차(h, head, 수두)라고 하며, g는 중력가속도로, 9.81 m/s²을 계산에 사용한다.

$$E = Mgh \text{ [J]}$$

물의 무게(M)는 비중(ρ)과 부피(V)의 곱으로 구할 수 있다.

$$E = \rho Vgh \text{ [J]}$$

수차로 유입되는 물의 부피는 시간에 따른 부피인 유량(Q, m^3/s)으로 나타낼 수 있으므로 이론적 전력량(gross power, P_{gross} = 에너지/시간, 단위: Watt)은 다음과 같이 나타낸다.

$$P_{gross} = \rho Qgh \text{ [W]}$$

실제 전력량(net power, P_{net})은 P_{gross}보다 훨씬 적은데, 이는 여러 가지 손실(수압관 및 터빈과 물의 마찰, 기계적인 부품에서의 손실) 때문이다. P_{net}는 P_{gross}에 효율(η)을 곱하여 구할 수 있다.

$$P_{net} = \eta \rho Qgh \text{ [W]}$$

Solved problem 3-1

어느 마을에서 40 kW의 전력이 필요하여 주민 대표들이 소수력을 이용하여 전력을 생산할 수 있는지 조사하였다. 낙차가 25 m로 측정되었다면 전력 생산에 필요한 유량은 얼마인가? 물의 밀도는 1000 kg/m^3, 중력가속도는 9.81 m/s^2으로 가정한다. 해당 프로젝트의 타당성을 위해 계산 시 효율은 50%(또는 η = 0.5)로 가정하고, 유량(Q)은 다음 공식을 사용하여 계산한다.

$$Q = \frac{P_{net}}{\eta \rho gh}$$

▶ 풀이 및 답

위 식을 유량에 대해 정리하여 답을 구하면 다음과 같다.

$$Q = \frac{P_{net}}{\eta \times \rho \times g \times h} = \frac{40 \times 10^3}{0.5 \times 1000 \times 9.81 \times 25} = 0.32\ (m^3/s)$$

이 정도의 유량은 보통 수심이 0.5~2 m 정도의 개천에서 얻을 수 있는 물의 양이다.

3. 수차의 선정

소수력발전을 발전 용량 기준으로 더 세분하면 100 kW 미만은 마이크로 수력(micro hydropower), 100~1,000 kW 규모는 미니 수력(mini hydropower) 그리고 1,000~10,000 kW 규모는 소수력(small hydropower)으로 구분한다. 이 중 50 kW 이내의 마이크로 수력의 경우 건설 비용이 낮고 건설 기간이 상대적으로 짧아 적정기술 활동에 적합하다.

수력 터빈을 설계하기 전에 수력발전으로 얻을 수 있는 전기 양을 계산해야 하는데, 이때는 측정된 낙차와 물의 유량을 이용한다. 따라서 계절에 따라 흐르는 수위 변화는 여러 해에 걸쳐 측정되어야 한다. 마이크로 수력 시스템의 경우 유량은 1초당 흐르는 물의 양을 ℓ로 나타낸다(liter/sec). 일반적으로 마이크로 수력 시스템에서 유량을 결정하는 가장 일반적인 방법은 물통 채움 방식(container fill method)으로, 다음 과정에 따라 진행한다.

① 흐르는 모든 물을 물통 또는 큰 용기로 채울 수 있는 위치를 찾는다.
② 만약 알맞은 위치를 찾을 수 없으면 모든 물을 하나의 출구로 흐르게 하는 임시 댐을 만든다.
③ 부피를 아는 물통을 준비한 뒤, 흐르는 물로 물통을 채우는 데 걸린 시간을 측정, 기록한다(최소 5번 반복 실험).
④ 용기를 채우는 데 걸린 평균 시간(초)을 계산하고, 용기의 부피(ℓ)를 평균 시간으로 나누어 유량(ℓ/sec)을 구한다.

어느 정도 낙차를 이용하는 **수차**(그림 3.3)는 크게 충동수차와 반동수차 두 가지로 구분할 수 있다.

> **수차**
> 물의 운동에너지를 발전기의 전기에너지로 변환시키기 위해서 물의 흐름이 만들어 내는 압력과 속도를 회전 운동으로 효과적으로 바꾸는 장치

① 충동수차(impulse turbine): 대기압의 공기 중에 물이 낙하하여 수차를 돌리는 방식으로, 펠톤(Pelton), 튜고(Turgo), 크로스플로우(Crossflow), 물레방아(Water Wheel), 아르키메데스(Archemedean screw, Screw turbine) 수차 등이 이에 속한다.
② 반동수차(reaction turbine): 수차가 완전히 물속에 잠겨서 물의 속도와 압력을 활용하는 방식으로, 프로펠러(Propeller), 프란시스(Francis, Radial Flow), 카플란(Kaplan) 수차 등이 이에 속한다.

일반적으로 충동수차가 반동수차보다 제조비용이 저렴하다. 그 이유는 충동수차의 경우 압력을 견디는 특수 케이스가 필요 없고, 제작 시 정확하게 치수를 맞추지 않아도 작동하는 데 별다른 문제가 없어 제조 과정이 단순하기 때문이다.

충동수차

(a)

노즐을 통해 분사된 고속의 물줄기가 펠톤 수차의 오목한 날개에 부딪히면서 충격을 일으켜 수차를 회전시킨다.

(b)

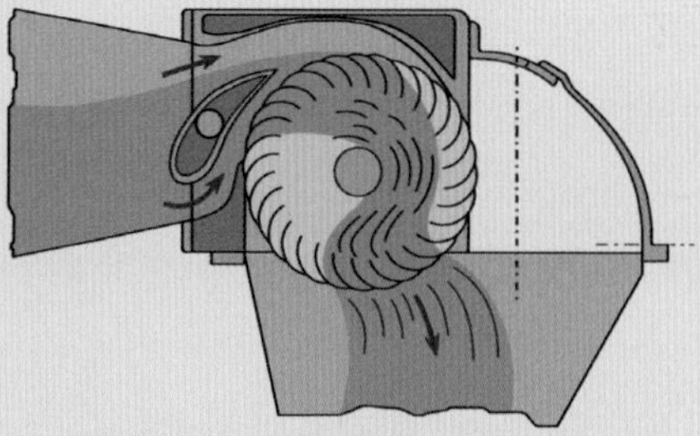

크로스플로우 수차로 들어간 물이 수차 날개를 가로질러 통과한 후에 날개 반대편으로 나간다.

(c)

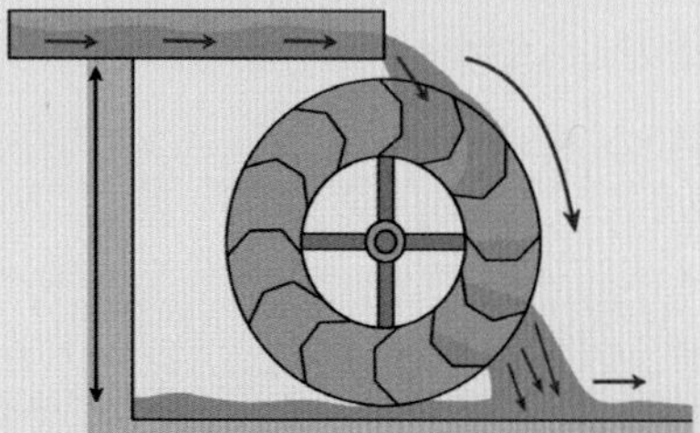

물레방아는 흐르는 물이 날개 위로 떨어지는 힘으로 수차를 앞으로 회전시킨다.

(d)

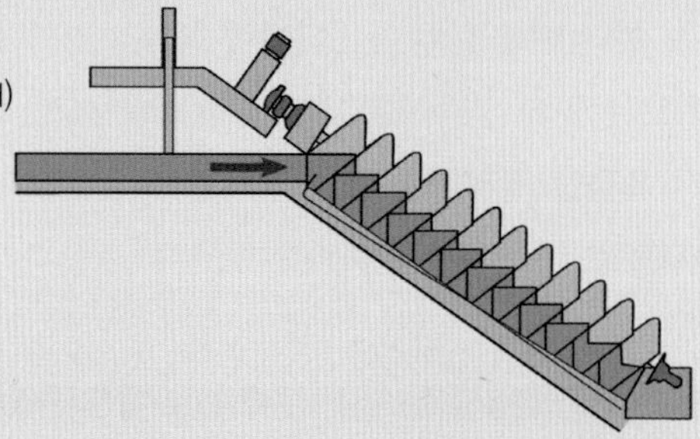

아르키메데스 수차는 가운데가 비어 있고 내부에 나선형 날개가 있어서 물이 그 무게로 수차의 날개를 차례로 돌려 축을 회전시킨다.

반동수차

(e)

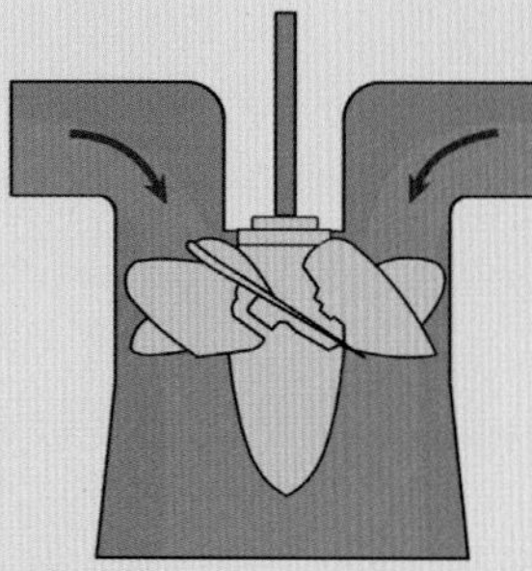

프로펠러 수차는 축 방향으로 물이 흐르며 날개에 힘을 작용하는 반동형 수차이다.

(f)

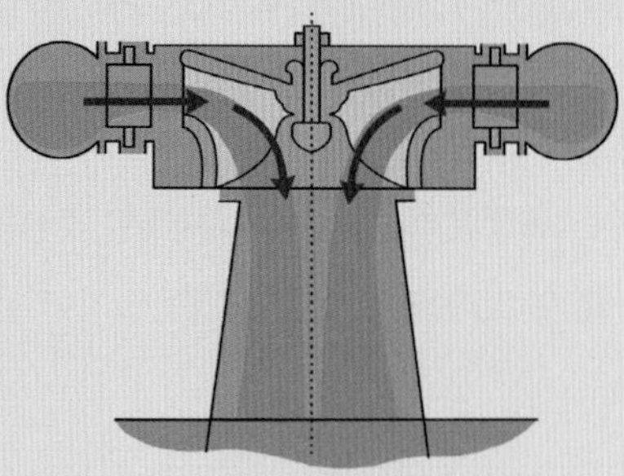

물이 프란시스 수차의 반지름 방향으로 흘러 들어가고 축 방향으로 나가면서 날개에 힘을 전달한다.

그림 3.3 수차의 종류 (a) 펠톤 (b) 크로스플로우 (c) 물레방아 (d) 아르키메데스 (e) 프로펠러 (f) 프란시스

표 3.3 수압의 크기에 따라 선택하는 수차의 종류

구분 \ 수압	고	중	저
충동수차	펠톤, 튜고, 멀티젯 펠톤*	크로스플로우, 튜고, 멀티젯 펠톤	크로스플로우, 물레방아, 아르키메데스
반동수차		프란시스	프로펠러, 카플란

* 멀티젯 펠톤은 계절에 따라 강의 유량이 바뀌더라도 넓은 범위의 유량 조건에서 높은 효율을 달성하기 위해 사용되는 수차의 종류이다.

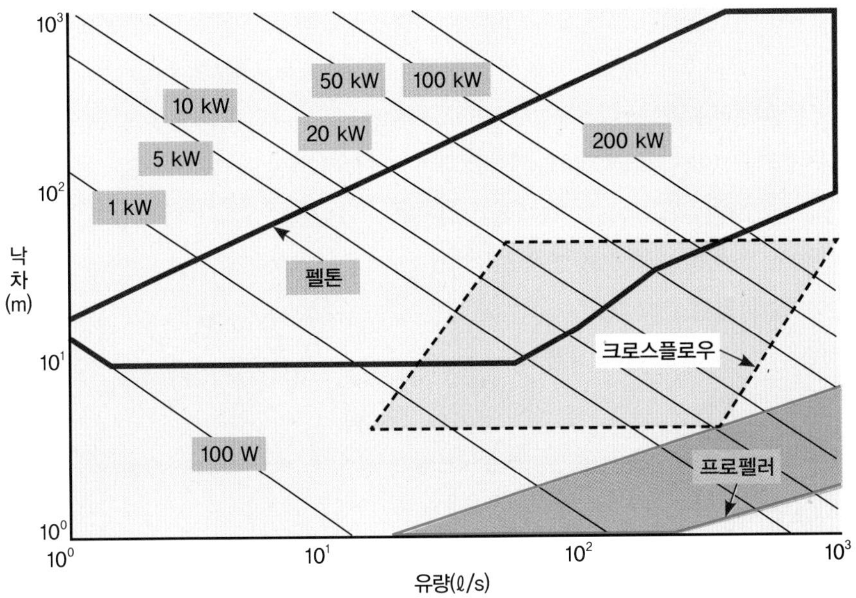

그림 3.4 낙차와 유량에 따른 수차 선정 기준 (출처: Thake J. The micro-hydro Pelton Turbine Manual: Practical Action Publishing, 2000을 수정하여 다시 그림)

발전소의 낙차는 지형 조건 때문에 최대로 만들 수 있는 한계가 있고, 물이 흐르는 양도 기후와 지형에 따라 최대값의 한계가 있다. 경우에 따라서 겨울에는 물이 얼어 유량이 전혀 없을 수도 있다. 그림 3.4는 유량과 낙차에 따라 적합한 터빈을 선택하도록 도와 준다.

예를 들어 네팔에 발전소를 설치하는 경우를 가정해 보자. 설치에 앞서 주변 환경을 조사한 결과, 유량은 초당 27 ℓ 낙차는 100 m로 측정되었다. 이 데이터를 그림 3.4에 적용해 보면 펠톤 수차가 가장 적합한 수차임을 알 수 있다. 그러면 실제로 20 kW의 전력을 얻을 수 있을 것이다.

수차의 종류는 일차적으로 설치 장소의 환경 조건에 따라 달라진다. 네팔을 비롯한 라오스, 태국 등의 산악 지역과 같이 큰 낙차를 얻을 수 있는 곳에서는 펠톤 수차가 적합할 것이고, 반대로 강이 흐르는 지역과 같이 낙차가 작고 유량이 큰 곳에서는 물레방아와 유사한 형태의 수차가 유리할 것이다. 적절한 수차의 종류를 구할 때는 낙차와 유량뿐만 아니라, 수압의 크기(표 3.3 참조), 경제적 조건(초기 시설 비용과 발전소 운영 비용 등), 기술적 조건(발전 용량, 수명, 설치 기간, 기술의 성숙도, 생산된 전력의 품질 등), 지속가능성(지속적으로 전력 생산이 가능한 시간) 등도 함께 고려하는 것이 바람직하다.

소수력발전으로 생산된 전기는 다른 재생에너지로 생산된 전기보다 저렴하다. 전기를 생산하는 업체에서 소비자에게 제공하는 kW당 비용을 '단위 에너지 비용(unit energy cost)'이라 부르는데, 소수력발전으로 생산된 전기는 단위 에너지 비용이 낮다.

Solved problem 3-2

일반적인 마을의 경우, 하천의 유량이 아래의 수문도표(hydrograph)에서 볼 수 있듯이 일 년 내내 변화한다. 다음 예에서 수두가 25 미터라면, 연중 사용할 수 있는 최소 유량과 이때 수력발전의 출력을 계산하여라(효율은 50%, η = 0.5). 그리고 이 경우 어떤 종류의 수차가 가장 적합한지 선택해 보자.

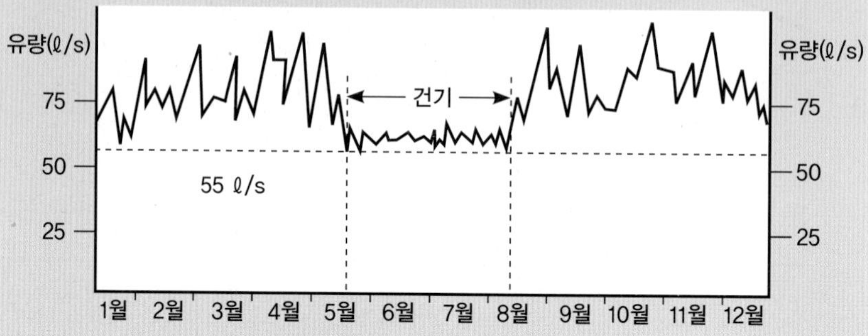

그림 3.5 연중 유량을 측정한 수문도표의 예

▶ **풀이 및 답**

수문도표에서 일 년 내내 약 55 ℓ / s 의 유량이 가능하다는 것을 알 수 있다.

따라서 전력은 다음과 같이 구할 수 있다.

$$P_{net} = \eta \rho Q g h$$

$$= 0.5 \times 1000\ \mathrm{kg/m^3} \times 55\ \ell/\mathrm{s} \times \frac{1\ \mathrm{m^3}}{1000\ \ell} \times 9.8\ \mathrm{m/s^2} \times 25\ \mathrm{m}$$

$$= 6.74\ \mathrm{kW}$$

그림 3.4 에 따르면 펠톤 또는 크로스플로우 수차가 이 조건에서는 적당하다.

Do it yourself 3-1

수력을 이용하여 전기를 만드는 원리를 체험할 수 있는 간단한 키트를 먼저 만들어 본 뒤, 실제 소수력발전기에 가까운 테스트 베드 시스템을 구성해 보자.

실험 1

- **실험 제목 :** 소수력발전 원리 체험
- **실험 재료 및 장치 :** 여러 종류의 발전기 시스템을 기성품으로 구입할 수 있으나, 여기서는 소수력발전의 원리를 설명하기 위해 다음 두 가지 시스템을 소개한다.

그림 3.6 Yosoo 소형 직류 수력발전기(좌)와 Eisco 소수력발전기(우)

실험 2

- **실험 제목 :** 수돗물을 사용하는 소수력발전 테스트 베드 제작
- **실험 재료 및 장치 :** 그림 3.7의 개념도를 참고하고 표 3.4의 부품을 사용하여 소수력발전을 재현하는 테스트 베드를 만들어 보자.

그림 3.7 수돗물을 사용하여 수차를 돌리는 소수력발전 테스트 베드의 개념도

- **실험 방법 및 활동 :** 발전기 출력에 LED를 연결하여 빛이 나오는지 확인하자. 발전기에 LED를 직접 연결할 때 전류가 큰 경우는 LED가 고장날 수 있으므로 아래 그림과 같이 저항을 추가하여 LED와 직렬로 연결하는 것이 좋다. 이를 위해 저항(R)은 440 옴(ohm, Ω)을 사용하고 LED의 빛이 잘 보이지 않으면 저항값을 낮추어 보자.

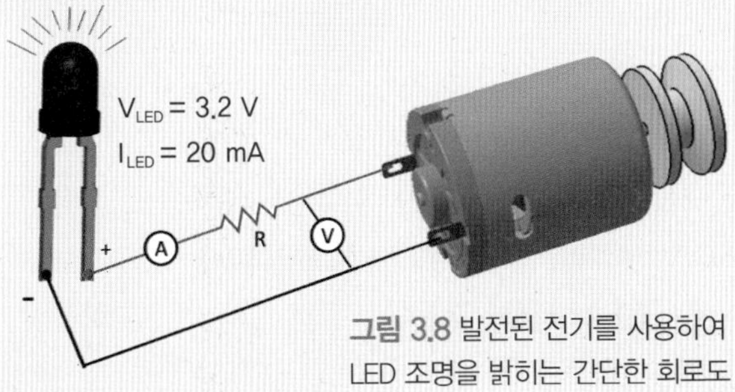

그림 3.8 발전된 전기를 사용하여 LED 조명을 밝히는 간단한 회로도

표 3.4 소수력발전 테스트 베드 제작을 위한 부품 리스트

부품	개수	용도
물통(아래에 구멍이 있음)	1	
숟가락	8	수차의 역할
나무로 된 원형 디스크	1	숟가락 고정
축	1	나무 디스크와 체인 연결
클램프	2	축을 물통에 고정
풀리(pulley, 큰 것과 작은 것)	2	
체인 또는 벨트	1	
소형 DC 모터	1	
전선	2 m	DC 모터에서 발전된 전기를 전구에 전달
DC 전등	1	
DC 전등 소켓	1	
수도꼭지 또는 호스	1	

그림 3.9 소수력발전 시스템의 기본 요소와 송전선의 개요

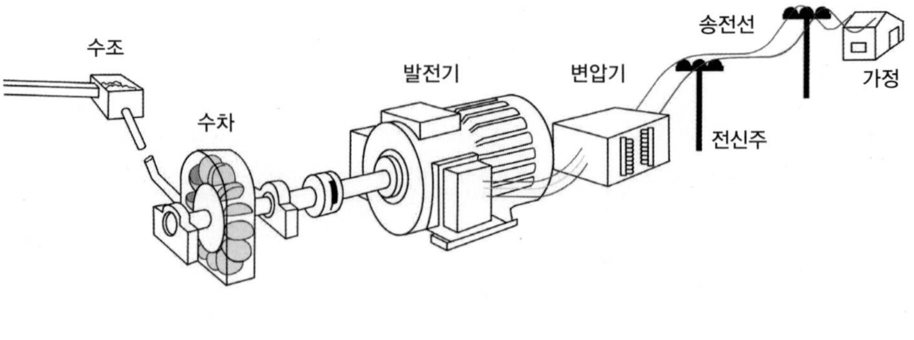

4. 소수력발전기에서 생산된 전기의 전달 방법

생산된 전기를 수백 m 또는 수 km 이상의 거리까지 전달 가능하다면 여러 용도로 사용될 수 있다. 우리나라에서 볼 수 있는 고압 송전탑은 이보다 더 높은 수십만 V의 전압으로 송전하지만 이런 시설은 관리가 쉽지 않고, 비용도 많이 들어 적정기술의 범주에 속한다고 보기 어렵다. 일반적인 소수력발전에서 발전된 전기를 전송할 때 효율을 높이기 위해서 수백 V로 생산된 전기를 수천~수만 V로 승압하면 충분하다. 목표한 거리를 전송한 후에는 220 V로 감압하여 일반적인 가구나 모터 장치에서 사용한다.

3.2 소수력발전기의 활용 사례

개발도상국에서는 전기가 전혀 들어오지 않던 기존 생활을 개선하는 데 전기는 매우 중요한 역할을 한다. 기본적이며 중요한 전기의 사용처는 실내 조명, 휴대전화 충전 등으로, 발전량이 조명과 휴대전화에 필요한 전력량을 초과하면 텔레비전과 라디오를 사용하는 문화생활에도 전기를 사용할 수 있게 된다. 더 나아가 마을 전체로 보면 수익을 창출할 수 있는 농축산업에 전기를 사용하는 경우도 쉽게

그림 3.10 **파키스탄의 소수력 발전소**(좌) 미국(USAID)이 파키스탄의 스와타이(Swatai) 마을에 원조로 설치한 소수력 발전소는 근처에 있는 110가구에 전기를 공급한다.

그림 3.11 **인도네시아 롬복(Lombok)의 마이크로 수력 시스템**(우) 소수력발전은 인도네시아의 외딴 지역과 농촌 지역에서 사용 가능성이 높다. 유엔개발계획(UN Development Programme)은 현재 인도네시아에 총 21 MW의 소수력발전기가 설치되었으나, 이보다 훨씬 큰 약 500 MW의 소수력발전이 가능한 잠재 수량(水量)이 있다고 계산했다. (©CSIRO Australia)

네팔의 소수력발전기 설치 사례

2010년 서울대학교 기계항공공학부에서 시작된 글로벌 솔라 봉사단은 한양대, 경상대 등과 연합하여 네팔, 탄자니아 등을 비롯한 개발도상국의 오지 마을에 태양광, 풍력, 소수력 발전기를 설치하는 적정기술 활동을 하고 있다.

네팔 남부 마콴푸르 지역에 설치한 소수력발전소들은 콜콥 마을(20 kW), 가디 마을(17 kW), 만탈리 마을(20 kW) 주민 약 3,000여 명에게 전기와 조명을 제공하고 있다. 발전소 축대와 건물을 위한 토목 공사와 산속에 있는 나무를 베어 300여 개의 전신주를 만드는 작업이 3개월 가량 걸렸지만, 모두 마을 주민들이 담당하여 공사 비용을 줄일 수 있었다.

소수력발전소는 태양광 또는 풍력발전소와 달리 전기를 저장해 주는 배터리가 필요 없어 유지 및 보수 비용이 전체 설치비의 5% 이내로 저렴하다. 특히 콜콥의 소수력발전소는 2015년 네팔 대지진에도 그다지 피해를 입지 않았고, 오히려 도시보다 더 오랜 시간 전기를 끊김 없이 사용할 수 있었다. 이는 적정기술의 장점을 보여 주는 사례라 할 수 있다.

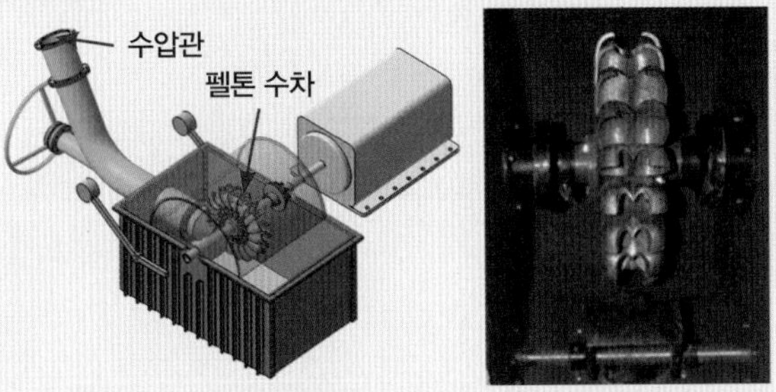

그림 3.12 수차와 연결된 발전기의 CAD 설계 그림(좌)과 실제 주조로 만든 펠톤 수차(우)

그림 3.13 20 kW급 메테리 소수력발전소 2013년 글로벌 솔라봉사단에 의해 마콴푸르 지역 콜콥 마을에 설치되었다.

찾아 볼 수 있다.

개발도상국 오지의 마을들은 산꼭대기에 위치하는 경우가 많다. 개발도상국에서도 산꼭대기 지역은 환경이 좋지 않아 일반적으로 소득이 더 낮고 취약한 계층의 사람들이 살고 있다. 전통적인 물레방아는 계곡에 위치하기 때문에 산꼭대기의 주민들이 물레방아를 사용하여 농작물을 가공하는 것은 시간과 노력이 많이 드는 일이다. 소수력발전을 통해 전기를 공급하면 모터가 사용되는 기계를 사용하여 농업과 축산업에 도움을 줄 수 있다.

산악 지역이나 섬에 사는 사람들은 전기의 혜택을 받기가 더 어렵다. 전신주를 설치해서 국가 전력망(grid)의 전기를 제공하는 것은 비용이 많이 들고 설치가 지형적으로 쉽지 않기 때문이다. 전기가 없는 주민들은 등유, 태양광 랜턴, 손전등 등을 조명으로 사용하는데 **독립 전력망(off-grid)**을 설치하면 이러한 문제를 해결할 수 있다. 특히 최근 LED 전등의 가격이 낮아져 전력 사용이 적고, 수명이 백열등이나 형광등보다 오래가는 LED 사용을 추천한다.

위의 〈네팔의 소수력발전기 설치 사례〉를 통해 네팔에서 설치한 소수력발전소의 구체적인 크기와 전력의 전송 범위를 제시하였다. 네팔 이외에도 파키스탄, 인도네시아 등의 개발도상국에도 이와 유사한 소수력발전의 성공적인 사례가 많으

독립 전력망(off-grid)

국가 전체가 연결된 전력망에서 전기를 제공받지 않고, 지역 자체의 전기 공급을 위해 전기를 발전, 저장, 송전하는 체계. 개발도상국의 많은 지역이 독립 전력망으로 마을의 전기를 사용한다.

며 오지의 주민들이 전기의 수혜를 누리고 있다.

그림 3.10, 3.11, 3.13의 예에서 보듯이 소수력발전은 발전기로부터 수백 미터에서 수십 킬로미터 정도의 범위에 있는 오지 마을 주민들의 생활을 개선하는 데 도움을 준다.

Do it yourself 3-2

- **실험 제목 :** 소수력발전 테스트 베드 제작
- **실험 재료 및 장치 :** 그림 3.14의 개념도를 보고 소수력발전을 재현하는 테스트 베드를 만들어 보자. 실제 흐르는 물을 활용할 수 있으면 모터와 물탱크를 생략한다.

표 3.5 소수력발전 테스트 베드 제작을 위한 부품 리스트

부품 번호	부품	예상가 (천 원)	비고
1	물탱크(250 ℓ)	10	
2	PVC 파이프(직경 4 mm)	8	물이 들어오는 곳
3	PVC 파이프(직경 8 mm)	1	물이 나가는 곳
4	90° 꺾인 관(엘보우)	1	
5	모터 또는 영구자석 발전기	20	발전기로 사용
6	펠톤 수차	2	3D 프린터 제작
7	케이스와 고정장치	1	
8	물 펌프	1	
9	방수 재료(실리콘 고무 등 2 m)	3	
10	압력계	1	
11	축	1	수차와 발전기를 연결
12	베어링 2개	1	
13	노즐	2	3D 프린터 제작
총계		52	

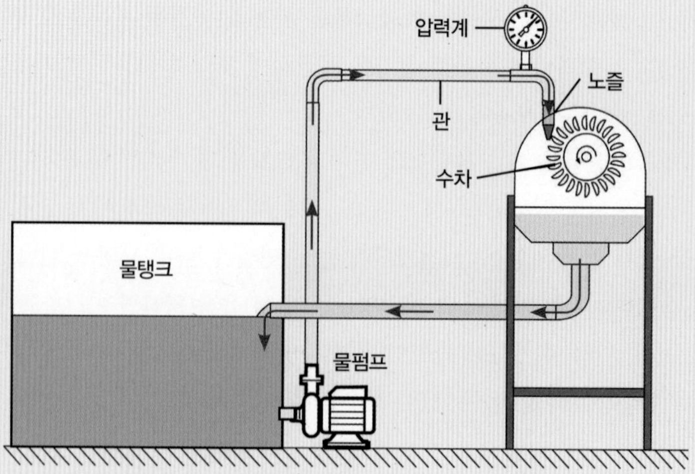

그림 3.14 소수력발전 테스트 베드의 개념도

● **실험 방법 및 활동 :** DIY 키트의 발전기가 어떤 운전 조건에서50 W의 전기를 생성한다고 가정하자. Do it yourself 3-1에서 만든 LED와 저항을 병렬로 연결하여 조명으로 사용한다면 하나당 240 mW가 소비된다. 50 W의 전력으로 최대 몇 개의 LED를 밝힐 수 있는지 계산하여 보자. (답: 208개)

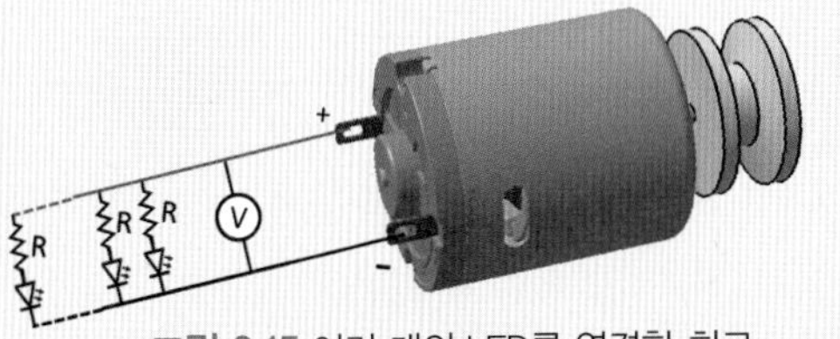

그림 3.15 여러 개의 LED를 연결한 회로

3.3 소수력에너지 활용의 전망

소수력발전은 일반적인 대규모 수력발전과 원리 면에서는 큰 차이가 없다. 그러나 대규모 수력발전이 동식물, 기후 등 환경에 여러 가지 부작용을 일으키는 반면, 소수력발전은 주변 환경에 큰 영향을 끼치지 않고 규모가 작고 기술적으로 간단한 발전 방식이기 때문에 적정기술로 쉽게 활용할 수 있다. 또한 풍력, 태양광 등 다른 재생 가능한 에너지원에 비해 에너지 밀도가 높아서 강수량과 지형 조건이 맞는 곳이면 연중 끊이지 않고 전기를 공급할 수 있고, 다년간의 유지와 보수에 큰 비용을 들이지 않아도 전기를 제공할 수 있는 재생에너지이다.

소수력발전은 개발도상국 시골 지역의 전력화와 관련된 기술 중에서 비용 대비 가장 효율이 높은 기술로 여겨지는데, 이는 소수력발전 기술이 오랜 기간을 거쳐 잘 발전되었고, 약간의 유지 보수만으로도 몇 십 년 동안 사용할 수 있기 때문이다. 소수력발전은 계절이나 날씨의 영향을 덜 받고 지속적으로 전기를 얻을 수 있으므로, 전기가 들어오는 마을의 다양한 영역에 발전을 가져오며, 개인의 위생상태, 의사소통, 교육, 가계수입, 의료복지 그리고 삶의 질까지 개선시킨다.

그러나 소수력발전소를 건설하려면 태양광 등 다른 재생에너지 발전에 비해 상

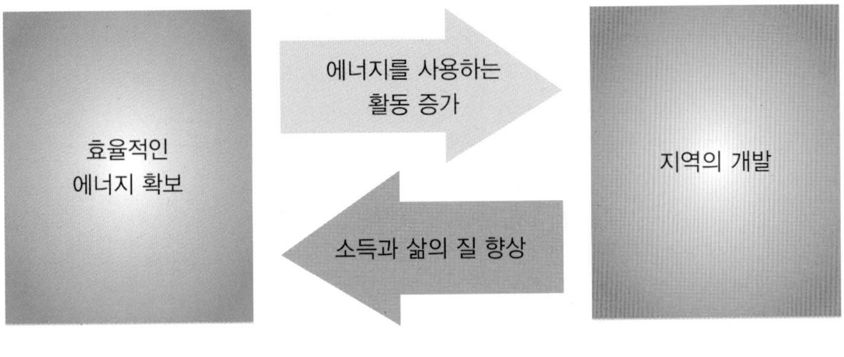

그림 3.16 전기와 지역 개발의 선순환

대적으로 많은 인력과 공사 시간이 필요하다. 따라서 성공적인 프로젝트의 완수를 위해서는 세심한 계획, 리더십, 설치 후 운영 등에 관련된 다양한 역량이 요구된다.

전 세계의 개발도상국 중에서 기후가 온화한 온대나 아열대, 열대 지방에 속한 곳은 소수력발전을 위한 수량이 충분한 지역이 많지만 경제적인 능력이 부족하여 외부 지원이나 원조 없이 공사비를 자체적으로 충당하기 어려운 실정이다. 이를 해결하기 위해 재정 확충이 가능한 정부개발원조(official development assistance, ODA) 또는 국제기구들의 프로그램이 많이 생길 것을 기대하고 있다. 덧붙여 마을 단위의 재원에서 발전소를 완공할 수 있도록 우선 적은 비용으로 설치 가능한 용량의 발전소를 만든 뒤, 발전된 전기를 사용하여 마을의 수익을 창출하고 이후 발전량을 차츰 늘리는 모듈화 방식의 수력발전 시스템 개발을 제안해 본다.

참고 문헌

안성훈, 이경태, 반다리 비나약, 이길용, 이선영, 송철기 (2012), 지속가능성을 고려한 산악지역 독립망 전력 시스템의 신재생 에너지원 구성 전략, 한국정밀공학회지, *한국정밀공학회*, 29(9), 958-963.

Bhandari B., Lee K.-T., Song C.-K., Lee C.-S., Maskey R. K. and Ahn S.-H. (2012), A novel off-grid hybrid power system comprised of solar photovoltaic, wind, and hydro energy sources, *Applied Energy* 133, 236-242.

Bhandari B. (2014), Design and Evaluation of Tri-Hybrid Renewable Energy System (THRES), Ph.D dissertation: Seoul National University.

Harvey A. (1993), Micro Hydro Design Manual, A guide to small-scale water power scheme, Practical Action Publishing.

Lee K.-T., Kim E. Chu W.-S. and Ahn S.-H. (2015), Design and 3D printing of controllable-pitch Archimedean screw for pico-hydropower generation, *Journal of Mechanical Science and Technology*, 29(11), 4851-4857.

Imamura E. and Nagano K. (2010), Evaluation of life cycle CO2 emissions of power generation technologies: update for state-of-the-art plant, *Central Research Institute of Electric Power Industry (CRIEPI) Research Report*, Socio-economic Research Center.

Jerrmy Thake, (2000), The Micro-Hydro Pelton Turbine Manual, Practical Action Publishing

White F. W. (2016), Fluid Mechanics, 8th ed., Mc Graw Hill Education

연습문제

1. 어떤 마을 근처에 있는 시냇물에 소수력발전소가 새로 지어진다고 가정하자. 터빈의 효율을 결정하기 위해 다음 자료가 수집되었다.
   터빈 발전기 속도(분당 회전수): 1500 rpm
   발전기 전기 출력: 23 kW
   물의 유량: 25 ℓ/s
   수두(낙차): 135 m

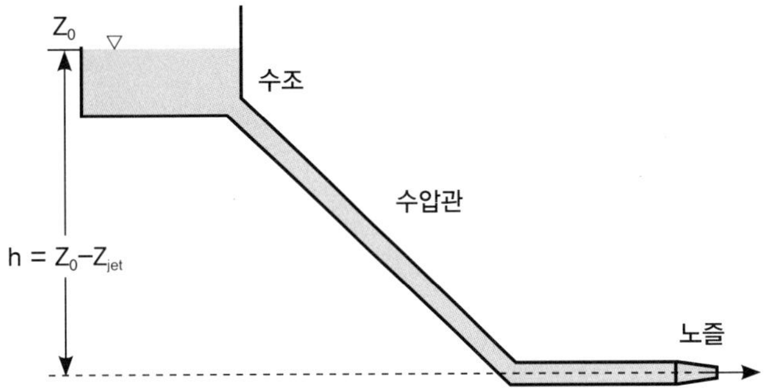

펠톤 수차에서는 회전하는 터빈과 상호작용하는 물의 압력은 대기압과 같고, 노즐을 통해 분출되는 물의 속력은 오직 수두(h)에 의해 결정된다. 이때 펠톤 수차에서 측정되는 물의 속력을 구하라. 물의 속력과 압력, 높이는 베르누이 공식으로 설명할 수 있다. 일반적인 베르누이 공식은 아래와 같다.

$$P_0 + \frac{1}{2}\rho V_0^2 + \rho g Z_0 = P_{jet} + \frac{1}{2}\rho V_{jet}^2 + \rho g Z_{jet}$$

여기서 압력을 밀도와 중력가속도로 나눈 값($\frac{P}{\rho g}$)을 압력 수두(pressure head, Ψ)라고 하며, 베르누이 공식을 아래와 같이 나타낼 수 있다. 압력 수두는 수압이 작용하고 있는 관수로 등에서 내부의 물이 갖는 압력을 수두로 환산했을 때의 높이를 뜻한다.

$$\Psi_0 + \frac{V_0^2}{2g} + Z_0 = \Psi_{jet} + \frac{V_{jet}^2}{2g} + Z_{jet}$$

ψ_0 : 수조 표면에서 물의 압력 수두 (m)
Z_0 : 수조물의 고도 (m)
V_0 : 수조에서 물의 속력 (m/s)
g : 중력가속도 (m/s^2)

ψ_{jet} : 노즐에서 물의 압력 수두 (m)
Z_{jet} : 노즐의 고도 (m)
V_{jet} : 노즐에서 물의 속력 (m/s)

2. 어느 마을 옆에 위치한 개울의 유량이 500 ℓ/s 라고 한다. 가용가능한 낙차를 최소 3 m라고 가정하면, 어떤 종류의 수차가 사용되어야 하며 그 이유는 무엇인가?
3. 초당 2 ℓ의 물 (또는 7.2 m^3/hr)로 100 W의 전력을 생산하기 위한 저수조의 낙차(head)를 계산하라.
4. 낙차가 크지 않지만 흐르는 물의 양이 많은 경우 적합한 수차의 종류를 선택하라.

공동 설계 프로젝트

- 소수력발전기는 기계, 토목, 전기공학이 필요한 종합적인 시스템이다. 그러나 휴대전화를 충전하거나 농촌에 전기를 제공하는 등 간단한 시스템을 만드는 것은 그다지 어렵지 않다. 소수력발전기 부품은 대부분 구입할 수 있으나 적합한 부품을 선택하는 것이 중요한 설계 문제이다.

1. 발전기로부터 멀리 떨어진 시골 지역 사람들은 곡식을 갈아서 밀가루를 얻거나 다양한 상업적인 목적을 위해 물레방아를 사용한다. 전기 생산을 위해서 물레방아를 어떻게 이용할 수 있는가? 물레방아를 소수력발전 시스템으로 전환시키기 위한 부품들을 생각해 보자.
2. 발전된 전기를 하나의 가구에서 사용할지 또는 지역의 몇 가구에서 사용할지에 따라 전신주가 필요한지를 고려하여 설계하라.

제4장 태양에너지

"As we work to create light for others,
we naturally light our own way."

- Mary Anne Radmacher -

"우리가 타인을 위해서 빛을 밝힐 때
우리는 자연스럽게 우리 자신의 길을 밝힌다."

- 메리 앤 래드마처-

생각해 봅시다

1. 태양에너지를 활용하는 데 적정기술을 적용할 수 있는 가능성을 알아보자.
2. 태양열에너지를 활용할 수 있는 장치의 원리를 알아보고, 그 효율을 높일 수 있는 방법을 찾아보자.
3. 태양광에너지의 원리를 알아보고 적정기술로서 활용 가능성을 찾아보자.
4. 일상생활에 적용할 수 있는 태양에너지 관련 적정기술을 찾아보고, 직접 설계해 보자.

가뭄이 낳은 황금알, 태양광발전

미국의 캘리포니아주에서는 2012년부터 시작된 극심한 가뭄으로 물 부족 현상이 심화되고 있다. 하지만 이와 같은 가뭄에서 각광 받는 산업은 아이러니하게도 태양광발전이다. 비가 적고 구름 없는 날이 계속된다는 의미는 태양의 일사량이 많아지고, 이를 통한 태양광을 활용할 수 있는 가능성이 높아진다는 것이다.

실제로 가뭄이 시작된 뒤 태양광발전 시설에 대한 정부의 지원금이 없어졌음에도 불구하고, 캘리포니아주에서는 가정과 기업의 옥상에 설치되는 태양광발전 시설이 폭발적으로 증가하였다. 2015년 캘리포니아주에는 25만 개 이상의 태양광발전 프로젝트가 진행되고 있으며, 이는 미국 전체 태양에너지 프로젝트의 절반에 해당한다. 약 11분마다 새로운 태양에너지 시스템이 설치되고 있고, 태양의 조사 방향에 따라 변화하는 장비, 스마트폰 앱을 이용한 생산량의 추적 시스템 등이 발전하면서 태양광발전은 태양광 조사가 가장 많은 낮 시간에 활용되는 신재생에너지로서 수력, 지열, 풍력에너지를 압도할 정도로 성장하고 있다(그림 4.1). 그 결과 태양에너지 산업협회에 따르면 캘리포니아에서는 10,000 MW를 넘는 태양광발전 시설이 만들어졌는데 이는 캘리포니아주 전체 전력 수요의 5%에 해당하는 발전 용량이다.

태양광발전에는 또 하나의 장점이 있다. 바로 발전에 필요한 물의 양이 적다는 점이다. 화력발전이나 원자력발전은 발전하는 동안 방대한 양의 증기가 생성되므로 장비를 냉각시키기 위해 많은 양의 물이 필요하다. 그러나 태양광발전은 물이 거의 필요 없고, 필수적으로 요구되는 세정수 또한 재순환된 물을 극소량 사용하기 때문에 가뭄 지역에 최적의 에너지 발전 방법이라고 말할 수 있다.

가뭄은 이로 인해 발생되는 사회적, 경제적 어려움에도 불구하고, 태양광발전 기술과 인프라 확대에는 긍정적으로 작용한다. 이는 가뭄으로 인해 많은 어려움을 겪는 아프리카와 같은 지역에서 태양에너지가 유력한 재생 가능 에너지로 발전할 가능성을 보여 준다.

(출처: Bentham Paulos (2015. 4.9) The bright side of California's drought: More solar power (www.grist.org))

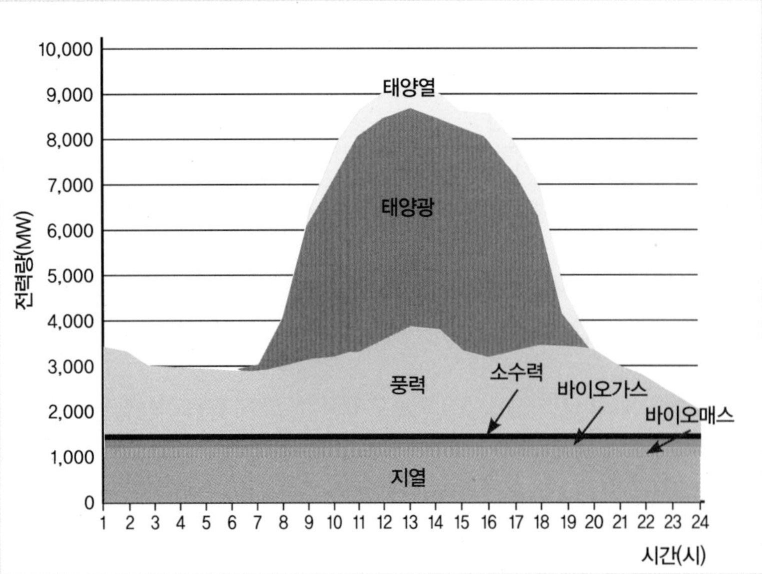

그림 4.1 재생에너지의 시간별 평균 발전량 태양광 및 태양열에너지 생산량은 하루 중 일사량이 많은 시간에 급격히 증가한다.

석유나 석탄과 같은 화석연료는 지리적으로 제한된 지역에 집중적으로 존재하므로 그다지 공평한 에너지원이 아니다. 그에 비해 태양에너지는 지구의 모든 부분에 도달하므로 누구나 활용할 수 있는 적정기술로서의 가치가 높은 편이다. 물론 북극 지역이나 남극 지역의 경우에는 계절에 따라 태양빛이 거의 없는 시기를 경험하기도 하며, 지구상 어느 지역이든 구름이나 비의 영향에 따라 태양빛을 받지 못하는 경우도 발생한다.

또한 태양의 세기는 사막 지대처럼 강렬한 곳이 있는가 하면 동남아 우림지역처럼 연간 일조량이 적은 경우도 있다. 에너지가 필요한 지역 중 아프리카의 사막 지역은 태양에너지가 풍부하므로 태양에너지를 이용한 발전은 훌륭한 적정기술이 될 수 있다.

태양에너지를 활용하는 방법을 에너지 분야의 전문적인 기술 중심으로 분류하면 태양의 열 그 자체를 이용하는 태양열에너지, 태양의 빛을 전기로 전환하는 태양광에너지(또는 태양광발전) 등 2가지가 있다. 어릴 때부터 돋보기(또는 볼록렌즈)를 이용하여 종이에 불을 붙여 본 경험이 있을 것이다. 또한 햇빛이 강한 낮에 빨래를 널어 건조시킨 경험도 있을 것이다. 이러한 방법은 모두 태양열에너지를 활용한 것으로 우리 생활 속에는 이미 알게 모르게 태양열에너지를 누구나 활용하고 있다. 따라서 누구에게나 태양열에너지는 이미 친숙하게 자리 잡고 있다.

태양광발전의 경우 흔히 태양전지라고 알려져 있으며 요즘 어린이들이 가지고 노는 장난감 자동차에 태양광 전지가 부착된 경우가 있다. 또한 사무실에서 사용하는 계산기 중에도 태양전지를 이용하는 제품이 많이 보급되어 있어 태양광에너지 역시 일상생활 속에서 이미 친숙하게 자리 잡고 있다. 대규모 발전시설을 통해 전력을 공급받는 대부분의 나라에서는 태양광발전을 필수적으로 사용할 필요가 없겠지만 전력 공급이 원활하지 않은 저개발국가에서는 태양광발전이 필수적인 전력을 공급하는 편리한 적정기술로 사용될 수 있다.

태양광발전은 사실상 첨단기술의 하나로 생각되므로 적정기술의 일반적인 범주에 포함되지 않을 수도 있다. 하지만 저개발국가와 같이 대규모 전력시설을 갖추기 어려운 곳일수록 분산전력 형태로 활용하는 태양광발전은 적정한 규모로서의 가치가 있는 기술이 된다. 태양광발전의 특성상 저개발국가에서 현지에서 조달할 수 있는 저렴한 장치는 분명히 아니지만 적정기술로서의 유용성 측면에서 충분한 가치가 있다.

4.1 태양에너지의 이해

비가 오거나 구름이 낀 경우 지표면에 도달하는 태양에너지는 줄어들지만 대개 지구 어디에서든 맑은 경우에는 태양의 에너지를 이용하여 빨래를 말리거나 이불을 소독하며 심지어는 일광욕을 즐기기도 한다. 이처럼 태양에너지는 인류의 삶에 이미 편리한 에너지로 이용되고 있다. 태양의 표면 온도는 약 6000 °K로 온도가 더 낮은 우주 공간(약 3 °K)이나 지구(약 300 °K)로 복사 에너지를 방출하고 있으며, 파장에 따라 에너지의 크기가 다른 스펙트럼의 형태를 나타낸다.

복사

물체로부터 열이나 전자기파가 방출되는 현상

태양의 **복사** 에너지는 지구 대기를 통과하면서 일부 흡수되므로 지표면에서 측정되는 스펙트럼의 형태가 달라진다(그림 4.2 참고). 예를 들어 가시광선에 해당하는 파장대 부분의 태양에너지가 다른 파장대에 비해서 큰 편이다. 지구 표면에서의 태양에너지의 크기는 지리적 위치, 기후에 따라서 많은 영향을 받으므로 관심 대상 지역의 태양 일사량이 얼마인지 과거 평균치를 미리 살펴보고 태양 에너지의 활용가능성을 파악할 수 있다. 지구 대기권 밖의 태양의 복사 에너지는 약 1361 W/m^2 정도이며, 지구상에서는 최대 약 1 kW/m^2 이상까지 이르고 있다.

지상에서 태양의 복사 에너지 양은 계절 또는 하루 중의 시간에 따른 태양의 고도각과 구름의 양에 따라 좌우된다. 따라서 태양에너지 통계량의 경우 과거 수십 년간의 측정자료를 바탕으로 이에 대한 평균치를 사용하고 있다. 아프리카의 경우 대부분의 지역이 연간 2000 kWh/m^2 이상의 일사량을 나타내고 있다(즉 1 m^2의 땅에 1000 W의 햇빛이 하루에 5.4시간 이상 비추게 된다는 의미이다). 즉 지표면에 내리쬐는 햇빛의 열에너지를 그대로 모으기만 해도 물을 가열하거나 태양전지를 활용하는 데에 충분한 양의 에너지가 된다.

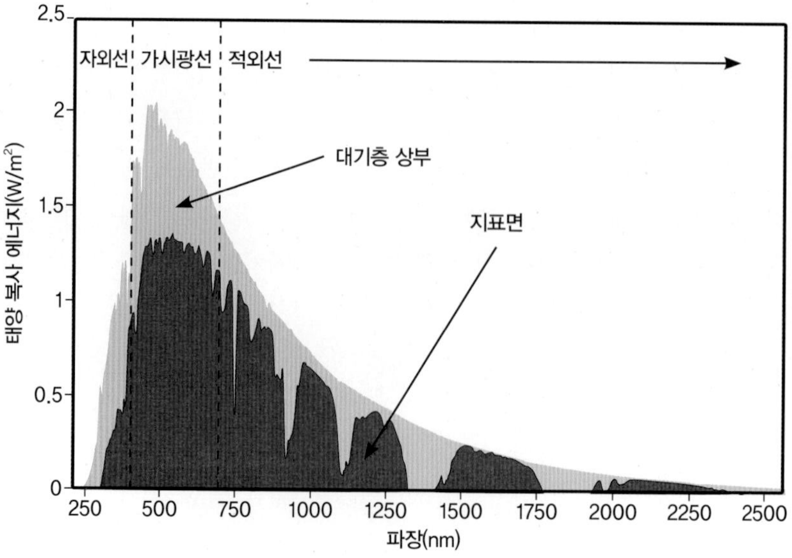

그림 4.2 대기권 통과 전과 후의 태양에너지의 스펙트럼 분포

Solved problem 4-1

1 m^2의 면적을 가지는 검은색 철판(예: 가로 1 m×세로 1 m)이 받는 태양에너지가 1 kW라면, 1초 동안 받는 총 태양에너지는 1 kJ에 해당된다. 이러한 철판으로 20°C의 물 1 ℓ를 100° C로 끓이는 데 필요한 에너지를 구하여라.

▶ 풀이 및 답

Q = 물의 질량 (kg) x 물의 비열 (4.2 kJ / kg·°C) x 온도 변화

= 1 x 4.2 x (100 - 20)

= 336 (kJ)

따라서 1 m^2의 철판은 336초(=5분 36초) 동안 태양에너지를 받아야 한다.

4.2 태양열에너지의 활용 원리와 사례

실제 태양에너지는 물체의 표면에 100% 흡수되지는 않으며, 가열된 물체는 바람에 의해 온도가 떨어지기도 하므로 실제 태양열에너지의 활용을 위해서는 더 많은 햇빛을 모아서 더 좁은 면적을 가열하는 데에 사용해야 한다. 즉 넓은 면적에 도달한 햇빛을 좁은 영역에 모으는 집중률을 크게 만드는 장치가 필요하다. 이를 위해서는 다수의 평면거울로 태양빛을 하나의 목표물에 반사시키는 방법, 커다란 오목거울에 들어온 태양빛을 하나의 초점에 모으는 방법, 볼록렌즈를 통해 들어온 빛을 하나의 초점에 모으는 방법 등을 사용할 수 있다. 집중률을 높이면 그만큼의 열에너지를 비례하여 얻을 수 있다. 또한 가열된 물을 효과적으로 보온할 수도 있어야 한다.

1. 태양열 살균장치(SODIS: Solar Disinfection)

지표수가 부족한 저개발국가의 경우 일사량이 강한 지역이 많으므로(예: 인도의 연간 일사량은 1100 kWh/m^2 이상), 주택 지붕이 태양열로 인해 달구어진 경우가 흔하다. 지붕 재료의 축열 에너지로 직접 페트병 속의 물을 60° C 이상으로 가열하여 식수 살균에 사용할 수 있다(그림 4.3). 다만 이 방법을 통해 물속의 중금속이나 점토 입자와 같은 부유물은 제거되지 않는다(자세한 내용은 제7장 정수 및 소독 참조).

그림 4.3 태양열 살균장치(SODIS)의 활용

태양열 살균장치에 필요한 노출시간을 줄이기 위해서는 햇빛의 양을 늘려 주는 방법을 이용하면 된다. 예를 들면 여러 개의 반사판(또는 거울)을 이용하여

빛을 집중시키는 방법, 큰 오목거울을 이용하여 빛을 집중시키는 방법, 포물면 모양의 우산 같은 접시형 반사면을 이용하여 집중시키는 방법 등이 있다.

마을 단위의 태양열 살균장치를 만들기 위해서는 반사판을 대형화하고, 페트병 대신 반영구적인 유리관을 사용하는 방법도 활용할 수 있다.

그림 4.4 칠레의 태양열 증류시설
광산 지역 주민들에게 태양열을 이용하여 깨끗한 물을 공급하였다.

2. 태양열 증류장치

오염되었거나 오염이 의심되는 물을 밀폐된 용기에 두고(일종의 온실 구조), 태양열을 이용하여 증발시키고 응축시켜 증류수를 확보하는 장치이다. 흔히 사막에서 조난당할 경우, 땅에 구덩이를 파고 구덩이 바닥에 컵을 둔 다음 구덩이 표면 전체를 비닐로 덮어 둔다. 밤사이에 이슬이 비닐 안쪽에 맺혀 흘러내리면 컵에 물이 모이는 원리를 이용할 수 있다(제8장 담수화 p.171 그림 8.5 참조).

인공적으로 큰 구조물을 만들 경우 간단하게는 투명 비닐을 이용한 온실 구조부터 유리병을 가열하고 식히는 방법까지 다양한 설계가 가능하다. 더 기계화된 설비를 도입할 경우 다량의 **증류**가 가능하다. 예를 들어 1872년 칠레의 라스 살리나스 광산의 경우 1일 최대 22,700 ℓ의 깨끗한 물을 증류시설을 통해 생산할 수 있었다. 이 장치는 질석(질산칼륨) 광산과 인근 은광산 지역 작업자와 가족들에게 깨끗한 물을 공급하기 위해 스웨덴 출신 기술자인 카를로스 윌슨이 고안하였다(그림 4.4). 염도가 14만 ppm에 해당되는 질석 광산의 배출수를 태양열로 증류하는 장치로, 나무로 틀을 짜고 그 위에 유리판을 올려놓는 방식으로 4,450 m^2의 면적에 설치하여 폐광될 때까지 40년간 활용되었다.

> **증류**
> 액체를 가열하여 발생한 기체를 냉각시켜서 다시 액체로 만드는 과정. 이를 통해 원래 액체 속의 불순물이 포함되지 않은 순수한 액체만 뽑아내게 된다.

3. 태양열 조리장치

다수의 반사판을 통해 모은 태양에너지를 활용하여 물을 끓이거나 음식 조리에 활용할 수 있다. 맑은 날의 햇빛 정도면 음식 조리에 충분한 온도를 확보할 수 있다(그림 4.5). 바람이 강하게 부는 지역에서는 쉽게 식어버리므로 박스형 오븐 형태로 바람을 막는 장치도 설계할 필요가 있다(그림 4.6). 또한 박스형 오븐의 바닥

그림 4.5 태양열 집열판을 이용한 음식 조리장치(a, b)로 반사필름 및 우산을 활용하여 제작하였다. 조리장치를 가동한 뒤, 열적외선 영상장치를 이용하여 온도를 측정하면 조리장치의 효율성을 측정할 수 있다(c).

(a)

(b)

(c)

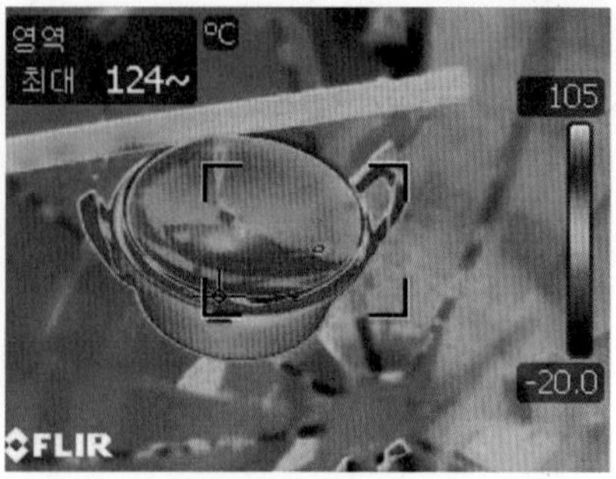

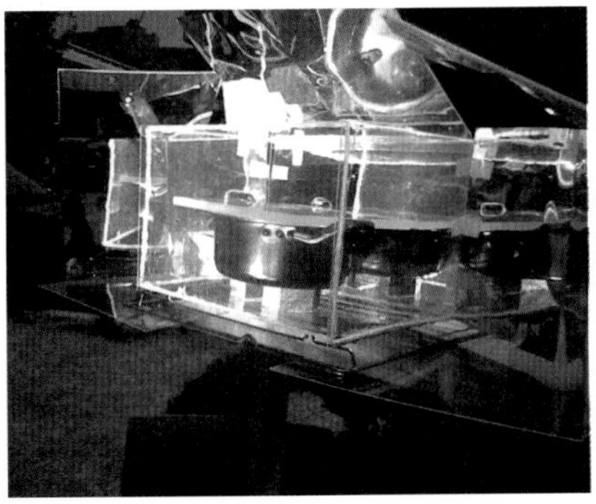

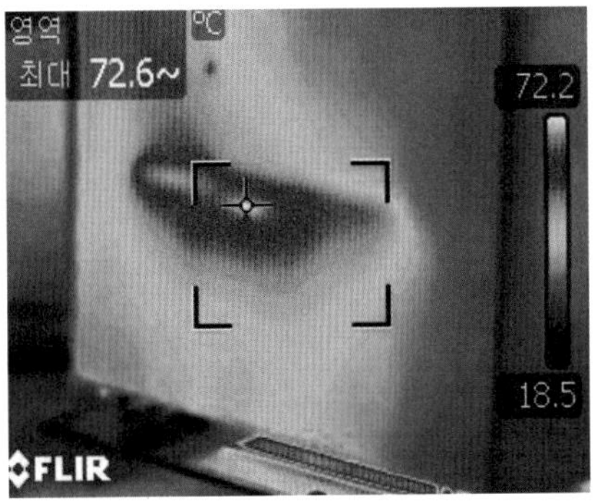

그림 4.6 박스형으로 만든 태양열 오븐 조리장치로, 투명 플라스틱으로 박스를 제작하여 만들었다(좌). 열적외선 영상장치로 온도를 측정하여 조리장치의 효율성을 측정한다(우).

면을 축열 재료나 보온 재료로 만들면 효율을 더 올릴 수 있다.

반사판의 재료로 사용할 수 있는 것으로는 거울(깨진 조각들을 재활용할 수 있다), 모조 거울, 반사필름, 금속판 등이 있다. 원래 거대한 태양열발전 시설에 사용되는 반사판은 반사도가 높고 먼지에 대한 마모 저항이 높은 고가의 재료가 사용되지만, 적정기술로서는 기존의 거울 재료만으로도 적합하다. 얼마나 크게 건설하느냐에 따라 활용할 수 있는 태양열에너지의 크기가 좌우된다. 개인 가구 이외에 마을 단위의 집단 태양열 취사장을 건설할 경우, 반사판을 충분히 크게 만들거나 다수의 반사판을 여러 군데 설치하여 태양빛을 모아서 활용할 수 있다.

태양열 장치의 효율을 확인하려면 만드는 과정에서 온도를 측정할 필요가 있다. 여러 부위의 온도를 신속하게 측정하거나 온도 분포를 파악해야 하는 경우, 일반 온도계로는 측정이 어려운 경우가 많으므로 열적외선 온도계나 열화상 카메라를 사용하면 편리하다. 최근에는 스마트폰에 연결하여 사용할 수 있는 제품이 생산되고 있어 휴대가 훨씬 간편하게 되었다.

함께 읽어보기

제10장 10.4 적정기술을 이용한 스토브의 사례

Do it yourself 4-1

- **실험 제목 :** 태양열 조리장치 설계
- **실험 재료 및 장치 :** 거울, 반사필름, 접착제, 프레임 재료, 물을 담아서 가열할 수 있는 금속재 그릇(또는 주전자), 열적외선 온도계 또는 열화상 카메라

※ 박스형 조리장치는 투명 아크릴판 또는 투명 유리판이 필요하며, 열의 흡수를 높일 수 있는 다양한 바닥 재료를 2~3종 선택한다.

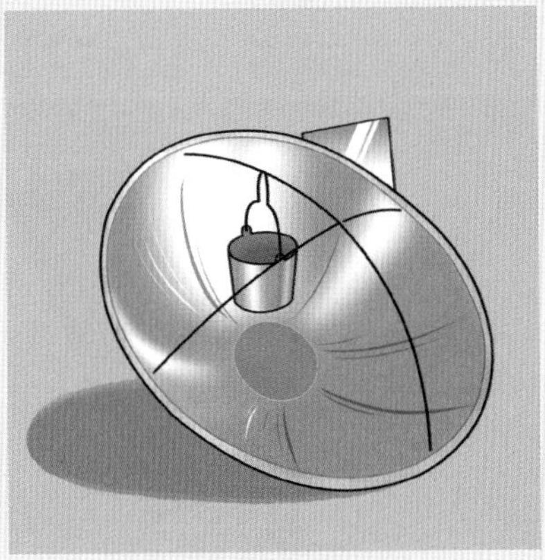

- **실험 배경 및 목표 :** 주변에서 구할 수 있는 재료를 이용하여 물을 60℃ 이상으로 효과적으로 끓일 수 있는 태양열 조리장치를 제작하고 열적외선 온도계로 시간대별, 부위별 온도를 측정하면서 효율을 비교해 보자. 또한 설계를 변형해 가며 효율을 높여 보자.
- **실험의 원리 :** 오목거울에 태양빛이 들어오게 되면 하나의 초점으로 빛이 모이게 된다(수학에서 포물선 곡선이 초점을 가지는 것과 같은 원리). 따라서 단위 면적당 자연 상태의 일사량보다 몇 십 배 강한 일사량을 얻을 수 있다. 오목거울의 전체 면적이 넓을수록 빛의 집적도는 더 높아진다. 또한 오목거울 전체의 포물선 형태에 따라 빛의 집적도가 달라진다.

함께 읽어보기
제12장 12.3 농업에 적용된 적정 기술 사례

4. 태양열 식품건조기

태양열 식품건조기는 태양열을 이용하여 야채나 과일 등을 건조시키는 장치로, 식품의 장기 보관을 가능하게 한다. 실제 케냐 어느 지역에서는 바나나, 파인애플 등이 풍부하게 수확되므로 일부만 활용한 뒤 나머지 과잉분을 버려야 하는 상황이었다. 태양열 식품건조기를 도입한 이후로 남는 과일을 건조시켜 다른 지역으로 운반, 판매하여 수익도 올리고 쓰레기도 줄이는 효과를 거두었다. 즉 건조기 사용을 통해 식품의 부피와 무게를 줄이면서 운반비용도 줄이고 보관기간도 늘리는 과학적 원리를 이용하였다. 물론 식품 건조에 사용된 에너지는 모두 태양열에서 공짜로 얻을 수 있다.

태양열 식품건조기를 설계할 때는 건조시킬 식품을 두는 공간은 맨 위쪽에 위치하고, 햇빛을 받는 부분은 경사를 두어 한낮 태양 위치에 수직이 되도록 배치한다(그림 4.7). 태양열을 흡수하는 부분은 어두운 색을 지닌 재료를 사용할수록

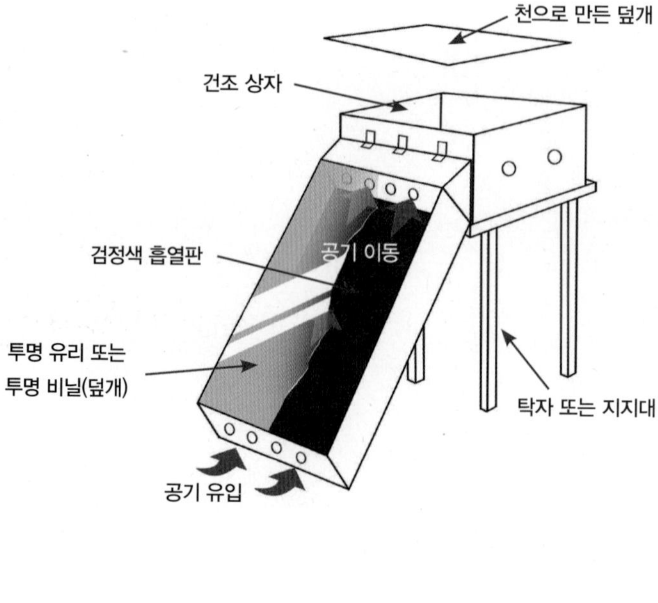

그림 4.7 태양열 식품건조기
태양열로 데워진 공기를 이용하여 식품을 건조시킨다.

유리하므로 짙은색의 돌판, 철판 등을 사용하면 좋다. 흡열판 부분의 윗부분은 유리와 같은 투명 재료로 덮어 대류로 인한 열손실을 줄이도록 제작하면 된다. 가열된 수분이 빠져나갈 구멍을 맨 위쪽에, 신선한 공기를 유입하는 구멍을 맨 아래쪽에 만들어 주어야 효율적인 건조가 된다.

5. 태양열 축열장치

집열판을 이용하여 축열이 가능한 재료를 가열시키면 열을 저장하여 해가 진 후에도 활용할 수 있다. 축열 재료는 현지에서 쉽게 구할 수 있는 자갈, 흙, 물 등을 이용하면 된다(그림 4.8 참조).

축열 재료는 색깔이 어두울수록 태양에너지의 흡수율을 높일 수 있으므로, 어두운 색의 자갈이나 짙은 색 흙덩어리 등을 사용하는 것이 좋다. 또한 열저장 용량이 큰 재료를 선택하면 가열하는 데 시간이 걸리지만 반대로 저녁 시간에 열을 방출하는 시간도 길어지므로 축열 재료로 적합하다. 아프리카 어느 지역에서는 흰색 자갈을 축열 재료로 사용하고 있으나 이 경우 많은 양의 태양빛이 반사되므로 숯 등을 이용하여 검은색으로 표면을 입히면 흡수 효율을 증가시킬 수 있다.

우산 모양의 반사판에서 모인 태양열은 물을 가열시키고 부피가 팽창된 물, 즉 수증기가 파이프를 통해 이동하면서 실린더 속의 피스톤을 움직이고 실린더 하부가 진공에 가깝게 되어 지하수를 끌어 올리게 된다. 증기기관의 원리를 이용한 펌프로서 수 미터 아래의 지하수를 끌어 올릴 수 있는데 'Sunflower steam pump' 등의 이름으로 아프리카 등에서 보급된 사례가 있다. 집열장치로는 간단하게 평판형을 사용할 수도 있고 반사판 재료가 확보되면 접시형으로 제작할 수도 있다.

또한 야외에서 휴대용으로 사용할 수 있는 캠핑용 태양열 샤워기 제품이 판매되고 있는데 소량의 온수가 긴급히 필요한 경우 적정기술로서 활용될 수 있다. 일상생활에서 사용되는 비닐주머니, 물통 등을 적절히 결합할 경우 유사한 제품을 제작할 수 있다.

그림 4.8 **태양열 집열장치 및 축열장치(모잠비크 사례)**
모잠비크 수도 마푸투에 있는 에드아르드 몬드레인 대학교 구내에 설치된 연구용 태양열 시설로 오목거울에 태양빛이 들어오면 오목거울 상부의 빛의 초점자리에 놓인 금속제 원통 내부의 공기를 가열시키게 된다. 뜨겁게 가열된 공기는 상부의 파이프를 통해 다른 곳으로 이동시켜 활용할 수 있다.

4.3 태양광에너지 활용 원리와 사례

n형 반도체

실리콘과 같은 4가의 원소에 미량의 5가 원소(P, As)가 첨가되어 음전하를 갖는 자유전자가 이동하여 전류가 생긴다.

p형 반도체

실리콘과 같은 4가의 원소에 미량의 3가 원소(B, Al)가 첨가되어 양전하를 갖는 정공(홀)이 이동하여 전류가 생긴다.

태양전지는 2개의 서로 다른 반도체, 즉 전자가 남아도는 **n형 반도체**와 전자가 부족한 **p형 반도체**가 결합된 것이다. 태양전지의 주재료는 반도체와 마찬가지로 규소(Si)로서 원자번호 14에 해당하므로 최외곽 전자는 4개가 된다. 따라서 공유결합을 이루고 있다. 규소에 최외곽 전자가 5개인 인(P)을 불순물로서 첨가하게 되면 규소에 비해 전자가 하나 남아도는 n형 반도체가 만들어진다. 만약 규소에 최외곽 전자가 3개인 붕소(B)를 불순물로서 첨가하게 되면 규소에 비해 전자가 하나 부족한 p형 반도체가 만들어진다(그림 4.9). n형 반도체와 p형 반도체가 결합한 경계면 근처에서는 전하가 줄어들어 공핍영역이 생기게 되고, 접합면 부근의 전자들은 태양빛에 의해 가전도대에서 전도대로 올라간다. n형 반도체와 p형 반도체가 외부에서 연결되면 전자가 이동하며 전류가 발생하게 된다. 태양전지 표면의 n형 반도체를 통과한 빛이 n-p 접합면에 닿아 전자의 이동을 만들면서 전류가 발생하게 된다.

태양전지 표면은 태양빛을 잘 흡수할 수 있는 어두운 색으로 되어 있고, 표면 및 바닥면에 형성된 전극과 전선을 납땜으로 연결하여 사용하게 된다. 태양전지 자체는 두께가 아주 얇은 딱딱한 판형으로 만들어져 있어 충격에 약하며 물에 노출되면 정상적인 작동이 되지 않는다. 따라서 상용제품들은 최소한 물의 침투 방지 및 충격에 견딜 수 있는 표면 커버 및 뒤판을 부착해서 일상생활에서 사용 가능하도록 생산되고 있다.

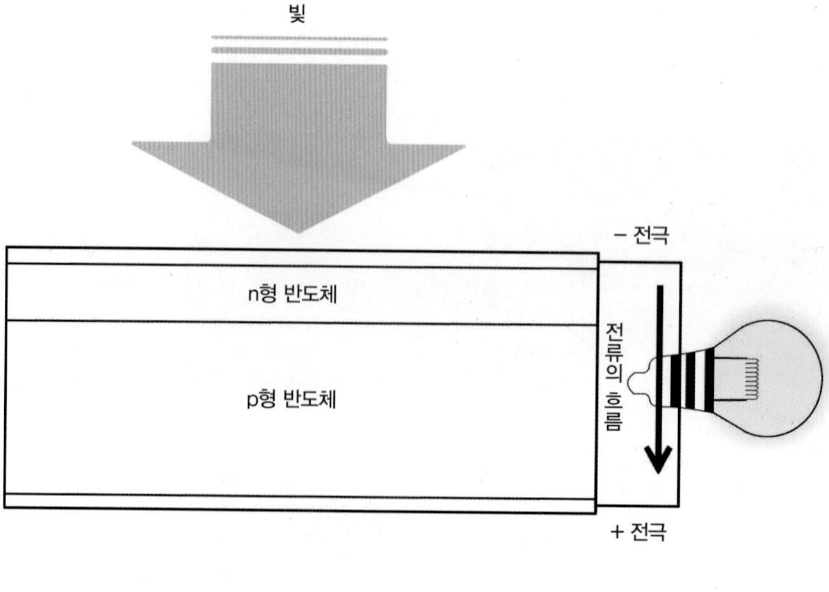

그림 4.9 태양전지의 전류 발생 원리
n형 반도체와 p형 반도체를 접합시킨 면에 태양빛이 도달하게 되면 전자의 이동이 시작되어 전체 회로에 전류가 발생하게 된다.

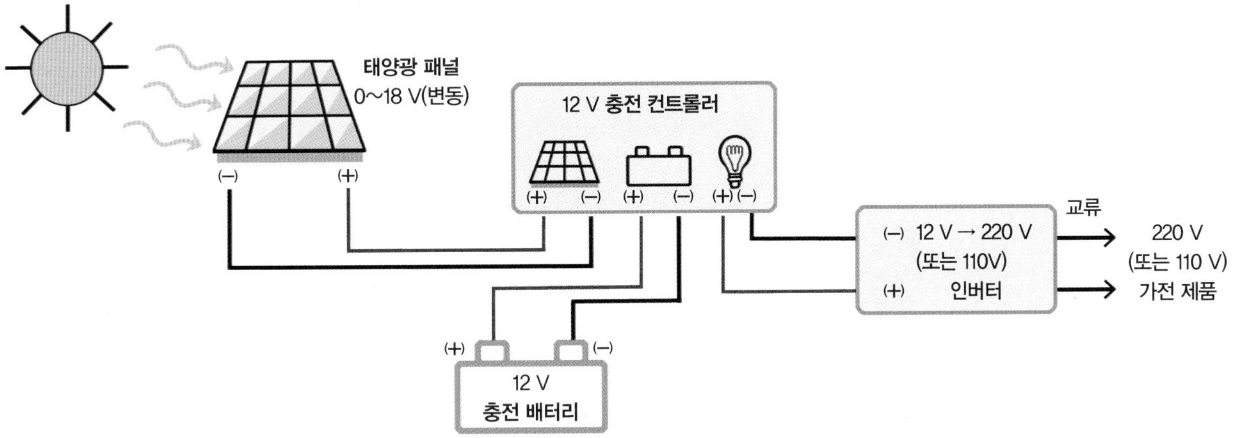

그림 4.10 **태양광발전 시스템 개요**
태양빛을 받아 발전하는 시스템의 전기회로 모식도

1. 태양광발전 시스템의 개요

적정기술을 활용하여 가정용 조명 및 전자제품 사용을 위한 전력을 공급하려면 대개 12 V 충전지를 충전할 수 있어야 한다. 예를 들면 태양광 패널의 출력 전압은 18 V 규격을 사용하고 출력은 최소 100 W 급 이상의 패널들을 병렬 연결하여 전류 및 전력량을 증가시키게 된다(그림 4.10). 냉장고와 텔레비전의 전력 공급용 중대형 태양전지 패널에 이르기까지 규모에 맞추어서 설계가 가능하다. 다만 전력용량이 커질수록 태양광 패널을 지탱하는 프레임의 규모가 커지고 또한 태풍과 같은 강풍에도 견뎌야 하므로 견고한 장치를 설치하기 위한 비용이 증가하게 된다.

모듈(module)

태양전지를 직렬 또는 병렬로 연결하여 패널 형태로 만든 태양전지판으로, 시공할 때 가장 기본적인 단위가 된다.

어레이(array)

태양전지판 모듈을 여러 개 연결하여 시공한 상태를 가리킨다(예: 100 W 모듈 10장을 연결하여 지붕에 설치한 어레이).

2. 태양전지 모듈(패널)

태양전지를 여러 개 연결하여 하나의 패널 형태로 만든 것을 **모듈(module)**이라고 하며(그림 4.11), 모듈을 여러 개 연결한 것을 **어레이(array)**라고 한다. 모듈 자체가 하나의 판 형태이므로 패널(panel)이라는 용어가 일상적으로 사용되고 있다. 바로 설치 가능한 상용 태양광 패널의 경우, 연결선은 납땜을 하지 않고 연결할 수 있도록 단자함이 마련되어 있어서 전선을 나사에 연결하거나, (+)극과 (-)극이 각각 다른 모양의 플러그 형태로 되어 있어 바로 꽂기만 하면 되는 제품이 있다.

적정기술에 더 적합한 소형 패널의 경우 변형된 제품들이 사용되기도 한다. 특히 뒤판을 전자제품용 기판과 같은 재질로 하고, 표면 방수막은 얇은 수지 코팅으로 처리한 제품도 있어 휴대전화 충전용에 사용 가능한 소형 제품이 생산되고 있다. 이 제품은 5 V의 일정한 출력을 낼 수 있는 정전압 소형 부품을 연결하면 USB 단자 형태의 휴대전화 충전에 사용 가능한 적정기술로 쉽게 보급될 수 있다. 일부 제품은 18 V 출력을 제공하여 정전압 장치를 통해 12 V 충전이 가능하도록 생산되고 있다.

그림 4.11 **태양전지 모듈 제품(120 W)**
알루미늄 재질의 견고한 프레임으로 제작된 일반적인 상용 패널이다.

Solved problem 4-2

● 다음과 같은 전력을 생산하는 동일한 태양광 패널A와 B가 주어져 있다.
*전기회로에서의 관계: 전력(W) = 전압(V) × 전류(A)

1. A패널이 태양빛에 충분히 노출되어 정전압 장치를 거친 후 12 V, 120 W의 전력이 생산될 경우 전류의 크기는 얼마인가?

▶ 풀이 및 답

120 W = 12 V x 전류의 크기
따라서 전류의 크기는 10 A(암페어) 이다.

2. A패널과 B패널을 직렬로 연결하면 (즉 A패널의 (+)극은 멀티테스터의 (+)극에 연결하고, A패널의 (−)극은 B패널의 (+)극에 연결, B패널의 (−)극은 멀티테스터의 (−)극에 연결), 전류와 전압의 크기는 어떻게 되는가?

▶ 풀이 및 답

태양전지의 직렬 연결은 마치 건전지의 직렬 연결과 유사하므로 전압은 12 V + 12 V = 24 V가 되고, 전류는 10 A로 동일하므로 24 V x 10 A = 240 W 가 된다.

3. A패널과 B패널을 병렬로 연결하면 (즉 (+)극은 (+)극끼리, (−)극은 (−)극끼리 연결) 전류와 전압의 크기는 어떻게 되는가?

▶ 풀이 및 답

태양전지의 병렬 연결은 마치 건전지의 병렬 연결과 유사하므로 전류는 10 A + 10 A = 20 A 가 되고, 전압은 12 V로 동일하므로 12 V x 20 A = 240 W 가 된다.

인버터(inverter)

직류전기를 교류전기로 바꾸어 주는 장치

3. 배터리 충전 장치, 컨트롤러, 인버터

야간에는 태양빛이 없으므로 주간에 발생하는 전력을 저장해 두기 위해 충전용 배터리를 사용하게 된다(그림 4.12). 배터리는 일정한 전압(예: 12 V)에서 정상 작동하므로 태양전지로부터 일정한 전압이 공급되어야 한다. 배터리의 규격은 전압(예: 12 V) 및 전력량(예: 12 Ah)의 형식으로 나타낸다. 이 경우 12 V, 12 W 규격의 전자제품을 연결하면(즉 전류는 1 A), 12시간 사용할 수 있는 전력을 완충된 배터리에서 공급받을 수 있다.

하루 중 태양의 고도각 또는 구름의 양에 따라 태양빛의 크기가 변하므로 태양전지로부터 나오는 전압의 변화가 발생한다. 따라서 이를 일정한 크기의 전압에 대해서만 동작하도록 태양광 충전컨트롤러 장치를 사용하게 된다. 충전컨트롤러

그림 4.12 (a)

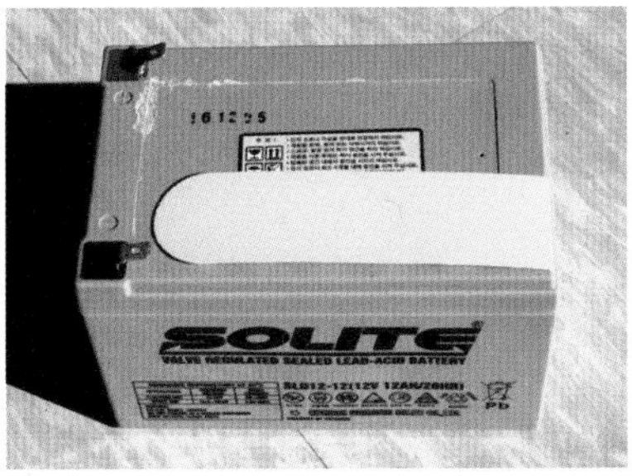

그림 4.13

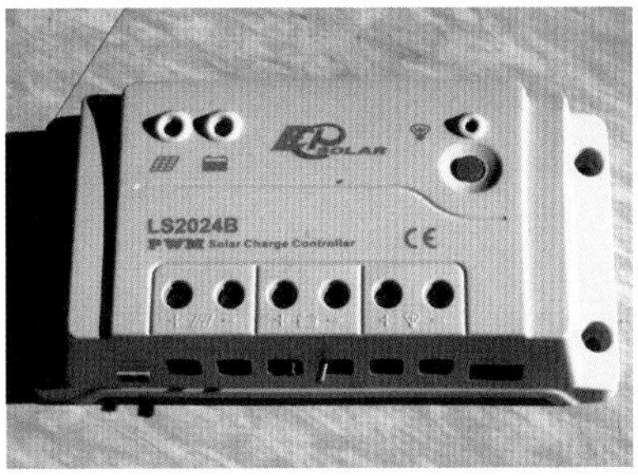

그림 4.15 (a)

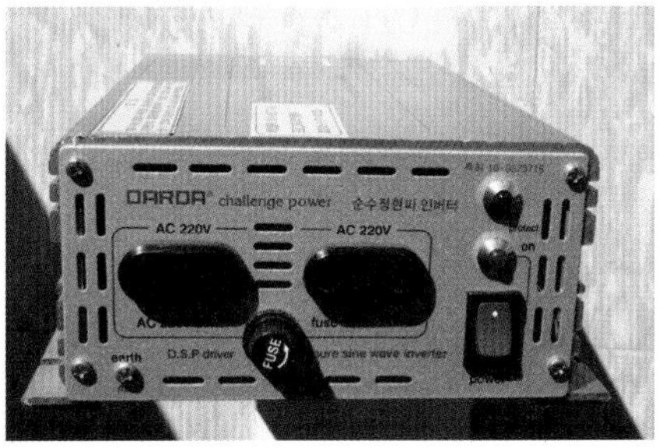

그림 4.12 (b)

그림 4.14

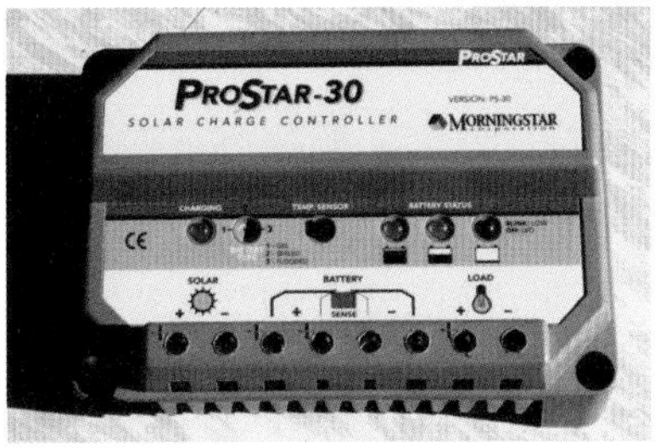

그림 4.15 (b)

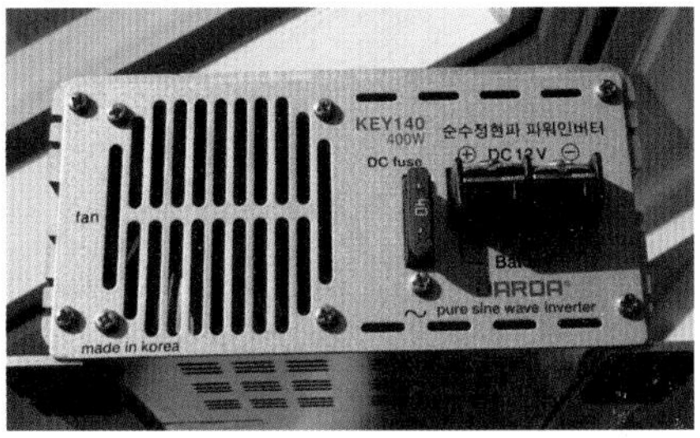

그림 4.12 태양전지에서 생산된 전기를 충전하는 전지 태양광 패널의 규모 및 필요한 전력량에 따라 차량용 충전지(a) 또는 소형 충전지 등을 선택할 수 있다. 태양광 패널용으로는 수명이 더 긴 딥싸이클 배터리를 사용하기도 한다(b).

그림 4.13 태양광 충전컨트롤러 전선을 연결하는 부분은 그림으로 태양전지판, 배터리, 전구 표시가 있어 (+), (−) 구분만 확실히 해서 연결하면 초보자도 손쉽게 태양광 발전시설을 만들 수 있다. 왼쪽 상단의 표시등은 충전이 되는 경우 켜지는 부분과 배터리 충전량이 부족할 경우 켜지는 부분으로 구성되어 있다.

그림 4.14 컨트롤러와 연결하는 방법 (+)와 (−)를 주의하여 그림대로 따라 연결하면 된다. 왼쪽 윗부분은 배터리의 종류에 따라 선택하는 부분이며, 오른쪽 윗부분은 배터리의 충전 상태를 보여 준다.

그림 4.15 직류를 교류로 변환하는 인버터 사진은 직류 12 V 입력, 교류 220 V 출력 모델로서 정현파를 공급하므로 컴퓨터 사용 등에 적합하다. 조명등을 켜는 용도로만 사용할 경우 가격이 저렴한 모델(즉 정현파 출력이 아닌 모델)을 사용할 수 있다(a, b).

장치에는 충전배터리의 충전 상태에 따라 과충전을 방지하는 기능과 역류를 방지하는 기능도 포함된 경우가 많다(그림 4.13 및 그림 4.14).

충전컨트롤러를 선택할 때 가동전압과 가동전류의 규격을 확인하고 태양광 패널에 적합한 것을 선택해야 한다. 예를 들어 태양광 패널의 최대출력이 5 W, 최대출력 시의 전압이 17.0 V, 개방전압이 21.3 V라면, 충전컨트롤러를 선택할 때 입력전압의 범위는 25 V까지이고, 허용전류의 범위는 5 A까지인 것을 사용하면 안전하다. 또한 충전컨트롤러의 출력전압은 대개 12 V 또는 24 V와 같은 규격이 소형 태양광발전에 범용적으로 사용되고 있다. 충전컨트롤러의 출력전압을 12 V로 선택했다면 충전배터리나 인버터의 경우에도 12 V 규격으로 통일시켜야 한다. 태양광 패널로부터 충전배터리에 이르기까지의 결선은 국제적 관례에 따라 (+), (-) 부분을 각각 붉은색, 검은색 전선으로 시공하면 편리하다.

태양전지에서 직접 출력되거나 충전용 배터리에 저장된 후 출력되는 전기는 직류 형태이므로 가전제품을 사용하기 위해 직류로부터 교류로 전환하는 **인버터**가 필요하다. 전력용량에 적합한 장치를 선택하여 충전용 배터리에 연결하여 사용하게 된다(그림 4.15). 태양광 패널에서 컨트롤러, 인버터 등을 거쳐 가는 과정 중에 문제점이 있는지 진단하기 위해서는 전압계, 전류계를 사용하거나 모든 기능이 포함된 멀티테스터를 사용하면 편리하다. 즉 붉은색 단자는 항상 (+), 검은색 단자는 항상 (-) 부분에 접촉을 하면서 전압이나 전류 또는 저항, 연결 여부 등을 측정할 수 있다. 교류와 직류에 대해서도 회전 다이얼을 선택하여 적절한 최대 범위 이내에서 측정하면 된다. 대부분의 멀티테스터는 내부에 퓨즈가 내장되어 있어 범위를 초과하는 전압이나 전류 측정 시 내부 회로가 타버리는 사고를 방지하고 있다.

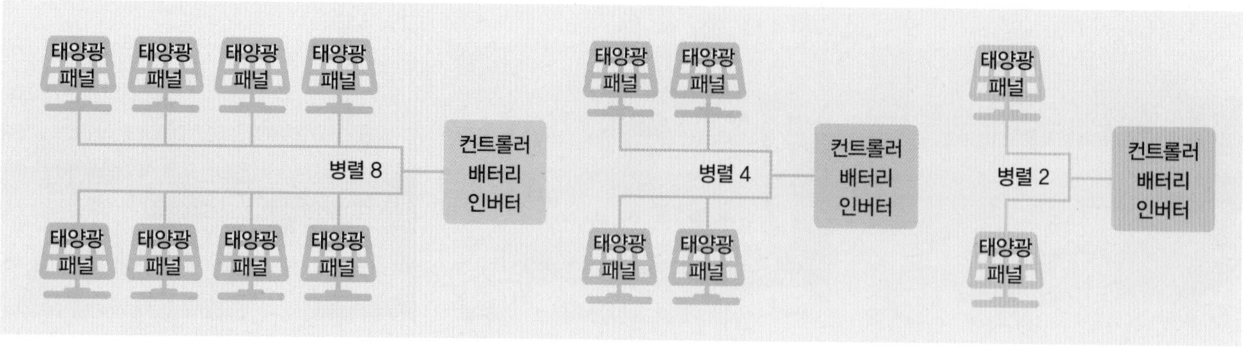

그림 4.16 모잠비크에 설치된 태양광 발전 시설의 구조도(상)와 모잠비크의 알토상가네 마을에 설치된 태양광 발전 시설(하)

4. 태양광에너지 활용 사례

● 마을과 가정용 전체 설계 – 모잠비크 사례

위에서 설명한 방법을 이용하여 모잠비크의 시골 지역에 대규모의 전력공급 시스템을 설치한 사례를 소개하고자 한다. 총 700 W 규모의 패널을 각각 400 W, 200 W, 100 W로 병렬 설치하여 영화관 운영이나 야간 조명등의 점등, 휴대전화 충전을 위한 비즈니스 운영 등이 가능하도록 했다(그림 4.16). 각각 솔라 충전 컨트롤러, 충전용 배터리 등이 설치되어 있어 그 중에 하나가 고장이 나더라도 나머지는 독립적으로 작동하도록 설치하였다.

● 소규모 태양광에너지 활용 사례 – 피코 솔라(pico solar)

적정기술로 많이 공급되는 제품의 경우 LED 손전등을 켤 수 있는 소형 태양전지, 즉 피코 솔라의 규모가 주로 생산된다(그림 4.19, 4.20 참조). 일부 제품은 휴대전화 충전도 가능하다. LED 조명 기능 없이 휴대전화와 태블릿을 충전할 수 있는 접는 형태의 충전장치도 생산되고 있다(그림 4.21). 피코 솔라는 가정용 및 지역 전원 공급을 위한 대형 태양광 발전에 대비되는 개념으로서 정의되고 있으며 주로 수 와트(W) 내지 수십 W 정도 규모의 소형 태양광 장치를 통칭한다.

원래 선진국의 여유 있는 생활에서는 캠핑용품으로서 활용되는 피코 솔라 제품이 멋진 디자인과 함께 등장한 셈이다. 일본의 경우 캠핑 목적 이외에도 지진과 같은 재난 발생 시 비상 전력원으로서 피코 솔라 제품이 판매되고 있다. 제품 가운데는 생활방수가 가능하거나 충격에 강한 제품들이 생산되고 있다. 자체 충전지를 포함한 제품과 충전지가 포함되지 않은 제품으로 나뉜다. 충전지가 포함된 경우 충전지의 수명에 따라 전체 제품의 수명이 좌우되는데 사용자가 쉽게 충전지를 교체할 수 있는 제품이 거의 없어 개발도상국에서는 충전지 수명이 완료되면 쓰레기장으로 직행하게 되어 또 다른 환경문제를 야기할 수 있다.

Do it yourself 4-2

- **실험 제목 :** 피코 솔라 태양광 장치의 제작

- **실험 재료 및 장치 :** 기판형 소형 태양광 패널(5 W급 이상), 연결용 전선, 5 V 정전압 출력 모듈(USB 출력 단자형), 납땜용 실납, 멀티테스터(전압 및 전류 측정용), 납땜용 인두, 휴대전화, 휴대전화 충전 케이블

- **실험 배경 및 목표 :** 휴대전화 충전을 위한 피코 솔라 태양광 장치를 제작해 보자(그림 4.17 참조). 또한 멀티테스터로 각 단자별로 전압 및 전류를 측정해 보고, 날씨에 따른 충전 효율, 태양광 패널판과 태양의 입사각에 따른 효율의 변화 등을 관찰해 보자.

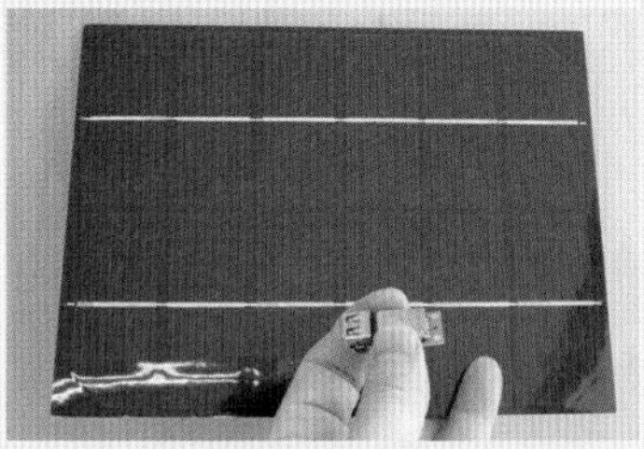

그림 4.17 휴대전화 1대 충전에 사용 가능한 8 V 변형판 태양광 패널과 5 V 정전압 장치

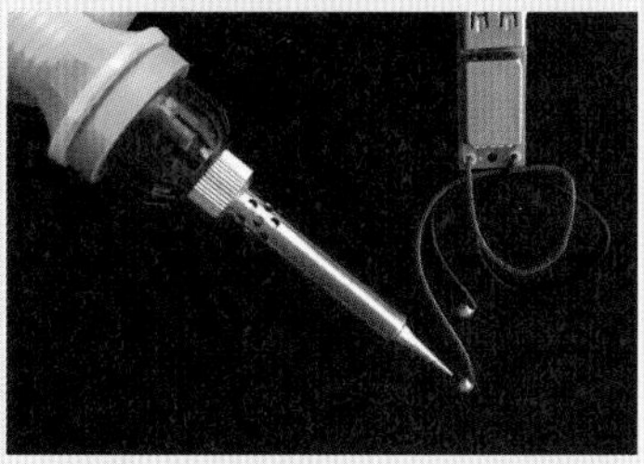

그림 4.18 붉은색 전선과 검은색 전선의 한쪽 끝을 태양광 패널 뒷면의 (+), (–) 부분에 각각 납땜으로 부착한다. 그리고 전선의 다른 쪽 끝을 정전압 장치의 (+), (–) 부분에 납땜으로 부착하면 완성된다.

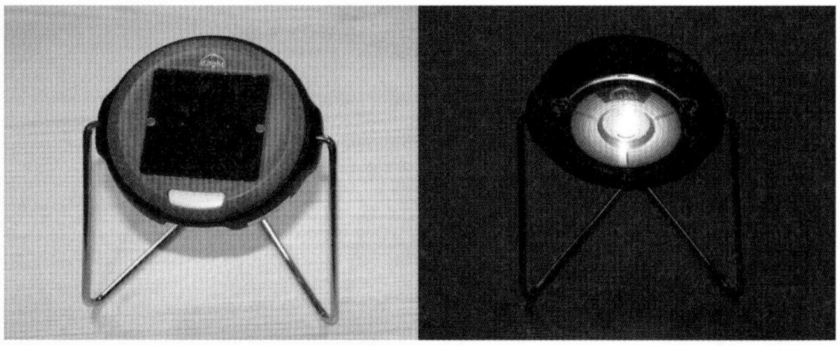

그림 4.19 **피코 솔라 규모의 태양광 랜턴** 윗면에 태양전지가 있어서 낮에 외부에서 태양빛 아래 두고 충전을 하고, 밤에는 아랫면의 LED를 켜서 조명등으로 사용한다. 내부에 소형 충전지가 있다(d.light 제품).

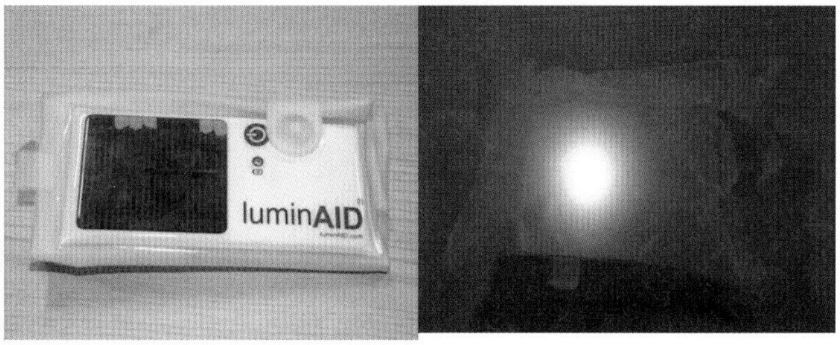

그림 4.20 **풍선형 피코 솔라 제품** 휴대 시에는 접어서 충전이 가능하며, 조명등으로 사용할 경우 바람을 넣어 사용한다. (luminAID 제품)

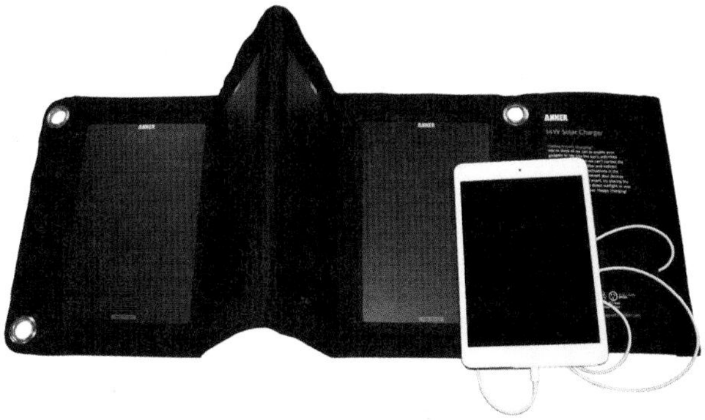

그림 4.21 **14 W급 폴더 형태의 태양광 장치** 휴대전화와 태블릿의 충전이 가능한 태양광 장치이다. 내장된 충전지가 없으므로 전기 저장을 위해서는 별도의 보조 배터리가 필요하다.

4.4 태양에너지 활용의 전망

페트병을 통한 태양열 살균 정도를 제외하면 대부분의 태양열에너지와 태양광 에너지 활용 장치는 태양에너지를 흡수하기 위한 장치가 필요하다. 따라서 적정 기술로서의 현지 재료 조달성은 현저히 낮은 편이다. 하지만 저개발 지역 대부분은 태양 일사량이 많아 태양에너지 잠재량이 높으므로, 보다 저렴한 태양에너지 장치를 개발하면 보급률을 높일 수 있다. 태양열의 경우 반사판 재료가 확보될수록 대형화할 수 있으므로 마을 단위의 지역 태양열에너지 시설을 대용량의 축열 시설(예: 대형 탱크에 온수를 저장하면 야간에 사용 가능)과 함께 설계할 수 있을 것이다. 또한 태양광발전 시설의 경우 수명이 끝난 배터리와 전체 태양광발전 장치가 쓰레기로 버려지는 경우도 있으므로, 전반적인 보급, 건설, 유지 관리, 폐부품의 처리 등 전체 과정을 현지인 중심으로 운영할 수 있도록 교육이 동반되어야 한다.

태양에너지는 최근 수 년 사이에 전 세계적으로 선진국을 중심으로 설비 용량이 연간 20~30%씩 증가하고 있다. 이로 인해 과거보다 비용이 저렴해지면서 개발도상국의 경우도 설치가 용이해지고 있다. 국내에서도 원자력을 대체할 재생에너지로 태양에너지가 가장 가능성 높게 고려되고 있고, 태양열을 이용한 열변환, 냉난방, 급탕 등의 기술과 태양광을 이용한 전력거래소를 통한 전력의 생산 등에 많은 관심과 기술이 투입되고 있다. 동시에 소규모 태양광 발전소를 짓기 위해 임야나 대지 혹은 호수 등에 무분별하게 설치하는 태양광 패널은 환경 문제를 야기할 수 있으므로 그 효율성과 가치가 충분히 고려되어야 할 것이다.

연습문제

● 다음 문제를 풀면서 태양에너지가 적정기술로 활용될 경우의 활용 방안을 생각해 보자.

1. 태양빛에 충분히 노출된 24 V, 240 W의 패널에서 전력이 생산될 경우 전류의 크기를 구하여라.
2. 휴대전화 충전을 위해서는 5 V, 1 A의 전기가 공급되어야 한다. 이 때 필요한 전력의 크기(W)를 구하여라.
3. 최대 18 V, 최대 60 W 규격의 태양광 패널이 여러 개 준비되어 있다. 소비전력 100 W인 냉장고를 가동하기 위해서는 태양광 패널을 몇 개 사용하여 어떻게 연결해야 하는가?
4. 12 V, 12 Ah의 용량을 가지는 배터리를 충전하고자 한다. 12 V, 60 W인 태양광 패널로 충전하는 데 걸리는 이론상의 시간을 구하여라.
5. 12 V, 24 Ah의 용량을 가지는 완충된 배터리를 이용하여 12 V, 12 W의 소형 가전제품을 가동시킬 경우 얼마나 오래 사용할 수 있는가? 단, 배터리는 완전 방전까지 사용하는 것으로 한다. 실제 배터리를 완전 방전시키면 수명이 현격하게 줄어든다.

공동 설계 프로젝트

● 설계 프로젝트는 최종 작품의 요구 사항에 맞는 디자인이 필수이며, 학생들이 공동 작업하여 실제 프로토타입을 설계, 제작하는 것을 목표로 한다.

1. 주변에서 볼 수 있는 생활용품을 이용하여 태양열 온수 장치를 제작해 보자. 이 때 크기를 조절하거나 축열 기능을 추가하는 것 등을 고려한다.
2. 태양열 조리장치의 대형화가 어떻게 가능할지 토의해 보자. 만드는 재료, 시설의 규모, 날씨에 대한 대응 등을 고려하여 토의해 보자.
3. 수명이 다한 태양광에너지 발전 시스템의 각 부품별 폐기 방법을 고안하고자 한다. 대상 지역을 선정하고 이에 가장 적합한 방법을 제안해 보자.
4. 태양광에너지를 지속적으로 운용하기 위한 유지 보수 방법을 현지 기술진 교육의 관점에서 생각하고 교육용 자료를 제작해 보자. 특히 언어가 없는 그림 형식의 교육 자료를 만들어 보자.

참고 문헌

박형동, 최요순, 현창욱, 서장원, 박지환 (2013). 신재생에너지. 씨아이알.

Aubrecht G. J. (2006). Energy-physical, environmental, and social impact, 3rd ed., Prentice Hall.

Huld T., Mlleur R. and Gambardella A. (2012). A new solar radiation database for estimating PV performance in Europe and Africa, *Solar Energy*, 86, 1803–1815.

Delyannis E. (2003). Historic background of desalination and renewable energies, *Solar Energy*, 75(5), 357–366.

Research Information Ltd. (2010). Fruit farmers benefit from solar drying, *Appropriate Technology*, 37(1), 30–33.

Website

https://grist.org/climate-energy/the-bright-side-of-californias-drought-more-solar-power/

https://www.cdc.gov/safewater/solardisinfection.html

https://solargis.com/

제5장
풍력에너지

"As yet, the wind is an untamed, and unharnessed force; and quite possibly one of the greatest discoveries hereafter to be made, will be the taming, and harnessing of it."

- The 16th President of USA, Abraham Lincoln -

"아직, 인류가 정복하지 못한 야생의 바람은
길들여지고, 활용된다면
인류의 가장 위대한 발견 중 하나가 될 것이다."

- 미국 제16대 대통령, 에이브러햄 링컨 -

생각해 봅시다

1. 풍력에너지란 무엇인가?
2. 풍력에너지를 이용한 기술로 어떤 것이 있을지 찾아보자.
3. 풍력에너지를 적정기술로서 이용한 사례에는 어떤 것들이 있을지 찾아보자.
4. 풍력에너지를 적정기술로서 이용한다면 가질 수 있는 장점으로는 어떤 것들이 있을지 생각해 보자.
5. 풍력에너지를 활용하여 기존에 없던 새로운 적용 분야를 제시해 보자.

풍력발전에 대한 오해와 진실

초록색 풀밭이 펼쳐진 강원도 대관령 목장에 가 본 적이 있는가? 양과 말이 뛰노는 가운데 풍력발전기의 거대한 프로펠러가 천천히 도는 모습은 목가적으로 보인다. 대관령의 풍력발전 단지는 해발 1100 m 이상의 고지대에서 위치하여 연평균 초속 6.7 m의 서남풍이 일정하게 불기 때문에 풍력발전에 최적의 조건을 갖추고 있다.

풍력발전은 산림을 크게 훼손하지 않고 탄소를 배출하지 않아서 환경친화적인 에너지원으로 많은 관심을 끌고 있다. 경제적으로도 이점이 많아서 지상의 터빈으로 운용되는 풍력발전의 발전 비용은 200~600원(kW당)으로 발전 방식 중 가장 저렴하며, 화석연료를 사용하지 않기 때문에 발전 비용에 변동성이 없다.

이러한 장점에도 불구하고 풍력발전에 대한 부작용도 제기되고 있다. 그 중 자주 거론되는 문제는 터빈 프로펠러에 의한 조류의 희생이다. 하지만 미국에서 풍력발전용 터빈에 의해서 연간 희생되는 조류는 최대 4만 마리(미국조류보호협회), 통신 탑에 의해서 최대 5천만 마리, 송전선에 의해서는 최대 1억 7천만 마리의 조류가 희생된다(미국 풍력발전협회). 풍력발전에 의한 조류의 희생은 비자연적 경우의 0.01%에 불과하며, 둥지에서 떨어져 자연사하는 개체수가 전체 조류의 30%라는 점을 고려하면, 풍력발전이 조류 생태에 미치는 영향은 미미하다.

그러나 풍력발전은 다음과 같은 단점을 가진다. 먼저 점유 공간의 문제를 들 수 있다. 풍력발전은 발전량 기준 1 MW당 0.12~0.57 km^2의 땅이 필요하다. 터빈의 실제 점유 공간은 넓지 않으나 터빈과 터빈 사이 및 터빈 주변까지 고려하면 상당히 넓은 공간이 확보되어야 한다.

다음으로는 소음 문제이다. 풍력터빈에서 항상 발생하는 중저음의 소음은 주민에게 정신적인 스트레스로 작용한다. 풍력단지의 500 m 주변에서는 매우 강력한 소음, 반경 2 km 내외에서도 지속적인 소음이 발생한다. 기계적 소음뿐만 아니라 다양한 주파수대(20 Hz~100 Hz 및 100 Hz 이상)에서 공기역학적 불안정성과 터빈 주변의 난기류에 의해 다양한 형태의 소음이 발생하게 된다. 기계적 소음은 기술적으로 해결 가능하지만 난기류에 의한 소음은 현재 해결하기 어렵다. 이러한 소음은 주민뿐 아니라 소음에 민감한 동물에도 부정적인 영향을 미친다.

그러므로 풍력발전은 설치 전 환경 영향 평가가 수반되어야 하며, 문제점을 줄이는 연구가 동시에 진행되어야 할 것이다.

그림 5.1 항간에 알려진 사실과 달리 풍력발전 단지가 조류에 미치는 영향은 미미하다.

지구상에서는 언제나 대류 현상에 의한 대기의 대순환이 발생된다. 이로 인해 어느 곳에나 바람이 존재하고 이를 활용한 풍력에너지는 누구나 쉽게 활용할 수 있는 자원이다. 오래 전부터 인류는 풍력에너지를 이용했는데, 항해의 목적으로는 돛을, 옥수수를 분쇄하거나 관개 시설에 물을 긷는 목적으로는 풍차를 사용해 왔다. 현재 풍력에너지는 주로 전기를 생산하는 용도로 활용되고 있으며, 화석연료를 활용한 에너지를 대체할 수 있는 재생에너지원 중 하나로 각광받아 여러 선진국에서 대규모 풍력발전 시설을 구축하려는 움직임을 보이고 있다. 우리나라에서도 환경적 특성을 고려하여 해안가를 중심으로 한 풍력발전 단지가 조성되고 있다.

풍력발전에 사용되는 발전기의 종류는 다양하나, 가장 흔히 볼 수 있는 풍력발전기는 3개의 날개를 가지는 프로펠러형 풍력발전기로 효율이 중요시되는 중대형의 풍력발전 시설에 많이 사용되고 있다. 대체로 중대형의 프로펠러형 풍력발전 시설은 초기 투자 비용이 많이 소요되고 제작 및 유지 보수가 까다로운 면이 있지만, 친환경적이고 지속가능한 풍력발전이 가능하므로 가장 보편적으로 사용되고 있다.

하지만 개발도상국의 경우 경제적인 측면과 환경적인 요인을 고려하여 중대형보다는 소형의 풍력발전 시설이 더 유리할 수 있다. 소형 풍력발전 시설이 효율적인 면에서는 중대형 시설에 비해 불리할 수 있으나 제작이 용이하고 형태가 단순하여 개발도상국에서 유용하게 사용될 수 있다. 또한 풍력에너지는 발전의 용도뿐 아니라 현지에서 필요로 하는 기능을 구현할 수 있는 효과적인 적정기술로도 개발 가능하다. 예를 들면 안전을 위한 지뢰 제거기나 냉방을 위한 바람잡이 탑 등은 풍력에너지를 이용하여 현지 상황에 맞는 적정기술로 개발한 사례이다.

본 장에서는 풍력발전기에 대한 기본적인 내용을 다루고, 풍력에너지를 다양하게 활용한 방법에 대해 소개하고자 한다.

그림 5.2 영국 리버풀 베이 근처 해상에 설치된 대규모 풍력발전 단지(좌)와 DIY 가정용 소형 풍력발전기(우)

5.1 바람의 운동에너지를 이용하는 원리

양력

유체가 흐르는 방향에 위치한 물체에 수직으로 작용하는 힘으로, 유체의 흐름이 물체를 만나면 그 크기와 방향이 물체 주변에서 변화되면서 발생된다.

항력

유체가 흐르는 방향에 위치한 물체에 유체의 흐름과 동일한 방향으로 물체에 작용하는 힘이다. 정지된 물체를 유체의 흐름 방향으로 움직이거나 움직이는 물체에 저항력으로 작용한다.

풍력은 바람의 운동에너지를 통해 발생된다. 바람의 세기가 강해지면 그만큼 발생되는 에너지도 더 커진다. 풍력에너지를 활용하는 기술의 대부분에는 날개가 사용되는데 풍력발전기의 경우 바람의 에너지로 날개를 회전시켜 전기에너지를 생산한다. 바람이 불어오면 풍력발전기의 날개에 **양력**과 **항력**이 작용하여 날개를 회전시킨다. 이 두 가지 힘을 적절하게 활용할 수 있도록 설치될 장소와 사용 목적에 따라 날개를 설계하면 동일한 풍속 조건에서도 풍력발전기의 출력을 높일 수 있다.

풍력발전기의 종류를 구분하는 방법에는 여러 가지 기준이 있지만, 날개에 작용하는 주된 힘의 종류에 따라 양력식 풍력발전기와 항력식 풍력발전기로 구분할 수 있다. 양력식 풍력발전기로는 프로펠러(propeller)형이, 항력식 풍력발전기로는 사보니우스(Savonius)형이 대표적이다(그림 5.3).

1. 프로펠러형 풍력발전기

프로펠러형 풍력발전기는 바람의 방향과 회전축의 방향이 평행하여 수평축 풍력발전기로도 분류된다. 비행기의 프로펠러와 유사한 형태로, 프로펠러형 풍력

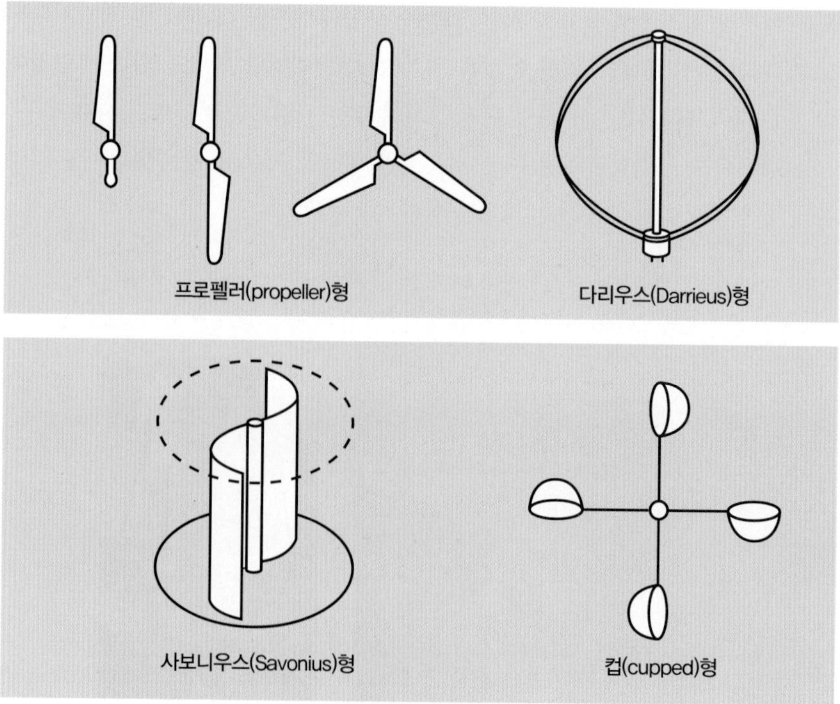

그림 5.3 양력식 풍력발전기(위)와 항력식 풍력발전기(아래)의 다양한 형태

발전기에 바람이 불어오면 바람의 흐름이 유선형 날개와 만나 상, 하부로 나뉘면서 바람의 방향과 크기가 변화하게 된다. 이때 바람의 방향과 수직으로는 양력이, 바람의 방향과 평행하게는 항력이 작용하면서 프로펠러형 풍력발전기를 회전시키게 된다. 프로펠러형 풍력발전기를 회전시키는 데에 양력과 항력 모두 영향을 미치지만, 회전에 관여되는 주된 힘은 양력에 의한 회전이다(그림 5.4).

프로펠러형 풍력발전기의 효율을 증가시키기 위해서는 바람 방향과 회전축 방향을 일치시키는 **요(yaw) 시스템**과 불어오는 바람의 방향에 따라 날개의 각도를 조절하는 **피치 제어(pitch control) 시스템**이 함께 사용된다. 또한 최대 작동 풍속(20~24 m/s)보다 풍속이 빠르면 풍력발전기의 과열이나 과부하를 방지하기 위한 브레이크(brake) 시스템이 사용된다. 프로펠러형 풍력발전기는 작동이 시작되는 풍속(3~4 m/s)이 사보니우스형 풍력발전기보다 크지만, 효율이 높아서 주로 중대형 풍력발전용 발전기로 사용된다.

요(yaw) 시스템

풍력발전기의 구성 요소 중 하나로, 바람이 불어오는 방향과 프로펠러의 회전 축이 일치하도록 풍력발전기를 회전시켜 주는 장치이다.

피치 제어(pitch control) 시스템

풍력발전기의 구성 요소 중 하나로, 바람이 불어오는 방향과 날개 방향을 맞추기 위해 날개를 회전시켜 주는 장치이다.

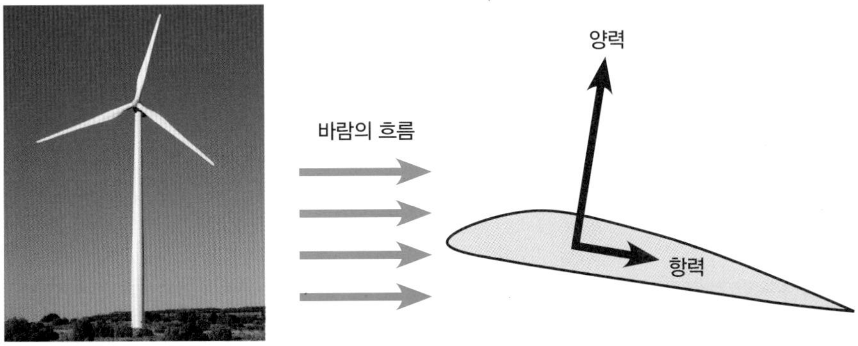

그림 5.4 3개의 날개가 있는 대형 프로펠러형 풍력발전기(좌)와 바람에 의한 항력과 날개 상부 방향으로의 양력에 의해 회전하는 프로펠러형 풍력발전기의 작동 원리(우)

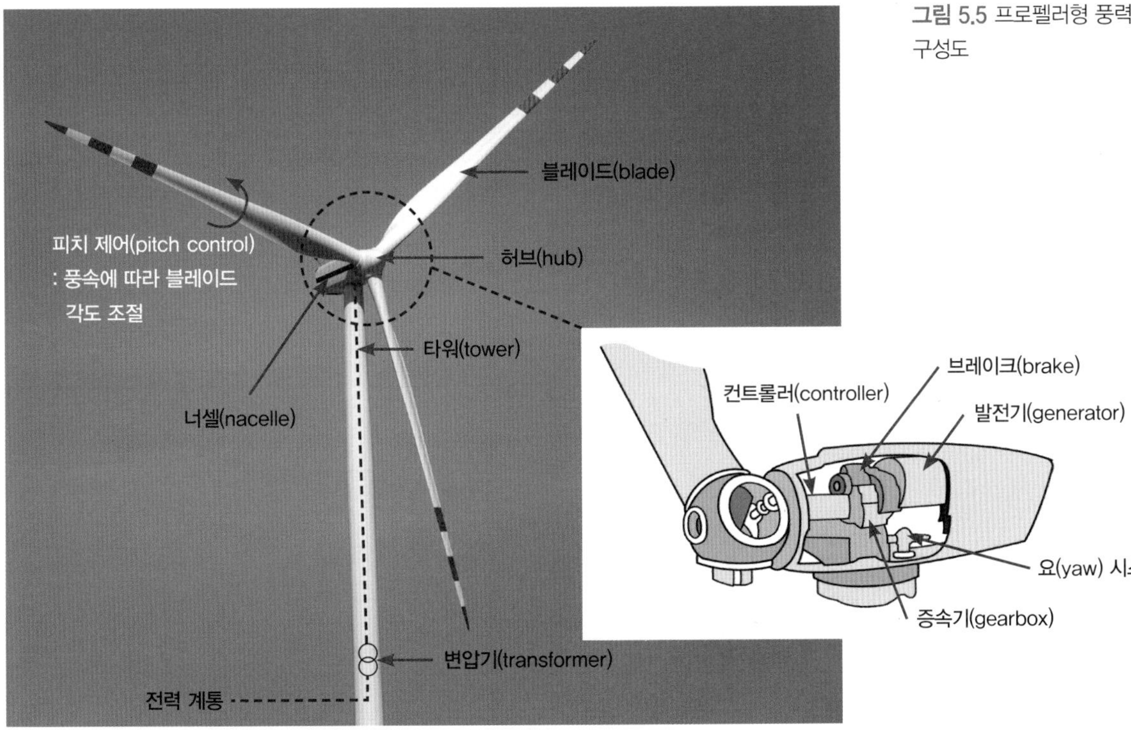

그림 5.5 프로펠러형 풍력발전기의 구성도

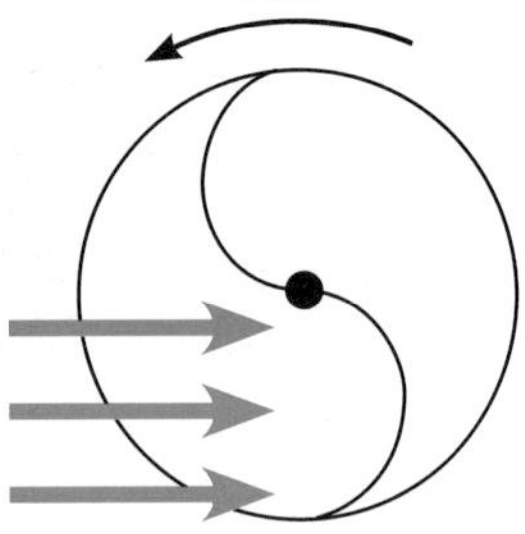

그림 5.6 위에서 본 날개의 단면이 S자 모양인 사보니우스형 풍력발전기(좌)와 바람이 날개를 밀어내는 항력으로 회전하는 사보니우스형 풍력발전기의 작동 원리(우)

2. 사보니우스형 풍력발전기

사보니우스형 풍력발전기는 바람의 방향과 발전기의 회전축이 서로 수직하므로 수직축 풍력발전기로도 분류된다. 반구 형태의 볼록한 날개를 서로 엇갈리게 접합한 형태로 위에서 본 단면이 S자의 형태를 가진다. 사보니우스형 풍력발전기는 바람이 날개를 밀어내는 항력을 이용한 풍력발전기다. 바람이 발전기 내부의 날개를 밀면 수직 축을 기점으로 발전기가 회전하게 된다(그림 5.6).

사보니우스형 풍력발전기는 프로펠러형 풍력발전기와는 달리, 바람의 방향이 풍력발전기의 회전에 영향을 주지 않아 요(yaw) 시스템이나 피치 제어(pitch

표 5.1 육상의 징후를 통해 풍속을 가늠할 수 있는 보퍼트 스케일(Beaufort scale)

명칭	육상 상태	풍속(m/s)
고요	연기가 곧게 올라감	0~0.2
실바람	연기가 흔들리므로 풍향은 알 수 있으나 풍향계에는 감지되지 않음	0.3~1.5
남실바람	얼굴에 바람이 닿는 것을 느끼고 나뭇잎이 움직이고, 풍향계도 감지함	1.6~3.3
산들바람	나뭇잎과 가지가 끊임없이 움직이고 깃발이 나부낌	3.4~5.4
건들바람	모래나 종이조각이 날림	5.5~7.9
흔들바람	작은 나무 전체가 흔들리고 연못이나 호수에 잔물결이 생김	8.0~10.7
된바람	큰 나뭇가지가 흔들리고 전선이 울고 우산을 받치기가 힘듦	10.8~13.8
센바람	나무 전체가 흔들리고 보행하기 곤란함	13.9~17.1
큰바람	작은 가지가 부러지고 보행이 불가능함	17.2~20.7
큰센바람	굴뚝이 넘어지고 기왓장이 날아감	20.8~24.4
노대바람	나무가 쓰러지고 건축물에 피해가 있음	24.5~28.4
왕바람	큰 나무와 집이 쓰러짐	28.5~32.6
싹쓸바람	큰 피해를 일으킴	32.7 이상

control) 시스템이 필요하지 않다. 또한 높은 풍속의 바람에도 반대쪽 날개에 의해 회전 속도가 조절되므로 풍력발전기의 과부하를 방지하기 위한 브레이크(brake) 시스템이 필요하지 않은 장점이 있다. 사보니우스형 풍력발전기는 프로펠러형 풍력발전기보다 효율은 낮지만, 작동이 시작되는 풍속(2~2.5 m/s)이 낮아, 느린 풍속에서도 활용이 가능하다. 또한 날개의 형상이 단순하고 제작이 용이해 가정용이나 소형 풍력발전용 발전기로 주로 사용된다.

3. 풍력발전기의 출력

바람은 날개의 회전 면적을 통과하며 풍력발전기의 에너지를 발생시킨다. 바람의 에너지가 모두 발전에 사용된다면 풍력발전기의 이론적인 출력(P_T)은 다음과 같이 나타낼 수 있다.

$$P_T = \frac{1}{2}\rho V^2 \text{ [J/m}^3\text{]} \times VA \text{ [m}^3\text{/s]} = \frac{1}{2}\rho A V^3 \text{ [W]}$$

P_T: 이론적인 출력(W), ρ: 공기의 밀도(1.2 kg/m^3),

V: 풍속(m/s), A: 날개의 회전 면적(m^2)

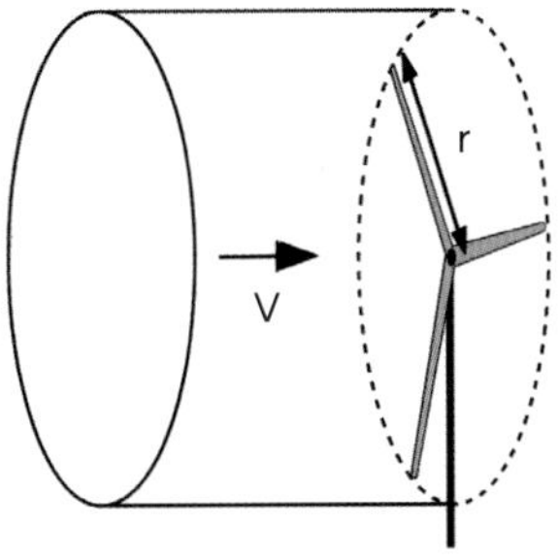

그림 5.7 프로펠러형 날개의 회전 면적

하지만 풍력발전기의 실제 출력은 항상 이론적인 출력에 미치지 못한다. 실제로 바람의 에너지가 전기적인 출력으로 변환되는 과정에서 풍력발전기의 기계적, 구조적인 원인으로 인하여 손실이 발생되기 때문에 풍력발전기의 실제 출력(P_N)은 이론적인 출력보다 감소하게 된다. 이때 풍력발전기의 실제 출력과 이론적인 출력의 비율을 풍력발전기의 효율(e)이라 하며, 그 값은 풍력발전기의 종류나 설계 등에 따라 달라진다. 현재까지 프로펠러형 풍력발전기는 최대 50%의 효율이, 사보니우스형 풍력발전기는 최대 20%의 효율이 보고되고 있고, 다양한 설계방법으로 발전기의 효율을 높이는 연구가 진행 중이다.

$$e = \frac{P_N}{P_T} \times 100\ (\%)$$

e: 풍력발전기의 효율(%), P_N: 실제 출력(W), P_T: 이론적인 출력(W)

풍력발전기의 출력은 풍속과 날개의 회전 면적에 큰 영향을 받는다. 풍력발전기로 유입되는 풍속이 빠를수록, 날개의 회전 면적이 넓을수록 풍력발전기의 출력은 높아진다. 특히 출력은 풍속의 세제곱에 비례해서, 풍속이 2배로 증가하면 출력은 8배로 급격히 증가된다. 보다 높은 출력을 얻기 위해 가장 먼저 바람이 지속적으로 빠르게 부는 장소를 선정하는 것이 중요하다.

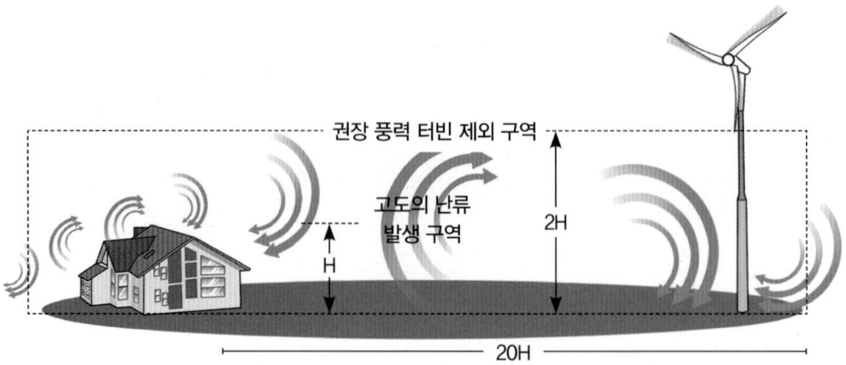

그림 5.8 나무나 건물에 바람이 부딪혀 발생된 난류에 의한 손실을 최소화하기에 적합한 풍력발전기 설치 위치(H: 건물이나 나무 높이)

4. 풍력발전기의 위치 선정

풍력발전기가 지속적이고 높은 출력을 내기 위해서는 가급적 방향이 일정하고 속도가 빠른 바람의 확보가 필수적이다. 풍력발전 시 풍력발전기의 주변에 높은 건축물이나 나무와 같이 높은 장애물이 존재하면 바람이 장애물과 부딪혀 난류가 발생된다. 이때 발생된 난류는 흐름의 방향이 일정하지 않아서 바람이 불더라도 지속적인 발전이 어려워 풍력발전기의 출력에 손실을 유발하게 된다. 따라서 출력 손실을 줄이기 위해 주변에서 가장 높은 장애물을 기준으로 장애물 높이의 최소 20배 멀거나, 2배 높은 곳에 풍력발전기를 설치하는 것이 권장된다(그림 5.8).

Solved problem 5

1. 날개 길이가 10 m이고 효율 30%인 프로펠러형 풍력발전기에 5 m/s의 풍속으로 바람이 불어올 때 얻을 수 있는 출력을 구하라.

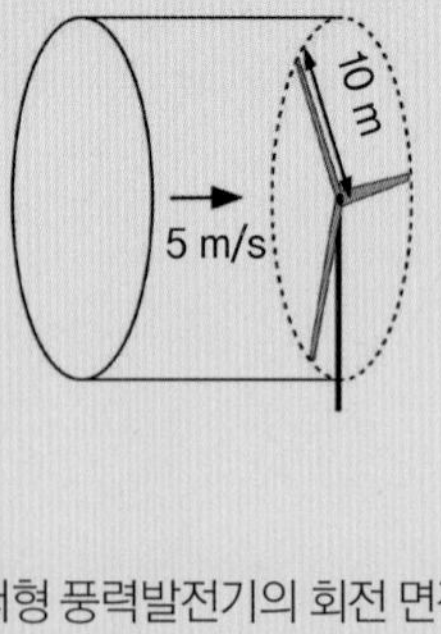

▶ 풀이 및 답

날개 길이가 10 m인 프로펠러형 풍력발전기의 회전 면적을 계산한다.

$A = \pi r^2 = \pi \times (10\ m)^2 = 314\ (m^2)$

$\rho = 1.2\ (kg/m^3)$

$e = 30\% = 0.3$

$V = 5\ (m/s)$

$\text{Power} = \frac{1}{2} \times 0.3 \times 1.2 \times 314 \times (5)^3 = 7.065 \times 10^3\ (W) \approx 7.1\ (kW)$

2. 날개 길이가 15 m인 프로펠러형 풍력발전기에 15 m/s의 풍속으로 바람이 불어올 때, 출력은 500 kW였다. 이 풍력발전기의 효율을 구하라.

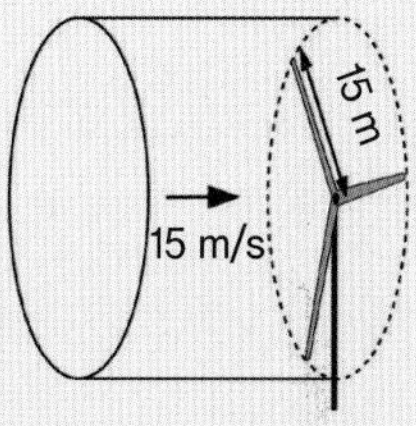

▶ 풀이 및 답

날개 길이가 15 m인 프로펠러형 풍력발전기의 회전 면적을 계산한다.

$A = \pi r^2 = \pi \times (15\ m)^2 = 706.86\ (m^2)$

$\rho = 1.2\ (kg/m^3)$

$Power = 500 \times 10^3\ (W)$

$V = 15\ (m/s)$

$Power = \frac{1}{2} \times e \times 1.2 \times 706.86 \times (15)^3 = 500 \times 10^3$

$$e = \frac{500 \times 10^3}{\frac{1}{2} \times 1.2 \times 706.86 \times (15)^3} \times 100 = 35\%$$

3. 높이와 지름이 모두 3 m이고 효율이 15%인 정사각형 모양의 사보니우스형 풍력발전기에 10 m/s의 풍속으로 바람이 불어올 때 얻을 수 있는 출력을 구하라.

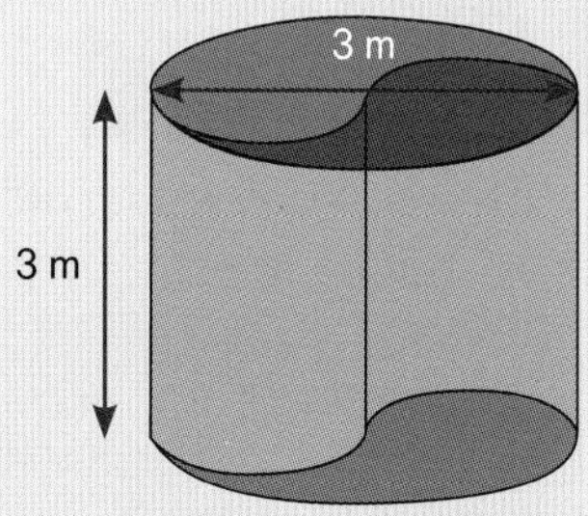

▶ 풀이 및 답

한 변의 길이가 3 m인 정사각형 풍력발전기의 회전 면적을 계산한다.

$A = l^2 = (3\ m)^2 = 9\ (m^2)$

$\rho = 1.2\ (kg/m^3)$

$e = 15\% = 0.15$

$V = 10\ (m/s)$

$Power = \frac{1}{2} \times 0.15 \times 1.2 \times 9 \times (10)^3 = 0.810 \times 10^3\ (W) \approx 0.8\ (kW)$

Do it yourself 5

- **실험 제목 :** 재활용품을 이용한 소형 사보니우스형 풍력발전기의 제작
- **실험 도구 :** 원통형의 과자 상자나 페트병, CD 혹은 날개 접착용 원판, 연결용 전선, 출력 측정용 멀티테스터, 발전용 DC 모터, 발전기 몸체 역할의 실험용 스탠드, 모터 및 날개 고정을 위한 실험용 클램프, 칼, 글루건, 가위
- **모델 :** https://www.instructables.com/id/Pringles-Wind-Turbine-Pleech---Version-One/

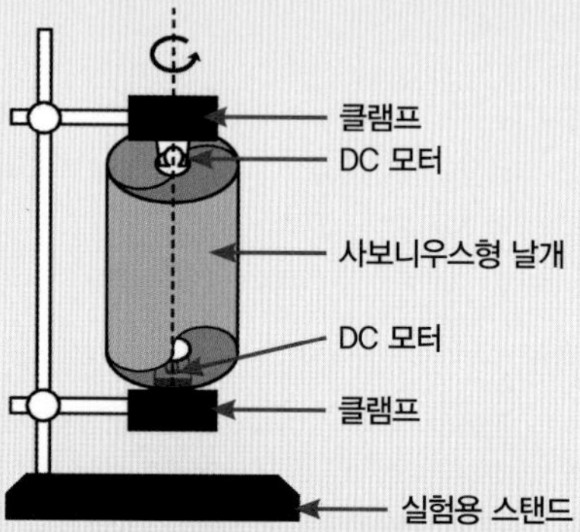

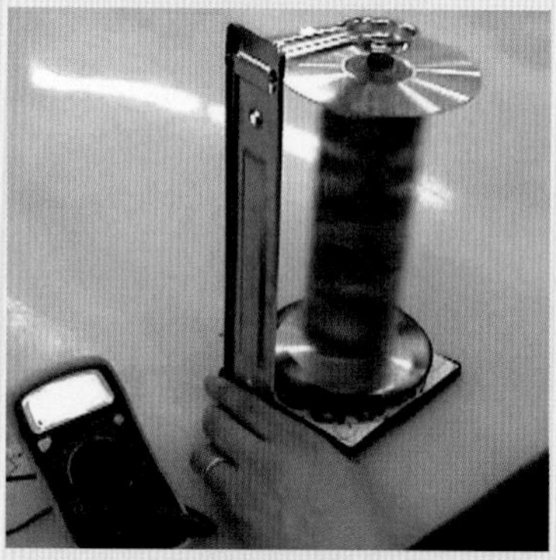

그림 5.9 소형 사보니우스형 풍력발전기의 발전기의 제작 구성도(상)와
원통형 과자 상자로 제작된 사보니우스형 풍력발전기의 예(하)

- **실험 배경 및 목표 :** 주변에서 흔히 볼 수 있는 재활용품을 이용해서 사보니우스형 풍력발전기를 제작해 보자. 다양한 크기의 날개를 제작하여 날개의 회전 면적과 풍속에 따른 출력 변화가 어떤 양상을 보이는지 멀티테스터를 이용하여 확인해 볼 수 있다. 날개의 회전 면적과 풍속에 따른 출력 변화를 그래프로 그려 두 변수와 출력 계산식의 상관관계에 대해 논의해 보자.

5.2 풍력에너지의 활용 사례

앞선 내용에서는 풍력에너지를 이용하여 전기를 발생시킬 수 있는 풍력발전기에 대하여 다루었다. 풍력발전을 비롯하여 다양한 문제와 필요를 해결하거나 충족시키기 위하여 풍력에너지를 활용한 여러 사례가 있다. 다음 예를 통해 개발자들이 해당 지역의 문제에 어떻게 접근했는지 생각해 보자.

1. 소규모 풍력발전

풍력발전이 가지는 장점에도 불구하고, 안정적으로 바람을 확보할 수 있는 지역을 선정하기 쉽지 않고, 중대형 프로펠러의 설치에 국가 단위의 투자가 필요하며, 생산된 에너지를 전달하는 송전시설이 현지 인력과 기술로는 설치가 어렵다는 점에서 풍력발전을 적정기술로 활용하기란 쉽지 않다. 현재 개발도상국 중에는 인도가 국가 전력망의 인프라 구축을 위해 대규모 풍력발전 시설을 설치하고 있으나, 소규모 풍력발전은 아직 기술 개발이 더 필요한 현실이다.

그렇지만 개발도상국에서 소규모 풍력발전이 가지는 새로운 시장 가능성은 보고되고 있다. 풍력 터빈 중 로터 직경 15 m 미만, 출력 50 kW인 경우를 소형으로

풍력과 태양광에너지 하이브리드 발전 시스템

해안가에 비해 풍속이 낮고 장애물이 많아 지속적인 발전이 어려운 지역에선 풍력에너지만을 이용한 발전으로는 필요한 출력을 충족시키지 못할 수 있다.
이에 주식회사 에너지팜에서는 이를 극복하기 위해, 태양광에너지도 함께 발전에 이용하여 같은 시간 내에 더 많은 전력을 생산할 수 있는 하이브리드 발전 시스템을 제작, 설치하였다.
주변 장애물에 의해 발생된 난류를 피하기 위해 높은 곳에 설치된 풍력발전기의 긴 기둥이 지지 이외에 별다른 기능이 없는 점에 착안하여, 기둥에 추가적으로 태양광 패널을 설치, 동시에 두 가지 재생에너지를 한 번에 이용한 발전이 가능하도록 하였다. 기존의 풍력발전기에 태양광발전 패널을 추가 설치하면 되기 때문에 간단하게 추가 발전이 가능하다는 장점을 갖는다.

그림 5.10 (주)에너지팜에서 시공한 풍력과 태양광에너지 동시 발전이 가능한 하이브리드 발전 시스템

그림 5.11 바람에 굴러다니는 지뢰 제거기 'Mine Kafon Ball'

분류하는데, 실제는 로터 직경 7 m 이하, 출력 1~10 kW가 일반적이고, 적정기술에서 활용 가능한 초소형 풍력 터빈은 로터 직경 2 m 이하, 출력 1 kW 이하로 볼 수 있다. 2012년부터 Alliance for Rural Electrification (ARE)은 'Small Wind Campaign'을 진행하면서 소규모 풍력발전의 확산을 위해 노력하고 있다. 실제로 소형 풍력 터빈은 전력 가격을 kWh당 0.15달러(USD)까지 절감할 수 있고 소수력, 태양광, 등유 등을 이용한 발전 방식과 결합 가능하다. 풍속 5 m/s 이상인 상대적으로 작은 바람으로도 발전 가능하며, 로터 직경 5 m의 터빈으로 연간 8.5 MWh 전력을 생산할 수 있으므로 여러 지역에서 활용이 가능할 것으로 예상되고 있다.

2. 지뢰 제거기

바람의 운동 에너지를 사용하여 지뢰 매설 지역을 굴러다니며 매설된 지뢰를 밟아 터뜨리는 'Mine Kafon Ball'이라는 지뢰 제거기가 아프가니스탄 태생의 네덜란드 디자이너 마사우드 하싸니(Massoud Hassani)에 의해 개발되었다(그림 5.11). Mine Kafon Ball은 금속으로 된 중심부(17 kg)에 저렴한 대나무로 다리 형태를 만들고 그 끝에 원반형 플라스틱 구조물을 결합하여 만들었다. 보편적인 지뢰 제거 방법으로 지뢰 한 개를 제거하려면 100만 원이 넘는 비용이 필요한 반면, Mine Kafon Ball은 개당 약 5만 원의 가격으로 3, 4개의 지뢰를 제거할 수 있다고 한다. 현재는 GPS를 장착해서 Mine Kafon Ball이 지나간 경로를 지도화하여 안전한 길 지도를 만드는 방향으로 발전하고 있고 해당 내용을 주변 주민들과 공유도 가능하다고 한다.

3. 냉방 시설

바람의 운동에너지와 높이에 따른 바람의 온도 차이를 활용하여, 높은 곳에서 부는 시원한 바람을 건물 내부로 유입시킬 수 있는 바람잡이 탑은 페르시아에

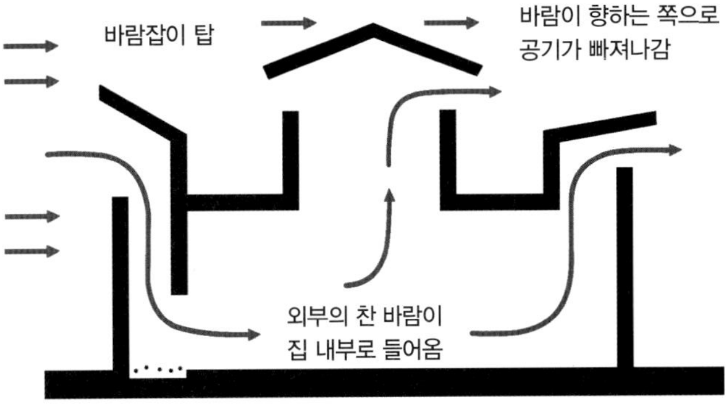

그림 5.12 바람잡이 탑을 이용한 자연 냉방 시스템

서 2000년 전부터 이용되었다. 바람잡이 탑은 주거 공간과 천장으로 연결된 높은 탑의 형태로, 높은 곳에서 부는 온도가 낮은 바람을 실내로 유입하면서 지면 근처의 뜨거운 공기를 배출하여 실내 온도를 낮추는 건축물이다. 이란과 같이 연평균 기온이 높은 사막 지역에서 바람잡이 탑이 거주 공간과 함께 설치되어 널리 이용되고 있고, 전기가 필요 없는 냉방 시설로 각광받고 있다.

신개념 풍력발전기 'Sheerwind'

중대형의 풍력발전기를 설계하고 설치하는 데에는 천문학적인 비용이 들고, 대부분의 장치가 높은 곳에 설치되어 있어 유지 보수에 큰 어려움이 있다. 이러한 한계점을 극복하기 위해서 미국의 INVELOX 사에서 Sheerwind라는 풍력발전기를 개발하였다. 이 발전기는 기존 풍력발전기와 다르게 0.8 m/s 의 낮은 풍속에서도, 모든 방향에서 불어오는 바람을 이용해서 발전할 수 있다. 높은 위치에 발전기를 설치할 필요가 없고, 바람을 모든 방향에서 모아 좁은 채널로 압축, 가속시켜 중앙 발전기를 회전시켜 발전하기 때문에, 요(yaw) 시스템과 피치 제어(pitch control) 시스템 등의 추가 설비가 필요하지 않다. 또한 프로펠러가 없어 조류에 대한 피해와 소음 발생의 문제가 발생하지 않으므로 설치 장소에 제한이 없다. 위와 같은 장점 때문에 기존 풍력발전기보다 경제적인 이점이 있다.

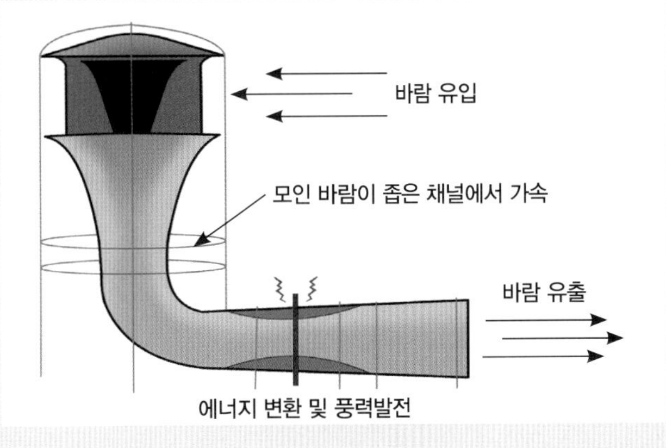

그림 5.13 미국의 INVELOX 사에서 개발한 신개념 풍력발전기 'Sheerwind'

5.3 풍력에너지의 활용과 전망

현재까지 풍력에너지의 활용은 선진국의 주도하에 재생에너지원으로 주목을 받으며 대규모 전기 생산에 집중되어 있다. 이러한 대규모 시설은 높은 초기 비용과 전문적인 유지 보수 기술이 필요하기 때문에 상대적으로 개발도상국에 빨리 적용되기에는 어려움이 따른다. 따라서 개발도상국과 같이 소규모의 분산된 지역에 적합한 풍력에너지의 활용 기술은 다양한 아이디어를 바탕으로 현지 생활에 필요한 여러 가지 용도를 고려하여 개발하려는 고민이 필요하다. 물론 소형 풍력발전기의 효율을 높이고, 현지에서 공급이 원활한 재료를 활용한 설계 기술 개발도 필요하겠지만, 현지의 지역적 문제 및 필요를 해소할 수 있는 단순하면서도 효과적인 기술 개발이 적정기술 측면에서는 적합할 것이다.

풍력을 활용한 기술 중 전기 생산과 오래 전부터 사용된 기계적인 도구 형식 외에 어떤 유용한 기술이 있을까? 본 장에서는 풍력발전 이외에 풍력에너지의 특성을 활용하여 현지에서의 다양한 요구를 충족시킨 사례를 소개하였다. 소개된 사례가 현지에서 필요한 기능을 제공할 수 있었던 것은 현지인의 삶의 문제에 공감하고 다양한 시각에서 접근했기 때문이라 생각한다. 이에 적정기술로서 풍력에너지의 활용 방안에 대해 전력 공급과 같은 기술적인 혜택과 더불어 현지인만이 가지고 있는 특화된 문제의 해결 방법도 같이 고민해 보길 기대해 본다.

참고 문헌

강신호 (2014), 적정기술, 그 실천적 가치, 공업화학 전망, 17(1), 12-24

송용우 (2013), 배기 겸용 소형풍력발전시스템 적용을 위한 유인모듈의 성능 평가에 대한 연구, 석사 학위 논문, 중앙대학교.

Hazeltine B. and Bull C. (1998), Appropriate Technology: Tools, Choices and Implications. Academic Press.

Kim C.-K., Lee S.-M., Jeon S.-Y. , Yoon J.-Y. and Jang C.-M. (2016), Evaluation of a Grid System for Numerical Analysis of a Small Savonius Wind Turbine, *Transaction of the Korean Hydrogen and New Energy Society*, 27, 547-553.

Dai et al. (2015), Environmental Issues associated with Wild Energy: A review, *Renewable Energy*, 75, 911-921.

Babinsky H. (2003), How do wings work?, *Physics Education*, 38, 497.

Ali M. H. (2013), Experimental comparison study for Savonius wind turbine of two & three blades at low wind speed, *International Journal of Modern Engineering Research*, 3, 2978-2986.

Fleming P. D. and Probert S. D. (1983), Appropriate Technology wind turbines and associated aid problems for developing countries, *Applied Energy*, 15, 273-284.

Kishore R. A., Marin A. and Priya S. (2014), Efficient direct-drive small-scale low-speed wind turbine, *Energy Harvesting and Systems*, 1, 27-43.

Website

https://www.ucsusa.org/clean-energy/renewable-energy/environmental-impacts-wind-power#.WwK1GO8Un-g

https://abcbirds.org/wind-energy-threatens-birds/

https://www.energy.gov/eere/wind/advantages-and-challenges-wind-energy

https://en.wikipedia.org/wiki/Small_wind_turbine

http://www.minekafon.org

연습문제

1. 다음 그림을 이용하여 프로펠러형 풍력발전기가 바람에 의해 회전하는 원리에 대해 설명하라.

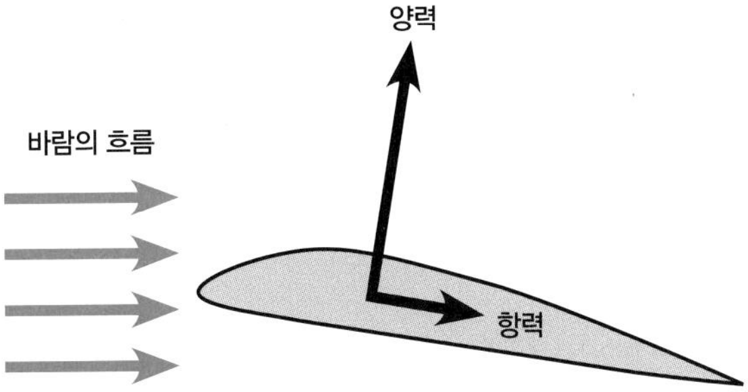

2. 풍력발전기의 날개 길이를 늘리거나 해상에 풍력발전기를 설치하면 풍력발전기에 의해 발생되는 출력이 높아질 수 있다. 그 이유를 출력 계산식을 이용하여 설명하라.
3. 날개의 길이가 5 m이고 효율이 35%인 프로펠러형 풍력발전기 A에 8 m/s의 풍속으로 바람이 불고 있다. 풍력발전기 A를 효율이 25%인 프로펠러형 풍력발전기 B 2대로 대체하려 한다. 풍속이 8 m/s로 동일할 때, 풍력발전기 B 2대의 출력의 합이 풍력발전기 A의 출력과 같으려면 풍력발전기 B의 날개 길이 L은 얼마여야 하는가?

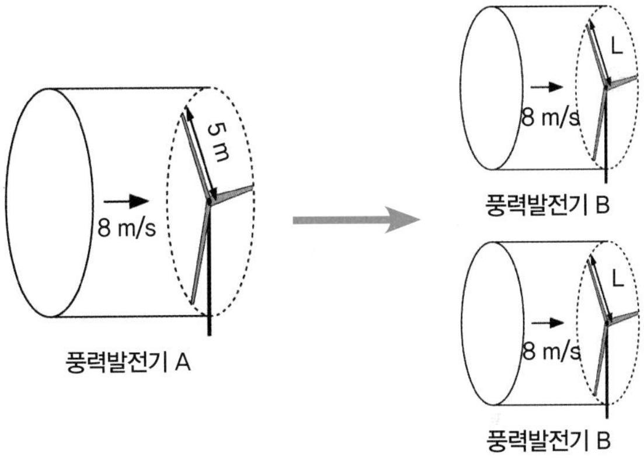

공동 설계 프로젝트

- 설계 프로젝트는 최종 작품의 요구 사항에 맞는 디자인이 필수이며, 학생들이 공동 작업하여 실제 프로토타입을 설계, 제작하는 것을 목표로 한다.

1. 현지에서 조달이 가능한 풍부한 재료로, 풍력에너지를 활용할 수 있는 방법에 대해 고려해 보자.
2. 개발도상국 한 곳을 선정하고, 그 곳에 전기를 공급하는 프로젝트를 진행하려 한다. 현지의 사정을 고려하여 진행 과정을 단계별로 세워 보자.
3. 개발도상국 한 곳을 선정하고, 현재 가장 시급한 문제에 대해 조사해 보자. 문제를 해결하기 위해 풍력발전기에 어떤 기능을 추가적으로 적용할 수 있는지 토의해 보자.
4. 풍력에너지를 이용한 발전 외에도 현지에 도움을 줄 수 있는 방법에는 어떤 것들이 있을지 토의해 보자.

Ⅲ. 물과 적정기술

제6장

물과 오염

"Pure water is the world's first and foremost medicine."

- Slovak proverb -

"깨끗한 물은 세계 최초의, 가장 중요한 치유제이다."

- 슬로바키아 속담 -

생각해 봅시다

1. 가정에서 마시는 물이 얼마나 안전한지 생각해 보고 그렇게 생각한 이유를 설명해 보자.

2. 수질 오염은 무엇이고 수질 오염의 원인에는 어떤 것이 있을지 생각해 보자.

3. 미래에는 마시는 물로 인한 질병의 발생이 줄어들 것인지 아니면 증가할 것인지 생각해 보자. 만일 질병이 발생한다면 어느 지역에서 어떤 질병이 발생할지 생각해 보고 그 이유를 설명해 보자.

4. 우리나라는 미래에 물 부족 국가가 될 것이라고 예상되고 있다. 이를 해결할 수 있는 방법을 생각해 보자.

세상은 넓고 먹을 물은 없다?

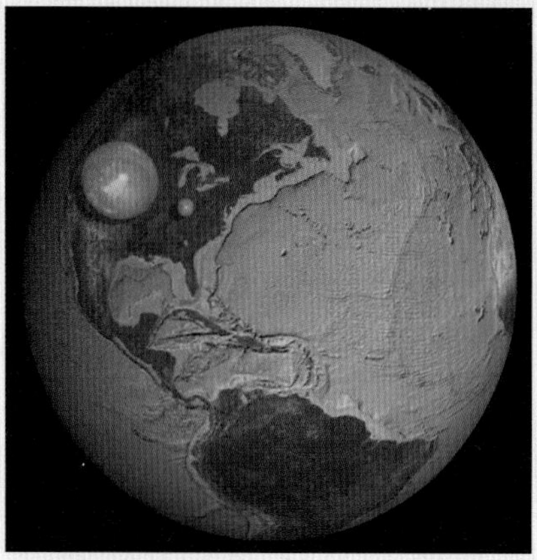

그림 6.1 지구상에 존재하는 물의 부피

지구상에 존재하는 모든 물의 부피는 지름이 1,376 km인 구의 부피와 같고, 그 값은 1.386×10^9 km^{3}이 된다. 위 수치는 해수, 빙하, 호수, 강, 지표수, 대기 중 존재하는 물과 심지어 지구상 존재하는 모든 동물 및 식물에 포함된 것까지를 포함한 양이다. 그 중 우리가 마실 수 있는 물의 양(지하수, 호수, 강물 및 늪지에 존재하는 물 포함)은 1.063×10^7 km^{3}이며 그중 99%가 지하수이어서 쉽게 접근할 수 없다. 지구의 부피를 이용해서 이용 가능한 담수의 부피를 표현한 것이 그림 6.1이다. 3개의 물방울 중 가장 큰 물방울 (지름 약 1380 km의 구형)은 지구상에 존재하는 모든 물의 부피를, 두 번째로 큰 물방울 (지름 약 270 km의 구형)은 지구상에 액체로 존재하는 담수의 부피를, 가장 작은 물방울(지름 약 56 km의 구형)은 지구상에 존재하는 모든 호수와 강에 존재하는 물의 부피를 나타낸다. 그러므로 우리가 마실 수 있는 물은 대단히 적은 양이라는 것을 알 수 있다. 실제로 표 6.1에 의하면 바다는 전체 물에서 96.54%를 차지하고 있다. 또한, 지구상의 담수 중에서도 호수와 강에 존재하는 물보다 훨씬 더 많은 양의 물이 지하수로 저장되어 있으며 대부분 표면에서 800 m 이내에 존재한다. 또한 극지방과 그린란드의 빙하는 대략 2,406만 km^{3}의 물과 같다.

표 6.1 세계의 담수 자원

물의 형태	물의 부피 (km^3)	총 담수에서 차지하는 비율 (%)	전체 물에서 차지하는 비율 (%)
대양 및 바다	1,338,000,000	—	96.54
빙하 및 만년설	24,064,000	68.7	1.74
지하수	23,400,000	—	1.69
지하수 중 담수	10,530,000	30.1	0.76
지하수 중 염수	12,870,000	—	0.93
토양에 함유된 물	16,500	0.05	0.001
토양 내 얼음	300,000	0.86	0.022
호수	176,400	—	0.013
담수 호수	91,000	0.26	0.007
염수 호수	85,400	—	0.006
대기	12,900	0.04	0.001
늪	11,470	0.03	0.0008
강	2,120	0.006	0.0002
생물체 내 물	1,120	0.003	0.0001

(출처: Igor Shiklomanov's chapter "World fresh water resources" in Peter H. Gleick (editor), 1993, Water in Crisis: A Guide to the World's Fresh Water Resources (Oxford University Press, New York)

물은 분자식 H_2O로 산소 원자 1개와 수소 원자 2개로 이루어져 있다. 물은 지구 표면의 약 70% 이상을 차지하며 모든 생명체 무게의 대부분을 차지한다. 생명의 근원이자 대체 불가능한 물질이며, 생명체 내에서 일어나는 반응의 용매로 사용된다. 인간은 음식 없이는 상당 기간 생존할 수 있지만 물 없이는 일정 시간 이상 생존이 불가능하다. 우리나라에서는 깨끗한 물을 쉽게 얻을 수 있어서 물 부족의 심각성을 느끼지 못하지만 아직도 세계의 많은 지역에서는 여러 가지 이유로 깨끗한 물을 얻을 수 없어서 많은 사람들이 고통을 받고 있는 것이 현실이다. 유엔환경계획(United Nations Environment Programme, UNEP)은 지구 인구가 현재 속도로 증가하고 물 사용량이 늘어난다면 2025년에는 세계 인구의 약 30% 정도가 심각한 물 부족에 직면하게 될 것으로 전망하고 있다.

2017년 기준 세계 인구는 76억 명이고, 2030년에는 86억 명, 2050년에는 98억 명이 될 것으로 예상된다(출처: http://www.un.org)

물의 오염은 다양한 인간 활동의 결과로 강, 호수, 바다, 지하수의 수질이 악화되는 것을 의미한다. 물이 오염되면 주위에 사는 사람들의 건강 및 활동에 직접적인 영향을 주며, 물을 사용하는 농업이나 공업 그리고 수산업 등에도 영향을 준다. 물의 오염은 적절하게 처리되지 않은 하수나 공업용수 등이 하천에 유입되거나 또는 대규모의 축산 지역이나 농지에서 가축의 분뇨 또는 사용한 비료나 살충제 등이 직접 하천으로 유입되면서 발생한다.

지구 표면의 약 71%가 물로 덮여 있지만 대부분이 바닷물이고 사람이 사용할 수 있는 담수는 전체의 3% 미만이며 전 세계 인구의 약 15%인 10억 명은 깨끗한 식수를 구하는 데 어려움을 겪고 있다. UN 보고서에 따르면 기후 변화, 인구 증가 등에 의해서 2030년이 되면 물의 수요량이 공급을 초과할 것이며 이것이 현실화 된다면 많은 문제가 야기될 것으로 예상되고 있다. 표 6.2는 세계보건기구(WHO)에서 권장하는, 일인당 하루에 필요한 최소한의 물 요구량이다.

본 장에서는 물에 대한 전반적인 문제들을 다루기로 하고, 물을 처리하여 먹는 물을 공급하는 방법은 제7장 정수와 소독에서 설명하고, 물 부족을 해결하는 방안의 하나인 해수의 담수화 방법은 제8장 담수화에서 소개하고자 한다.

표 6.2 WHO가 권고하는, 사람의 생존을 위한 1인당 일일 최소 물 필요량

목적	1인당 물 필요량 (ℓ/일)	비고
생존 (음용/식품)	2.5 ~ 3	기후와 개개인의 생리적 상황에 따라 다를 수 있음
기본적인 위생	2 ~ 6	사회와 문화적 환경에 따라 다를 수 있음
기본적인 요리	3 ~ 6	음식의 종류, 사회, 문화적 환경에 따라 달라짐
합계	7.5 ~ 15	

6.1 수질 오염의 정의

> **수질 오염**
> 자연계의 하천, 호수, 지하수 및 해양수 등에 사람의 다양한 활동의 결과인 가정 하수, 축산 폐수 및 공장 폐수 등이 유입되어 기존의 수질이 악화된 상태

수질 오염이란 자연계의 하천, 호수, 지하수 및 해양수 등에 사람의 다양한 활동의 결과인 가정 하수, 축산 폐수 및 공장 폐수 등이 유입되어 기존의 수질이 악화된 상태를 의미한다. 수질 오염의 정의를 내리기 위해서는 우선 물의 용도에 대해 생각해야 한다. 그 다음 각각의 용도에 따라 물의 상태가 기준에서 얼마나 벗어나는지, 공중 보건에 어떤 영향을 미치는지 또는 생태학적으로 어떤 영향을 가져올 것인지에 대하여 생각해 보아야 한다.

물은 기본적으로 수질에 따라서 그 용도가 결정된다. 현재 물을 주로 사용하는 용도는 농업용, 산업용, 가정용이다. 가장 깨끗한 상태의 물이 필요한 곳은 가정으로, 가정에서 사용하는 물은 건강에 해가 되는 어떠한 물질(농약, 살충제, 병원균, 중금속 등)도 포함되어서는 안 되며, 냄새도 없어야 하고, 맛도 좋아야 하는 등 많은 요구 사항을 만족시켜야 한다. 오늘날 세계적으로 수질 오염과 관련된 가장 중요한 문제는 질병 발생을 일으키지 않는 깨끗한 먹는 물의 확보이며 이는 세계 모든 나라에서 중요하게 다루어지는 문제이다. 과거에는 선진국에서도 먹는 물의 오염으로 발생하는 콜레라에 의해 많은 사람이 사망하는 사건이 일어났지만 지금은 정수 과정에서 오염원 대부분이 처리되므로 그러한 일은 더 이상 일어나지 않는다. 그러나 세계적으로는 수십억 명의 사람들이 수인성질환에 노출되어 있는 것이 현실이다. 따라서 다음에서는 물이 오염된 정도를 정량적으로 측정할 수 있는 방법으로 생화학적 산소 요구량(BOD)과 화학적 산소 요구량(COD)의 정의와 계산법에 대해 소개하고, 물의 오염으로 발생하는 수인성질환과 물의 **부영양화**를 일으키는 원인에 대하여 설명하고자 한다.

> **부영양화**
> 영양 물질이 자연 정화의 한계를 넘어서서 유입되었음을 의미

1. 생화학적 산소 요구량(BOD)

물속에 생물의 사체가 있으면 박테리아에 의하여 부패가 진행되는데, 이 과정에서 산소를 이용한다. 박테리아의 활동이 활발하게 되면 물에 녹아 있는 산소를 대량 소비하여 산소가 줄어들기 때문에 산소를 필요로 하는 어류나 다른 수생 생물체가 죽을 수도 있다. 강이나 호수의 물에 녹아 있는 산소가 충분하지 않은 경우, 어류나 다른 생물에게 매우 위험한 환경이 되기 때문에 물에 녹아 있는 산소의 양(용존산소량)이 필요한 수준보다 낮으면 물이 오염되었다고 판단한다. 즉 생물체가 생존하기 위해서는 필요한 수준 이상의 산소 농도가 요구된다.

> **생화학적 산소 요구량(BOD)**
> 생화학적 부패 과정에서 필요한 산소의 양으로, 보통 mg/L로 나타낸다.

생화학적 부패 과정에서 필요로 하는 산소의 양을 **생화학적 산소 요구량**(Biochemical Oxygen Demand, BOD)이라 하는데, BOD는 일반적으로 수질을 관리하기 위한 지표로 이용한다. 따라서 하수나 오수를 정화하는 정수 시설

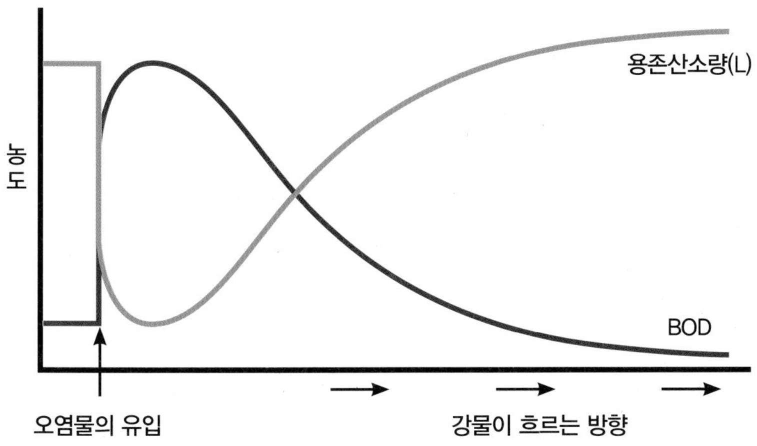

그림 6.2 오염원의 도입과 하천의 위치에 따라 달라지는 용존산소량과 BOD

등에서는 오염된 물이 들어오는 곳에서 BOD를 측정하고 정화한 물을 강이나 바다로 내보내기 전에 BOD를 측정하여 수질을 점검한다.

개천이나 강에서 BOD가 생성되는 원인으로는 숲에서 나오는 나뭇잎과 같이 자연에서 나오는 죽은 생명체, 농장에서 배출되는 농가 폐수 또는 축산 폐수, 도시의 하수 등을 꼽을 수 있다. 특히 하천에서 발생하는 BOD의 대략 33%가 주변의 농장에서 배출된다고 알려져 있고, 도시 하수와 빗물이 분리되지 않고 섞여서 배출되는 경우에도 하천의 BOD는 높아진다.

하천 환경 기준

BOD(mg/L)가 1 이하이면 매우 좋은 등급이며, 5 이하이면 보통, 8~10까지는 나쁨, 10을 초과하면 매우 나쁨으로 규정하고 있다.

BOD는 시간이 지남에 따라서 물속의 미생물에 의해 감소하게 된다. 먼저 초기 총 BOD의 값을 L_0라 하고 시간 t가 지난 후 남아 있는 BOD, 즉 잔존 BOD를 L_t라 하면, 시간에 따른 L_t의 변화는 다음과 같이 나타낼 수 있다.

$$\frac{d[L]}{dt} = -kL_0$$

이때 k 값은 탈산소계수이다.

이 식을 다음과 같이 적분하면 처음 L_0에서 잔존 BOD(L_t)를 구할 수 있다.

$$L_t = L_0 \cdot e^{-k \cdot t}$$

따라서 시간이 t만큼 지났을 때 감소한 소모 BOD는 다음과 같다.

$$BOD_t = L_0 - L_t = L_0(1 - e^{-k \cdot t})$$

보통 5일간 실험하는 경우 탈산소계수 k는 (1/day)로 소모 BOD는 BOD_5로 표시한다.

Solved problem 6-1

BOD_5가 200 mg/ℓ이고 k = 0.3/day라고 할 때 초기 BOD는 얼마인지 계산해 보자.

▶ 풀이 및 답

$L_0 = BOD_5/(1 - e^{-kt})$이므로

$= (200\ mg/L)/1 - e^{-(0.3/day)(5\ day)} = 257\ mg\ O_2/L$

2. 화학적 산소 요구량(COD)

화학적 산소 요구량(COD)
물에 녹아 있거나 부유물 형태의 유기화합물을 산화하는 데 필요한 산소의 양

화학적 산소 요구량(Chemical Oxygen Demand, COD)은 물에 녹아 있거나 부유물 형태로 있는 유기화합물을 산화하는 데 필요한 산소의 양으로 정의하며 보통 ppm 단위로 표시한다. BOD와 마찬가지로 COD도 배출되는 폐수나 또는 유기화합물로 오염된 물의 오염된 정도를 표시하는 지수를 제공하므로 물의 오염 정도를 나타내는 중요한 척도가 된다. COD 값이 클수록 물속에 유기화합물이 많다는 의미로, 용존산소량이 줄어들고, 수생 생물의 생존에 악영향을 주게 된다. COD는 2시간 이내에 측정이 가능하므로 결과를 얻기까지 여러 날이 필요한 BOD를 대신해서 주로 사용된다.

COD의 테스트 방법 중 하나는 유기화합물이 포함된 수용액을 강력한 산화제인 중크롬산칼륨(potassium dichromate ($K_2Cr_2O_7$)) 용액과 함께 2시간 동안 끓여서 모든 유기화합물을 분해한 후 진행하게 된다. 만일 COD 수치가 높으면 테스트 샘플이 많이 오염되어 있음을 나타낸다. 또한 COD 테스트를 위해서는 기준이 되는 blank 샘플을 이용하는데 blank 샘플은 증류수에 알고 있는 산과 산화제를 섞어서 만든다. 가장 많이 사용되는 중크롬산칼륨 용액의 COD를 계산하기 위한 식은 다음과 같다.

많은 나라에서 폐수를 자연계로 돌려보내기 전 허용하는 최대의 COD를 엄격하게 규제하고 있다. 참고로 스위스의 경우 폐수나 공업용수를 자연계로 돌려보내기 전 COD 허용치는 200~1000 mg/ℓ 이다(출처: http://en.m.wikipedia.org). 참고로 방류수의 BOD는 30 이하이다.

$$COD\ (mg\ O_2/\ell) = (a - b) \cdot c \cdot \frac{1000}{V} \cdot 0.025 \cdot 8$$

a: 샘플을 적정하기 위하여 사용한 적정액 황산제1철암모늄 용액 (Ferrous ammonium sulfate(FAS), $[(NH_4)_2Fe(SO_4)_2\ 6H_2O]$)의 부피(mℓ)

b: blank 샘플을 적정하기 위하여 사용한 적정액 (FAS)의 부피(mℓ)

c: FAS의 농도(mg/ℓ)　　V: 시료의 부피(mℓ)

예를 들어 물속에 포도당이 녹아 있다면 산화 과정에서 아래와 같이 산소를 소모하게 된다.

$C_6H_{12}O_6$(포도당) + $6O_2 \rightarrow 6CO_2 + 6H_2O$

Do it yourself 6

- **실험 제목 :** COD 측정에 필요한 시약 만들기
- **실험 방법 :** 중크롬산칼륨에 의한 COD 측정에 필요한 시약을 만들어 보자.

① $K_2Cr_2O_7$ 표준용액 0.0416 M: 완전히 건조한 12.259 g의 $K_2Cr_2O_7$를 증류수에 녹이고 1,000 mℓ로 묽힌다. 이 시약은 6-전자 환원(6 electron reduction) 반응을 수행하므로 1 당량의 농도는 6 X 0.0416 M 또는 0.2500 N 이다.

② 황산 시약: 5.5 g 의 Ag_2SO_4를 1 kg의 진한 황산에 녹이고 완전히 녹아서 섞이도록 1~2일 정도 기다린다.

③ 페로인 지시약 용액: 1.485 g의 페놀프탈레인 수화물과 695 mg의 $FeSO_4$-$7H_2O$를 증류수에 녹이고 100 mℓ로 묽힌다.

④ Standard ferrous ammonium sulfate (FAS) 적정액(대략 0.25 M): 98 g의 $Fe(NH_4)_2(SO_4)_2$-$6H_2O$를 증류수에 녹인다. 20 mℓ의 진한 황산을 더하고 식힌 후 1,000 mℓ로 묽힌다.

⑤ 황산수은($HgSO_4$)의 결정 또는 분말(파우더)을 준비한다.

⑥ Sulfamic acid: 아질산염의 간섭을 없애고자 할 경우 필요하다.

⑦ Potassium hydrogen phthalate 표준용액(KHP, $HOOCC_6H_4COOK$): 완전히 건조한 425 mg의 KHP를 증류수에 녹이고 1000 mℓ로 묽힌다. KHP는 이론적인 COD 값이 1.176 mg O_2/mℓ이고, KHP 표준용액의 이론적인 COD 값은 500 ㎍ O_2/mℓ이다.

측정원리

$K_2Cr_2O_7$은 강한 산화력을 가진다.

$6e^- + Cr_2O_7^{2-} + 14H^+$
$= 2Cr^{3-} + 7H_2O$

이때 남아 있는 $Cr_2O_7^{2-}$ 를 산화철암모늄으로 적정하고, 이를 통해 반응한 CrO의 양을 구한다.

3. 수인성질환(water-borne disease)

앞에서도 언급했지만 현재 세계적으로 가장 관심을 갖는 물 문제는 깨끗하고 병원균이 없는 안전하게 마실 수 있는 물의 부족이다.

매년 주로 저개발국에서 수십억 명의 사람들이 오염된 물로 인한 **수인성질환**에 노출되어 위장병에 걸리거나 심하면 사망에 이르고 있다. 1990년대 초까지도 남미에서는 수인성질환인 콜레라가 창궐하여 많은 사람들이 사망하였고, 현재도 지구상 어디에선가는 같은 문제로 많은 사람들이 고통 받고 있다.

수인성질환

병원성 미생물에 오염된 물에 의해 매개되는 전염병으로 설사, 복통, 구토 등이 나타나는 소화기계 질환

현재 대부분 선진국에서는 수인성질환에 의한 사망은 일어나지 않으나 세계 어느 곳도 이러한 문제로부터 자유롭지 않고 어디에서나 일어날 수 있는 문제이기 때문에 많은 사람들이 관심을 가지고 있다. 세계적으로 유아 사망 원인 중 두 번째로 높은 비율이 설사병이며, 인도네시아의 경우 인구 약 2억 6천만 명 중 3천 4백만 명이 깨끗한 식수를 얻을 수 없는 실정이다.

4. 영양소(nutrients)

수질 오염 문제를 일으키는 대표적인 영양소는 인(phosphorus)과 질소로 두 가지 모두 토양의 이용과 관련된 분야(농업 및 축산)에서 배출된다. 숲으로 둘러싸인 하천에서 인과 질소의 농도는 낮은 편이나, 도시 주변의 하천에서는 인과 질소의 농도가 높아지는데 이는 비료, 세제, 하수 처리장에서 배출되는 물질 등 때문이다. 인과 질소의 농도가 가장 높은 곳은 대규모로 농사를 짓는 지역이나 축산업을 하는 곳의 하천이며 통계적으로 자연에 배출되는 질소의 90% 이상이 농축산업으로부터 발생된다고 알려져 있다.

하천에 인이나 질소와 같은 물질의 농도가 높아지면 식물이나 녹조류의 성장이 촉진되고 물에 녹아 있는 산소를 많이 소모하게 되므로 많은 어류가 죽는 문제가 생긴다. 이러한 경우 물고기의 폐사 원인은 직접적인 오염이나 병을 일으키는 균이나 물고기에게 해가 되는 독 등이 아니라 하천 환경을 구성하는 여러 가지 유기체들 간의 상호 작용에서 기인하는 매우 복잡한 영향 때문이다.

6.2 수질 오염의 원인

수질 오염은 사람의 다양한 활동의 결과인 가정 하수, 축산 폐수 및 공장 폐수 등이 유입되어 기존의 수질이 악화된 상태로, 그 원인으로는 중금속, 침전물, 방사성 동위원소, 열, 박테리아, 인(phosphorus), 질소 등을 들 수 있다. 지구 표면에 존재하는 물이나 지하수를 오염시키는 오염원은 다양하며 그 오염원은 도시, 산업체, 농업이나 군부대 등 다양한 곳이 될 수 있다. 대부분의 오염은 홍수 등에 의해서 물이 넘쳐흐르거나 오염원이 지표수나 지하수로 침투하여 일어난다.

그림 6.3 강물로 유입되는 공장 폐수에는 황, 석면, 유해한 용매, 납, 수은 등이 섞여 있으나 비가 많이 오는 경우 오염원을 특정하기 어렵다. 즉 빗물 일부는 토양으로 흡수되지만 상당량은 지표면의 물질을 씻어서 하수관이나 강으로 유입되고, 오염원이 되는 많은 물질, 특히 농업 지역이나 축산업 지역에서 배출되는 오염원이 빗물에 포함되어 하천으로 함께 유입된다. 그러므로 특정한 오염원이 어디에서 발생했는지 특정하기 어렵다(좌).

그림 6.4 비가 많이 올 경우 논이나 밭에 뿌린 제초제 및 살충제 성분과 비료 성분이 물에 씻겨서 하천으로 유입되어 강이나 호수를 오염시키는 원인이 된다(우).

1. 지표수의 오염(surface-water pollution)

지표수의 오염은 하천이 자체적으로 오염된 물질을 제거하거나 유해하지 않을 정도의 농도로 묽게 만들거나 무해한 물질로 전환하는 속도보다 오염을 일으키는 물질이 하천으로 유입되는 속도가 빨라서 발생한다. 다른 오염원과 마찬가지로 지표수의 수질 오염도 발생하는 장소에 따라서 오염원 발생 장소를 특정할 수 있는 경우(공장의 공업 용수를 배출하는 파이프나 하천에 연결되어 있는 하수관 등)와 발생 장소를 특정할 수 없는 경우가 있다. 오염원을 특정할 수 있는 경우에는 현장에서 오염 정도를 측정함으로써 중앙 정부나 지방 정부가 허용하는 범위 내로 오염원을 관리할 수 있다. 그럼에도 불구하고 비가 많이 올 경우에는 하수 처리장으로 처리 용량을 초과하는 하수가 유입될 수 있기 때문에 처리되지 않은 오염 물질을 포함하는 물이 인근 하천으로 유입되는 경우가 있다.

다음은 수질 오염에 대한 참고 자료이다.
https://www.nrdc.org/stories/water-pollution-everything-you-need-know

환경적인 면에서 지표수의 오염 문제를 두 가지 방법으로 처리할 수 있는데, 첫째로는 오염원을 감소시키는 것이고 둘째는 물을 정화하여 오염원을 제거하거나 또는 오염원을 안전하게 제거할 수 있는 형태로 변환하는 것이다. 어떤 방법을 선택할 것인가는 오염이 발생한 특정한 상황에 따라서 달라질 수 있으나 환경적으로는 오염이 발생하는 현장에서 오염원을 제거하는 것이 가장 효과적이다. 두 번째 방법에 해당하는 하수 처리 방법은 다양한 오염 문제를 해결하기 위해 이용되는데 염소를 이용하여 유해한 박테리아와 같은 미생물을 제거하거나 필터링 방법을 이용하여 중금속 등을 제거한다.

함께 읽어보기
제7장 7.3 정수 처리 공정의 원리

2. 지하수의 오염(groundwater pollution)

지구상의 상당수 사람들은 지하수를 마시는 물로 이용한다. 오랫동안 사람들은 지하수가 일반적으로 깨끗하여 안전하게 마실 수 있다고 생각했으나, 지하수는 많은 오염원에 의해 쉽게 오염될 수 있는데다 오염원이 매우 강력한 독성 물질이라도 알아내기가 쉽지 않다. 또한 지하수는 지표수와 달리 눈에 보이지 않고 땅속에 존재하는 물길을 따라서 오염원이 자유롭게 이동하기 때문에 지하수 오염을 방지하는 것은 쉽지 않다.

지하수의 오염은 땅으로 배출된 오염이 지하수로 침투하면서 발생하거나, 자연적으로 발생하는 미량의 물질이 지하수에 포함되면서 발생한다. 지하수를 오염시키는 오염원으로는 재래식 화장실, 쓰레기 매립장, 오수 정화 시설, 깨진 하수관, 주유소, 농업 활동 중 과다 사용한 비료 등과 함께 비소나 불소와 같이 자연적으로 발생하는 미량의 물질을 꼽을 수 있다. 오염원이 땅속으로 스며들어 지하수가 모여 있는 곳에 도달하면 물길을 따라 이동하면서 매우 넓은 범위를 오염시키게 되고 결국 사람이나 동물이 마실 수 없는 물이 된다. 오염된 지하수에 독성 물질이 포함되면 공중 보건이 위협받거나 병이 퍼지는 현상도 초래할 수 있다.

오염원이 얼마나 빨리 그리고 얼마나 넓은 면적을 오염시키는지는 토양의 특성 및 해당 지역의 지질 구조, 오염원의 특성 등과 밀접한 관련이 있다.

3. 수질 오염원의 종류

● 비소와 불소(arsenic and fluoride)

세계보건기구(WHO)는 비소와 불소를 마시는 물을 오염시킬 수 있는 가장 위험한 무기물질 오염원으로 규정하였다. 비소는 중국, 인도, 방글라데시, 캄보디아 등의 지하수에서 발견되는 천연 오염원이다. 인도 북부나 방글라데시의 갠지스강 유역은 자연 발생적인 비소에 의해서 지하수가 심각하게 오염되어 있고 그 지역의 깊지 않은 우물 약 25%가 영향을 받고 있다. 또한 비소는 광산이나 광산에서 나오는 부산물을 저장하는 곳에서도 새어 나올 수 있다.

불소에 의한 오염은 깊은 곳에 있는 지하수를 사용하면서 많은 관심이 모아지고 있는데 전 세계에서 2억 명 이상의 사람들이 높은 농도의 불소가 포함된 물을 마심으로써 위험에 처해 있다는 보고가 있다. 불소는 특히 산성의 화산암이나 화산재로부터 나오며, 지하수에 포함된 고농도의 불소로 인하여 아르헨티나, 칠레, 멕시코, 인도, 파키스탄 그리고 동아프리카 지역 및 화산섬들이 영향을 받고 있다.

● 병원균(pathogens)

사람이나 동물의 분변에 포함된 병원균(박테리아, 바이러스, 원생동물, 기생충, 기생충의 알)에 의해 오염된 지하수는 콜레라나 설사와 같은 질병을 유발하여 먹는 물로 사용할 수 없다.

그림 6.5 동물의 배설물을 농토에 거름으로 뿌리는 과정에서 병원균이나 질산염 등이 지하수로 유입될 수 있다.

● 질산염(nitrates)

질산염은 세계적으로 지하수를 오염시키는 가장 대표적인 화학물질로, 소득이 낮은 일부 국가에서 지하수에 포함된 질산염의 농도가 매우 높아서 건강상 심각한 문제가 되고 있다. 만일 지하수에 포함된 질산염의 농도가 10 mg/ℓ (10 ppm)보다 높으면 어린이들에게 **청색증**을 유발할 수도 있다. 질산염에 의한 지하수의 오염은 재래식 화장실이나 정수 처리장에서 배출되는 슬러지, 농업에 이용되는 비료 등에서 발생한다.

> 청색증
>
> 혈액속의 산소가 줄고 이산화탄소가 증가해 피부나 점막이 파랗게 보이고 호흡이 곤란한 증상

● 유기화합물(organic compounds)

휘발성 유기화합물(VOCs)은 지하수를 오염시키는 위험한 요인이다. 이러한 물질은 일반적으로 부주의한 산업 활동에 의해서 환경에 유입되는데, 1960년대 후반까지는 많은 화합물들이 해롭다는 것을 인식하지 못했다. 휘발성 유기화합물 중에서 지하수에서 발견되는 주요 물질은 BTEX(벤젠, 톨루엔, 에틸벤젠, 자일렌)와 같은 방향족 탄화수소와 염소가 포함된 용매 등인데 테트라클로로에틸렌

1℃ 기온 상승으로 생태계를 잃어버린 북극 호수

지구 온난화로 빙하가 일부 감소하고 지구 각지에서 다양한 기후변화가 일어나고 있는 것은 이미 잘 알려져 있으나, 2018년 캐나다 연구진이 Nature Communication에 발표한 결과는 매우 충격적이다. Nature Communication에 의하면 북극에서 담수량이 가장 큰 호수인 하젠 호(Lake Hazen) 주변은 지난 10년 동안 여름의 대기 온도가 단지 1℃ 상승하였는데, 이로 인하여 예상치 못하게 호수의 생태계가 급격하게 변하고 있다고 보고하였다.

가로 길이가 74 km에 이르는 거대한 호수가 이루는 생태계가 외부의 작은 온도 변화에 의해 예상을 뛰어넘는 변화를 겪고 있는 것은 매우 놀랍다. 논문에 따르면 태양의 복사 에너지가 증가하면서 이로 인해 주변 빙하가 녹으면서 호수로 들어가는 용융물이 급격히 증가하게 되었고, 빙하의 미세한 퇴적물이 호수로 흘러와 퇴적되었다. 이는 호수의 생물학적 환경에 영향을 주어 해조류의 번식, 북극 어류의 분포에 변화를 가져오게 되었다.

그러나 가장 큰 변화의 원인은 여름 호수의 온도는 0℃에서 위아래로 얼음이 얼고 녹기를 반복하는데, 1℃의 변화로 얼음이 녹는 기간이 급격하게 증가한 것이다. 호수의 얼음은 빛을 차단하는 효과가 있는데 얼음이 녹으면서 호수 내로 빛이 더 투과되어 플랑크톤이 번식하게 되고, 그 결과 호수 전체의 생태계가 변화할 것이라고 한다. 지난 수 년간의 온도 상승으로 인해 호수의 여름 온도가 얼음의 녹는점을 상회하게 되었고, 얼음이 없는 북극 최대의 호수는 완전히 새로운 생태계로 변화하고 있다.

(출처: Lehnherr I. et al., (2018), Nature Comm. 9, 1290., https://sciencebriefss.com/earth/warming-up-only-1-c-and-even-the-largest-high-arctic-lake-is-ice-free)

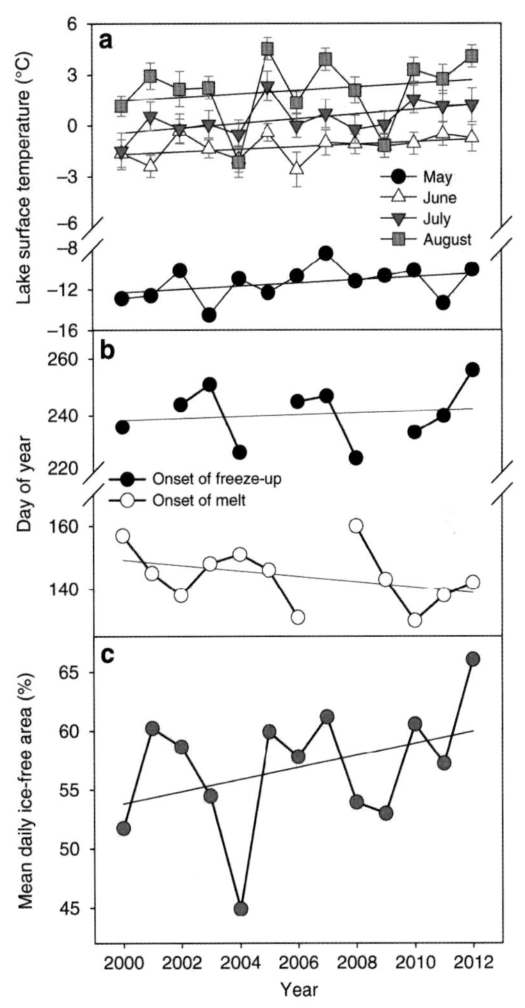

그림 6.6 생태계가 변화하고 있는 북극의 하젠 호(좌)

그림 6.7 호수의 온도 상승으로 해동되는 기간이 증가하고 있는 날짜의 년도별 추세선(우) (Nature Communication, 2018) Temporal trends in surface temperature, ice phenology and ice cover at Lake Hazen. a Monthly mean (±SE) lake surface temperatures (℃) measured at 30 sites on Lake Hazen. b Onset dates (day of year) of melt and freeze-up. c Mean daily ice-free area (% of total lake area) on Lake Hazen between May 5 and September 5. For illustrative purposes, linear trend lines are shown, though none are significant ($p > 0.05$)

(PCE), 트리클로로에틸렌(TCE), 염화비닐(VC)과 같은 물질이다. BTEX는 휘발유에 포함된 성분이고 PCE, TCE는 세탁소에서 드라이클리닝에 사용하거나 금속에서 그리스를 제거하기 위하여 사용하는 용매이다. 또한 지하수를 오염시키는 유기화합물로 살충제와 제초제 등이 있다.

● **금속(metals)**

암석에 포함된 금속 일부가 풍화작용에 의하여 환경에 유입되면 그 중 일부는 지하수에도 유입된다. 금속 원소가 지하수에 유입되는 주된 경로로는 광산, 금속을 제련하는 과정, 페인트에 포함된 중금속(납, 카드뮴, 크로뮴)을 꼽을 수 있다.

산성비

빗물의 pH가 다양한 원인에 의하여 5.6보다 낮아지는 현상

Solved problem 6-2

산성비는 환경에 큰 영향을 미친다. 산성비의 판단 기준을 알아보고 원인을 살펴보자.

▶ **풀이 및 답**

순수한 빗물은 보통 약산성을 띠므로 pH 5.6 정도이다. 따라서 빗물의 pH가 5.6보다 낮으면 산성비로 판단할 수 있다. 석탄을 난방 연료로 사용하는 나라의 경우 석탄에 포함된 황 성분이 연소하면서 황산화물(SOx)이 배출되고, 정유 공장에서 자동차 연료를 생산할 때 탈황시설이 없으면 연료에 황 성분이 포함되므로 황산화물이 포함된 연소가스가 배출된다. 그리고 자동차 배기가스를 통해 질소산화물(NOx)이 배출된다. 위와 같은 과정을 거쳐 배출된 황산화물이나 질소산화물은 공기 중에 포함되어 있다가 비가 내리면 빗물에 녹아서 산이 생성되면서 산성비가 된다.

6.3 개발도상국의 지하수 오염 문제

개발도상국의 수자원 문제는 여러 가지 도전적인 과제를 포함하고 있다. 어느 곳에서는 먹을 물이 부족하고, 다른 곳은 매년 홍수가 문제가 되며, 어떤 곳은 강물이나 댐의 수질 오염이 문제가 된다. 개발도상국에 살고 있는 약 10억 명의 사람들은 깨끗한 물을 얻을 수 없으며 약 25억 명의 사람들은 위생적인 화장실을 사용할 수 없다. 개발도상국에서 발생하는 질병의 약 80%는 낮은 수준의 수질 및 위생과 관련이 있고 매년 180만 명의 어린이들이 설사병으로 사망하고 있다. 그리고 수백만 명의 여성이 매일 몇 킬로미터를 걸어서 가족들이 마실 물이나 취사용 물을 구하고 있다.

지난 한 세기 동안 물 사용량의 증가율이 인구 증가율을 넘어서면서 인류는 그

어느 때보다 많은 물을 사용하고 있다. 지금과 같은 사용량을 고려하면 2025년에는 약 18억 명의 사람이 물 부족을 겪게 될 것으로 예상된다. 개발도상국에서 물과 관련된 어려움이 오랫동안 해결되지 않는 것은 가난, 교육, 정부의 역할 등 여러 가지 문제들이 얽혀 있기 때문이다. 구체적인 내용은 다음과 같다.

- 지하수 오염 문제를 다루는 부서와 이에 영향을 받는 사람들과의 유기적인 협조 관계가 부족하다.
- 지하수 오염에 관련된 연구가 체계적으로 이루어지지 않아 연구 결과가 중복 또는 누락되는 경우가 많다.
- 지하수 및 지하수 오염과 관련되어 축적된 데이터가 부족하다.
- 지하수 오염에 관련된 기준 및 법적 제도가 완비되지 않았다.
- 지하수 및 지하수 오염에 대한 일반 대중의 지식이 부족하다.
- 지하수와 관련된 문제들을 제기하고 해결할 수 있는 전문 인력이 절대적으로 부족하다.

위와 같은 문제들은 해결하기 어려워 보이지만 간단한 기술과 적은 비용으로도 해결이 가능하며, 비록 적은 범위일지라도 현재 적용되는 지역이 있으므로 희망적인 면이 있다. 다음에서 국가별 수자원 문제를 알아보면서 해결 방법에 대하여 생각해 보자.

1. 인도(India)

인도의 수자원 문제에서 가장 큰 숙제는 계속되는 인구 증가이다. 인도는 1년에 1인당 1,000~1,700 m^3의 물밖에 이용할 수 없으므로 물 문제와 관련하여 스

그림 6.8 인도 인구의 약 88%가 향상된 수질의 물을 이용할 수 있고, 인구의 31%만이 위생적인 화장실을 사용하고 있다.

트레스를 받고 있다. 유니세프(UNICEF)에 따르면 2008년 인도 인구의 약 88%가 향상된 수질의 물을 이용할 수 있고, 인구의 31%만이 위생적인 화장실을 사용하고 있다고 한다. 도시 지역 하수구는 일반적으로 개방된 형태이며, 수도인 뉴델리 인구 1,600만 명 중 절반만이 하수도 시설을 이용하고 있다. 매일 약 40억 ℓ의 하수가 정화되지 않은 상태로 야무나강으로 방류되므로 야무나강에서는 메탄가스가 발생하고 수질이 악화되어 안전하게 목욕할 수 있는 한계치의 약 10,000배나 되는 박테리아가 검출된다.

하수 처리가 매우 불량하고, 공장에서 배출되는 오염수에 의한 지표수 오염을

비소의 역습

1970년대 적절하게 처리되지 않은 하천수를 먹는 물로 사용하는 방글라데시에서는 해마다 수십만 명의 사람들이 콜레라나 설사병과 같은 수인성 질병으로 사망하였다. 이를 안타깝게 지켜본 유엔아동기금(UNICEF) 등을 포함한 여러 국제기구들은 안전한 식수원을 확보하는 사업을 추진하였다.

그 결과 오염된 지표수와 비교하여 상대적으로 깨끗하고 개발 비용이 저렴한 지하수 이용이 가능한 얕은 우물이 개발되었고, 정부와 지역 공동체 그리고 민간 협력을 통해 약 1,000만 개에 달하는 핸드펌프 장착 우물이 방글라데시에 보급되었다. 이 때 'British Geological Survey'에서 우물물 수질 분석을 담당하였는데 아쉽게도 비소 성분은 분석 항목에서 제외되었다. UNICEF에서는 핸드펌프 우물 보급을 약 20년간 지속하면 2000년에는 방글라데시 전체 인구의 80%가 안전한 물을 공급받을 수 있을 것이라고 전망하였다.

그러나 1993년 처음으로 방글라데시 지하수에서 비소 검출 사실이 보고되고 1996년도 발행된 WHO 보고서를 통해 공식적으로 보고되었다. 1998년 British Geological Survey가 다시 우물물 수질을 분석한 결과 비소 농도가 50 $\mu g/\ell$ 이상인 우물 비율이 90%를 넘는 지역이 여러 곳 확인되었다. 결과적으로 최소 2,500만 명의 방글라데시 주민이 비소에 오염된 우물물 및 우물물을 사용하여 재배한 농산물 등에 의한 비소 중독에 노출되었고, 500만 명 이상의 사람들이 이로 인한 질병을 앓고 있다는 사실이 밝혀졌다.

이와 같은 비소 오염 우물물 사건은 선의를 가진 국제기구 또는 민간 기구들의 헌신적인 노력이 전문적인 기초 조사나 확인 과정을 거치지 않고 진행되면 본래 의도와 다른 재앙적인 결과를 초래할 수 있다는 사실을 알려 준다.

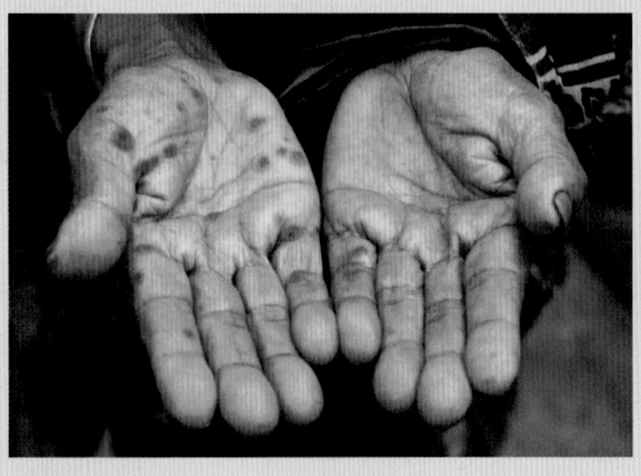

그림 6.9 **비소 기준 초과로 폐쇄된 우물(좌)과 비소 중독에 의한 피부병 증상(우)** 비소 기준 초과 우물은 붉은색 페인트를 칠하여 구분하였다. 사진 속 우물은 붉은 페인트가 벗겨진 상태이다.

이유로 인도의 많은 지역에서는 지하수를 개발하여 이용하는데 특히 물 사용량의 약 80%를 차지하는 농업 부문에서 활발하게 지하수를 이용하고 있다.

2. 방글라데시(Bangladesh)

역사적으로 방글라데시는 박테리아로 오염되어 있는 지표수를 주로 사용하였다. 오염된 식수로 인해 유아와 어린이들이 심각한 내과 질환에 시달리고 있으며 이로 인해 유아 사망률이 높다. 1970년대 UNICEF는 사람들에게 안전하게 마실 물을 제공하기 위해 방글라데시 공중보건부와 함께 지하수를 개발하여 우물 설치 사업을 시행하였다. 직경 5 cm인 파이프를 지하 200 m 이내 깊이에 설치하고 땅 위의 파이프 끝에 펌프를 설치하였으나 그 당시에는 수질을 검사하는 과정에서 지하수에 포함된 비소의 유무를 검사하지 않았다. 그러나 지하수가 자연적으로 비소에 오염되어 있었기 때문에 20년이 지난 후 역사상 가장 큰 규모로 사람들이 비소에 중독되는 결과를 초래했다. 비소는 색, 냄새, 맛이 없기 때문에 장기간 건강에 미치는 영향을 알기가 어렵다. 따라서 이 사건 이후 비소에 오염된 우물은 모두 붉은색으로 표시하여 더 이상 사람들이 우물물을 마시지 않도록 하였다. 2010년이 되어서야 방글라데시 국민 약 80%가 비소의 위험성을 깨닫고 안전하게 마실 물을 얻기 위해 우물을 더욱 깊이 파거나 지표수를 정화하거나 빗물을 모으는 방법을 개발하였다.

3. 캄보디아(Cambodia)

캄보디아의 지하수는 일부 지역의 비소 과다 오염을 제외하고는 일반적으로 양호하다고 알려져 있으나 일부 지방(Svay Rieng and Prey Veng Provinces)의 지하수에서는 철 성분이 높고 소금의 양이 증가하는 현상이 발견되었다. 서부과 남부 지방 4곳의 지하수에서도 다량의 철 성분과 불소 성분 등이 검출되었다. 뿐만 아니라 깊이가 얕은 우물의 많은 수가 박테리아에 오염되어 있고, 바탐방(Battambang) 지역의 수질은 세계보건기구(WHO)에서 권장하는 수질 기준에 미달됨이 밝혀졌다. 오염된 물은 콜레라가 자주 발병하는 원인이 되지만, 급격한 경제 발전, 낮은 소득 수준, 정부의 비효율적인 관리와 같은 이유로 수자원 오염이 급격하게 진행되고 있다.

4. 인도네시아(Indonesia)

인도네시아는 지구상에서 활화산이 가장 많은 나라로, 주기적으로 화산 활동이 일어나는 등 지각 활동이 매우 활발한 지역이다. 따라서 세계 4위 인구 대국(약 2억 6천만 명)의 인구 대부분이 자바섬에 살고 있다. 자바섬의 자카르타, 반

인도네시아의 물 위기

인도네시아의 수많은 저소득 가정은 깨끗한 먹는 물과 위생적인 화장실에 대한 접근이 제한적이다. 통계적으로 3,400만 명이 깨끗한 먹는 물을 얻을 수 없고, 5,100만 명이 위생적인 화장실을 사용할 수 없다(출처: http://water.org).

둥, 스마랑, 수라바야 등의 지역에 대규모 도시가 건설되고 많은 인구가 모여 살면서 많은 양의 생활쓰레기가 발생하고 많은 양의 지하수가 사용되고 있다. 그 결과 지하수의 양과 질이 급격하게 나빠지는 현상이 발생하고 있다.

인도네시아의 경우 통계적으로 가용할 수 있는 전체 수자원의 약 23%를 이용하고 있는데 그 중 약 80%가 농업에 이용되고 있다. 그러나 경제 성장과 함께 산업 현장에서 배출되는 오염수가 정화되지 않은 채로 강이나 바다로 흘러 들어가면서 지하수를 오염시키는 원인이 되고 있어서 여러 가지 문제가 발생하고 있다. 또한 인도네시아에는 관광지가 많아서 수많은 호텔과 리조트가 있고 여기에서 사용하는 지하수의 양 또한 빠르게 증가하는 추세이다.

영국의 강물 오염

2015년 영국의 환경청 연구 보고에 따르면 영국 강의 17%만이 환경적으로 건강한 상태라고 한다. 이는 영국 강의 29%가 건강한 상태였던 전년도 데이터에서 크게 감소한 것이다. 수질 등급 통계에 따르면 영국 강의 0.08%만이 매우 좋음이며 17.06%는 좋음, 62.4%는 적절, 17.22%는 나쁨, 3.24%는 매우 나쁨으로 나타났다(https://www.bbc.com/news/uk-32074953).

매년 영국 지역에서 놀라울 정도로 수인성 질병이 많이 발생하고 있는데, 대부분이 오염된 식수원에서 발견되는 박테리아 때문에 발생하고 있다. 영국에서는 2009년 58명이 설사, 구토, 근육통 및 두통을 일으키는 치명적인 질병인 바일병(Weil's disease)에 감염되었고, 매년 5천 명이 넘는 사람들이 오염된 식수원에 서식하는 기생충인 크립토스포리디오시스(cryptosporidiosis)에 감염되고 있다. 이를 보면 수질 오염은 개발도상국에서만의 문제가 아니라 선진국을 포함하여 세계 어느 곳에서나 일어날 수 있는 문제라는 것을 알 수 있다.

그림 6.10 오염된 템스강을 청소하는 플랫폼. 런던의 템스강을 오가며 쓰레기를 모아서 강물을 깨끗이 청소한다.

5. 케냐(Kenya)

케냐 인구는 약 3,700만 명인데 인구 증가율이 연 2.6%로 매우 높다(참고로 미국 인구 증가율은 0.9%, 인도 인구 증가율은 1.3%이다). 인구가 빠르게 증가하고 있기 때문에 자연자원이 고갈될 위기에 처해 있고, 국토 대부분이 가뭄에 시달리고 있으며 비가 오는 일부 지역에서만 수자원에 접근할 수 있다. 그러나 정부는 정수 시설과 깨끗한 물을 분배하는 시스템을 제공하지 못하여 국민 대부분이 쉽게 물을 사용할 수 없으며 여성 약 74%가 가족을 위하여 물을 구하는 데 매일 8시간을 사용하고 있다. 늘어나는 인구와 더딘 경제 발전으로 도시나 농촌 지역에서 빈곤이 악화되고 깨끗한 먹는 물의 공급이 어려워 교육 수준이 낮은 사람들 대부분이 질병이나 기생충 문제로 시달리고 있어 케냐의 인적 자원 개발에도 큰 타격을 입고 있다.

6.4 수질 오염에 대한 앞으로의 전망

수질 문제는 점차 개발도상국의 주된 문제가 되고 있다. 먹는 물의 발원지는 증가하는 오염으로 위협받고 있고, 결과적으로 국민 건강이나 국가의 경제 및 사회 발전에 부정적인 영향을 미친다. 매년 약 730만 달러가 수인성 질병의 치료에 쓰이는 것으로 추정되며, 수인성 질병에 걸린 사람들이 많아지면 학교나 직장에 다닐 수 없는 사람들이 많아져서 국가적으로 많은 경제적 손실이 초래된다.

무엇보다도 수질 오염과 열악한 위생 상태는 여성에게 상당한 부담을 주고 있다. 물 공급이 부족한 지역에서는 많은 수의 십대 여성이 자신의 가족을 위해 물을 길어 와야 하므로 학교에 출석할 수 없다. 물을 얻기 위해서는 자신의 집에서 걸어서 3~4시간이나 걸리는 곳을 매일 왕복해야 하므로 교육의 기회가 박탈되고 그 결과 좋은 직업을 얻을 수 없게 되어 가족의 소득이 감소하게 된다. 따라서 깨끗한 물의 확보는 단지 위생 문제만이 아니라, 교육, 사회, 경제적인 문제와도 결합된 매우 복잡한 문제라고 할 수 있다.

먹는 물이나 생활용수뿐만 아니라 공업용수의 확보도 중요한 문제이다. 발전, 금속, 광업, 석유 등의 다양한 산업에서 양질의 물은 매우 중요하나, 개발도상국에서는 물의 수질이 나빠서 도입이 가능한 기술의 선택에 제한을 받을 수밖에 없다. 수질이 나쁜 지역의 기업은 양질의 물을 확보하기 위한 어려움과 함께 산업 폐수의 수질을 향상시켜야 하는 이중의 어려움을 겪고 있다. 이러한 문제들은 환경 문제를 해결하는 데 소요되는 비용을 증가시킨다.

개발도상국 당사자뿐만 아니라 개발도상국을 지원하는 지원국 및 지원 기관은 개발도상국 국민을 위해 적절한 물 서비스를 제공하기 위한 노력을 강화해야 한다. 물 정책을 재정립하고, 엄격하게 규제해야 하며, 물과 관련된 새로운 프로그램을 설계할 때는 해당 국가의 문화 및 가치와 조화를 이룰 수 있도록 고려해야 한다. 물 문제를 해결하기 위한 설비는 대규모 재정이 필요한 설비일 필요는 없으며, 간단하고 경제적으로 실행 가능한 방법이 바람직하다.

개발도상국의 물 오염 문제는 지원국이나 지원 기관의 도움에 의해 감소할 수는 있지만, 문제를 해결하는 열쇠는 결국 개발도상국 내부에 있다. 앞으로도 수질 오염이 계속 증가하면 미래가 매우 암울할 것이므로 개발도상국 정부는 문제의 심각성을 깨닫고 즉시 문제를 해결하기 위한 노력을 해야 한다.

참고 문헌

Bijay-Singh, Yadvinder-Singh and Sekhon G. S. (1995), Fertilizer-N use efficiency and nitrate pollution of groundwater in developing countries, *Journal of Contaminant Hydrology*, 20 (3-4), 167-184.

Henry R. K., Yongsheng Z. and D. Jun D. (2006), Municipal solid waste management challenges in developing countries - Kenyan case study, *Waste management*, 26, 92-100.

Montgomery M. A. and Elimelech M. (2007), Water and sanitation in developing countries: including health in the equation, *Environmental Science & Technology*, 41 (1), 17-24.

Kivaisi A. K. (2001), The potential for constructed wetlands for wastewater treatment and reuse in developing countries: a review, *Ecological Engineering*, 16(4), 545-560.

Wakida F. T. and Lerner D. N. (2005), Non-agricultural sources of groundwater nitrate: a review and case study, *Water Research*, 39(1), 3-16.

연습문제

● 다음 문제를 풀면서 물의 오염에 적정기술이 활용될 경우의 활용 방안을 생각해 보자.

1. 그림 6.2를 보고 각 단계별 변화의 이유와 BOD의 변화가 실제 생태계에 어떤 영향을 미칠 수 있는지를 설명하여라.
2. 어느 하천 상류 지점의 BOD가 300 ppm이었다. 하천수가 50 m/min의 유속으로 흐를 때 상류로부터 300 km되는 하류 지점에서의 BOD는 얼마인가?(단, 탈산소계수는 0.1/d, 수온은 20℃이다)
3. 농약의 오염원과 생활하수의 오염원은 종류가 다르다. 일반 생활하수 또는 오수에 섞여 있는 오염성 이온의 종류와 이것이 어디서 유래하여 배출되는지를 정리하여라.
4. 다양한 자료를 찾아서 대한한국에 내리는 비의 산성도를 시기와 지역에 따라 구분하고, 시기와 지역에 따른 차이의 원인을 생각해 보자.
5. 한 대륙에서 3개 이상의 국가를 골라 각국의 지하수 오염 문제에 대해 조사하고, 국가별로 어떻게 다른지 비교하고 논의해 보자.

공동 설계 프로젝트

1. 1인당 최소 물 사용량을 보여주고 있는 표 6.2에 근거하여 4인 가족의 일일 최소 물 필요량을 계산해 보고, 실제로 여러 가정에서 사용한 물의 양을 알 수 있는 수도 고지서를 구하여 1일 평균 물 사용량을 알아보자. 가정에서의 물 사용량과 생존을 위한 절대량을 비교하고, 가정에 따라 물 사용량의 차이가 크다면 어떤 부분에서 차이가 생기는지 비교하면서 지역이나 생활환경과 물의 사용량과의 관계를 생각해 보자.
2. 물과 관련된 다음 내용을 읽고 주제를 정하여 토의해 보자.

오염수: 생성과 환경과 건강에 미치는 영향

(wastewater: Generation and impact on environment and human health)

—The United Nations World Water Development Report 2017—

전 세계적으로 앞으로 물 소비량이 늘어날 것으로 예측되며, 산업에 따른 소비량을 보면 물 소비량의 약 70%를 사용하는 농업뿐만이 아니라 다른 산업 분야나 에너지 산업에서도 물 소비량은 늘어날 것으로 예상되고 있다(WWAP, 2015).

유럽에서는 한 사람이 하루에 소비하는 음식을 생산하기 위하여 평균 5 톤의 물을 사용하며(Forster, 2014), 매년 13억 톤의 음식이 버려지고 있고(WWF, 2015), 전 세계적으로는 25 × 10^{10} 톤의 물이 낭비되고 있다(FAO, 2013). 앞으로 육류와 같이 생산하는 데 물을 많이 소비하는 식품(소고기 1 kg을 생산하기 위하여 15,000 ℓ 의 물이 필요)의 소비 형태를 바꾸지 않으면 문제가 매우 심각해질 것이다.

전 세계적으로 약 80%의 오염수가 적절한 방법으로 처리되지 않은 채로 하천이나 바다로 배출되는데(UN-Water 2015), 오염수의 정화는 국민소득에 따라 양상이 다르다. 소득이 높은 나라에서는 배출되는 오염수의 약 70%가 정화되지만 중간 소득인 나라들에서는 오염수의 38%, 저소득 국가에서는 오염수의 약 8%만이 정화되고 있다. 따라서 저소득 국가에서 물 문제는 더욱 더 심각하다.

제7장 정수 및 소독

"We never know the worth of water
till the well is dry."

- Thomas Fuller -

"우리는 우물이 마르기 전에는 물의 가치를
절대로 알지 못한다."

- 토마스 풀러 -

생각해 봅시다

❶ 마실 수 있는 물이란 어떤 물을 말하는지 생각해 보자.

❷ 사람들이 모여 살기 위해서는 먹는 물이 필요하다. 주변에 있는 사용 가능한 수원을 살펴보고 어떤 특징이 있는지 생각해 보자.

❸ 일상생활에는 먹는 물 외에도 다양한 용도의 생활용수가 필요하다. 용도에 따른 생활용수의 특성과 필요량에 대해 생각해 보고 이를 확보하기 위한 적절한 처리 기술을 생각해 보자.

❹ 한국인의 하루 평균 물 사용량은 약 280 ℓ이고, 미국인은 이보다 더 많은 양의 물을 사용한다. 반면 개발도상국의 경우 하루 평균 물 사용량은 50 ℓ가 안 된다. 그렇다면 인간다운 생활을 위해 필요한 물 사용량은 어느 정도인가? 물 사용량을 결정하는 요인이 무엇인지 생각해 보자.

소금 호수 우르미아 호의 재앙

세계에서 두 번째로 큰 소금 호수인 이란의 우르미아 호(Lake Urmia)가 인간의 잘못된 물 사용과 기후변화로 인해 급격하게 사라지고 있다. 우르미아 호의 면적은 1990년대 룩셈부르크 면적의 두 배에 이르렀으나 2008년 반으로 줄어들었고, 지금은 사라질 위기에 처해 있다. 우르미아 호는 홍학, 펠리컨, 백로, 오리, 철새를 비롯해 많은 종의 생물이 적절한 염도의 물에서 자연 서식하는 생태계였으나, 염도가 바닷물보다 훨씬 높아지면서 많은 종이 사라지고 있다. 호수를 방문하던 수많은 관광객은 사라졌고 호수는 흰색의 광대한 불모지로 변했다. 호수 위로 소금 폭풍이 불고, 공기와 수질이 변하면서 호흡기 질환과 안구 질환이 생겼고, 주변 농경지는 더 이상 경작할 수 없게 되어 사람들이 떠나고 있다.

이란 스스로 이 문제를 해결할 수 없게 되자, 미국, 캐나다 그리고 영국의 연구자들이 원인을 찾기 위해 인공위성을 이용한 관측과 함께 연구를 수행하였다. 2016년 Journal of Great Lakes Research는 기후변화와 지역의 물 관리 정책의 영향으로 우르미아 호가 사라지고 있다고 보고하였다. 2014년 호수 면적은 1970년대 면적의 12%에 불과한데 이는 단지 가뭄 때문이 아니고, 기후변화와 후진적인 농업용수 관리로 인한 영향이 매우 크다는 점을 지적하고 있다. 연간 우르미아 호로 유입되는 물의 양은 48%가 감소했는데, 이중 약 60%는 기후변화로 인한 강수량 감소가 원인이나, 나머지 40%는 수자원의 무분별한 개발과 관개수로 등의 잘못된 설계가 원인이라는 것을 확인했다.

이전에는 호수 표면적의 변화로부터 물 사용의 용도만을 고민했으나, 최근 연구는 기후변화에 의한 호수의 건조 현상과 함께, 국가 정책 결정 시 수자원 관리도 함께 고려해야 한다고 설명한다. 비효율적인 농업 방식과 도시 지역의 수요에 의한 무분별한 물의 이동이 수자원의 소멸을 가져온 것이다. 우르미아 호의 소멸 현상을 단일 지역의 재해가 아닌 범국가적인 재앙으로 인식하고, UNESCO, UNDP, 지구환경기금, 세계은행, 세계기후연구프로그램, 세계보건기구 등이 모두 동참을 호소하고 있다. 잘못된 물 관리와 물 수요의 균형을 바로잡고, 댐 건설의 중지, 저수지 관리 및 농지 사용 규제 등을 요구하며, 호수로 유입되는 물의 양을 증가시키고, 추가적인 지표수와 지하수 배출을 제한하는 과감한 정책의 필요성을 주장한다.

(출처: http://www.iiasa.ac.at/web/home/about/news/161110-Urmia2.html)

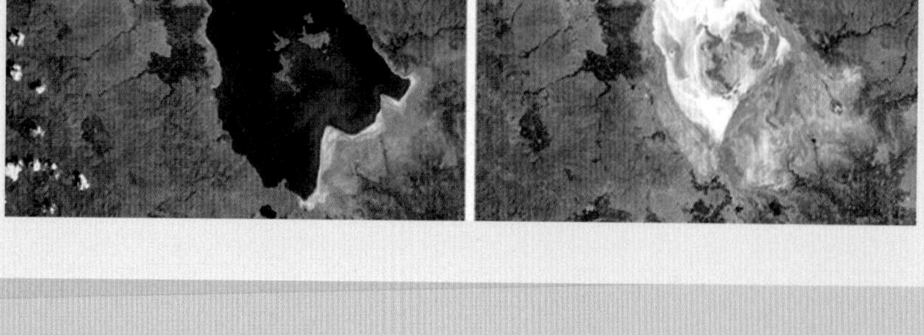

그림 7.1 점점 메말라가는 우르미아 호

물은 생명 유지의 기본 요소로 물이 없는 생활은 상상하기 어렵다. 인체의 70% 이상이 물로 이루어져 있고 인간은 일상생활에서 다양한 종류의 물과 접하며 살아가고 있다. 아침에 일어나 수돗물로 세수나 샤워를 하고, 식사할 때는 냉장고에서 물을 꺼내 마신다. 출근길에 흘러가는 한강을 보기도 하고 귀갓길에 봄비를 맞기도 한다. 여름철 계곡에서는 물놀이를, 바다에서는 해수욕을 즐긴다. 이렇게 다양한 물 가운데 마실 수 있는 물이란 어떤 것일까? 정수장에서 생산된 수돗물도 있고, 편의점에서 산 생수도 있으며 우물물과 같이 깊은 땅속에서 자연적으로 깨끗하게 정화된 물도 있을 것이다. 먹는 물로 사용되는 경우 마셔도 탈이 없는 안전성이 보장되어야 한다.

우리나라는 먹는 물을 공급받지 못하는 경우가 거의 없지만 전 세계적으로 보면 그렇지 않다. 아직도 세계 인구 72억 명 중 10억 명은 안전한 먹는 물을 공급받지 못하며 25억 명은 하수 처리 등이 잘 되지 않는 비위생적인 환경에서 살고 있다. 물이 오염되는 원인으로는 다음과 같은 것을 꼽을 수 있다. 지형적 특성으로 인해 함유된 비소, 불소 등과 같은 중금속이나 과량의 이온성 물질, 도시나 산업 시설 등에서 적절하게 처리되지 않고 방출되는 하수나 산업 폐수 등에 포함된 미생물과 유기물, 유해화학 물질 등이다.

많은 개발도상국에서는 하수나 폐수의 90%가 정화되지 않은 채로 강이나 하천으로 방류되므로 먹는 물 수원으로 사용되는 강, 하천, 지하수 등의 오염이 심각하다. 그림 7.2는 오염된 물에 의해 유발되는 설사와 같은 수인성 질병으로 인한 유아 사망률(1~59개월)을 국가별로 나타낸 것이다. 그림 7.2에서 알 수 있듯이 유아 사망률은 국내총생산(Gross Domestic Product, GDP)이 낮은 나라,

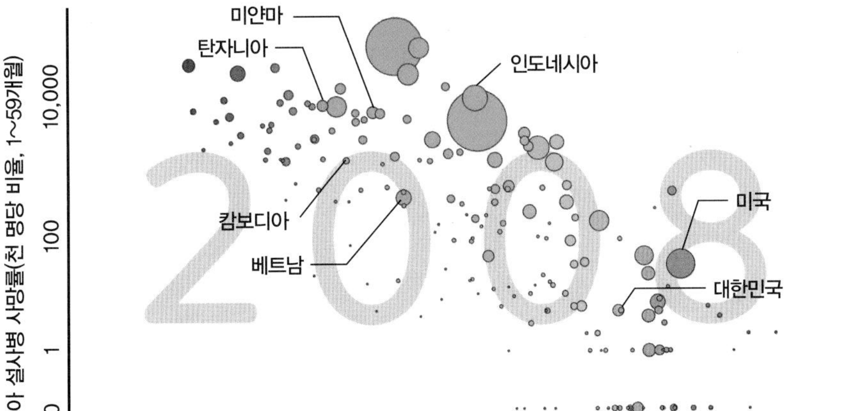

그림 7.2 1인당 국내총생산에 따른 유아 설사병 사망률(1~59개월) (출처: www.gapminder.org)

즉 가난한 나라에서 더 높게 나타난다. 개발도상국에서 안전한 먹는 물이란 생명과도 직결되는 문제라고 할 수 있다. 특히 수인성 질병을 유발하는 미생물을 제어하는 것은 **정수** 과정에서 중요한 과제 중 하나이다.

> **정수**
> 물을 깨끗하게 하는 과정이나 깨끗하게 한 물을 말한다. 많은 개발도상국의 경우 깨끗한 물을 구하기가 어려워 주변의 물을 깨끗하게 처리하여 마실 수 있는 물로 바꾸어야 하는데, 이 과정을 정수 처리 공정이라고 말한다.

주변에 존재하는 물이 먹는 물로 적합하지 않다면 어떤 방법을 사용하여 안전한 먹는 물로 바꿀 수 있을까? 선진국에서 사용하는 고급 정수 기술은 개발도상국에서 사용하기에 적합한가? 그리고 물속에 있는 성분 중 먹는 물과 관계되는 것은 어느 것이며, 기준치는 어떻게 되는가? 본 장에서는 이러한 궁금증에 대한 해결책으로 먹는 물의 조건, 일반적 정수 공정, 수인성 미생물을 제어하는 소독제나 자외선(Ultraviolet, UV)과 같은 대표적인 소독법을 설명하고자 한다. 그리고 이러한 기술이 개발도상국에서 적정기술로 어떻게 적용될 수 있는지 알아보고자 한다.

7.1 먹는 물의 기준

먹는 물이란 장기적으로 음용하여도 생물학적, 의학적으로 문제가 없는 물을 의미한다. 대표적인 수질 기준 항목은 미생물, 유해영향 무기물질, 유해영향 유기물질, 소독부산물, 심미적 영향물질 등으로, 인체에 유해한 정도에 따라 농도 기준이 있고, 국가별 지역별로 수질 기준이 다르다. 국내의 먹는 물 수질 기준은 60개 항목으로 정해져 있다.

수인성 질병에 바로 영향을 줄 수 있는 미생물 기준 항목은 모든 병원성 미생물을 대상으로 분석, 규제하기에는 현실적으로 어려움이 있어 대장균군과 같이 지표가 될 수 있는 미생물을 기준으로 한다. 유해영향 물질은 사람의 건강에 직접 영향을 미칠 수 있기 때문에 엄격하게 지켜져야 할 중요한 항목이다. 소독제 및 소독부산물은 정수 과정 중 투여된 화학적 소독제의 잔존농도와 반응부산물에 대한 항목으로 수돗물에만 해당되고, 심미적 영향물질은 음용 시의 냄새나 색깔과 같은 정도를 반영된 것으로 이 기준을 초과한다고 건강에 바로 영향을 미치지는 않는다.

표 7.1은 한국에서 적용되는 수돗물 수질 기준으로, 개발도상국 국가들에서 중요한 식수원 중 하나로 사용되는 지하수에 적용할 수 있는 먹는 물 수질 기준 항목이다. 하지만 국가별로 먹는 물 수질 기준이 다를 수 있고, 수돗물의 수질 기준과 시판되는 식수의 수질 기준도 다를 수 있다.

예를 들어 유해 무기물질인 비소의 경우 한국의 기준치는 0.01 mg/L이나, 캄보디아는 0.05 mg/L로 한국보다 기준치가 느슨하다. WHO에서는 0.01 mg/L 이상의 비소를 장기 복용하면 낮은 확률이나 질병 발병의 가능성이 있다고 보고하

표 7.1 국내의 먹는 물 수질 기준 먹는 물 수돗물에 대해 60개 항목의 기준이 정해져 있다(출처: 환경백서).

항목	기준 (mg/L)	항목	기준 (mg/L)
미생물			
총대장균군	불검출/100mL	분원성대장균군	불검출/100mL
대장균	불검출/100mL	일반세균	100 CFU/mL 이하
유해영향 무기물질			
암모니아성 질소	0.5	불소	1.5
비소	0.01	수은	0.001
보론	1.0	납	0.01
카드뮴	0.005	세레늄	0.01
크롬	0.05(total)	질산성질소	10
시안	0.01	브롬산염	1.0
유해영향 유기물질			
벤젠	0.01	디클로로메탄	0.02
사염화탄소	0.002	1,1,1-트리클로로에탄	0.1
1,1-디클로로에틸렌	0.03	트리클로로에틸렌	0.03
1,4-다이옥산	0.05	테트라클로로에틸렌	0.01
에틸벤젠	0.3	톨루엔	0.7
페놀	0.005	크실렌	0.5
카바릴	0.07	페니트로티온	0.04
1,2-디브로모-3-클로로프로판	0.003	파라티온	0.06
다이아지논	0.02		
소독부산물			
브로모디클로로메탄	0.03	트리클로로아세토니트릴	0.004
클로랄 하이드레이트	0.03	디브로모아세토니트릴	0.1
잔류염소	4.0	디브로모클로로메탄	0.1
클로로포름	0.08	할로아세틱에시드	0.1
디클로로아세토니트릴	0.09	총트리할로메탄	0.1
포름알데히드	0.5		
심미적 영향물질			
알루미늄	0.2	pH	5.8~8.5
클로라이드(염소 이온)	250	과망간산칼륨 소비량	10
색도	5도	증발잔류물	500
구리(동)	1	황산 이온	200
철	0.3	총경도	300
냄새	없음	탁도	0.5 NTU
맛	없음	음이온계면활성제	0.5
망간	0.05	아연	3

출처: 환경백서, 2018 (한국), National Drinking water quality standards and directives, 2005 (네팔), Ministry of industry mines and energy, 2004 (캄보디아), The environment Management Act, 2007 (탄자니아), National Technical regulation on drinking water quality, 2009 (베트남)

표 7.2 여러 국가들의 먹는 물 수질 기준 비교

	한국	네팔	캄보디아	탄자니아	베트남
탁도 (NTU)	0.5	5	5	5~25[a)]	5(10)[b)]
비소 (mg/L)	0.01	0.05	0.05	0.05	0.05
불소 (mg/L)	1.5	0.5~1.5[a)]	1.5	1.5~4.0[a)]	0.5~1.5[a)]
THMs (μg/L)	100	–[c)]	250	500	–

a) 최대–최소값을 의미 b) 괄호 안의 값은 다른 대안이 없는 경우에 허용하는 기준치 c) 네팔과 캄보디아는 THM에 대한 규제가 따로 없음.

고 있으나, 캄보디아와 같이 국토 상당 부분에서 비소가 검출되는 국가에서 일반적인 기준치를 적용하면 식수원 확보가 불가능한 상황이므로, 이런 항목에 대해 기준치가 낮을 수밖에 없다.

심미적 영향물질 항목에서는 이러한 경향이 더 뚜렷하게 나타난다. 예를 들어 증발잔류물은 물속에 녹아 있는 여러 이온들의 총합을 나타내는 수치이다. 증발잔류물 중에는 유해한 이온도 있지만 건강에 도움이 되는 미네랄 이온도 있기 때문에 이 역시 기준이 달라질 수 있다. 망간은 국가에 따라 0.05~0.3 mg/L로 기준이 다르고, 칼슘이나 마그네슘 등의 2가 이온에 의해 결정되는 경도 항목은 먹는 샘물의 경우 1,000 mg/L가 기준이므로 개발도상국 대부분에서 문제가 되지 않으나, 수돗물에는 더 높은 기준이 적용되기도 한다. 결론적으로 먹는 물 수질 기준은 지켜야 할 중요한 기준이나 현실적인 상황이 반영되어 있다는 사실을 염두에 두어야 한다.

7.2 일반적인 정수 과정

많은 개발도상국의 경우 수돗물이 공급되지 않은 지역에서 안전하고 깨끗한 먹는 물을 구하기는 쉽지 않다. 이런 경우 주변의 물을 이용하여 깨끗하게 처리하여 마실 수 있는 물로 바꾸어야만 한다. 이러한 과정을 정수 처리 공정이라고 한다.

개발도상국에서 먹는 물 수원으로 사용 가능한 물에는 빗물, 강물, 호소수(늪과 호수의 물) 등과 같은 지표수와 우물 개발을 통해 얻을 수 있는 지하수 등이 있으나, 빗물을 바로 받아 마시는 경우를 제외하고는 대부분 바로 마시기에 적합하지 않다. 특히 생활하수 처리 시설이 없거나 가축 분뇨 등에 의해 지표수가 오염이 된 경우, 적절한 정수 공정을 거치지 않고 지표수를 마시게 되면 심각한 수인성 질병이 유발된다.

상대적으로 오염에서 안전하다고 판단하여 사용하는 지하수의 경우도 토양에

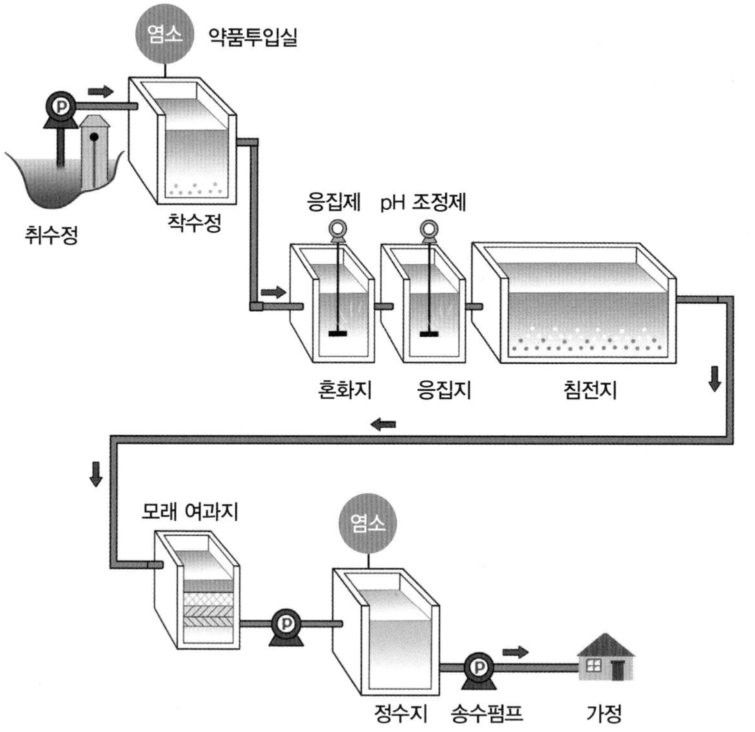

그림 7.3 표준식 정수 처리 공정
전 세계적으로 가장 널리 사용되는 정수 처리 공정은 주로 탁도를 제거하는 공정에 맞춰 있다. 혼화, 응집, 침전, 여과 과정은 주로 탁도 제어를 목적으로 하며, 소독 과정은 미생물 오염 제어를 목적으로 한다. 이와 같은 공정은 매우 경제적일 뿐 아니라 처리 효과도 뛰어나고 안정적이다. 그러나 소규모 시설에 적합하지 않으며 원수의 악화에 따른 조류 제어, 신종 화학물질 처리 등에는 처리 효과가 충분하지 않다. 선진국의 정수시설은 이러한 표준식 정수시설을 근간으로 하여 활성탄 공정이나 오존 공정과 같은 고가의 정수 설비를 추가하여 운영하고 있다.

서 자연적으로 유래한 비소, 철분, 석회 성분, 불소 등이 포함된 경우 장기적으로 마시면 만성 질환에 걸릴 가능성이 높아지며, 하수 등이 유입되어 오염된 지하수를 마시는 경우 역시 수인성 질병이 유발된다.

위와 같이 먹는 물로 적합하지 않은 물을 안전한 식수로 처리하기 위한 기본적인 정수 공정은 그림 7.3과 같이 응집, 침전, 여과, 소독으로 크게 4단계로 구성되며 필요한 경우 흡착과 이온교환 공정이 사용되기도 한다.

응집 과정은 알루미늄 혹은 철 기반의 응집제를 투입하여 물속의 입자들을 더 큰 입자로 응집시키는 것이고, 침전 과정은 응집된 입자들을 가라앉히는 것이다. 여과 과정에서는 일반적으로 모래 여과를 사용하는데 응집과 침전 과정으로 제거하기 어려운, 매우 작거나 가벼운 입자들을 제거한다. 소독은 물속 미생물을 제거하고, 배관을 통해 물이 이동할 때 미생물에 의한 추가 오염을 방지하기 위해 사용된다. 일반적인 소독제로 염소를 투입하며, 소독제가 작용할 수 있도록 충분한 시간 동안 방치해야 한다.

정수 공정 중 응집, 침전, 여과 과정은 주로 탁도 제어를 목적으로 하며, 소독 과정은 미생물 오염 제어를 목적으로 한다. 정수 처리가 없는 지역에서 중금속이나 유기물에 노출되면 대부분 장기간에 걸쳐 질병이 나타나지만, 병원성 미생물에 노출되면 마시는 즉시 바로 질병이 발생하며 배설물 등으로 인해 집단 발병의 위험에 쉽게 노출되게 된다. 물속에 들어 있는 입자성 물질은 응집, 침전, 여과 등의 여러 단계를 거쳐야 제거되나, 미생물은 소독제와 자외선 처리 등의 단일 과정을 통해 제거가 가능하다는 특징이 있다.

현지 적합형 화장실 폐수 처리 기술

빌 게이츠 재단(Bill & Melinda Gates Foundation)은 지구촌 사람들의 보건 및 위생 상태를 크게 향상시키기 위해서는 화장실이 없는 지역에 화장실을 공급하는 것이 급선무라고 생각하였다. 하지만 선진국에서 널리 사용되는 기존의 도시 지역 화장실 기술, 즉 수세식 화장실 기술은 하수관망과 하수 처리 시설 등 많은 재원 투자가 필수적이기 때문에 개발도상국 지역에 적합하지 않다. 이에 빌 게이츠 재단은 개발도상국에 적합한 화장실 기술을 개발하고자 하는 연구자를 공모하였고 2016년 미국의 칼텍대학교(California Institute of Technology)의 호프만(Hoffmann) 교수 연구진이 화장실 폐수를 처리하는 기술 개발에 성공하였다. 이 기술은 화장실 용변 폐수를 전기화학적으로 분해하여 다시 용수로 사용하는 기술이다. 이에 필요한 전기에너지는 태양에너지를 이용하여 얻는 시스템을 구축하고, 이를 컨테이너에 장착하여 보급하고자 하였다(그림 7.4 참조).

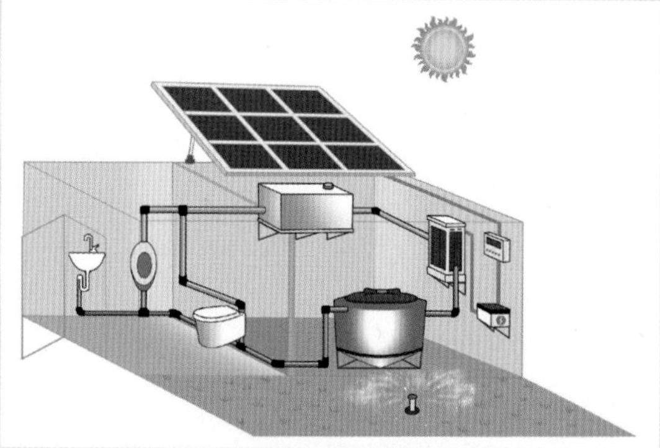

그림 7.4 화장실 폐수의 전기화학적 소독 공정(좌)(출처: Huang *et al* (2016) Water Research, 92, 164–172)과 칼텍대학교에서 개발한 'Caltech toilet' 내부 모습(우)

7.3 정수 처리 공정의 원리

1. 응집 · 침전 과정

강물이나 하천수를 보면 수돗물처럼 맑지 않고 비가 오면 더욱 탁해지는데 이는 작은 입자의 부유 물질 때문이다. 부유 물질로는 모래처럼 쉽게 가라앉는 물질도 있지만 미세한 진흙과 같이 잘 가라앉지 않고 계속 물속에 떠 있는 성질을 가진 콜로이드 물질들도 있다.

이러한 부유 물질은 육안으로 관찰이 가능하다. 심리적으로 탁한 물을 마시는 것은 마음이 편하지 않고 부유 물질에는 다양한 미생물 또는 유해 물질이 부착될 수 있기 때문에 이를 제거해야 한다. 부유 물질을 제거하는 가장 손쉬운 방법은 **침전법**으로, 탁한 물을 2~3시간 정도 가만히 두면 비중이 큰 모래와 같은 물질이 가라앉는 원리를 이용한다. 그러나 콜로이드 물질은 오랜 시간이 지나도 가

침전법

물을 가만히 두면, 비중이 큰 물질이 가라앉게 되는 원리를 활용하여 불순물을 제거하는 방법이다.

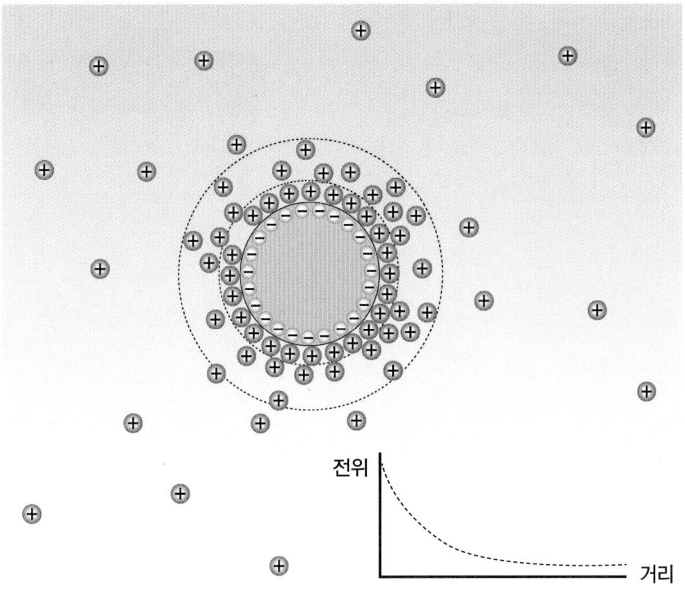

그림 7.5 **입자의 전기이중층 개괄도** 물속의 작은 입자는 전기적으로 음전하를 띠기 때문에 안정화하여 가라앉지 않고 떠 있다. 이러한 물을 우리는 탁도가 높다 또는 물이 뿌옇다고 말한다. 입자의 음전하층과 그 주변을 둘러 싸고 있는 양전하 이온층을 전기이중층이라고 부른다. 음전하를 둘러싸고 있는 양전하의 분포는 입자에서 멀어질수록 지수함수적으로 감소하는 경향을 나타낸다. 안정된 입자를 양전하 등의 응집제를 넣어 불안정화하는 과정을 응집(coagulation)이라 한다.

라앉지 않기 때문에 응집과 같은 추가적인 방법이 필요하다.

응집이란 물속의 유기물, 조류, 미세입자 등 콜로이드 상태의 불순물을 플럭(Floc) 상태로 만들어 제거하는 수처리 기술이다. 응집 원리는 주로 음이온 형태인 콜로이드 입자들과 2가나 3가의 양이온이 충돌하여 전기적 성질이 중화되고 불안정화 되는 원리를 이용한 것으로, 응집제로는 알루미늄, 철, 칼슘과 같은 양이온이 주성분인 황산알루미늄, 황화철, 염화철, 수산화칼슘 등을 사용한다.

응집

물속의 유기물, 조류, 미세입자 등 콜로이드 상태의 불순물을 플럭(Floc) 상태로 만들어 제거하는 수처리 기술이다.

부유 물질이 포함된 원수에 양이온이 주성분인 응집제를 투입하고 휘저어 섞으면 금속 이온을 중심으로 이온 성분들이 층을 이루면서 계속 성장하여 육안으로 보일 정도의 플럭(Floc)을 형성하게 된다. 이 과정을 통해 가라앉지 않던 콜로이드 성분들이 침전됨으로써 단순한 침전보다는 훨씬 효율적으로 부유 물질의 제거가 가능하다. 그림 7.5는 응집제에 의한 플럭 형성의 과정을 나타낸 모식도이다.

2. 여과, 흡착 및 이온교환 과정

물속에 포함된 부유 물질이나 미생물을 제거하는 또 다른 방법은 바로 **여과** 과정이다. 여과란 일정한 범위의 작은 공극(구멍, 틈)을 가진 여과재를 이용하여 부유 물질이나 미생물을 제거하는 과정이다. 여과재에는 모래와 같은 일정한 직경을 가진 형태도 있고 부직포와 같이 재료 특성상 자연적으로 공극이 있는 형태도 있다. 또한 캄보디아에서 사용된 세라믹 필터와 같이 진흙을 구워 도자기를 만드는 과정에서 공극이 만들어진 여과재도 있다. 또한 최근에는 물의 여과를 목적으로 다양한 멤브레인이 만들어져 다양한 여과 과정에 사용되고 있다.

여과

일정한 범위의 작은 공극을 가진 여과재를 이용하여 부유 물질이나 미생물을 제거하는 과정이다.

모래 여과는 완속여과 방식과 급속여과 방식으로 나눌 수 있고, 완속여과 방식

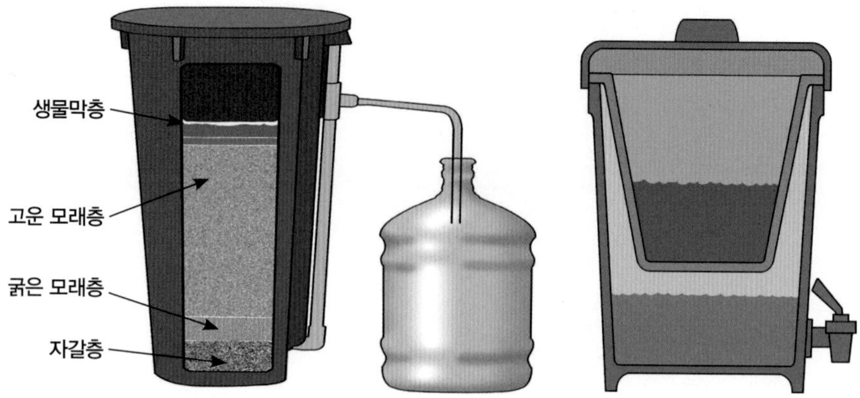

그림 7.6 완속여과 방식의 모래 여과기(좌)와 세라믹 필터(우)의 구조

은 표면에 생물막층을 형성하여 미생물을 제거하기 때문에 '바이오샌드필터'라는 명칭으로 불리기도 한다. 완속여과 방식은 0.45~0.7 mm 직경의 가는 모래를 사용하며 별도의 동력을 사용하지 않고 중력에 의해서 시간당 1~2 m의 속도로 천천히 여과를 진행하면서 7일 정도 지나면 모래 여과기의 표면에서 생물막층이 형성된다. 상부의 생물막층에서 미생물 대부분이 여과되므로 약 99%의 미생물 제거율이 나타난다(그림 7.6 참조).

급속여과 방식은 상대적으로 굵은 0.7~1.2 mm 직경의 모래를 주로 사용하며 필요에 따라 펌프로 압력을 가하면서 시간당 10~15 m의 여과 속도로 부유 물질을 제거한다. 급속여과 방식은 완속여과 방식에 비해 동일 면적에서 많은 양의 물을 여과하는 장점이 있는 반면, 미생물 제거 효율은 낮기 때문에 이후에 막 분리 과정과 같은 추가 과정이 필요하다.

카트리지 필터와 같이 실을 감거나 부직포를 여러 겹 겹친 형태도 정수의 여과 공정에 많이 사용되는 여과재 중 하나이다. 실을 감는 형태의 경우 실 굵기와 감는 횟수 등에 따라 1~50 μm의 범위에서 공극 크기를 조절할 수 있으며, 부직포를 여러 번 겹친 형태도 역시 제조 방식의 조절을 통해서 동일한 범위로 공극을 조절할 수 있다. 카트리지 필터는 구조적인 특성상 일정한 형태의 외장 구조물과 물을 연결할 수 있는 배관 구성 그리고 일정한 물의 압력이 필요하다. 미생물을 여과하는 데는 한계가 있으나 부유 물질을 제거하는 데는 효과적이며 가격이 저렴하기 때문에 다양한 용도로 사용된다.

마지막으로 멤브레인 필터는 일반적으로 기능에 따라 4가지로 나눈다. 박테리아나 콜로이드 형태의 입자를 제거하는 마이크로 여과막(Micro Filtration, MF), 일정 크기 이상의 분자를 제거할 수 있는 한외 여과막(Ultra Filtration, UF), 2~3가 이온을 제거할 수 있는 나노 여과막(Nano Filtration, NF), 1가 이온까지 제거할 수 있는 역삼투막(Reverse Osmosis, RO)으로 구분된다. 또한 재질에 따라서는 PE (Polyethylene) 멤브레인, PVDF (Polyvinylidene fluoride) 멤브레인 등으로 분류하고, 형태에 따라서는 중공사막과 평막으로, 설치 형태에 따

캄보디아 깜퐁포 마을에 설치된 급속 모래 여과 설비

캄보디아의 프놈펜 남동쪽에 위치한 깜퐁포 마을에는 마을 주민들이 돈을 모아 대지를 구매하고, 한국에서 후원하여 건물을 지은 유치원이 있다. 유치원 바로 옆에는 작은 하천이 흐르는데 동네 주민들은 이곳의 물을 생활용수와 먹는 물로 사용하고, 아이들은 물놀이를 하기도 한다.

그런데 하천수의 특성상 비가 오기 시작하는 우기 초반에는 하천의 탁도가 매우 높고, 건기가 끝나갈 무렵의 갈수기에는 하천 바닥에 있는 침전물이 유입되어 하천이 진한 색도와 높은 유기물 농도를 나타내므로, 이를 처리할 수 있는 전처리 공정이 반드시 필요한 상황이었다.

이에 따라 전처리 공정으로 급속 모래 여과 공정을 설치했다. 여과 장치는 여과된 물이 빠져나가는 스트레이너, 하부의 굵은 모래(직경 2~3 mm), 상부의 고운 모래(0.7~1.2 mm)로 구성되어 있다. 전처리 과정을 거친 물은 다시 카트리지 필터, 활성탄 필터, UF 필터를 거쳐 먹는 물로 공급되고 있으며, 유치원뿐만 아니라 인근 주민들도 사용하는 시설로 현재까지 활용되고 있다.

그림 7.7 캄보디아 프놈펜 남동쪽 깜퐁포 마을 유치원에 설치된 급속 모래 여과 장치로, 내부 구조(좌)와 모래 충진 후 모습(우)이다.

캄보디아에 보급된 세라믹 도자기 필터

공공수도가 들어가는 대도시를 제외한 대부분의 개발도상국 가정에서는 빗물이나 호소수를 물 항아리 등에 담은 뒤 간단히 침전하여 먹는 물로 사용한다. 저장된 물로 인해 수인성 질병에 감염되는 경우가 많이 있기 때문에 가정에서 쉽게 먹는 물을 생산할 수 있는 가정용 정수 기술이 절실한 상황이었다. 이를 해결하기 위한 그 대표적인 제품이 바로 세라믹 도자기 필터이다.

이 제품은 미국에서 시작된 비정부기구(NGO)인 Resource Development International - Cambodia (RDIC)와 Engineers Without Borders Australia (EWB Australia)의 합작 개발품이다. 세라믹 도자기 필터는 왕겨를 섞은 도자기 반죽을 초벌구이(800℃ 이상)하여 왕겨를 탄화시키면 도자기에 기공이 생기면서 도자기 필터가 된다. 그림 7.8은 세라믹 도자기 필터로, 빗물이나 깨끗한 호소수 등을 원수로 사용하여 미생물을 99% 이상 제거할 수 있으며 시간당 약 2 L의 먹는 물 생산이 가능하다. 이 단체는 2007년부터 캄보디아 가정집에 세라믹 도자기 필터를 약 10~20달러(USD) 가격에 보급하고 있으며 현재는 먹는 물 수질 분석, 빗물 수집 설비, 화장실 개선 등 다양한 활동을 하고 있다.

그림 7.8 캄보디아 지역에서 광범위하게 사용되는 가정용 세라믹 도자기 필터이다. 지역에서 쉽게 구할 수 있는 흙과 왕겨를 반죽하여 굽는 과정을 통해 탄화된 왕겨 층이 필터가 되어 물을 정수한다.

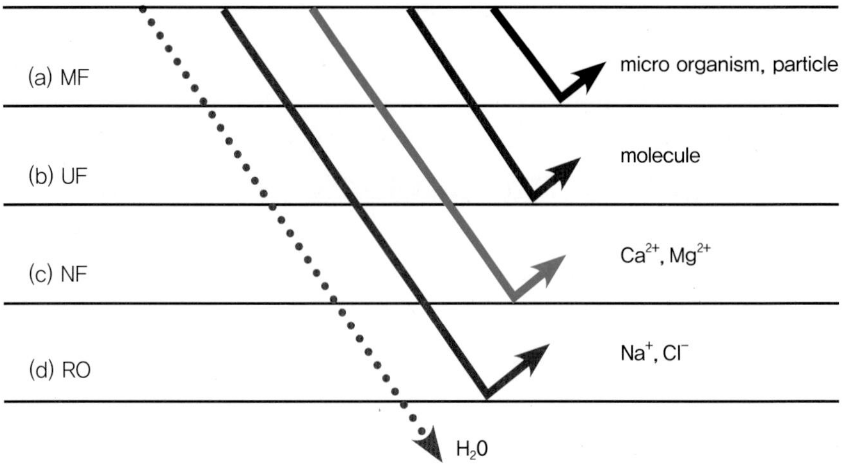

그림 7.9 입자 크기에 따라 적용할 수 있는 분리막 종류와 특성
(a) 마이크로 여과막(Micro Filtration)
- 입자를 분리한다.
(b) 한외 여과막(Ultra Filtration)
- 분자량이 큰 용존 물질을 분리한다.
(c) 나노여과막(Nano Filtration)
- 2가 이온 등을 분리한다.
(d) 역삼투막(Reverse Osmosis)
- 물만 통과할 수 있고, 국내 정수기에 널리 사용된다.

라서는 가압식과 침지식으로 분류되기도 한다. 그림 7.9는 각 멤브레인의 기능을 시각적으로 나타낸 것이다. 일반적으로 개발도상국에서는 MF와 UF 형태의 멤브레인이 주로 사용되고, NF나 RO의 경우는 고압펌프를 필수로 사용하므로 전력 소모량이 많고 물 생산량이 적어서 고농도의 염분 제거와 같이 특별한 경우에 사용된다.

흡착 공정은 기공이 무수히 발달한 다공성 매체인 제올라이트나 활성탄 입자의 표면에 유기물이나 특정 물질들이 흡착하는 성질을 이용한 정수 과정이다. 활

흡착

주로 고체의 표면에 물질 농도가 주위보다 증가하는 현상을 말한다. 즉 유기물이나 특정 물질이 고체 표면에 붙어서 물속에 분포하는 오염물을 제거할 수 있는 방법이다. 표면적이 넓을수록 흡착이 효과적으로 일어나기 때문에 기공이 무수히 발달한 다공성 매체인 제올라이트나 활성탄 입자 등을 활용한다.

Solved problem 7-1

캄보디아의 우기는 5~10월로, 이 때는 강물의 유기물 농도가 상승하므로 정수 과정에서 유기물을 흡착하는 추가 공정이 필요하다. 활성탄 흡착법을 이용하여 캄보디아의 강물을 정수하고자 할 때, 지하수 유기물 농도를 24 mg/ℓ 에서 1 mg/ℓ 로 낮추려면 물 1ℓ 당 필요한 활성탄량은 얼마인가? (단 프로인틀리히 흡착 등온식 적용, K = 0.5, n = 1)

▶ 풀이 및 답

$$\frac{C_1 - C_2}{M} = K \cdot C_2^{\frac{1}{n}}$$

위 프로인틀리히 흡착 등온식에 적용하여 24 mg/ℓ을 1 mg/ℓ의 농도로 낮추고자 할 때 활성탄량 M을 구하면

$$\frac{24 - 1}{M} = 0.5 \cdot 1^{\frac{1}{1}}$$

$M \approx 46$ mg/ℓ

지하수 내 유기물 흡착을 위해 물 1 ℓ 당 약 46 mg의 활성탄이 필요함을 알 수 있다.

성탄의 경우 산소와 차단된 상태에서 목재 등에 열을 가하여 탄화시키면 휘발성 물질들이 가스 형태로 빠져 나간 뒤 만들어지는 크고 작은 배출구가 물질을 흡착하는 기능을 한다. 특히 활성탄은 탄화수소 형태의 재질이기 때문에 유기성 분자를 효과적으로 제거할 수 있다. 이와 같은 기능을 이용하며 냄새, 맛 등을 유발하는 물질이나 농약 성분 등의 유해 유기물질들도 제거할 수 있다(그림 7.10 참조).

무기성 물질을 흡착하기 위해서는 제거하고자 하는 대상에 따라 다양한 흡착제가 활용된다. 불소 흡착에는 알루미나 계열의 흡착제 및 본차(Bone char) 등이 활용된다. 특히 본차는 동물 뼈를 태워서 얻을 수 있으며, 탄자니아와 케냐를 비롯한 일부 아프리카 지역에서 사용되고 있다. 한편 비소 성분을 흡착하는 데는 산화체 계열의 흡착제를 주로 사용한다. 철이나 망간을 제거하는 데에는 망간을 모래 표면에 코팅한 망간사(Manganese sand)를 사용한다. 망간사는 철이나 망간을 계속 산화시키고 다시 환원시키는 반응을 반복하기 때문에 촉매 역할도 동시에 수행하는 특성이 있다.

흡착 과정을 설명하는 이론에는 여러 가지가 있으나 이 중 가장 많이 사용되는 것은 프로인틀리히의 흡착 등온식(Freundlich adsorption isotherm)이며 그 수식은 다음과 같다.

$$\frac{X}{m} = K_f \cdot C_e^{\frac{1}{n}}$$

x/m: 단위 흡착제당 흡착된 용질의 양, K_f: 프로인틀리히 흡착상수
C_e: 용액 중의 용질의 농도, n: 실험상수 (n〉1)

위 수식은 단위 질량의 흡착제가 흡착할 수 있는 물질의 양은 해당 물질의 수중 농도에 비례하고 그 값은 물질마다 달라질 수 있다는 것을 의미한다.

(a)

(b)
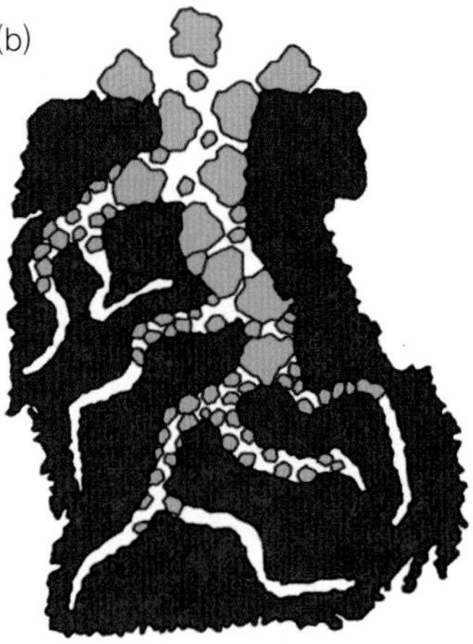

그림 7.10 활성탄 입자 분말의 모습(a)과 활성탄 입자의 구조(b) 활성탄 입자는 광범위하게 기공이 발달되어 단위 부피당 표면적이 매우 넓다. 따라서 활성탄 입자는 흡착능력이 매우 뛰어나다.

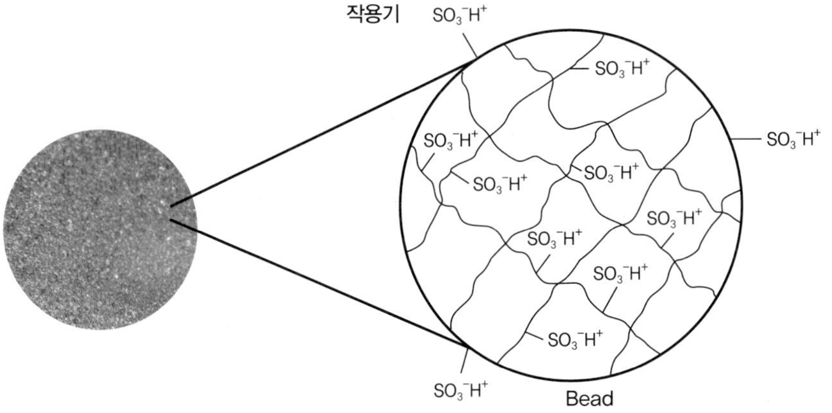

그림 7.11 양이온 교환수지의 구조 양이온 교환수지는 물 속의 경도(Ca^{2+}, Mg^{2+})를 제어하는 데 널리 사용된다. 입자 형태를 띠고 가정용 정수기에 널리 사용되는데 칼럼에 채워 사용한다. 이온교환 성능이 소진되면 재생하거나 교체해야 한다.

이온교환

이온교환수지를 활용해 물속의 이온성 물질을 제거하는 방법으로, 물속의 이온이 이온교환수지에 붙고, 이온교환수지에 분포하는 이온이 물속으로 방출되면서, 물속의 이온을 제거하는 방법이다.

이온교환 공정은 물속에 있는 이온을 제거할 수 있는 과정으로, 질산성 질소나 불소와 같이 기준을 초과하였을 때 질병을 유발할 수 있는 이온이나 칼슘 이온과 같이 심미적으로 마실 때 문제가 되는 이온을 제거할 때 사용한다. 그림 7.11은 이온교환수지의 외형과 구조를 나타낸 것이다. 이온교환수지는 지지체 역할을 하는 Bead와 실제 이온교환 반응을 일으키는 작용기로 구성되는 데 작용기는 대부분 이온교환수지 표면에 위치한다.

그림 7.11은 H^+ 이온이 결합한 형태의 양이온 교환수지의 구조를 나타낸다. 이 이온교환수지는 Na^+이나 Ca^{2+} 과 같이 물에 있는 양이온과 H^+ 이온이 서로 치환되는 원리를 통해 물에 있는 양이온을 제거한다. 그런데 물속에 H^+ 이온이 증가하면 물이 산성을 띠게 되므로 마시는 물에는 적합하지 않아 정수 공정에 사용하는 대부분의 이온교환수지는 먼저 H^+ 이온을 Na^+이온으로 치환한 형태로 공

탄자니아 아루샤주의 수루말라 초등학교에 적용된 불소 흡착 공정

WHO에서 권장하는 먹는 물의 불소 농도 기준은 1.5 mg/L 이하로, 이보다 불소 농도가 높은 물을 먹는 물로 장기간 복용할 경우, 불소침착증(fluorosis)이 발생한다. 경미하게는 이빨이 노랗게 변색될 수 있으며 심하게는 다리뼈가 휘어지는 등의 증상이 나타난다. 탄자니아 아루샤주는 지하수의 불소 농도가 매우 높은 지역 중 하나로 꼽히며, 특정 지역에서는 불소 농도가 50 mg/L에 달하는 지하수가 발견되기도 한다.

탄자니아 아루샤 지역의 수루말라 초등학교에 불소를 제거하기 위한 흡착 공정을 설치하였다. 흡착제로는 탄자니아 지역에서 동물 뼈를 태워서 얻을 수 있는 본차를 활용하였다. 본차에는 뼈 속에 들어 있는 무기질 성분인 수산화인회석(hydroxyapatite, HAP)이 다량 포함되어 있고, HAP가 불소와 반응하여 불소인회석(fluorapatite, FAP)을 형성하기 때문에, 불소를 선택적으로 흡착할 수 있다.

흡착 공정은 본차를 채운 5개의 칼럼을 직렬로 연결하여 지하수 속 불소를 제거하고, 후단에 카트리지 여과 칼럼, carbon 및 2차 UF 칼럼을 설치하여 보다 안전한 식수를 확보하였다. 지하수 우물이 있는 곳으로부터 물을 길어 와 하부 탱크에 채우면 공정이 자동 운전될 수 있도록 설계하고, 펌프 및 칼럼들은 건물 안에 배치해 두어 관리의 편의성을 도모하였다. 주에너지원으로 자동차 배터리를 사용하고 태양광을 보조 에너지로 채택하였다. 수르말라 초등학교에 설치된 불소 제거용 본차 흡착 공정의 도면과 설치 현장 사진은 그림 7.12와 같다.

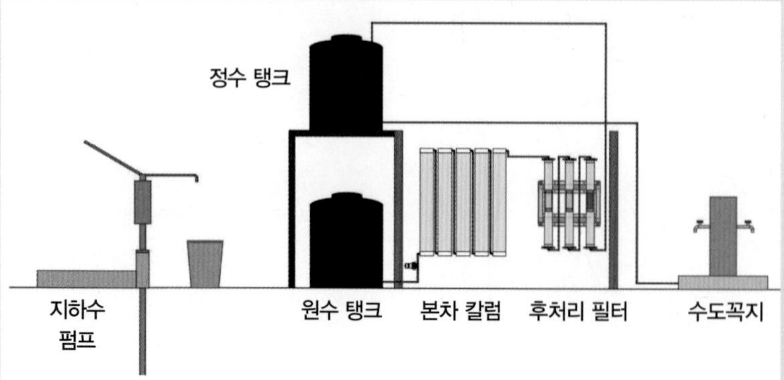

그림 7.12 수루말라 초등학교에 설치된 불소 제거용 본차 흡착 공정의 도면(좌)과 설치 현장 사진(우)

Solved problem 7-2

미얀마 6마일 초등학교 학생들에게 깨끗한 물을 공급하기 위해서 정수 처리 공정을 설계하고자 한다. 초등학교 학생들이 사용하는 지하수를 분석해 본 결과 칼슘 이온이 500 mg/ℓ 포함된 것으로 나타났다. 지하수를 매일 1 m^3씩 30일간 공급하려고 할 때 필요한 이온교환수지의 이론적 부피를 구하라(단, 이온교환수지는 30일마다 재생하며, 이온교환수지의 교환 능력은 300 kg as $CaCO_3/m^3$이다).

▶ 풀이 및 답

물의 밀도는 1 g/cm^3 = 1000 kg/m^3이으로 하루당 1톤의 물을 부피로 환산하면 1000 kg x 1 m^3/1000 kg/day = 1 m^3/day 이다.

칼슘 이온 농도는 500 mg/ℓ 로, 이를 m^3과 kg의 단위로 환산하면 0.5 kg/m^3가 된다. 칼슘 이온의 경우 분자량이 40 g/mol인 2가 이온이므로 40 g당 2 eq를 가지며 $CaCO_3$은 분자량이 100 g/mol으로 100 g당 2 eq를 가진다. 이를 통해 필요한 이온교환수지의 부피를 구하면 다음과 같다.

0.5 kg/m^3 x 2 eq/40 g x 100 g/2 eq x 1 m^3/300 kg as $CaCO_3$ x 30일 x 1 m^3/일 = 0.125 m^3

그러므로 30일 동안 미얀마 6마일 초등학교 학생들에게 깨끗한 먹는 물을 공급하기 위해서는 최소 0.125m^3 이상의 이온교환수지가 필요함을 알 수 있다.

eq (equivalent): 당량

수소원자 1 g, 혹은 수소 이온(H^+) 1 mol, 전자(e^-) 1 mol과 반응하는 양

급된다. Na^+ 형태로 치환된 이온교환수지는 개발도상국의 많은 현장에서 문제가 되는 Ca^{2+}, Mg^{2+}, Fe^{2+} 등의 2가 양이온을 제거하여 경도를 낮출 수 있으므로 마실 때 느끼는 심미적인 문제를 제거할 수 있고, 물을 연수화하여 샤워 등을 할 때 높은 경도에 의한 피부 문제를 줄일 수 있다.

이온교환수지의 경우 보통 기둥 형태의 흡착탑을 제작하여 사용하는데 이온교환수지의 종류나 제조사에 따라 흡착 성능에 차이가 있고 처리 대상이 되는 특정 이온을 제외한 다른 이온들이 방해물질로 작용하므로 성능에 대한 테스트가 필수적이다.

3. 소독 공정

소독 공정은 물속에 있는 미생물을 사멸시키기 위한 방법으로 미생물에 대한 살균 효과가 있는 소독제를 사용하는 방법과 자외선을 사용하는 방법이 있다. 소독제로는 염소, 오존, 이산화염소 등이 있고 이 중 염소를 가장 널리 사용하며, 염소 소독제를 가스로 주입하거나 액체 혹은 고체로 주입할 수 있다. 염소 소독제는 소독력이 강하여 물에 잔류하면서 2차적인 미생물 오염을 방지할 수 있다

소독

물속에 있는 미생물을 사멸시키기 위한 방법으로 미생물에 대한 살균 효과가 있는 소독제를 사용하는 방법과 자외선을 사용하는 방법이 있다.

미얀마 네피도에 적용된 흡착 공정과 여과 공정

미얀마 수도인 네피도 인근 산촌 마을에서는 주로 얕은 우물을 설치하여 얻은 지하수를 상수 수원으로 사용한다. 우기가 시작되는 시기에는 물속 미생물의 증식으로 인해 학생들이 설사나 복통에 시달리는 경우가 많다. 따라서 지하수에 포함된 철 성분과 망간 성분을 제거하기 위하여 산화환원 공정을 통해 철 이온을 제거할 수 있는 망간사와 일반 여과사를 활용한 전처리 공정을 적용하였다. 후단에는 흡착 공정으로서 활성탄 흡착 필터와 여과 공정으로서 카트리지와 UF를 적용하여 먹는 물 수질 기준을 만족하게 하였다. 국경없는 과학기술자회의 적정기술 봉사단이 위 정수 시설과 태양광 발전설비를 설치했고, 공정도와 완공 후 사진은 그림 7.13과 같다.

그림 7.13 미얀마 산촌 마을의 소규모 정수 설비 공정도 (a)와 설치한 모습(b, c)

는 장점이 있는 반면, 염소계 소독부산물이 발생할 수 있다는 단점도 있다. 소독 공정에서 투입할 소독제의 양은 처리하고자 하는 물의 양, 물의 오염 정도, 유기물 포함 정도 등을 고려하여 결정해야 한다.

소독이 된다는 것은 물속에서 미생물과 소독제가 반응하여 미생물의 농도가 감소한다는 것을 의미한다. 이러한 반응 과정은 다른 화학 반응과 마찬가지로 반응식을 세워서 미생물 농도 감소 정도, 반응 시간, 소독제 농도 등을 계산할 수 있다. 미생물에 대한 반응 속도식은 미생물이 소독제와 반응하여 얼마나 빠르게 제거되는지를 말해 준다. 미생물 개체수를 N이라 하고 미생물이 제거되는 속도를 r(N)이라 하면, r(N)은 시간에 따른 미생물의 개체수 변화로 나타낼 수 있으며, r(N)은 미생물의 개체수와 선형적 관계를 가지므로 아래 식과 같이 나타낼 수 있다. 이를 Chick-Watson식이라 한다.

$$\text{소독제 (C)} + \text{미생물 (N)} \rightarrow \text{미생물 비활성화}$$

C는 소독제 농도(mg/L)이며, N은 미생물 개체수를 의미한다. 즉 소독제가 미생물을 비활성화시키는 반응을 뜻한다. 이 경우 반응공학에서 기초반응(elementary reaction) 조건에서 2차 반응속도법칙(2nd order reaction)을 따른다.

$$r(N) = \frac{d(\text{미생물})}{dt} = \frac{dN}{dt} = -k^* = -k \cdot C \cdot N$$

소독제 농도가 유지될 때 kC = k* 로 간략히 나타낼 수 있다. 이 경우에 미생물 제거는 일차 반응을 따른다. 위 식을 적분하면 다음과 같다.

$$\ln\frac{N}{N_0} = -k \cdot C \cdot t$$

$$\log\frac{N}{N_0} = -k' \cdot C \cdot t$$

이 때 미생물 제거 정도는 log 값으로 나타내며 만약 미생물이 초기 농도에 비해 99% 제거된다면 2 log 제거라고 하며, 99.9% 제거된다면 3 log 제거라고 한다. 또한 미생물이 특정 농도만큼 제거되기 위해 필요한 소독제의 농도(C, mg/L)와 접촉 시간(t, min)의 곱을 CT 값(Concentration × Time)이라 한다. CT 값은 소독제의 소독 능력을 평가하기 위해 사용되며, CT 값의 단위는 mg/L · min이다. 예를 들어 대장균(*E.Coli*)을 염소 소독제로 2-log 제거하기 위한 CT 값은 0.03 mg/L · min으로, 이는 0.03 mg/L의 염소로 1분간 접촉 혹은 0.09 mg/L의 염소로 20초간 접촉하는 것에 의해 대장균이 2-log 제거됨을 의미한다. 사용하려는 소독제에 대해 주어진 CT 값으로 주입 농도에 따른 접촉 시간을 결정할 수 있다. CT 값은 온도와 pH에 따라 달라진다.

자외선 소독 역시 널리 사용되는 소독 방법 중 하나이다. 자외선은 40~400 nm의 파장을 가지며 각 파장에 따라 UV-A(315~400 nm), UV-B(280~315 nm), UV-C(200~280 nm), vacuum UV(40~200 nm)로 구분한다. 미생물의 소독에는 200~310 nm의 파장대인 UV-B와 UV-C 영역의 자외선이 효과적이다. 자외선 소독은 물속의 미생물을 효과적으로 제어할 수 있고 유독성 부산물을 생성하지 않는 장점이 있는 반면, 소독 효과가 잔류하지 않으므로 염소와 같은 잔류성 소독제를 주입하여야 한다.

그림 7.14 UV-LED 소독기

소독제 첨가뿐만 아니라 전기화학적으로 전기분해하여 소독제를 생산하는 방법도 존재한다. 전기분해란 전류를 가하여 화학 변화를 일으키는 과정을 말한다. 전기분해 장치는 두 개의 전극과 전해질로 구성되어 있다. 전극에 전류를 가하면 양극에서 산화 반응이 일어나고, 산화 반응으로 생성된 전자가 반대쪽 전극으로 이동하여 음극에서 환원 반응이 발생한다. 수용액 전해질의 경우 기본적으로 물분해 반응이 일어나게 되며, 양극에서 산소, 음극에서 수소가 발생한다.

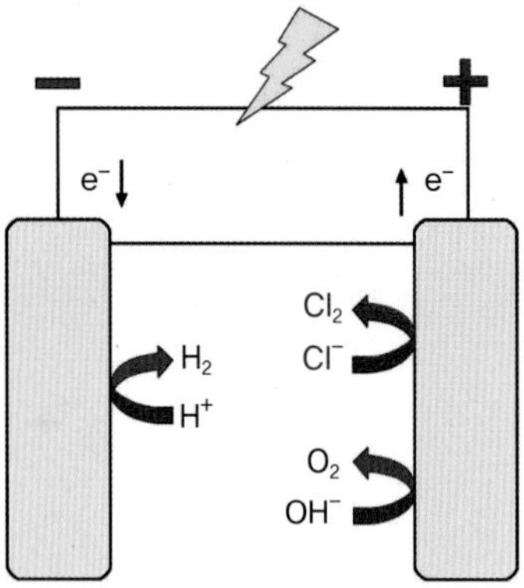

그림 7.15 염소 생산을 위한 소금물 전기분해 모식도

$$\text{양극} : H_2O \rightarrow \frac{1}{2}O_2 + 2H^+ + 2e^- \ (1.23\ V\ vs.\ NHE)$$

$$\text{음극} : 2H^+ + 2e^- \rightarrow H_2 \ (0.0\ V\ vs.\ NHE)$$

일반적인 소독 공정에서 자주 사용되는 Cl_2는 전기화학적으로 생산이 가능하다. 소금물 전기분해를 원리로 하여 염소를 생성하는 소독 공정이 그 예이다. 소금물(NaCl)을 전기분해할 경우, 양극에서 물 분해에 의한 산소 발생과 염소 이온 산화에 의한 염소 발생이 동시에 일어나며 음극에서는 수소 발생 반응이 일어난다.

$$\text{양극}: 2Cl^- \rightarrow Cl_2 + 2e^- + H^+ \ (1.36\ V\ vs.\ NHE)$$

$$Cl_2 + H_2O \rightarrow HOCl + H^+ + Cl^-$$

생성된 염소는 물에 대한 용해도가 높아 발생되는 즉시 물에 용존되며, 용존된 Cl_2는 HOCl의 형태로 전환되어 HOCl에 의해 소독 효과를 나타낸다.

Solved problem 7-3

지하수를 식수로 사용하려고 하는데 소독 과정만 필요하다고 한다. 소독 과정에는 염소를 사용하며, 10 m^3/day의 물이 필요하다. 물은 온도 25° C, pH 7이고 염소는 물이 소독용 물탱크를 통과할 때 연속적으로 투입된다. 물탱크 크기는 2 m^3이며 물탱크 내에서는 염소와 물이 잘 혼합된다. 바이러스가 초기 농도의 1/10000 수준으로 제거(4-log 제거) 되어야 수질 기준을 만족할 때, 투입해야 하는 염소의 최소 농도를 계산하라(바이러스 4-log 제거에 대한 염소의 CT 값은 25° C, pH 7 에서 2 mg/L · min 이다).

▶ 풀이 및 답

4-log 제거에 필요한 염소의 CT 값이 2 mg/L·min 이므로,

$\ln \frac{N}{N_0} = -k \cdot C \cdot N$에서 k 를 구하면 $k = 4.6\ L \cdot mg^{-1} \cdot min^{-1}$이다.

물탱크 내의 바이러스 농도에 대해 mass balance를 세운다. 유량은 Q(m^3/day), 단위 부피당 초기 Giardia 농도는 N_0(#/m^3), 처리 후 Giardia 농도는 N(#/m^3), 물탱크 부피는 V(m^3)라 하면,

$0 = Q \cdot N_0 - Q \cdot N - V \cdot k \cdot C \cdot N$

C 에 대해 나타내면,

바이러스가 4-log 제거된다는 것은 처리 후 농도가 초기 농도의 1/100000이 된다는 것이므로, N_0/N = 100000이다. Q = 10 m^3/day, V = 2 m^3, $k = 4.6\ L \cdot mg^{-1} \cdot min^{-1}$이므로, 필요로 하는 최소한의 염소 농도는 7.5 mg/L이다.

소형 염소발생장치

수돗물이 공급되지 않는 지역의 경우 가정이나 마을 단위로 물을 소독해야 미생물로부터 안전한 식수를 공급받을 수 있다. 소독제를 필요로 하는 지역에서 바로 소독제를 생산하여 활용할 수 있도록 개발된 휴대용 염소발생장치가 있다. 그림 7.16의 휴대용 염소발생장치는 필요한 양만큼 소독제를 생산하여 사용할 수 있도록 소형으로 제작된 장치이다.

이 장치는 소금물 전기분해를 원리로 하여 염소를 생성한다. 소금물(NaCl)을 전기분해할 경우, 양극에서는 물 분해에 의한 산소 발생과 염화 이온의 산화에 의한 염소 발생이 동시에 일어나며 음극에서는 수소 발생 반응이 일어난다. 위 장치에 1L의 물과 소금 한 스푼을 넣고 전원을 연결하면 장치의 아래쪽에 있는 전극에 전류가 가해져 염화 이온(Cl^-)의 산화에 의해 염소(Cl_2) 발생 반응이 일어난다. 생성된 염소(Cl_2)는 HOCl의 형태로 전환되어 HOCl에 의해 소독 효과를 나타낸다. 이러한 원리로 염소 소독제를 발생시켜 마을 및 가정 단위 식수 소독에 사용할 수 있다.

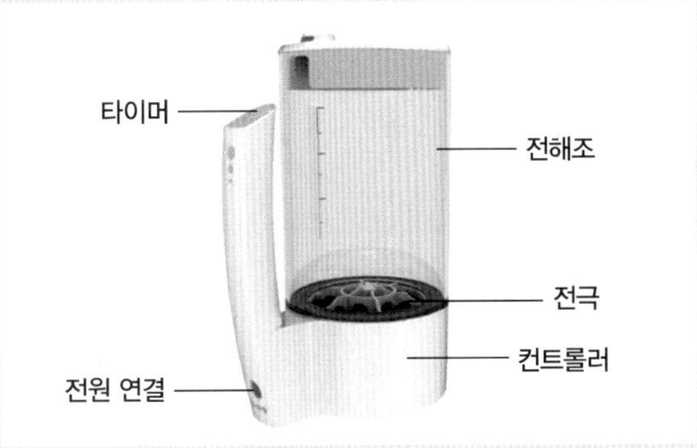

그림 7.16 휴대용 염소발생장치

태양에너지를 활용한 소독 기술 (SODIS): **함께 읽어보기** 제4장 4.2 태양열에너지의 활용 원리와 사례

자외선을 활용한 소독으로는 자외선 램프도 있지만, 태양에너지를 활용한 소독도 가능하다. 소독은 태양에너지를 활용한 대표적인 소독 기술로 SODIS(Solar Disinfection) 방법이 있다. SODIS는 투명한 플라스틱 병에 물을 담아 일정 시간 태양 빛에 노출시킴으로써, 태양에서 나오는 자외선으로 물속의 미생물을 제거하는 방법이다. SODIS는 특별한 기술이나 약품 없이 소독 후 바로 음용할 수 있어 간편하게 활용할 수 있다.

1980년대 초 햇빛이 물을 소독할 수 있다는 사실이 발견되었지만 체계적으로 연구되거나 활용되지 않았다. 1990년대에 이르러서 스위스의 연구소 Eawag(Swiss Federal Institute of Aquatic Science and Technology)에서 개발도상국의 먹는 물 소독을 위해 사용할 수 있는 안전하고 간단한 방법으로, 햇빛에 의한 물 소독을 연구하기 시작했다. 그 결과 페트병과 햇빛만으로 식수를 소독할 수 있는 SODIS 방법이 개발되어 실험실 및 개발도상국 현지 여러 곳에서 검증되었으며, 2001년부터 현재까지 25개국 이상의 개발도상국에서 활용되고 있다.

그림 7.17 SODIS 방법

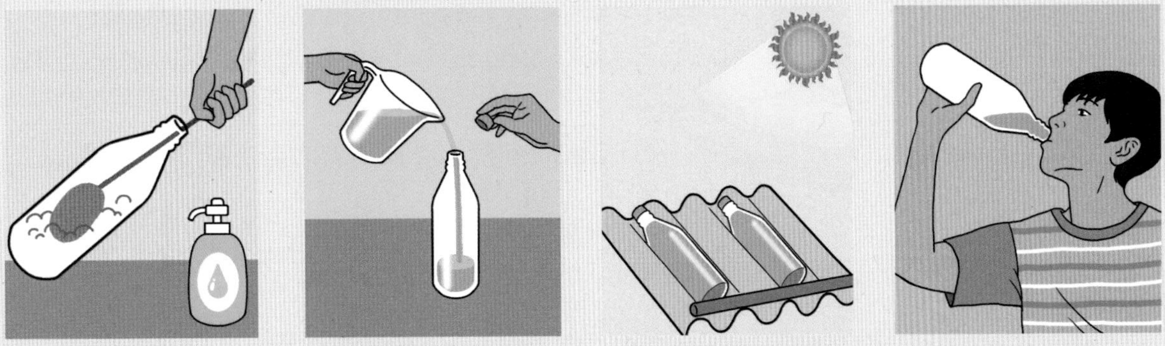

7.4 정수 및 소독 기술의 활용과 전망

개발도상국 주민에게 깨끗한 먹는 물을 공급하는 것은 생명과 직결되는 문제이며 삶의 질을 높이는 데 반드시 필요한 일이다. 이 때 정수 공정은 다음의 요건을 갖추고 있어야 한다. 첫째, 검증된 공정이어야 한다. 충분한 조사와 검증, 분석 없이 적용된 정수 공정은 심각한 문제를 일으킬 수 있다. 둘째, 먹는 물 수질 기준을 만족해야 한다. 셋째, 현지 사람들에 의해 유지 관리가 가능하도록 편리해야 하고 유지 관리 비용이 경제적이어야 한다. 앞으로 정수 공정 분야에서 이러한 요건을 갖춘 다양한 적정기술이 개발되고 보급되어 개발도상국의 많은 사람들에게 안전한 물을 지속적으로 공급할 수 있기를 기대해 본다.

Do it yourself 7

- **실험 제목 :** 가정용 정수기(싱크대 부착형) 만들기
- **실험 준비물 :** 가정용 정수기를 만들기 위해 다음을 준비한다.

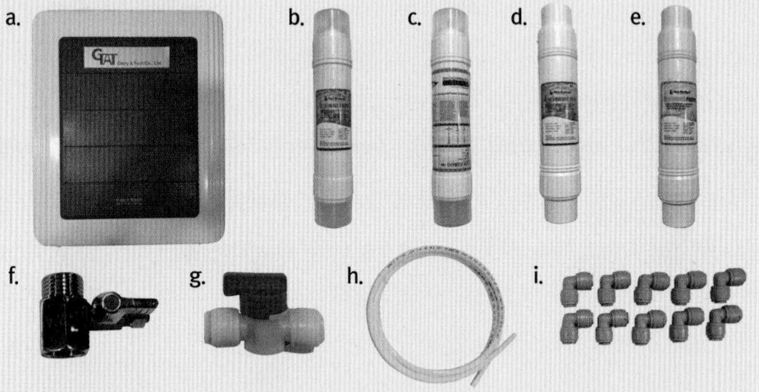

a. 언더씽크 필터박스 b. 세디멘트(침전) 필터 c. 양방향 양이온수지 필터
d. 전처리 카본 필터 e. 중공사막 멤브레인 - UF f. 수도밸브 어댑터 소형
g. 볼밸브 h. 백색 호스 5M (6.35 mm 1/4) i. 원터치 L피팅(1/4인치) 10개 한 세트

- **실험 방법**

① 통수가 된 필터들을 순서대로 필터박스에 장착한다.
② 장착한 필터에 L피팅을 연결한다.
③ 연결된 L피팅에 짧은 호스 3개를 연결한다.
④ 수도밸브 어댑터 소형에 호스를 연결한다.
⑤ 볼밸브를 호스에 연결한다.
⑥ 수도밸브와 연결된 호스는 IN 피팅에,
볼밸브와 연결된 호스는 OUT 피팅에 연결한다.

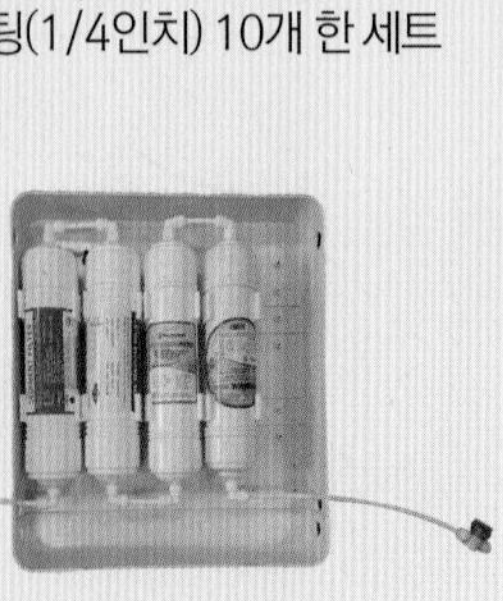
그림 7.18 가정용 정수기 완성 모습

연습문제

1. 응집 침전 공정에서 플럭(Floc)이 형성되는 원리와 과정을 서술하라.
2. 여과 공정에서 완속여과 방식과 급속여과 방식의 특징과 차이점을 서술하라.
3. 길이 100 cm, 직경 7.2 cm 의 원통형 반응기에 40 W UV 램프 (길이 90 cm, 직경 3 cm)가 들어 있는 장치로 물을 소독하려고 한다. 물은 chamber 내에 2 m^3/hr 속도로 유입되며, 특정 바이러스 A를 99.9% 제거하기 위해 필요한 UV의 양은 90 mJ/cm^2로 알려져 있다. 해당 장치로 바이러스 A의 99.9% 제거가 가능한지 판단하라.
4. 캄보디아의 한 초등학교에서는 500명의 학생이 오전 수업만을 듣고 집에 가며 학생들을 가르치는 교사는 총 10명이다. 이 교사 중 2명은 가족과 함께 학교 안에 있는 거주 시설에서 생활하고 있고 각 가정의 구성원은 교사 포함 5명이다. 초등학교에 필요한 생활용수와 먹는 물의 양을 각각 산정하고 계산의 근거를 제시하라.

공동 설계 프로젝트

1. 개발도상국 어느 마을에 물을 공급하는 프로젝트를 진행하고자 한다. 전체 진행 과정을 단계적으로 세워 보자.
2. 현지에서 사용 가능한 수원을 예상하여 보고 각 수원의 특징과 활용 방안을 정리해 보자.
3. 조별로 원하는 수원을 선정한 후 그 수원에 적합한 생활용수 처리 공정과 먹는 물 처리 공정을 구성해 보고 서로 비교해 보자.
4. 생활용수와 먹는 물을 사용자에게 원활하게 공급하기 위해 필요한 시설을 생각해 보고 각각 어떤 기능을 가져야 하는지 토의해 보자.
5. 4번 시설의 구축 과정에서 적정기술의 의미를 담아 반드시 국내 기술로 제공해야 하는 부분과 현지 기술로 구현이 가능한 부분에는 어떤 것들이 있는지 분류해 보고 그 근거에 대해 논의해 보자.

참고 문헌

김효현, 김지예, 윤제용, 이호일, 박현종, 강경석 (2015), 휴대용 염소발생장치에서 발생하는 총 염소 생성량 및 소독부산물 생성 특성, *Journal of Appropriate Technology*, 1(1), 73–78.

김효현, 김지예, 이호일, 박현종, 강경석, 윤제용 (2001), 휴대용 염소발생장치에서 염소 생산에 따른 에너지 요구 특성, *Journal of Appropriate Technology*, 2(1), 55–60.

한국수자원공사 (2001), 정수처리기술총람.

최의소 (2016), 모르고 먹고 알고 버리는 물, 자유아카데미.

환경산업기술원 (2014), 환경분야 적정기술개발 · 보급 사업 기획보고서.

환경부 기획조정실 지속가능전략담당관, (2018), 환경백서, 환경부.

Pard A. J. and Faulkner L. R. (2001), Electrochemical Methods: Fundamentals and Applications, 2nd Ed., John Wiley & Sons.

Pizzi N.G. (2010), Water Treatment: Principles and Practices of Water Supply Operations, 4nd Ed., American Water Works Association.

Masters G. M. and Ela W. P. (2008), Introduction to Environmental Engineering and Science, 3rd Ed., Prentice Hall PTR.

Shadkam S., Ludwig F., Oel P., Kirmit Ç. and Kabat P. (2016), Impacts of climate change and water resources development on the declining inflow into Iran's Urmia Lake, *Journal of Great Lakes Research*, 42(5), 942–952.

Huang X., Qu Y., Cid C. A., Finke C., Hoffmann M. R., Lim K. and Jiang S. C. (2016), Electrochemical Disinfection of Toilet Wastewater Using Wastewater Electrolysis Cell, *Water Research*, 92, 164–172.

Website

https://www.theguardian.com/world/iran-blog/2015/jan/23/iran-lake-urmia-drying-up-new-research-scientists-urge-action

http://www.iiasa.ac.at/web/home/about/news/161110-Urmia2.html

https://www.smithsonianmag.com/innovation/can-toilet-save-millions-lives-180949931/

www.gapminder.com

www.sodis.ch

제8장
담수화

"The cure for anything is salt water
: sweat, tears and the sea."

- Isak Dinesen -

"소금물은 모든 것을 치유한다.
: 땀과 눈물 그리고 바다."

- 아이작 디네센-

생각해 봅시다

1. 물 한 컵을 증발시키려면 어느 정도의 에너지가 필요할지 생각해 보고, 필요한 에너지를 태양열로 얻기 위해 얼마만큼의 면적과 시간이 필요할지 생각해 보자.
2. 소금물을 반투막에 통과시켜 이온을 제거하려면 어느 정도의 압력이 필요할지 생각해 보자.
3. 이온이 완전히 제거된 순수한 물에 몸에 유용한 이온을 첨가하는 방법에 대해 생각해 보자.
4. 담수화 과정에서 나오는 폐농축수의 처리 방법에 대해 생각해 보자.

고대와 근대의 태양열 담수화

그림 8.1 서기 200년경 아프로디시아스(Aphrodisias)의 알렉산더(Alexander)가 담수화에 대해 설명한 내용을 표현한 그림이다. 왼쪽 선원이 바닷물을 구리 통에 담고, 가운데 있는 선원이 바닷물을 끓여서 통 입구에 놓은 스펀지에 수증기가 응축되게 하면, 오른쪽 선원이 스펀지를 짜서 담수를 마시는 모습을 그렸다.
(출처: S.A. Kalogirou, (2005), Seawater desalination using renewable energy sources, Progress in Energy and Combustion Science, 31, 242–281)

기원전 4세기 아리스토텔레스는 불순물이 있는 물을 증발시킨 후 응축시켜서 먹는 물을 만드는 방법에 대해 서술하였다. 그러나 아마도 역사적으로 바닷물을 증류시켜서 먹는 물을 얻는 실용적 방법에 대한 최초의 기록 중 하나는 그림 8.1일 것이다. 오랜 기간 항해하기 위해서는 바다 위에서 먹는 물을 만들어야 할 필요가 있는데, 그림에는 선상에서 담수를 얻는 방법이 묘사되어 있다. 서기 200년경 아프로디시아스(Aphrodisias)의 알렉산더(Alexander) 설명을 표현한 것으로 선원이 바닷물을 구리 통에 넣고 끓이면서 통 입구에 놓은 스펀지에 수증기를 응축시켜 담수를 얻는 과정이다.

태양열을 이용한 증류 방법은 오랜 역사를 갖고 있다. 15세기의 아랍 연금술사들은 표면을 연마한 오목거울로 태양빛을 모아 소금물이 담긴 병을 비춰 물을 증발시켜서 담수를 얻었다고 한다. 르네상스 시대 이탈리아 철학자이자 연금술사였던 지오반니 바티스타 델라 포르타(Giovanni Batista Della Porta, 1535~1615)는 항아리에 담긴 바닷물을 태양열로 가열하여 나온 수증기를 아래에 있는 병에 응축시켜 모으는 방법을 비롯하여 여러 가지 담수화 방법을 설명하였다.

1870년 휠러(Wheeler)와 에반스(Evans)는 미국에서 최초로 태양열 증류에 대한 특허를 받았고, 2년 후인 1872년 스웨덴의 카를로스 윌슨(Carlos Wilson)은 칠레의 라스 살리나스(Las Salinas)에 초대형 태양열 증류 시설을 설치하였다. 이 시설은 유리판을 덮은 목조 구조물 64개로 구성되었는데, 증류기 전체 면적이 4.450m^{2}에 달하고 염도 140,000 ppm의 염수를 사용하여 하루에 22.7 m^{3}의 담수를 생산하면서 약 40년간 가동되었다.

지구 표면의 70% 이상이 물로 덮여 있음에도 불구하고, 전 세계적으로 물 부족 문제가 날로 심각해져 가고 있다. 이는 물의 절대량은 많지만 실제 사용할 수 있는 물의 양은 매우 적기 때문이다. 예컨대 지구상에 존재하는 물 96.5% 이상은 염분이 많은 바닷물로, 사람이 마실 수 없다. 또한 지하수나 강물 중에도 염분이 포함되어 먹는 물로 적합하지 않은 경우도 많다. 세계보건기구(WHO)에서는 염분이 500 ppm (ppm은 part per million, 즉 백만분의 1을 의미) 이상인 경우 식수로 적합하지 않고, 특별한 경우라고 해도 염분 농도가 1000 ppm을 넘지 않도록 하고 있다. 하지만 지구상에 존재하는 물 대부분은 염분 농도가 10,000 ppm 이상이며 특히 바닷물은 염분 농도가 35,000~45,000 ppm이다. 이처럼 염수는 풍부하나 정작 마실 수 있는 식수가 부족한 경우, 담수화 기술이 매우 유용하게 쓰일 수 있다. **담수화**란 염수에서 염분을 제거하여 먹는 물, 생활 용수, 공업 용수로 사용 가능한 담수를 만드는 과정이다. 담수화 장치는 하루에 백만 톤 이상의 담수를 공급할 수 있는 첨단 거대 담수 플랜트부터 초소형 개인용 담수 장치에 이르기까지 다양하다. 그러나 대형 담수 플랜트에 대한 내용은 본서의 범위를 벗어나므로, 여기에서는 간단하게 구성할 수 있는 소형 담수화 장치에 한정하여 서술하고자 한다. 특히 소형 담수화 장치는 고대의 원시적인 기술을 활용해도 담수화가 가능할 만큼, 간단한 구조로도 제작이 가능하므로 비용, 기술, 소재의 한계를 극복하여 적정기술에 적용하는 다양한 시도가 가능할 것이다.

> **담수화**
> 염수에서 염분을 제거하여 염분 농도가 낮은 물을 만드는 과정

담수화 방법에는 여러 가지가 있으나, 현재 가장 많이 사용되는 방법은 **증발법**과 역삼투압을 이용한 막 분리법이며, 물의 염도가 높지 않고, 비교적 소규모일 경우는 축전식 탈염기술(Capacitive Deionization, CDI)이 사용되기도 한다. 이 중에서 막 분리법과 CDI는 산업적으로 상당히 높은 수준의 재료와 기술이 뒷받침되어야 하는 방법이므로, 관점에 따라 적정기술로 적합하지 않다고 볼 수도 있다. 그러나 적용하려고 하는 환경이나 경제적 여건에 따라 증발법보다 더 적합한 기술이 될 수 있으므로 상황에 따른 적절한 기술의 선택이 필요하다. 단, 본 장에서는 증발법에 의한 소규모 담수화 기술을 중심으로 서술하고, 막 분리법과 CDI는 간단하게 언급하고자 한다.

> **증발법**
> 염수를 증발시켜서 나오는 수증기를 다시 응축시켜 담수를 얻는 방법

8.1 태양열 증류기에 의한 담수화

증발법은 염수를 증발시켜서 얻은 수증기를 다시 응축시켜서 물로 만드는 방법이다. 물의 상변이가 수반되기 때문에 많은 에너지가 필요하여 막 분리법에 비하여 에너지 효율이 낮다는 단점이 있지만, 수천 년 전부터 활용되었을 만큼 제작이 쉽고, 운영이 간단하다는 장점이 있다. 현대적인 대형 담수화 플랜트에 적용 가능할 뿐 아니라, 적정기술로서 소규모 담수화에 적용하기도 쉽다. 특히 화석연료나 전기를 사용하지 않고 태양열을 이용하는 증발식 담수화 기술은 전기에너지나 화석연료 공급이 어려운 경우에 유용하다.

아래 그림 8.2는 세계적으로 태양에너지가 강한 지역을 나타낸다. 지도에서 알 수 있듯이, 물 부족이 심각한 곳 중에서 태양에너지가 풍부한 지역이 상당히 많다. 아프리카 대륙이나 중동 지역 같은 곳이 바로 그 예로, 이러한 경우 태양열을 이용한 담수 방법이 특히 유용하게 쓰일 수 있을 것이다.

1. 증발법에 의한 담수화의 원리(solar still)

그림 8.3은 일반적인 태양열에 의한 증발식 담수장치의 에너지 흐름의 예를 나타낸다. 담수기에 내리쬔 태양열 에너지 중 일부는 외부로 손실되고, 일부는 내부의 염수 온도를 올리고, 증발시키는 데 사용된다. 증발된 수증기는 상대적으로 차

그림 8.2 세계 태양에너지 평균 입사량을 나타낸 지도. 붉은색이 진할수록 태양에너지가 풍부하다는 의미이다. (출처: http://globalsolaratlas.info)

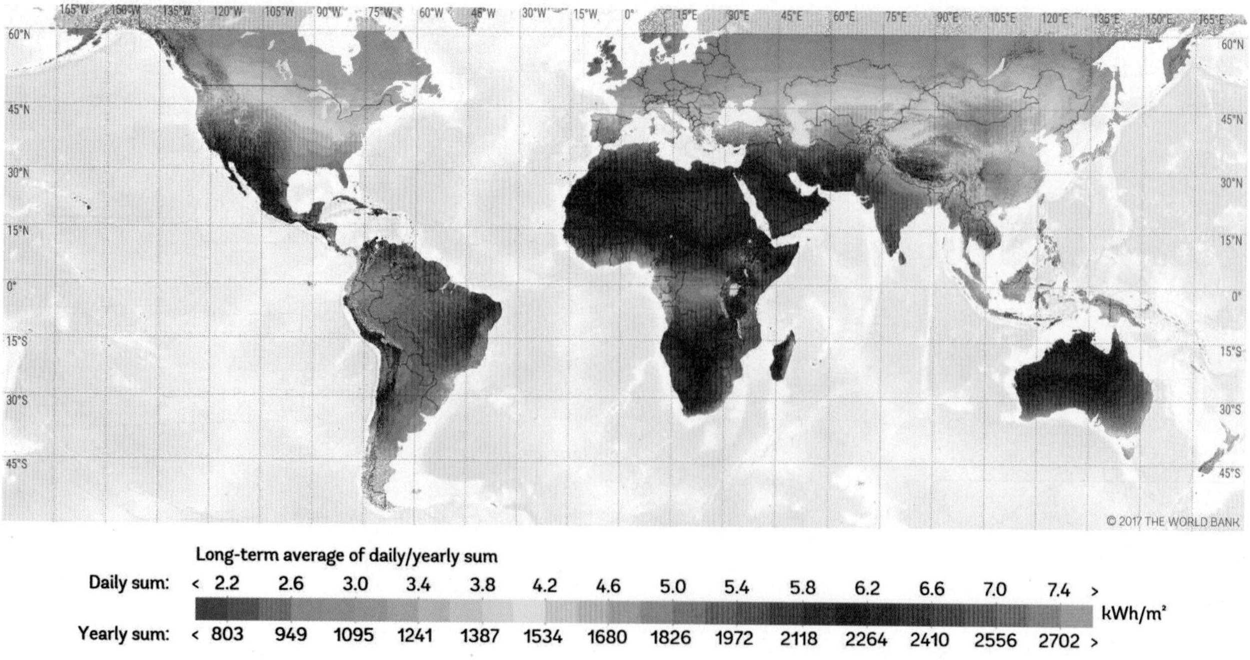

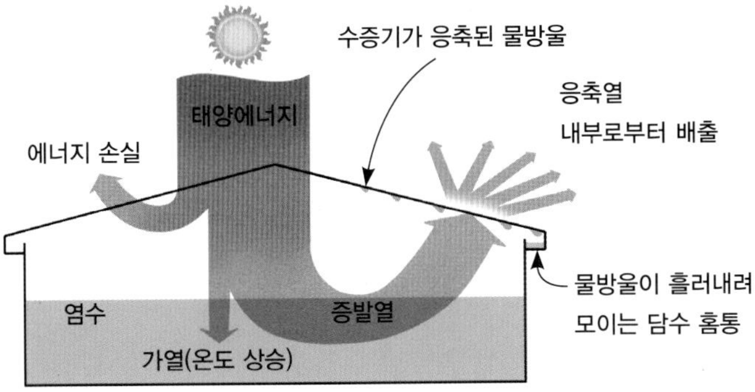

그림 8.3 증발법에 의한 담수화의 원리

가운 담수 장치의 내벽 표면에서 응축되고, 이때 발생하는 응축열은 담수기 밖으로 발산된다. 이때 수증기가 응축되어 만들어진 증류수는 모아서 담수로 활용된다.

물은 대기압(1기압)에서 온도 100℃일 때 끓는데, 이는 수증기의 증기압이 대기압과 같아지는 온도이기 때문이다. 100℃보다 온도가 낮아도 아래 표 8.1의 증기압에 도달하도록 물이 증발하게 된다. 소규모 태양열 증류기의 경우, 일반적으로 100℃보다는 낮은 온도에서 물을 증발시키는데, 온도가 높을수록 물의 증기압이 급격하게 커지므로, 가급적 높은 온도에서 작동할 수 있도록 해야 한다.

표 8.1 기압에서 온도에 따른 물의 증기압 변화

온도 (℃)	수증기의 증기압		온도 (℃)	수증기의 증기압	
	mmHg	Pa		mmHg	Pa
5	6.5	8666	55	118.0	15732
10	9.2	1227	60	149.4	19918
15	12.8	1707	65	187.5	24998
20	17.5	2333	70	233.7	31157
25	23.8	3173	75	289.1	38544
30	31.8	4240	80	355.1	47343
35	41.2	5493	85	433.6	57809
40	55.3	7373	90	525.8	70101
45	71.9	9586	95	633.9	84513
50	92.5	12332	100	760.0	101325

표 8.2 물과 수증기의 비열 및 물의 기화열

용어	기호	의미	값 (cal 단위)	값 (J 단위)
물의 비열	$C_{p(water)}$	1기압에서 물 1 kg의 온도를 1℃ 올리는 데 필요한 에너지	1 kcal/(kg℃)	4.18 kJ/(kg℃)
수증기의 비열	$C_{p(vapor)}$	1기압에서 수증기 1 kg의 온도를 1℃ 올리는 데 필요한 에너지	0.45 kcal/(kg℃)	1.9 kJ/(kg℃)
물의 기화열	ΔH_{vap}	1기압에서 100℃ 물 1 kg을 100℃ 수증기로 만드는 데 필요한 에너지	540 kcal/(kg℃)	2255 kJ/(kg℃)

Solved problem 8-1

태양열 조사 면적이 1 m^2이고 내부 온도가 80℃인 태양열 증류기에 20℃의 염수를 넣어 태양열로 가열하였을 경우를 예로 들어 보자. 기상 상황과 태양의 고도에 따라 다르나 구름 없이 맑은 날 수직으로 내려쬐는 태양에너지는 약 1 kW/m^2 크기이므로, 1시간에 3600 kJ의 에너지를 받아들일 수 있다. 이 정도의 에너지로 담수를 대략 얼마나 만들 수 있을까?

▶ 풀이 및 답

그림 8.4의 화살표 Ⓐ는 염수를 가열하여 온도를 20℃에서 80℃로 높인 뒤, 증발시켜서 80℃의 수증기로 만드는 과정이며, △H는 이에 필요한 에너지를 의미한다. 그림 8.4의 화살표 Ⓑ는 염수를 가열하여 온도를 20℃에서 100℃로 높인 뒤, 증발시켜서 100 ℃의 수증기로 만들고, 다시 100℃ 수증기를 80℃의 수증기로 만드는 과정을 의미한다. 화살표 Ⓐ에 해당하는 에너지와 화살표 Ⓑ의 에너지는 같다(엄밀하게는 순수한 물과 염수의 비열과 증발열은 서로 다르지만, 그 차이가 크지 않으므로 여기에서는 거의 같다고 계산한다).

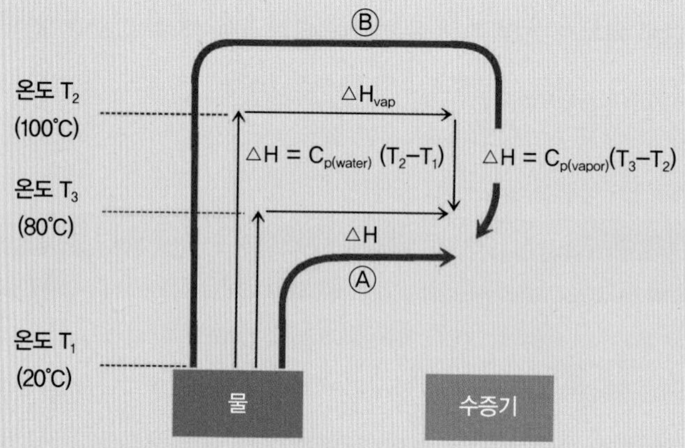

그림 8.4 물을 증발시켜서 수증기로 변환하는 경로와 이에 수반되는 에너지

20℃의 물을 100℃의 물로 만드는 데 필요한 에너지

$= C_{p(water)} \times (T_2 - T_1) = 4.18$ kJ/(kg℃) × (100℃ - 20℃) = 334.4 kJ/kg

100℃의 물을 수증기로 만드는 데 필요한 에너지 = $\triangle H_{vap}$ = 2255 kJ/kg

100℃의 수증기를 80℃의 수증기로 만드는 데 필요한 에너지

$= C_{p(vapor)} \times (T_3 - T_2) = 1.9$ kJ/(kg ℃) × (80℃ - 100℃) = −38 kJ/kg

즉 334 kJ/kg + 2255 kJ/kg - 38 kJ/kg = 2551 kJ/kg

따라서 3600 kJ의 에너지로 수증기를 모두 응축시켜 담수를 얻는 경우,
3600 kJ/(2551 kJ/kg) = 1.4 kg 이므로 3600 kJ의 에너지로 로 약 1.4 kg의 담수를 얻을 수 있다. 다만 실제로 실험을 해 보면 에너지 손실이 있어서 이보다는 적은 양을 얻을 가능성이 높다.

앞의 Solved problem 8-1의 결과와 달리, 실제로는 담수화 과정 중에 손실되는 열이 많고, 받아들이는 태양에너지도 구름이나 태양고도의 영향으로 1 kW/m^{2}보다 작은 경우가 많기 때문에, 이러한 방식으로 하루에 많은 양의 담수를 얻기는 매우 어렵다. 따라서 일상생활에서 필요로 하는 물을 모두 이 방법으로 충당하려면 상당히 넓은 면적이 필요하다는 문제가 생긴다. 하지만 일상생활에서 사용하는 모든 물을 장기적으로 공급하는 것은 어렵다고 해도 짧은 기간, 일시적으로 물을 공급하거나 비상 상황, 담수가 극히 부족한 상황에서 최소한의 물을 공급하려고 할 때는 증발법이 유용한 수단으로 쓰일 수 있다. 사용자가 처한 상황과 목적에 따라서 필요한 담수의 양이 다르므로, 이에 알맞은 규모의 장치를 고려할 필요가 있다.

2. 여러 가지 태양열 증류식 담수기

태양열 증류식 담수기의 형태는 다양할 수 있지만, 모두 태양열에 의해 염수를 증발시켜서 나오는 수증기를 다시 응축시켜 담수를 얻는 공통점을 가진다. 염수를 증발시키기 위해서 별도의 태양열 집열판을 사용하여 열을 모은 다음, 열교환기를 이용해서 간접적으로 염수를 가열하기도 하지만, 소규모의 경우는 태양열을 바로 염수에 내리쬐어 염수를 증발시키는 solar still 방법이 간편하다. solar still 방법은 단순한 기본 요소만으로도 장치 구성이 가능하다. 필요한 요소로는 태양열을 받아들여서 온도를 올릴 수 있는 넓은 면적의 투명창 또는 흡수체, 수증기가 빠져나가지 않도록 가둘 수 있게 설계된 염수 용기, 염수의 투입구와 담수의 유출구 등이 필요하다. 이 때 최대한 많은 담수를 얻기 위해서는 태양열을 받는 면적을 넓게 하고, 흡수한 태양열이 밖으로 빠져나가지 않고 물을 가열할 수 있도록 단열을 잘 해야 하며, 발생한 수증기가 새어나가지 않고 최대한 응축될 수 있도록 염수와 담수의 입출구를 제외한 다른 틈새는 잘 밀봉하는 것이 중

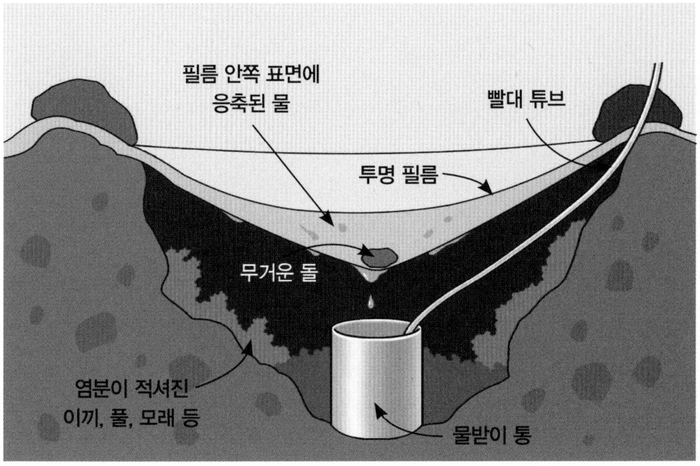

그림 8.5 **투명 필름을 덮어서 만드는 구덩이형 태양열 증류장치** 구덩이 속에 염수를 충분히 넣은 뒤, 구덩이 가운데 물받이 통을 두고, 비닐 등 투명 필름으로 위를 덮는다. 물받이 통 위로 필름이 움푹 들어가도록 돌을 올려 두고, 햇빛을 쪼인다. 태양열에너지에 의해 증발된 수증기가 필름 안쪽 표면에 맺히고, 필름 안쪽면을 따라 아래쪽으로 흘러내려 물받이 통에 고이면 순수한 물을 얻을 수 있다. 물받이 통에 미리 물을 빼낼 수 있는 튜브를 꽂아두면, 필름을 걷어내지 않고도 지속적으로 통 안에 고인 증류수를 얻을 수 있다.

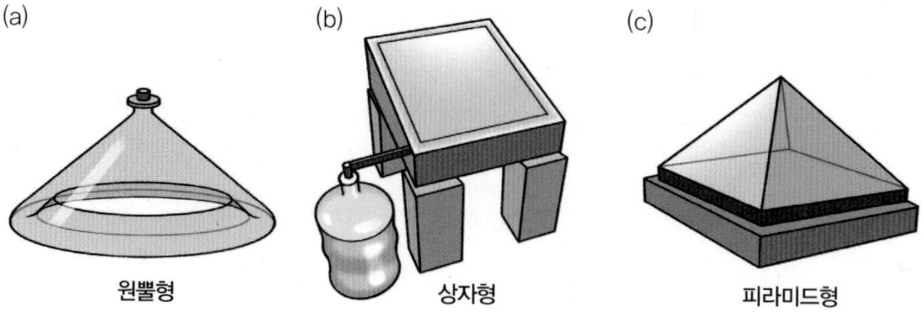

그림 8.6 여러 가지 태양열 증류식 담수기 (a) 바닥이 뚫린 원뿔 모양의 태양열 증류식 담수기(water cone)이다. 바닥에 염수가 담긴 쟁반 등을 놓고 water cone을 덮어서 햇빛이 잘 비치는 곳에 두면 증발된 수증기가 원뿔 내벽에 맺힌 뒤 흘러내려서 아랫부분의 오목한 테두리에 담수가 고이게 된다. 그러면 뚜껑을 열고 water cone을 기울여서 담수를 따라 낼 수 있다. (b) 상자형 태양열 증류식 담수기, (c) 피라미드형 태양열 증류식 담수기

요하다. 다음에 소개하는 사례는 다양한 디자인의 태양열 증류식 담수기이다.

그림 8.5는 야외에서 구덩이를 만들고 그 위를 투명 필름으로 덮어서 만들 수 있는, 간단한 태양열 담수기의 예이다. 구조가 극히 간단하고, 일상생활에서 쉽게 구할 수 있는 단순한 소재만으로 제작이 가능하기 때문에, 비상 시에 소량의 식수를 구하는 목적으로 만들어 볼 수 있다.

그림 8.6의 (a)는 원뿔 형태의 water cone으로, 응축된 물방울을 담수기 아래의 홈에 고이도록 해 담수가 모이면 위쪽의 입구로 기울여 따라내기 편리하도록 만든 것이다. 유사한 형태의 투명한 용기가 없으면 투명한 재질의 시트를 반원이나 부채꼴 형태로 오려서 만든 원뿔을 사용할 수도 있다(아래 Do it yourself 8 참조). 그림 8.6의 (b)와 (c) 같이 원뿔이 아니라 상자형이나 피라미드 형태의 태양열 증류식 담수기도 가능하다. 다양한 구조가 가능하므로 주변에서 쉽게 구할 수 있는 재료와 도구를 이용하여 주어진 상황에 맞게 제작하는 것이 바람직할 것이다. 그림 8.7은 가브리엘 디아만티(Gabriele Diamanti)가 디자인한 엘리오도메스티코(Eliodomestico)라는 항아리형 태양열 증류식 담수기이다. 위쪽 검은색 용기에서 태양열을 흡수하여, 증발한 수증기는 관을 통해 아래쪽 용기로 내려가고 팽창하면서 응축되어 모이도록 설계되어 있다.

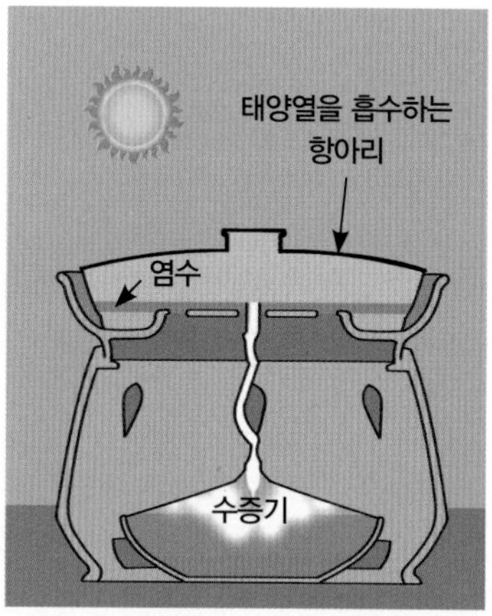

그림 8.7 항아리 형태의 태양열 증류식 담수기 항아리 위쪽 용기에 염수를 담고 햇빛으로 가열하여 물을 증발시키면 증발된 수증기가 아래쪽 용기에 모여서 담수를 얻을 수 있다. 위쪽 용기의 검은색 뚜껑은 빛을 흡수하기 쉽고, 아래쪽 용기는 햇빛이 들지 않게 되어 있어 용기 표면이 바람에 의해 식으면서 수증기가 쉽게 응축될 수 있다.

Do it yourself 8

- **실험 제목 :** 깔때기 모양의 태양열 증류식 담수기 만들기
- **실험 도구 :** 빳빳한 투명 필름(PET 필름 또는 아스테지), 가위, 테이프, 줄자 등의 공작도구, 염수를 담을 수 있는 쟁반이나 그릇, 휴지나 신문지 또는 헝겊 등 물의 증발을 도울 수 있는 소재, 염수, 발생하는 담수의 양을 측정할 수 있는 메스실린더, 시간을 측정할 수 있는 시계
- **실험 배경 및 목표 :** 깔때기 모양의 태양열 담수 장치를 만든 뒤, 실제로 야외에서 어느 정도의 담수를 얻을 수 있을지 시험해 보자. 그리고 장치의 효율을 높이기 위해서는 어떤 점을 고려해야 할까 생각해 보자.

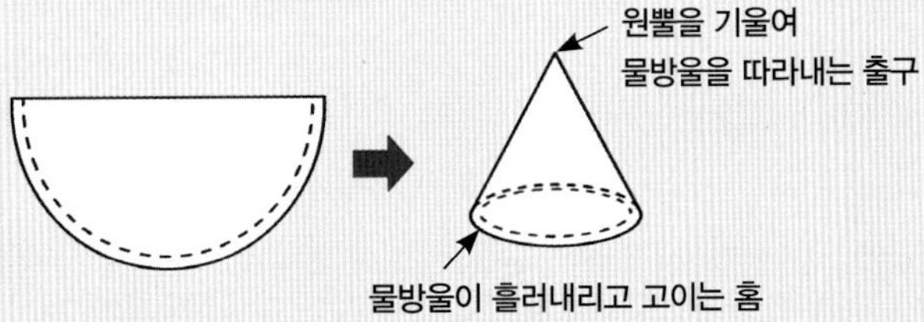

그림 8.8 깔때기 모양 담수기 만드는 방법 투명 필름을 그림과 같이 접어서 원뿔 모양을 만들고, 바닥에는 염수가 담긴 쟁반을 둔다. 부채꼴의 가장자리 점선을 따라서 안쪽으로 접어서 사용하면 원뿔 내부에 맺혀서 흘러내린 물방울을 모아서 따라내기 쉽다.

예를 들어 쟁반의 크기가 충분히 크지 않으면, 염수가 바닥으로 새지 않도록 아래에 필름을 깔고 그 위에 휴지나 신문지, 헝겊 등을 넓게 덮은 뒤에 염수를 적셔서 태양빛을 받는 면적을 넓힐 수 있다.

● **실험 방법**

① 검정색 물질일수록 햇빛을 더 많이 흡수할 것이다. 신문지, 헝겊, 휴지 등 어떤 소재를 사용해야 더 많은 태양빛을 흡수하여 많은 담수를 얻을 수 있을지 토의해 보고, 비교 실험을 해 보자.

② 염수가 증발할 때 증발면의 표면적이 넓을수록 증발이 쉬울 것이다. 신문지, 헝겊, 휴지 등 어느 소재를 어떤 형태로 이용해야 표면적을 넓혀서 더 많은 담수를 얻을 수 있을지 토의해 보고, 비교 실험을 해 보자.

③ 원뿔의 높이가 높아 빗면의 경사가 급할수록 물방울은 잘 흘러내릴 것이다. 그러나 원뿔의 높이를 높게 만들면 사용되는 필름의 면적 또한 커질 것이다. 주어진 면적의 투명 필름을 이용해서 최적의 담수기를 한 개 또는 여러 개 만들려면 어떻게 만드는 것이 가장 합리적일까? 담수의 생산성뿐 아니라, 사용자의 편의성까지 고려하여 적절한 크기와 알맞은 디자인을 가진 담수기를 고안해 보자.

3. 다중 효용 태양열 증류식 담수기

앞에서 살펴본 태양열 증류식 담수기를 사용하면 물이 증발되면서 수증기로 변할 때 흡수한 에너지는 수증기가 응축되어 물로 변할 때 방출되어 사라진다. 물이 증발하는 데 필요한 에너지는 같은 질량의 수증기가 응축될 때 나오는 에너지와 같으므로, 수증기가 응축될 때 방출되는 에너지는 다시 물을 증발시키는 데 사용이 가능하다. 만약 수증기 응축 시 방출되는 에너지를 다시 물의 증발에 사용하는 과정이 무한히 반복된다면 무한히 많은 양의 담수를 생산할 수 있을까?

다중 효용
증발법에서 수증기가 응축될 때 나오는 응축열을 다시 염수를 증발시키는 데 반복해서 재사용하여 효율을 높이는 방법

실제로 위와 같은 방법으로 담수의 생산 효율을 획기적으로 올리는 것은 가능하지만, 유한한 에너지로 무한히 많은 양의 담수를 생산하는 것은 불가능하다. 무한히 많은 양의 담수를 얻는 것이 불가능한 이유는 다음과 같다. 첫째, Solved

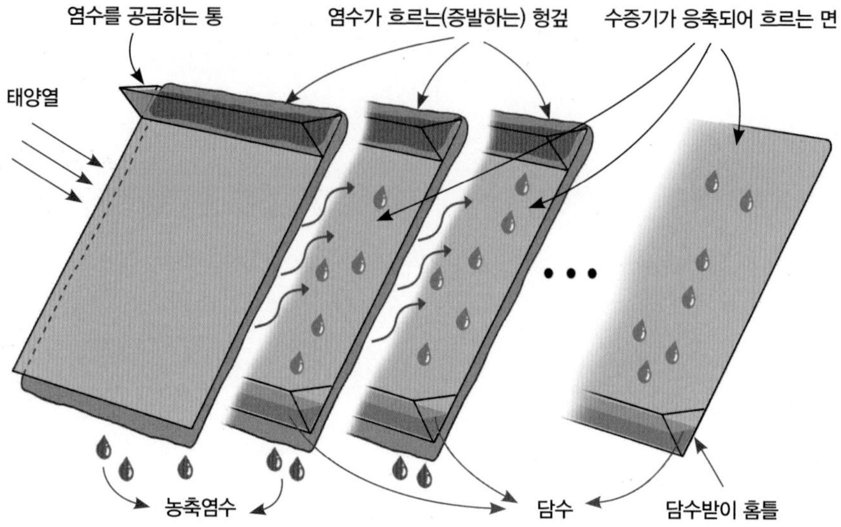

그림 8.9 다중 효용 태양열 담수기의 원리

problem 8-1에서 본 바와 같이 에너지는 물의 상 변이를 위해서만 사용되지 않고 물의 온도를 올릴 때도 사용되기 때문이다. 둘째, 물의 증발 · 응축 단계마다 약간의 열 손실이 일어날 수밖에 없기 때문이다. 셋째, 염분 등의 불순물을 포함한 물의 증발열은 순수한 수증기의 응축열보다 약간 크기 때문이다. 따라서 증발과 응축 단계가 거듭될수록 각 단계별 담수 생산량이 감소한다. 그럼에도 불구하고 증발열을 한 번만 사용하고 버리는 일반적인 증류식 담수기보다는 증발열을 여러 번 반복하여 재활용 가능한 다중 효용 담수기의 효율이 더 높다. 따라서 현대의 증류식 담수 플랜트 대부분에서는 증발열을 재활용하는 다중 효용 방식을 취하고 있다.

그러면 태양열 증류식 담수화 장치에도 이와 같은 다중 효용 방식을 적용할 수 있을까? 그림 8.9와 같이 염수가 흘러내리는 증발면(헝겊)과 물방울이 맺혀서 흘러내리는 응축면이 붙어 있는 여러 개의 판들이 간격을 두고 배치되어 있는 구조를 생각해 보자. 위쪽으로 투입된 염수가 분홍색으로 표시된 증발면을 따라서 흘러내리면 좌측에서 입사되는 태양열에 의해 첫 번째 판의 염수 일부가 증발하고, 남은 농축 염수는 아래쪽으로 빠져나간다. 이때 증발된 수증기는 두 번째 판의 앞쪽 하늘색으로 표시된 응축면에 맺혀서 아래쪽 담수 배출구로 나오게 된다. 수증기가 응축될 때 나오는 응축열은 다시 두 번째 판의 뒤쪽 증발면을 따라 흘러내리는 염수를 증발시킨다. 이러한 과정이 여러 개의 판에서 반복되면 담수화의 효율이 높아진다.

실제로 그림 8.9와 같은 장치를 만들어 보면 내부의 판들이 자체 무게에 의해 휘어져서 변형되기 쉽다. 서로 분리되어 있는 증발면과 응축면이 휘어져 맞닿게 되면 흘러내리는 담수 물방울이 다시 염수와 섞이게 되어 성능이 극히 나빠질 수가 있고, 이를 피하기 위해서 판과 판 사이 간격을 많이 넓히면 효율이 나빠진

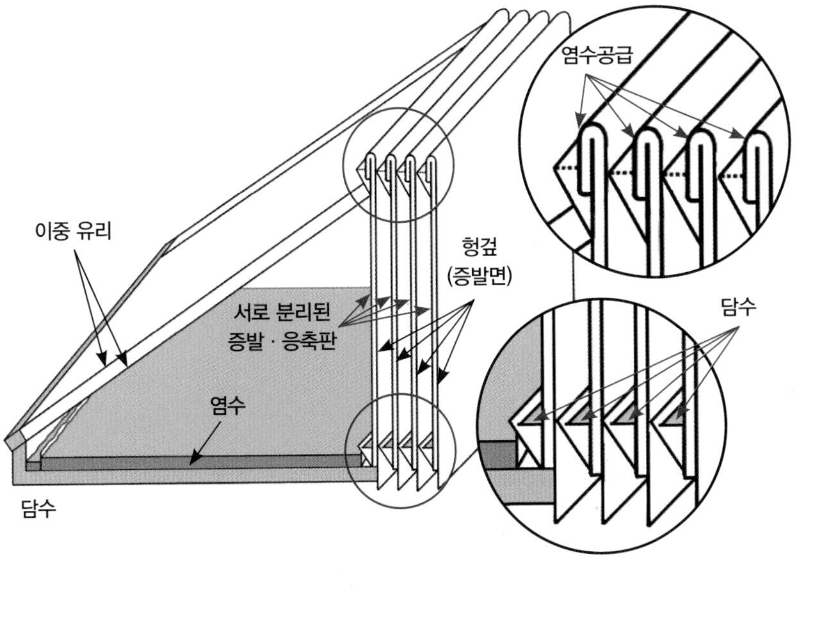

그림 8.10 **다단 태양열 증류식 담수기**
증발 · 응축판을 수직으로 배치하고, 평면에 염수를 채운 다단 태양열 증류식 담수기이다. 증발된 수증기는 사선의 유리창 표면이나 우측의 응축판 표면을 따라서 흘러내려 모으게 된다. 이 때 면의 응축판에서 발생하는 응축잠열을 반복적으로 재활용하여 담수화 효율을 높이게 된다.

다. 그림 8.10은 이러한 문제를 해결한 실용적인 구조의 예로(H. Tanaka *et al.* (2002), Desalination, 150, 131-144), 증발과 응축이 일어나는 판(증발 · 응축판)을 수직으로 배치하여 중력에 의해 판이 휘어지는 문제를 해결하였다. 비스듬히 설치된 이중 유리창으로부터 들어온 햇빛을 받아 바닥에 있는 염수가 증발하면, 생성된 수증기는 유리창 내벽이나 오른쪽에 수직으로 세워진 금속판(응축면) 표면에 응축되어 담수로 변한다. 응축면의 뒷쪽에는 염수가 흘러내리는 헝겊이 맞대어 있어 수증기가 응축될 때 나오는 응축열에 의해 물이 증발된 뒤, 두 번째 판의 응축면에서 응축되어 담수로 변한다. 이러한 과정이 반복되면 더 많은 담수를 얻을 수 있다.

그러나 그림 8.10과 같은 다단 태양열 증류식 담수 장치는 효율은 높지만, 비교적 고가 소재인 금속판이나 유리판 등을 사용하며 제작공정이 복잡하므로 경제적인 이유로 실용화에 어려움이 있다. 따라서 이러한 문제를 해결하기 위해 소재가 가볍고 저렴하며, 대량 생산에 유리한 구조를 갖는 저가형 다중 효용 태양열 담수기가 개발되었다(그림 8.11 참조).

저가형 다중 효용 태양열 담수기는 증발 · 응축판으로 고가의 스테인리스 금속판 대신 방수 필름 뒷면에 헝겊을 붙인 소재를 접어서 만든 증발 · 응축 필름을 사용한다. 여러 장의 필름을 겹쳐서 다단 증류 장치를 만들 경우, 필름은 쉽게 휘어지기 때문에 서로 인접한 증발면(헝겊 부분)과 응축 필름(필름 부분)이 맞닿기 쉽다. 이를 방지하기 위해 각각의 증발 · 응축 필름 (헝겊과 방수 필름이 붙어 있는 필름) 사이에 분리판을 끼웠다. 이는 그림 8.10의 다중 효용 증류식 담수기에서는 볼 수 없는 구조이다. 이 때, 분리판과 응축면이 맞닿는 부분은 예각을 이루게 하여, 분리판을 따라서 흘러내리는 물방울이 표면장력에 의해 분리판과 응축면 사이에 머물러 증발면(헝겊) 쪽으로 넘어가는 것을 방지한다.

그림 8.11 증발 · 응축 필름을 적용한 저가형 다중 효용 태양열 담수기

Solved problem 8-2

10단인 다중 효용 태양열 담수기를 만들어 담수화 과정을 진행하였다. 첫 번째 단에서 하루에 5 kg의 증류수를 얻었고, 이후, 앞단의 응축열 중 약 80%의 에너지가 뒷단의 염수를 증발시켜서 수증기가 그 다음 단에 응축되도록 하는데 사용되었다. 다중 효용 태양열 담수기 전체에서 하루 중 얻는 담수의 양은 대략 얼마나 될까?

▶ 풀이 및 답

첫 항 a = 5 kg, 공비 r = 0.8, 항의 수 n = 10인 등비급수의 공식을 따르므로, 담수량의 합은

$S_n = a + ar + ar^2 + ... + ar^9 = a(1 - r^n)/(1 - r) = 5\ kg(1 - 0.8^{10})/(1 - 0.8)$

$= 22.31\ kg$

즉 하루에 약 22 kg의 담수를 얻을 수 있다.

8.2 역삼투압 막 분리법 담수화

역삼투압 막 분리법

반투과막을 사이에 두고 농도가 높은 용액에 삼투압보다 큰 압력을 가하여, 용매를 농도가 낮은 곳으로 밀어내는 방식으로 담수화하는 방법

역삼투압 막 분리법은 물 분자는 통과시키나 물에 녹아 있는 이온은 통과시키지 않는 반투막에 강한 압력을 가하여 염수를 통과시키는 방법이다. 그림 8.12의 왼쪽과 같이 반투막을 사이에 두고, 양쪽에 이온의 농도가 낮은 물과 이온의 농도가 높은 물을 둔다면, 작은 물 분자는 반투막을 통과할 수 있지만, 그보다 큰 이온 입자는 반투막을 통과하지 못한다. 따라서 이온 농도의 차이가 작아져서 평형을 이루도록, 이온 농도가 낮은 쪽의 물이 이온 농도가 높은 쪽으로 이동하게 되고, 양쪽에는 물기둥 높이 차이만큼의 압력, 즉 **삼투압**이 생기게 된다(그림 8.12 참조). 역삼투압을 이용한 담수화 방식은 이러한 현상을 반대로 이용하는 것이다. 미세한 구멍(약 0.0001 μm)이 있는 반투막(역삼투막) 필터에 강한 압력으로 염수를 통과시키면 물분자만 통과시켜 염분을 걸러낼 수 있다. 필터에 가하는 압력은 자연적으로 발생하는 삼투압보다 높아야 한다. 삼투압은 정수하고

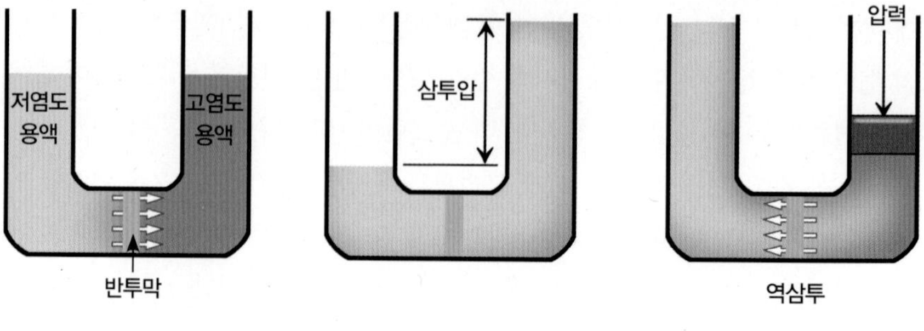

그림 8.12 역삼투압 막 분리법의 원리
저염도와 고염도의 용액이 반투막을 사이에 두고 있으면, 용매 분자만이 반투막을 통과하여 고염도 용액 쪽으로 이동하여 물기둥의 높이만큼의 압력차(삼투압)가 생긴다. 역으로 이 이상의 압력을 반투막을 사이에 두고 가하게 되면, 염분은 통과하지 못하고 용매(물)만이 통과하여 염분이 제거된다.

자 하는 물의 염분 농도에 따라 다르기 때문에, 직접 제작을 한다면 가하는 압력을 정하기 전에 염분의 농도가 먼저 고려되어야 할 것이다. 예를 들어 염도가 비교적 낮은 민물의 경우 2~17 bar 정도의 비교적 낮은 압력이 필요하지만, 염도가 높은 바닷물을 정수하기 위해서는 40~82 bar의 높은 압력이 필요하다.

실제의 역삼투압 필터는 물의 통과 면적을 늘려서 생산 속도를 높이기 위해서 그림 8.13과 같이 넓은 면적의 반투막 주머니를 원통형으로 말아서 사용한다. 압력을 가하여 반투막 주머니 속으로 염수를 집어 넣고, 주머니 속을 통과하여 나온 담수와, 통과하지 못하고 나오는 농축수를 분리하여 얻는다. 반투막의 구멍이 매우 작기 때문에 통과시키는 물에 먼지와 같은 불순물이 섞여 있으면, 금방 사용을 못하게 되기 때문에 사전 필터로 먼저 물을 거른 뒤 반투막 필터를 통과시켜야 한다. 반투막을 오래 사용하면 표면이 불순물로 가득 차서 여과 효율이 떨어질 수 있는데 이 때는 역방향으로 물을 흘려 주면서, 압력을 가하여 표면의 불순물을 씻어낸 뒤 필터를 재사용한다. 다만 필터를 여러 번 재활용하면 성능이 떨어지므로 때때로 교체해야 할 필요가 있다.

막 분리법을 이용한 담수 장치는 선박에서 식수를 공급하는 소형 담수기나 도시에 담수를 공급하는 대형 담수 플랜트 등 다양한 규모와 상황에 맞게 제작이 가능하고, 에너지 대비 담수 생산 효율이 높아 현대 사회에서 많이 사용되고 있다. 다만 초기의 장비 도입 비용이 크고, 분리막을 주기적으로 교체해야 하며 지속적인 부품 공급을 포함한 유지 관리가 필요하다는 단점이 있기 때문에 경제적으로 여유가 없거나 지속적인 기술 지원이 곤란한 경우에는 적용이 어렵다는 문제가 있다. 수동 펌프를 이용하는 경우도 있으나, 주로 전동 펌프로 압력을 얻으므로, 외부에서 전력 공급이 어려운 경우에는 태양광, 수력, 풍력 발전 등의 다양한 전기 에너지 공급원을 함께 설치할 필요가 있다.

그러나 적정기술을 단순히 '가장 저렴한 기술'이 아니라 '주어진 조건에서 주어진 요구 사항을 만족하는 가장 적정한 기술'이라고 생각한다면, 상황에 따라 막 분리법 담수 장치도 적절한 담수화 해결책이 될 수 있다. 때때로 역삼투막 필터를 교체해야 하고 경우에 따라 전력 공급도 필요하지만, 만약 각종 필터 등 부

삼투압

용매만 통과할 수 있고, 염분 등의 용질은 통과할 수 없는 반투과막으로 농도가 높은 용액과 낮은 용액 사이를 막았을 경우, 농도가 낮은 곳에서 높은 곳으로 용매가 이동하려는 현상으로 인해 나타나는 압력

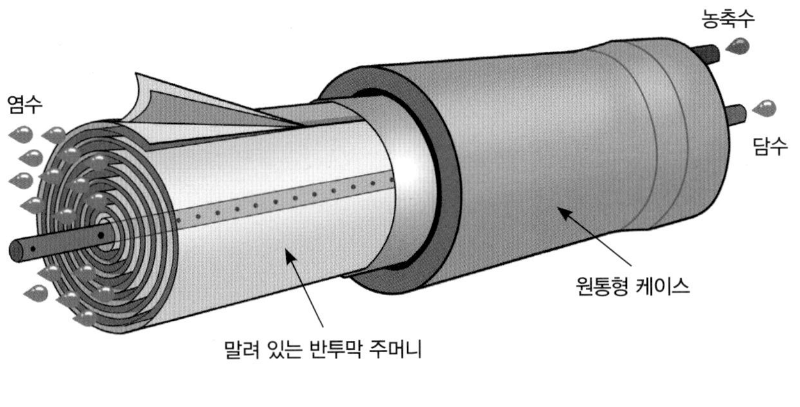

그림 8.13 역삼투막 필터의 구조

TDS

total dissolved solid의 약자로 물속에 녹아 있는 고형물질의 양을 나타낸다.

Solved problem 8-3

바닷물과 증류수 사이에 반투막이 있을 경우, 23℃ 온도에서 대략적인 삼투압 크기를 계산해 보고, 바닷물로부터 1 m^3의 담수를 만드는 데 필요한 최소한의 에너지를 계산해 보자. 바닷물에 녹아 있는 불순물의 농도(Total dissolved solid, TDS)는 지역에 따라 다르지만, 편의상 약 33 g/ℓ이고, 그 성분은 아래 표 8.3과 같이 구성되어 있다고 가정하자. 각 성분의 원자마다 질량이 다르므로 함량을 원자량으로 나누면 바닷물 1 ℓ당 함유된 몰 수를 구할 수 있다[1 몰은 6.02 × 10^{23} 개(아보가드로수)의 입자를 뜻한다].

표 8.3 바닷물에 녹아 있는 불순물의 농도

원소(이온)의 종류	1ℓ 에 녹아 있는 질량	원자량(g/mol)	몰 농도(mol/ℓ) (1ℓ 에 녹아 있는 몰수)
염소(Cl)	19.4	35.45	0.5473
나트륨(Na)	10.8	22.990	0.46977
마그네슘 (Mg)	1.292	24.305	0.053158
황(S)	0.4	32.06	0.012477
칼륨(K)	0.4	39.098	0.010231
브롬(Br)	0.67	79.904	0.008385
합계			1.1

▶ 풀이 및 답

이상적인 상태에서 삼투압 π는 다음 식을 따른다.

π = cRT

c : 몰 농도 (단위 부피당 포함된 입자의 수를 몰수로 표현한 농도)

R : 기체상수(8.31 J/(K · mol))

T : 절대온도 K (절대온도 K(켈빈)는 섭씨온도에 273.15를 더한 값이다.
즉 0℃= 273.15 K)

따라서 23℃에서의 삼투압을 계산하면

π = cRT = 1.101 mol/ℓ × 1000 ℓ/m^3 × 8.31 J/(K·mol) × 296.15 K
= 2.7 × 10^6 J/m^3 = 2.7 × 10^6 N/m^2 = 27 bar

따라서 역삼투압 방식에 의해 바닷물의 염분을 제거하기 위해서는 적어도 27 bar 이상의 압력을 가하여야 한다. 또한 부피 V 만큼의 담수를 얻기 위한 최소 에너지 E는 다음과 같이 구할 수 있다.

E = π V = 2.7 × 10^6 N/m^2 × 1 m^3 = 2.7 × 10^6 J = 0.75 kWh

그러나 이는 어디까지나 이론적으로 필요한 최소한의 압력과 에너지이며, 실제로 담수가 무한히 천천히 조금씩 분리막을 통과하지 않고, 적절한 속도로 생산되기 위해서는 통상적으로 이보다는 훨씬 높은 압력(40~80 bar 이상)이 필요하며, 사용되는 에너지도 전처리에 필요한 에너지 등을 포함하므로 이보다 훨씬 많은 양 (3~6 kWh/m^3)이 필요하다.

품의 지속적인 구매와 수급이 가능하고, 경제적으로 무리가 되지 않는 여건이라면 역삼투압 장비를 제작하거나, 기성품 장비를 사용하는 것이 더 효율적일 수 있다.

Solved problem 8-3에서 보았듯이, 이온 농도가 낮을 경우 필요로 하는 압력과 소모되는 에너지가 작아지므로 바닷물만큼 고농도의 염수가 아니라 약간의 염분을 포함한 지하수의 경우, 막분리 방식의 담수 장치를 사용하는 것이 증류식 담수기보다 효율적인 담수화가 가능하다.

해수 담수화가 아니라 소량의 염분을 포함한 민물을 담수화하는 경우처럼 염분의 농도가 비교적 작을 경우, 상대적으로 낮은 압력으로도 막여과가 가능하다. 저농도 소량의 담수화에서는 전동 펌프뿐 아니라 수동 펌프를 이용한 담수화도 가능하다.

근래에는 산업 기술의 발달로 역삼투압 필터의 가격이 저렴해지고 비교적 구하기도 용이하다. 역삼투압 막 분리법 방식은 소모되는 에너지에 비해 정수되는 물의 양이 많으므로, 매우 효과적인 방식이다. 만약 저렴한 필터를 지속 가능하게 공급할 수 있고, 지속적인 유지와 관리가 가능한 상황이라면 증류식 담수화 방식보다 막분리 방식 담수 장치가 더 효과적일 수 있다. 예를 들어 전동 펌프로 가동되는 역삼투압 담수기에 태양전지를 이용하여 지속적으로 전력을 공급하는 방식도 고려해 볼 수 있을 것이다.

8.3 축전식 탈염기술

축전식 탈염기술(CDI)은 양전하와 음전하로 대전되어 있는 전극 사이로 염수를 흘려보내 음이온은 양전하 전극 쪽으로, 양이온은 음전하 전극 쪽으로 끌어당기는 방식이다. 전극에 많은 양의 이온이 붙어서 더 이상 이온이 끌려가지 않고 효율이 떨어지면, 전극을 대전시키지 않는 상태에서 다량의 염수를 흘려보내서, 전극에 붙어 있는 이온을 씻어낸다. 즉 담수화와 씻어내기를 교대로 반복한다.

증발법이나 막 분리법은 염수에서 물을 분리해 내는 방식인데 반하여, CDI는 역으로 염수에서 이온을 분리해 내는 방식이다. 염분이 높을 경우 여러 개의 전극을 반복적으로 통과시켜야 제거할 수 있으므로, 해수와 같이 염분의 농도가 높은 경우에는 상대적으로 효율이 낮지만 염분의 농도가 낮은 경우에는 CDI가 매우 효과적이다. 막 분리법과 같이 초기의 장비 도입 비용이 비교적 높으나, 생산성 대비 효율면에서 특히 중소형 담수기로 효과적이다. 지속적인 교체가 필요한 분리막을 사용하지 않는 장점이 있으나, 유지 관리를 위해 전극판을 교체해야 할 수 있으므로 장기적으로 사용하려면 관리 비용이나 부품 수급에 대한 고려가 필요하다.

축전식 탈염기술
(Capacitive Deionization, CDI)
양전하와 음전하로 대전되어 있는 전극 사이로 염수를 흘려보내 음이온은 양전하 전극 쪽으로, 양이온은 음전하 전극 쪽으로 끌어당기는 방식으로 염을 제거하는 담수화 방법

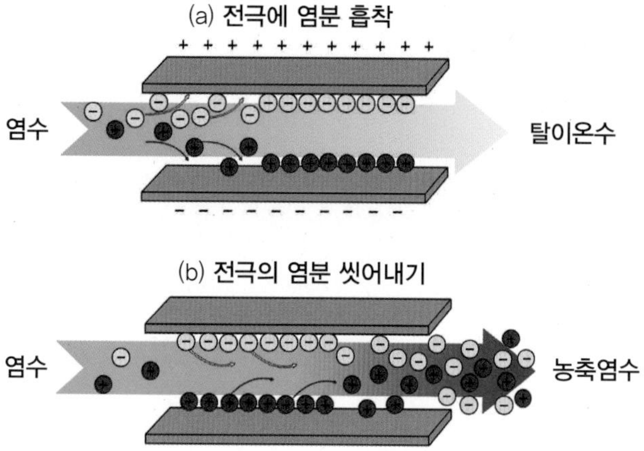

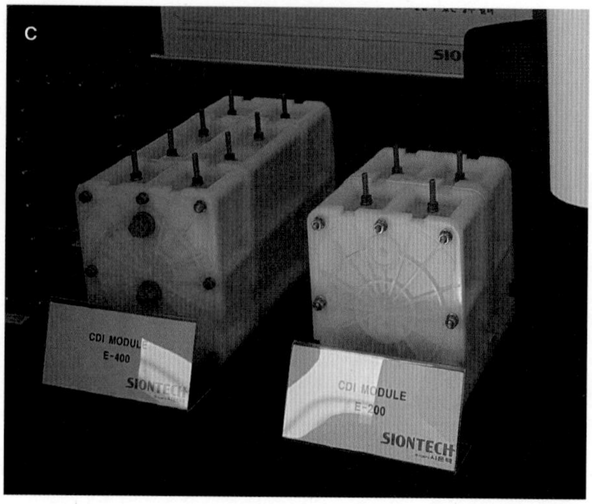

그림 8.14 CDI 담수화 방식의 원리
(a) 양극과 음극 사이로 염수를 통과시켜서 음이온과 양이온을 전극 표면에 붙게 하여 염분이 제거된 물을 얻는다.
(b) 전극 표면에 이온이 많이 붙어 성능이 떨어지면 전극을 물로 씻어내어 전극 표면에 붙은 이온을 떼어 낸다. 이러한 과정을 반복한다.
(c) CDI 담수화 모듈로 여러 층의 전극을 적층하고, 그 속으로 물을 넣고 뺄 수 있는 입수구와 출수구가 있다.

산업적으로 낙후된 환경이라면 원재료를 사용해 직접 막 분리형 담수기나 CDI형 담수기를 제작하기란 어렵다. 그러나 설비 제작용 부품이나 완제품을 구할 수 있고 유지 보수가 비교적 용이한 환경이라면 CDI 방식의 담수기 도입을 고려할 수 있을 것이다. 가동을 위해서는 전력이 필요하므로, 외부에서 전력 공급이 어려운 경우에는 태양광, 수력, 풍력 등을 이용하는 전기 에너지 공급원을 함께 설치할 필요가 있다.

8.4 담수화 과정에서 고려할 점

1. 증류수를 식수로 사용할 때의 문제점과 해결 방법

일반적인 경우에는 사람이 물만을 마시지 않고, 식품 등을 통해서 몸에 필요한 이온을 얻기 때문에 순수한 물을 마셔도 문제가 생기지는 않는다. 다만 지나치게 많은 양의 순수한 물을 일시에 마시면 몸 안의 이온 균형이 깨질 수도 있고 물맛도 좋지 않아 이를 위해 미량의 이온을 포함시키기도 한다. 국내에서 판매되는 생수 제품에는 대략 10~100 mg/ℓ 농도의 이온이 함유되어 있다.

물에서 이온을 분리해 내는 CDI 담수화 방식의 경우, 적당한 농도까지만 담수화하면 자연스럽게 소량의 이온이 함유된 물을 만들 수 있다. 그러나 증류식 또는 막 분리식 담수화 과정에서는 순수한 물이 생산되므로 사후에 적절한 양의 이온을 첨가하기도 한다. 가장 간단한 방법은 담수화를 하지 않은 소량의 염수를 담수화된 물에 섞는 방식이다(물론 담수화를 하지 않은 물에 있는 해로운 물질 등은 제거한 뒤에 첨가해야 한다). 예를 들어 바닷물에 녹아 있는 이온의 농도는 대략 30~ 38 g/ℓ이므로, 순수한 물에 바닷물을 0.1% 첨가하면 30~38 mg/ℓ의 농도가 되어 생수 제품의 이온 농도와 유사하게 될 것이다.

만약 담수화하고자 하는 원수가 중금속 등으로 오염되어 있어 첨가하는 것이 적절하지 않거나 만들어진 담수를 주 식수원으로 사용하는 사람들이 특정 미네랄이 부족하여 별도로 미네랄을 첨가해야 하는 상황이라면, 별도의 광물질을 이용해서 이온이 용출되게 하는 것을 고려할 수도 있을 것이다. 예를 들어서 맥반석 모래와 같은 미네랄이 풍부한 광물질층에 담수화한 물을 통과시키면서 이온이 용출되게 할 수 있다. 이러한 광물질은 극히 소량씩 녹아 나오기 때문에 거의 반영구적으로 사용할 수 있다는 장점이 있다. 단, 이러한 경우 인체에 해로운 중금속과 같은 불순물이 섞여서 함께 용출되어 나오지는 않는지, 실제 사용 환경에서 얼마만큼의 이온이 용출되어 나오는지, 오랜 기간 사용하였을 때 미생물에 의한 오염의 우려는 없는지 등을 확인할 필요가 있을 것이다.

2. 폐농축수의 처리

증류식이든 역삼투압 방식이든 염분을 제거하여 담수를 얻는 과정에서는 고농도의 염분을 함유하는 폐농축수가 발생한다. 대규모 담수 플랜트에서 발생하는 폐농축수를 바다에 버리면 배출구 주변의 염분 농도가 높아져서 해양 생태계에 심각한 문제를 일으킬 수도 있다. 그러나 일반적인 적정기술로서 활용하는 담수 설비는 대형 플랜트와 비교하여 폐농축수의 양이 많지 않으므로 환경 파괴의 우려가 상대적으로 적다. 그러나 오랜 기간 폐농축수를 그대로 토양에 유출할 경우 토양 오염 등의 문제가 발생하므로, 발생하는 폐농축수를 바다 등 물이 흘러갈 곳으로 안전하게 희석하여 배출하는 것이 중요하다.

8.5 적정기술로서 담수화 기술의 전망

일반적으로 물속에 녹아 있는 이온을 제거하는 것은 다른 불순물을 제거하는 것보다는 비용이 많이 든다. 하나의 담수화 방법으로 유해 불순물 대부분을 모두 제거할 수 있더라도, 경제성이 떨어진다면 좋은 방법이라고 할 수 없으므로 주어진 상황에서 최적화된 정수 방법을 적용하는 것이 바람직하다. 예를 들어 증발법에 의한 담수화 방법으로 물속의 이온, 부유물, 고체 입자, 박테리아 등을 한 번에 모두 제거가 가능해도 사용하고자 하는 물이 이온성 불순물이 적은 민물이라면 굳이 담수화 공정을 적용할 필요가 없다. 고체 입자 등은 간단한 침전 및 여과 공정을 통해, 박테리아 등의 생물학적 오염 원인은 좀 더 세밀한 여과 공정이나 저렴한 소독 공정을 통해서 제거할 수 있다. 또한 고체 입자 등의 불순물은 담수화 설비 자체의 수명을 단축하므로 담수화 공정을 적용하더라도, 상황에 맞게 다른 정수 방법을 함께 사용해야 한다.

만약 제거해야 할 오염원이 이온성 불순물이라 하더라도 주어진 상황에 맞는 적절한 담수화 방식을 선택할 필요가 있다. 염도가 높지 않고 염분이 소량 포함된 민물을 정수할 경우, 일반적으로 증발법보다는 막 분리법을 활용하는 것이 더 경제적일 수 있다. 앞의 여러 사례에서 알 수 있듯이, 염분의 농도가 낮을수록 염분을 제거하는 데 필요한 압력이 작아지기 때문이다. 또한 상대적으로 낮은 염도에서 효과적인 CDI 방식을 적용하는 것도 고려해 볼 수 있다.

다만 이러한 방식들에서 사용되는 분리막 필터나 CDI 전극을 만들기 위해서는 상당한 기술과 생산 설비를 갖추어야 할 것이므로, 저개발 지역에서 자체 제작하여 보급하기에는 어려울 수 있다. 만약 현장에서 모든 것을 자급해야만 계속 담수 시설을 운영할 수 있는 상황이라면 경제성이 다소 떨어지더라도 외부의 지원 없이 지속가능한 다른 방식, 예를 들면 태양열 증발법과 같은 방식을 고려해야 할 것이다.

이처럼 여러 가지 상황에 따라 다양한 담수화 방식을 적용할 수 있으므로, 적정한 담수화 방식을 선택하기에 앞서 담수화 하고자 하는 물의 상태, 필요로 하는 담수의 양, 인력이나 현물 자원과 같은 활용 가능한 경제적 조건, 지속적인 유지 관리의 가능 여부 등을 고려하여 세심하게 계획을 세워야 한다.

연습문제

● 다음의 문제를 풀면서 담수화가 적정기술로 활용될 경우의 활용 방안을 생각해 보자.

1. 하루에 10 MJ/m^{2}의 태양에너지가 비추는 조건에서(1 MJ = 1,000,000 J) 면적이 2 m^{2}이고 에너지 효율이 20%인 태양열 증류식 담수기를 구성하였다. 예상 가능한 일일 담수 생산량은 대략 얼마인가?
2. 1번의 태양열 증류 담수기를 이용하여 100 ℓ의 담수를 얻으려면 며칠이 걸릴지 계산하여라.
3. 소금(NaCl)의 농도가 질량비로 3,000 ppm인 물을 역삼투압 방식으로 정수하는 데 필요한 이론적인 최소 압력의 두 배는 얼마인가?
4. 1000 ppm 이온이 함유된 원수를 담수화하여 순수한 물 100 ℓ를 만들었다. 이 물의 이온 농도를 50 ppm으로 만들려면 여기에 원수 몇 ℓ를 섞어야 하는가?

공동 설계 프로젝트

● 설계 프로젝트는 최종 작품의 요구 사항에 맞는 디자인이 필수이며, 학생들이 공동 작업하여 실제 프로토타입을 설계, 제작하는 것을 목표로 한다.

1. 하루에 필요로 하는 담수량이 1 ℓ , 10 ℓ , 1톤, 10톤일 때, 각각 어떤 담수화 기술을 선택하는 것이 합리적일지 토론해 보자.
2. 원수의 이온 농도가 500 ppm, 34,000 ppm일 때, 어떤 담수화 방식을 이용하는 것이 합리적일지 토의해 보자.
3. 경제적인 다중 효용 태양열 증류식 담수기를 설계해 보자.
4. 주변에서 쉽게 구할 수 있는 재료를 이용해서 가장 저렴하고 생산성이 높은 태양열 담수기를 설계해 보자. 주변에서 무상으로 구할 수 있는 소재를 포함하여 재료비 10만 원으로 가장 효율적인 담수기를 제작한다면, 어떻게 설계하는 것이 좋을지 토의해 보자. 또 예산을 1000만 원으로 가정하면 다양한 환경 조건(수요량, 원수의 염분 농도, 유지 보수의 용이성 등)에서 어떻게 시스템을 구성하는 것이 좋을지 토의해 보자.

참고 문헌

Elimelech M. and Philip W. (2011), The future of seawater desalination: Energy, Technology, and the Environment, Science, 333, 712–717.

Kalogirou S.A. (2005), Seawater desalination using renewable energy sources, *Progress in Energy and Combustion Science*, 31, 242–281.

Pak H. (2017), Low–cost multi–effect solar still: Alternative Appropriate Technology for Personal Desalination, Chapter12, Desalination, DOI: 10.5772/intechopen.68365

Tanaka H., Nosoko T. and Nagata, T. (2002), Experimental study of basin–type, multiple–effect, diffusion–coupled solar still, *Desalination*, 150, 131–144.

Ⅳ. 생활 속의 적정기술

제9장 도구 1:

도구의 분류와 자전거

"The production of too many useful things
results in too many useless people."

- Karl Heinrich Marx -

"너무 많은 쓸모 있는 물건의 생산은
너무 많은 쓸모없는 사람들을 양산한다."

- 칼 마르크스 -

생각해 봅시다

❶ 적정기술에서 도구란 무엇일까? 농촌에서 필수적으로 필요한 도구들을 찾아보고, 이러한 도구들의 작동 원리를 생각해 보자.

❷ 자전거는 인력을 다른 형태의 에너지로 전환하는 가장 보편적인 도구이다. 자전거의 페달을 돌리는 운동에너지를 전기에너지로 변환시키면 얼마나 많은 전력을 생산할 수 있을지 생각해 보자.

❸ 동일한 도구라도 환경이 달라지면 역할이 달라진다. 자전거와 같은 도구가 현대화된 선진국과 개발도상국에서 각각 어떻게 활용되는지를 생각해 보자.

건강과 에너지 자급자족을 한 번에

2008년 New Society 출판사에 의하여 출간된 『The Human-Powered Home, Choosing Muscles Over Motors』(Tamara Dean 저)에서는 지속가능한 집을 만들기 위한 다양한 방법을 소개하고 있다. 다양한 가전제품을 운동기구에 연결하여 건강을 챙기면서 전기도 스스로 생산하여 활용하는 생활을 제안하는 책이다.

그림 9.1 『The Human-Powered Home』 표지

바이크나 트레드밀에서 운동을 할 때 자신의 몸이 엔진과 같다고 생각한 적은 없는가? 사람이 운동을 할 때 땀을 흘리고, 긴장을 풀고, 열을 발생시키는 것은 사람의 몸을 엔진으로 느끼게 한다. 그러나 이러한 엔진의 출력은 항상 낭비되고 있다. 엔진과 같은 우리 몸을 이용하여 전기를 발생시키거나, 스무디를 섞는 것처럼 유용한 목적에 쓸 수 있다면 어떨까? 몸을 건강하게 유지하는 것 외에도 화석연료에 대한 의존도를 줄이는 데 도움이 되지 않을까?

인간이 운동을 통하여 얻을 수 있는 에너지를 계산해 보면, 1시간 동안 운동할 때 얻을 수 있는 최대 전력은 휘발유 약 2숟가락이 내는 에너지에 불과하다. 그러므로 운동을 통해 얻을 수 있는 전기로 텔레비전이나 믹서를 작동시키려면 갈등이 생길 수밖에 없다. 많은 돈을 아끼는 것도 아니고, 화석연료 배출을 많이 줄일 수도 없는 이런 방법이 과연 가치가 있을까?

그 대답은 하나의 중요한 개념, 스스로 되찾은 전기에 대한 권력에 주목한다. 롭 로이는 수력 펌프를 작동시키기 위하여 페달을 밟으면서 전기 회사로부터 자유롭게 되었다. 롭이 사는 지역에서 전원이 끊어져도 롭은 물탱크를 채울 수 있고, 가족들은 아무 문제 없이 수도꼭지에서 나오는 물을 마시고 목욕을 할 수 있다. 이불 제조 사업을 하는 Anne Kusilek은 재봉틀을 사용하여 이불을 만들기 때문에 전기가 없을 때도 일을 계속할 수 있다. 'Shake Your Peace'라는 밴드는 자전거로 유타를 여행하며 페달 구동식 앰프를 사용하여 어디서나 자유롭게 공연했다. 사람의 힘은 필요한 곳에서는 어디서든 이동하여 사용할 수 있고, 그 힘은 아주 작지만 전기 회사가 없이도 여러 가지 일을 할 수 있다.

인간의 힘을 사용하려는 우리의 노력은 인간에 대한 새로운 인식을 제공하고, 우리가 당연하게 느끼는 것에 대해 새롭게 생각할 기회를 준다. 과학 박물관 전시관에서 관람객들이 자전거의 페달을 밟으면서 60와트의 전구를 밝히는 체험을 하게 되면, 이러한 노력으로 우리가 알지 못하는 어느 공간에서도 빛을 제공할 수 있다는 점을 깨닫게 된다.

저자 서문에서 발췌

도구는 일반적으로 일을 쉽게 하기 위하여 이용하는 연장을 통틀어 이르는 말이다. 가위로 자르고, 망치로 두드리고, 삽으로 퍼내는 것처럼 무엇인가를 제작하거나 구현하기 위한 넓은 의미의 수단과 작업에 활용하는 장비를 모두 포함한다.

적정기술에서 사용하기에 적합한 도구를 구분할 때 일반적으로 적용하는 기준은 소요되는 비용이다. 적정기술 즉 중간 단계 기술의 개념을 처음 제안한 슈마허(Ernst Friedrich Schumacher)는 도구를 구입하는 데 소요된 비용을 기준하여, 작업에 사용된 도구와 기술의 수준을 구분할 수 있다고 하였다. 이를 적용해 보면 농부가 사용하는 몇 천 원짜리 쟁기는 '낮은 기술의 도구'로, 20억 달러 규모의 반도체 공장은 '고급 기술의 도구'로 구분할 수 있다. 슈마허의 설명을 바탕으로 적정기술에 적합한 도구는 사용자가 지불 가능한 적정한 금액으로 구입, 활용할 수 있고, 기술 수준이 중간 단계인 장비라고 이해할 수 있다.

적정기술에서 기술 수준에 따라 도구를 구분할 때 간과하는 점은 사용자의 수준이다. 예를 들어 손잡이를 도구로 사용하려면 잡고서 밀거나, 돌리는 것과 같은 움직이는 방법, 용도에 대한 이해와 기술 습득이 전제되어야 한다. 즉 낮은 기술의 도구든, 고급 기술의 도구든 사용자의 수준과 유용성을 고려하여 개발해야 한다. 이는 적정기술의 도구를 적용하는 데 핵심적인 고려 사항이다.

적정기술을 활용한 원조 프로그램 가운데, 숙련되지 않은 사용자에게 도구를 사용하도록 하여 물질이 낭비되고 비효율적이 되는 경우가 많았다. 이는 사용자의 수준을 고려하지 않은 도구를 제공하여, 현지인의 노동력이 효과적인 생산력으로 활용되지 않은 사례라 할 수 있다. 이와 관련하여, 최근 이용자가 직관적으로 이해하여 도구를 사용하도록 하는 **'사용자 중심 디자인(User Centered Design, UCD)'**이라는 개념을 생각할 수 있다. 즉 적정기술에서 도구를 활용하는 경우, 인체에 최적화된 도구를 개발하고, 현지의 환경을 고려함과 동시에 사용자에게 적절한 교육을 시행하는 것이 필수이다.

> **사용자 중심 디자인**
> **(User Centered Design)**
> 사용자가 제품을 사용할 때 사용자의 직관적 사용 행태를 분석하여 이를 제품 디자인에 반영하는 디자인 방식이다. 사용자의 작업, 환경, 이해와 경험을 바탕으로 제품을 수용하기 위해 사용자의 행동을 변경하는 것이 아니라, 사용자가 제품을 이용하는 방식에 제품을 최적화한다.

본 장에서는 먼저 '적정성'이라는 관점에서 도구 개발의 필요성을 설명하고, 이를 바탕으로 다양한 영역에서 도구의 종류를 살펴볼 것이다. 또한 이와 같은 관점에서 대표적인 도구인 자전거의 다양한 활용 사례를 구체적으로 소개하고자 한다. 다음 장인 제10장 도구 2에서는 농업에서 널리 활용되는 펌프와 부엌에서 사용되는 스토브의 구성 및 작동원리와 함께 도구의 발전 과정과 최근 개발도상국의 변화된 환경에서 활용되는 사례를 다룰 예정이다.

9.1 적정기술 도구의 구분 및 종류

1. 기술과 도구의 적정성

슈마허는 기술의 효율성만을 강조한 선진 기술의 '이식 기술(transplant technology)'의 대안으로 적정기술을 제안한 바 있다. 이는 기술적 관점에서 이식된 서구 기술은 저개발국에서의 빈곤 문제 해결과 경제 발전에 적정한 방법이 아니라는 점을 강조하는 것이다. 서구 기술은 주된 목적을 노동력 절감에 두고 발전해 왔기 때문에, 개발도상국과 같이 잉여 노동력이 많은 지역에는 적절하지 않다. 또한 서구 기술은 근대적 교통수단, 회계, 마케팅과 같은 지원 시스템의 발전과 더불어 성장해 왔기 때문에 지원 시스템이 부족한 지역에서는 알맞지 않고, 근대화된 지역 및 대도시와 같은 제한된 지역에만 적용 가능하다.

이런 관점에서 기존의 기술적인 지원은 정체 또는 쇠퇴한 지역 공동체에 존재하는 전통적 기술의 '생산성' 향상을 목표로 해 왔다. 즉 서구로부터 수입된 자본 집약적인 기술에 비해 저렴하고 단순한, 지역 공동체에 내재되어 있는 전통적 지식과 기술의 향상을 통해 지역 공동체에 '적정한' 지속가능한 발전을 추구한 것이다. 이는 자본 투자나 수입된 기술이 없이 지역의 지식과 기술을 바탕으로 작업장을 구축하고, 상대적으로 단순한 생산 방법을 필요로 하는 생산적인 일자리를 창출하며, 지역의 소비를 위한 재화를 생산하고, 원료와 재정을 지역에서 공급받는다. 이러한 시도의 결과로 작은 시장 상황에 맞는 작은 규모의 기술, 정교한 제조 기술이나 조직, 대규모 재정 등이 불필요한 단순한 기술, 자본집약적이지 않은 기술, 비폭력적인 기술 등이 지역 사회의 지속가능한 발전에 '적정한' 기술의 특징으로 간주되기 시작했다.

위와 같은 적정기술의 특징을 기준하면 적정기술의 도구는 효율성만을 강조한 선진 기술의 이식 기술(transplant technology)과 구분할 수 있다. 적정기술의 학술적 의미를 연구해 온 브라운대학의 **바렛 헤이즐타인(Barrett Hazeltine)** 교수는 이식 기술에 대해 다음과 같이 지적하고 있다. 숙련된 기술자가 부족한 상황에서 기계나 도구에 문제가 생기면 이를 수리하거나 교환할 수 있는 사회적 인프라가 없으므로 이식 기술은 성공하기 어렵다. 그러므로 완벽한 기술은 문제 해결의 일부분으로, 기술은 반드시 현지 사람들의 기술 수준, 문화적 환경, 경제적 환경과 조화를 이루어야 한다. 이는 기술 자체의 선진화보다 기술을 현지화 시킬 수 있는 디자인이 중요한 요소임을 강조하는 것이다. 헤이즐타인 교수가 제시하는 적정기술이 갖추어야 할 적정성은 다음과 같다.

바렛 헤이즐타인 (Barrett Hazeltine)

1953년 브라운대를 졸업하고 1963년 미시간대에서 박사학위를 받았다. 1959년 브라운대학교 공과대학 교수로 부임하여 현재 석좌교수로 재직하고 있다. 적정기술을 처음으로 대학강의에 도입하여 『Introduction to Appropriate Technology』라는 저서를 발간하고, 말라위, 잠비아, 보츠와나 등에서 방문 강의를 하면서 남미, 아프리카, 아시아 지역에 적정기술을 확산시켰다.

- 해당 기술이 충분한 재화와 서비스를 생산하고 있는가?
- 해당 기술을 취득하는 데 필요한 자본이 합당한 규모인가?
- 사용자가 해당 기술을 이해하고 스스로 유지 관리할 수 있는가?
- 해당 기술이 사회의 문화적인 혼란을 초래하거나 이해에 반하지 않는가?
- 해당 기술이 지속적으로 실행 가능한 가치를 생산하고 있는가?
- 해당 기술이 지역 사회에 책임 있는 직업을 창출하고 있는가?

결론적으로 '적정기술'의 생산 과정이나 설비는 다음 기준을 충족시켜야 한다. ① 한 공동체에서 다수의 필요 충족 ② 장기간 지속가능하도록 천연 자원과 자본 및 노동의 사용 ③ 한 공동체가 소유, 통제, 운용, 유지 가능 ④ 일하는 사람들의 기술과 존엄성 향상 ⑤ 환경과 인간 모두에게 비폭력적 ⑥ 사회적, 경제적, 환경적으로 지속가능, 이상 6가지이다.

이러한 관점에서 적정기술의 도구 중 성공 사례로 인정받은 것은 개발되거나 시도된 사례에 비하면 그리 많지 않다. 적정기술로 확산된 도구 중에서 대표적인 성공 사례는 다음과 같다. 비영리 단체인 킥스타트(KickStart International)가 개발한 아프리카 관개기술인 머니메이커 펌프(MoneyMaker pump), 사회적 기업에 의해 개발되고 여러 NGO의 참여로 기증되고 있는 히포 워터 롤러(Hippo water roller) 그리고 비영리단체 'Global Alliance for Clean Cookstoves'와 1,800여 개 NGO가 협업하여 확산시키고 있는 쿡스토브(Cookstoves) 등이다. 이들은 농사를 위한 관개용 도구, 가정에서 필요한 물의 운반 도구, 조리용 도구로 일상생활에 필수적이다.

유사한 사례인 Q드럼 등이 실패한 것에 비교해서, 위 도구들이 지속적으로 확산 가능했던 이유는 성공적인 비즈니스 모델화 덕분으로, 노동집약적이며, 적은 비용으로 구매와 이용이 가능하고, 기술이 의도하는 사회적, 문화적, 윤리적 측면에서 조심스럽게 접근했다는 공통점이 있다. 위 도구들은 여러 자선 단체와 현지 NGO를 통해 확산되고 있으며, 지역 주민이 실제 사용하면서 직관적으로 그 유

그림 9.2 성공적인 적정기술 기반 도구 (좌) 히포 워터 롤러 (우) Global Alliance for Clean Cookstoves의 쿡스토브

용함을 이해할 수 있으므로, 자발적으로 활용되고 있다. 주민들이 위 도구를 활용하면서 노동의 강도와 시간이 줄어들게 되고, 특히 물 운반과 가사 노동을 책임지고 있는 여성과 노약자에게 여유 시간과 잉여 노동력이 생기게 되었다. 이는 교육과 육아와 같이 꼭 필요하지만 소홀하기 쉬운 일에 시간 투여가 가능해지는 긍정적인 결과를 낳는다.

위에서 설명한 적정기술의 성공적인 모델은 고도의 선진 기술이나 대규모 원조로 개발되지 않았다. 기술의 지향점과 개발 철학이 생활 속에서 필수적인 노동과 결합되어 있고, 환경 파괴 없이 이용자의 편의를 실현하고, 건강을 보호하며, 특히 여성과 아동의 생활권을 보호하는 측면이 기술에 내재되어 있기 때문에, 수많은 선량한 기부자, 현지의 활동가 그리고 이를 통해 자발적으로 확산시키는 현지인들의 참여를 유도할 수 있었다.

2. 적정기술 도구의 구분

적정기술에 포함되는 도구의 종류는 실제로 방대하나, 가장 널리 사용되는 도구를 중심으로 다음과 같이 구분할 수 있다. 첫째는 에너지 전환을 기반으로 하는 도구로, 전통적인 화력, 석유, 소수력, 풍력, 태양열, 인력 등에서 얻은 에너지를 이용한다. 그 예로는 생활에 필요한 조리 도구, 방열 기구, 모터와 같은 전동기를 이용한 펌프와 같은 전동 도구 등을 꼽을 수 있다. 둘째는 농사나 식량과 관련된 도구이다. 그 예로는 탈곡이나 재배를 위한 농기구, 수확된 씨앗이나 식품

표 9.1 적정기술 도구의 구분과 종류

구분	도구의 종류	적정기술 도구의 사례
에너지 도구	에너지 저장 도구, 간이 수차, 풍차, 태양전지, 터빈, 로터, 펌프, 난로 및 스토브, 자전거 동력기	• 머니메이커 (MoneyMaker) 펌프 • 태양열 쿡스토브
농사용 도구	종자 · 종묘기, 탈곡기, 분쇄기, 수경재배기, 건조기, 어로용 그물, 케이지(cage), 하이브(hive), 사일로(silo), 사료용 구유, 둥지 등	• 범용 견과 껍질 제거기 (universal nut sheller)
생활 도구 및 용품	도자기, 직조기, 재봉틀, 램프, 바구니, 매트, 로프, 신발, 비누, 양초, 정수장비	• 기계식 전등 • 라이프스트로 (Lifestraw)
수송 및 건설, 보건 의료 도구	자전거, 수레, 보트, 삭도, 드럼, 정수 및 하수 장비, 냉방, 진단기기, 백신 수송 장비	• 히포 워터 롤러 (Hippo water roller) • Leveraged Freedom Chair • 자전거 물 펌프 (bike powered water pump)

의 보존을 위한 건조기, 수산물의 수확이나, 가축 재배를 위한 다양한 기구를 들 수 있다. 셋째는 가사노동 및 기본 의식주에 필요한 생활 도구로, 재봉기구, 도자기 제작 기구, 간단한 조명, 조리 기구가 포함된다. 마지막으로 이동 수단이나 건설, 토목용 도구, 간단한 의료 도구 등을 들 수 있다. 큰 틀에서 도구는 지역 사회의 에너지 생산 및 전환에 필요한 사회적 인프라도 포함하지만, 본 장에서는 개인의 노동에 의해서 주로 활용되며, 생산 가격이 적절하고, 현장에서 직관적으로 이해되고 활용이 가능한 도구에 한정하고자 한다. 이에 따른 구분과 대표적인 예제는 표 9.1과 같다.

3. 적정기술 도구의 개발 노력과 핵심 가치

중간 기술에 입각한 활동을 본격적으로 시작한 단체는 1966년에 설립된 **'중간기술개발그룹(Intermediate Technology Development Group)'**이라는 NGO로 볼 수 있다. 중간기술개발그룹은 슈마허의 아이디어를 바탕으로 설립되었는데, 노동집약적이며 효과적으로 활용 가능한 작은 규모의 기술을 현장에서 활용할 수 있도록 변화시키고 전달하는 것을 목표로 삼고 있다. 그러나 이는 일방적인 원조나 지원을 의미하는 것은 아니다. '활용 가능한' 기술을 취합하고 개발하는 데 있어 자체적으로 과학기술을 개발, 발전시킬 수 없는 개발도상국 인력의 참여를 적극적으로 추구한다.

중간기술개발그룹
(ITDG-Practical Action)
영국에 등록된 자선 개발 단체로, 남미, 아프리카, 동남아시아 지역에서 재생에너지, 농업생산, 물 및 보건 분야의 적정기술을 개발하고 보급하는 일을 수행한다. 1965년 슈마허가 주장한 중간 기술의 필요성을 받아들여 1966년 처음 조직되었다. 2008년 정식 명칭을 Practical Action으로 변경하였다.

1973년에 시작된 전 세계적인 에너지 위기는 적정기술의 진화에 중요한 계기가 되었다. 선진국에서 스스로의 문제를 해결하기 위해 만들어진 '대체 기술(alternative technology)'은 중간 기술로서의 성격을 띠게 되었다. 슈마허의 사유에 기초하여 설립된 'ITDG-Practical Action'은 이러한 대체 기술을 중간 기술로서 적극적으로 활용한 대표적인 NGO이다. ITDG-Practical Action은 IT Power라는 자문 회사와 함께, 태양에너지, 풍력에너지, 소규모 수력에너지, 바이오매스 등 선진국에서 대체에너지로 개발되고 있는 첨단 기술을 개발도상국의 지속가능한 에너지 기술로 적극적으로 활용하기 시작했다. 이는 첨단 과학기술을 통하여 확보한 과학기술을 현장에 효과적으로 적용하는 '과학기술의 발전을 기반으로 한 기술의 전파'라는 새로운 개념을 가져왔다. 1980년대에 들어서 IT가 결합된 에너지 분야와 더불어, 전문적인 건설, 교통 분야 등의 분야로 확대되기 시작하면서 과학기술 전 분야의 전문적인 자본과 기술이 포함되었다. ITDG-Practical Action은 1979년 네팔에서 시작하여 1985년 페루에 소규모 수력발전, 1986년 케냐의 농업 분야에 이어 짐바브웨, 스리랑카, 방글라데시, 수단 등 다양한 나라에 지부를 확대하면서 NGO 활동을 확대하였고 2000년대 들어서는 이러한 다양한 전방위적 활동을 묶어 300명의 인력을 60개국 이상에 파견하고, 국가별 중요한 프로젝트를 수행하게 되었다. 2005년 이후로는 '빈곤을 타개하는 기술(Technology Challenging Poverty)'이라는 단일한 모토 아래 가난한 사람들을 위한 대중적인 사회운동으로 현재까지 이어지고 있다.

표 9.2는 성공적인 적정기술로 평가받는 도구의 특징이다. 이와 같은 도구들이 공통적으로 갖고 있는 핵심 가치는 다음과 같이 정리될 수 있다.

첫째, 현장의 경험적인 지식에서 축적된 기술을 기반으로 한다. 예를 들면 환경, 에너지, 보건 의료 등의 문제는 지구의 문제로 대두되고 있으나, 그 양상은 지역마다 상이하게 나타나고 있으며 이러한 문제를 해결하기 위한 일반적인 지식과 기술의 확산은 긴급하게 요구되고 있다. 그러나 지역마다 상이한 양상에 대처해 온 지역 맥락적인 특수한 과학기술과 지식을 고려하지 않으면, 동일한 문제라 할지라도 다양한 양상에 대처하는 문제 해결적 과학기술을 발전시키기 어려울 것이다. 예를 들어 동일한 물 오염 문제라 하더라도 캄보디아와 네팔의 경우는 지층수(ground water)에서 비소의 과다 검출(1차 오염)이 가장 심각한 이슈인 반면, 베트남의 경우는 도시를 중심으로 하는 대기 오염과 산업 폐기물에 의한 중금속 오염(2차 오염)이 더 심각한 이슈이다.

둘째, 현장 경제활동(지역 경제, 자원, 시장)에 대한 이해를 기반으로 한다. 윌리 비에터(Willy Bieter)가 『Appropriate Technology in Post-Modern Times』라는 저서에서 밝힌 바와 같이, 인도 인구 중 1억 5천만 명은 현대화된 산업에서 제공하는 다양한 서비스(전기, 상업용 조리 연료, 자동차 등)의 수혜를 받을 수 있으나, 이를 제외한 7억 명은 구매력도 없고, 다양한 서비스 기술에 접근하기도 어렵다. 실제 현장에서는 의식주에 대한 기본 요건도 충족되지 못하고 있다. 이와 같은 인도의 농촌 지역에서 기술 기반의 제품과 도구는 많이 실패한 반면 개선된 스토브, 바이오가스, 연탄 등을 이용한 도구, 물 펌프, 진흙 블록과 같은 도구는 기술적으로는 도시 지역에서 쓰이는 효율성을 극대화한 기술 기반 도구에는 못 미치지만, 빈곤층의 삶과 건강에 극적인 변화를 가져올 수 있다.

셋째, 개발 과정에서 기술의 목적은 빈곤 퇴치이며, 지역의 고용 창출과 경제 성장을 이끌어야 한다. 대규모 산업은 주로 자본 집약적이나, 소기업의 초점은 고용의 창출을 기반으로 한다. 실제로 기술이 집약된 대학 및 연구소 등에서 개발한 값싼 물 펌프와 스토브의 디자인은 안정적인 지역의 중소기업에서 제품으로 전환될 기회가 생긴다. 중소기업은 대기업에서 생산, 판매, 마케팅 등에 사용하는 규모의 경제를 활용할 수 없기 때문에, 프랜차이즈라는 적절한 제도적 틀이 필요하다. 실제로 적정기술의 성공적인 사례들은 지역의 소규모 사업체를 공동으로 묶어낼 수 있는 네트워크를 구성하고, 이를 통하여, 재료 절약 및 대체, 생산성을 높일 수 있는 정보의 제공, 표준화된 브랜드를 통한 품질 관리 그리고 원자재의 공동 조달과 마케팅을 제공하는 국제적 네트워크를 기반으로 한다. 즉 도구를 성공적으로 확산시키기 위한 지역 경제와 지역 자원에 접근하는 수단이 동반되어야 하고, 소규모의 생산 단위와 부품 조달이 지역 경제와 결합되어야 한다.

넷째, 성공적인 적정기술의 도구는 반드시 기술과 디자인이 결합되어 사용자 중심의 디자인으로 구현되어야 한다. 이것은 적정기술뿐 아니라, 모든 산업의 성

표 9.2 적정기술 도구의 성공 사례

개발자	종류	용도	현황	핵심 가치
Practical Action (UK)	micro-hydro power, Cooking Stove, 물 펌프 등	소수력발전, 바이오연료 스토브 등	• 페루, 짐바브웨, 스리랑카, 네팔 및 케냐 등 설치 • 104개 프로젝트 동시 진행	• 환경 보존 및 에너지 발전 • 지역 에너지 공급 • 하수, 정수 및 농업 등과 연계 • 사회적 기업 참여 모델
Imvubu Projects, LTD	Hippo water roller	물의 수송을 위한 드럼형 롤러	• 아프리카 20개국 5만 개 판매	• 효율적 노동의 활용 • 수자원의 확보 • NGO의 참여 • 사회적 기업 참여 모델
KickStart International	MoneyMaker pump	농사용 펌프의 보급	• 아프리카 지역 326만 개 판매 • 25만 개 기업체 및 22만 개의 직업 창출	• 농업 생산량 확대 • 효율적 노동의 활용 • 지역 사업체 활성화 • 지역의 소득 증대
Global Alliance for Clean Cookstoves (US)	석탄, 굴뚝, 알콜, 바이오가스 스토브, Rocket 스토브 등	환경친화적이며 안전한 스토브의 확산	• 방글라데시, 인도, 가나, 나이지리아, 과테말라 등에 기부 • 개인 및 단체(alliance)의 기부 및 1800여 개 파트너(NGO 및 기업체) 참여 • 2016년 6천 3백만 가구에 보급 • UN과 미국 국무부에 의해 조직된 네트워크 활용	• 환경 및 보건에 기여 • 여성의 노동 환경에 기여 • 지역의 스타트업에 펀딩 지원 • 투자자 모집을 통한 현장 기업의 활성화
Global Research Innovation & Technology (US)	Leveraged Freedom Chair	비포장도로 및 농촌의 장애인 휠체어	• 미국 MIT에서 개발, 인도에서 생산	• 장애인의 이동권을 지원 • 자전거 부품의 재활용 • 인도의 대학, MIT, 미국의 재단 등의 지원을 통해 지속적인 연구 개발
LifeStraw (EU)	LifeStraw 정수 장치	정수	• 케냐, 인도, 멕시코 등에 적용 • 1600여 개 학교에 10만 세트 전달	• 안전한 물의 보급을 통한 보건 문제 해결 • 전염병 방지 • 긴급 구호 물품으로 확산 • 등산용, 개인용 정수장치 형태의 사업 모델과 기부를 통한 확산의 결합
One Laptop per Child (OLPC) (US)	XO Laptop	교육용 컴퓨터 보급	• 남미 및 아프리카 60개국에 250만 대 기증	• 아동 교육 • 디자인, 소프트웨어, 하드웨어의 종합적 지원 • 교사 및 학생들에 대한 교육 프로그램과 결합 • 국제적 파트너십을 통한 현지화
Nokero (US)	Solar Light bulb	태양광 이용 전등	• 생산비 절감을 통한 자발적 구매 유도 • 교회, 정부, 현지 판매처를 통한 사업화	• 환경 및 교육에 기여 • 무연료 전등을 통한 생활비 절감 • 전력망 없이 전기의 생산 • 기업화를 통한 생산성 확대

공적인 제품 디자인을 위해 반드시 고려할 사항이다. 성공적인 제품과 도구를 디자인하기 위해서는 최종 사용자에 대한 고려를 넘어, 다양한 환경에서 사용자가 참여하고 공헌할 수 있는 메커니즘이 필요하다. 실제로 국제적인 휠체어 디자인 프로젝트를 통해 만들어진 협력 네트워크처럼 장애인이 개발자나 디자이너로 개발 과정에 참여할 때, 최종 솔루션이 성공할 수 있다. 이를 통해 현장에서 실제로 어려움을 겪고 있는 지역민이 소비자가 아닌 설계자나 개발자로 참여할 수 있도록 교육과 참여가 필요함을 알 수 있다. 보건과 관련된 다양한 기술 개발 과정 역시 환자가 기술의 설계와 테스트에 참여할 수 있는 방식으로 전환될 것이 요구되고 있다.

9.2 자전거의 구조 및 구동 원리

자전거는 다리를 이용한 반복적인 페달링을 바퀴의 회전으로 유도한 뒤 운동에너지로 전환함과 동시에 인체의 열에너지로 소비하는 도구이다. 이를 자전거의 운동에너지로 극대화시킨 것이 운송 도구로서의 자전거(transportation tool)이며, 페달을 회전시키는 사용자의 열에너지로 극대화시키는 것은 체육관에서의 운동 도구(exercise tool)라 할 수 있다. 대부분의 사람들은 자전거를 타고 동네를 달려 본 경험이 있을 것이다. 실제로 자전거는 전 세계에서 가장 일반적인 운송 수단 중 하나이며 개발도상국에서도 누구나 쉽게 접근 가능한 유일한 운송 수단이다.

두 개의 바퀴가 사람에 의하여 중심이 잡혀 이동하는 현대 자전거와 유사한 형태는 1400년경 레오나르도 다빈치(Leonardo di ser Piero da Vinci)의 설계도에 스케치되어 있으나, 실제 자전거는 1810년대 독일에서 처음 제작되었다. 이미 100년 전 자전거는 현재와 유사한 형태로 발전했으며 현재 대부분의 디자인은 표준화 되었다.

자전거는 크게 프레임이라고 부르는 차체와 바퀴 그리고 동력을 전달하는 구동 장치 등으로 구성되어 있다. 차체는 자전거의 골격을 이루는 부분으로, 두 개의 삼각형이 바퀴와 연결된 다이아몬드형 구조로 된 것이 일반적인 형태이다. 차체에는 바퀴, 안장, 핸들, 동력 전달 장치가 연결되어 있다. 바퀴는 자전거를 굴러가게 하며, 바닥과 접하는 부분으로 충격에 견딜 수 있도록 구성되어 있다. 마지막으로 구동 장치는 다리의 힘을 자전거에 전달하여 자전거가 굴러갈 수 있도록 하는 여러 요소가 결합되어 있다. 사람의 몸을 효율적으로 사용하여 최대의 힘이 자전거에 전달되도록 구성되어 있으며, 적은 힘으로 속도 및 가속도를 변화시켜 최대한의 성능이 발휘되도록 도와준다. 이외에도 자전거의 방향을 제어하기 위한 핸들과 반복적인 운동에 편의를 위한 안장 그리고 급격한 제동을 위한 브레이크 장치 등으로 구성된다.

10 kg 이상 되는 무거운 금속 프레임으로 만들어진 자전거에 타고 있는 사람은 외부 동력이 없어도 짐 없이 걷는 사람보다 더 빠르게 갈 수 있을까? 자전거를 이해하기 위해서는 자전거의 구동 원리를 이해하여야 하고, 이를 통해 다양한 에너지 전환을 이용한 기구의 개발이 가능하다.

자전거는 페달을 축으로 사람의 다리 근육 운동을 통하여 전달된 회전 에너지(rotational energy)를 기본 에너지로 사용한다. 회전에너지는 기계적 에너지의 한 종류로 각운동에너지(angular kinetic energy)라고 정의되며, 하나의 물체의 회전으로 생성되는 운동에너지의 한 종류이다. 인체의 다리 근육 운동이 페달을 통하여 전달되면 회전에너지가 되며, 이 회전력이 하나의 바퀴가 바닥면과의 마찰력을 이기고 돌면서 자전거 차체의 수평 이동이 일어난다.

자전거가 최대로 낼 수 있는 속도와 힘은 어느 정도일지 한번 생각해 보자. 특수한 조건 하에서 시속 100 km 이상을 낼 수 있는 고가의 특수 자전거도 있으나, 일반적인 자전거는 보통 시속 15~22 km의 속도를 낼 수 있다. 이는 10분의 1 정도의 마력, 혹은 75 Watt에 해당하며, 보통 최대 1시간 정도 지속된다. 또한 자전거의 적재 능력은 자전거를 손상시키지 않는 정도에서 최소 100~200 kg 정도의 중량이 가능하나, 실제는 자전거를 타는 사람의 균형에 의하여 좌우되는 것으로 보인다.

그림 9.3 자전거의 구조 자전거는 프레임에 포함되는 튜브 구조체와 바퀴를 구성하는 스포크, 림, 튜브 그리고 동력을 전달하는 기어, 체인, 페달 등으로 구성되어 있다.

Solved problem 9-1

62 kg의 몸무게인 성인이 자전거를 이용하여 시속 16 km로 주행할 때, 1.6 km를 달릴 때마다 25칼로리를 소비한다. 큰 계란 하나가 약 80칼로리의 에너지를 제공한다고 하면 약 5 km를 주행할 때 큰 계란 하나 정도의 에너지를 소비하게 된다. 동일한 몸무게를 갖는 사람이 동일한 거리를 이동할 때, 도보, 버스, 기차 그리고 자동차를 이용하는 경우 각각의 에너지 소비량을 구하라(각 이동 수단의 에너지 소비량은 운행 조건에 따라 달라질 수 있음).

▶ 풀이 및 답

1) 도보: 동일한 몸무게의 사람이 5 km를 걷게 되면 약 200 칼로리를 소비한다. 따라서 5 km를 걸으면 계란 3개에 해당하는 에너지가 필요하다.
2) 버스: 승객이 가득 찬 버스가 동일한 5 km를 이동할 때, 한 명을 이동시키는 데 24개의 계란에 해당하는 에너지가 필요하다.
3) 기차: 승객을 가득 태운 기차로 동일한 5 km를 이동할 때, 한 명을 이동시키는 데 36개의 계란에 해당하는 에너지가 필요하다.
4) 자동차: 자동차가 동일한 5 km를 이동할 때 한 명을 이동시키는 데 93개의 계란에 해당하는 에너지가 필요하다.

현재 가장 효율이 좋은 하이브리드 자동차는 약 50 mpg이며 4명의 성인을 태우고 5 km를 이동하는 경우, 한 명을 이동시키는 데 필요한 에너지는 자전거로 이동할 때 필요한 에너지의 최소 6배 이상이다. 따라서 자전거는 가장 적은 에너지로 사람이나 물건을 이동시킬 수 있는 현존하는 가장 효과적인 이동 수단이며, 효과적인 에너지 전환을 이용하여 새로운 에너지를 만들어 낼 수 있는 도구이다.

9.3 적정기술로서 자전거 활용 사례

자전거는 세계에서 가장 보편적인 운송 수단으로 활용되고 있으나, 2000년대에 들어서면서 동남아시아에서는 오토바이가 자전거와 자동차 사이의 간격을 메우고 있다. 하노이와 호치민 그리고 프놈펜의 아침은 오토바이의 행렬에서 시작한다. 특히 베트남에서 수천 대의 오토바이가 줄지어 이동하는 모습은 실로 장관이다. 이는 아마 1970년대 초반 서방 세계가 중국과 수교하고 처음으로 중국 도시의 모습을 끝도 없는 자전거의 이동으로 보여 주던 것과 매우 흡사한 광경이다. 중국이 마차에서 자전거 그리고 자동차(물론 21세기 현재는 자기부상 초고속 열차와 도시 간 중형 여객기까지 생산)로 순차적인 운송 수단의 발전을 거쳐 왔다면, 최근 동남아시아에서는 자전거의 활용 없이 전동기에 의한 이동 수단인 오토바이와 자동차의 확산으로 바로 넘어가고 있는 점은 주목할 만하다.

현재는 전력 공급 없이도 아프리카 전역에 휴대전화가 확산되고 있고, 지구상에 인터넷 접속이 안 되는 지역이 거의 없으므로, 1980년대에 중간 기술로 정의하던 기술(쟁기, 물레방아, 화덕, 자전거-인력거)은 점차 자취를 감추고 있다. 대신 1980년대에는 고급 기술로 정의되던 도구(가솔린 엔진 기반의 자동화된 기기)가 현재에는 점차 중간 기술로 자리 잡고 있음을 명확하게 이해해야 한다. 단, 효율적이고 환경친화적인 가솔린 기반의 엔진은 일반인(현대화된 선진국과 개발도상국 모두 해당)이 설계, 제작, 수리, 변환하기 어려운 메커니즘을 갖고 있다. 따라서 직관적인 에너지 전환 기기와 인력, 수력, 풍력 등을 이용한 에너지 전환 기술은 지금도 여전히 현지에서 스스로 제작, 가공, 수리, 운영할 수 있는 지속가능성(sustainability)이 있는 적정기술로 분류된다.

자전거는 이동을 위한 운송식과 비운송식, 2가지 형태로 활용된다. 초기에는 운송식에 해당하는 인력거 형태로 사용되었다. 자전거는 인력으로 만든 고효율 운동에너지를 직접 활용한 비운송식 형태로 발전, 활용되면서 폭발적으로 확산되고, 자전거 페달을 돌려 발생시킨 회전에너지를 모터 대신으로 사용하거나, 전력 생산을 목적으로 사용하게 되었다. 현재는 자전거 자체를 만드는 기술이 발달, 성숙되었기 때문에 자전거라는 도구를 이용하여 다른 종류의 도구를 구동하는 방법을 고안하는 것이 상상력을 더한 자전거 활용 방법이라 할 수 있다.

1. 운송용 자전거를 이용한 사례

자전거를 운송용으로 사용하는 사례는 실제 현지에서 사람이나 짐을 이동할 수 있으므로 매우 효과적이며, 농촌에서 널리 활용될 수 있다. 현지에서는 자전거를 변형하여 다양한 형태의 운반 수단으로 활용하는데, 자전거 인력거는 동남아시아의 많은 국가에서 택시로 자주 사용된다. 구조에 따라서 보통 3인승이며, 운전자는 앞쪽에, 승객 3명은 뒷바퀴에 앉는다. 자전거 인력거는 화물 운송에도 사용할 수 있다.

운전자가 직접 끌면서 동력을 공급하는 전통적인 인력거는 자전거를 이용한 인력거로 신속하게 대체되었으며, 2000년대에는 다시 오토바이를 이용한 4인승 교통수단 일명 '툭툭(tuktuk)'이 빠르게 확산되고 있다. 실제로 캄보디아의 대표적 관광지인 앙코르와트와 프놈펜 등에서 자전거를 이용한 인력거는 찾아보기 어렵고 툭툭이 가장 보편적으로 활용되고 있으며 현지인들과 관광객들이 택시를 대체하고 있다. 2016년 이후로는 프놈펜도 택시가 보편화되는 추세에 있으며, 최근 오토바이에 1인승으로 그랩, 우버와 같은 이동수단도 생겨나고 있다. 위 사실로 볼 때 자전거를 이용한 이동수단은 점차 사라지고 있는 것으로 확인된다. 여전히 자전거 인력거는 현지인들의 노동력을 이용해서 달러를 벌어들이는 가

그림 9.4 인도의 델리 거리를 달리는 자전거 인력거(좌)와 태국의 방콕에 주차된 툭툭(tuktuk)(우)

장 매력적인 방법이지만 교통 인프라가 확보되지 않은 동남아에서 모터사이클을 이용한 교통수단이 광범위하게 확산된 이후로 자전거 인력거는 현대의 적정기술에서는 더 이상 다루지 않는 것이 타당하다고 판단된다.

하지만 탄소기반 에너지 없이도 구동이 가능한 자전거는 여전히 여러 지역에서 가장 많이 사용되는 이동 수단임에 틀림없다. 자전거 뒤쪽의 짐칸을 변형하여 학생들의 스쿨버스 또는 많은 짐을 운반하는 수단으로 활용하는 사례도 있고, 자전거에 다른 운반수단을 연결하여 가정에서 병원까지 환자를 운반하는 마을 구급차로 활용하는 사례도 찾아볼 수 있다(그림 9.5 참조).

2. 자전거 페달 동력을 활용한 사례

자전거의 동력인 회전 운동은 일반적으로 자전거가 나아가는 데 쓰이지만, 자전거에 다른 장치를 연결하면 회전 운동에서 얻은 에너지를 다른 용도로 활용할 수 있다. 자전거의 페달과 간단한 팬벨트를 연결하면 자전거 바퀴가 회전함과 동시에 연결된 기구를 회전시킬 수 있다. 저개발국가의 농경활동에서 다양한 도구

그림 9.5 운송용 자전거 활용 사례 학생들의 등하교용 스쿨버스 역할(좌)이나 응급환자를 운송하는 구급차 역할(우)을 한다.

들이 이러한 회전운동을 이용하여 구동이 가능하다. 맷돌과 같이 곡물을 도정, 분쇄하는 장치 또는 탈곡 장치와 같은 농업용 기구, 물을 이동시키는 펌프, 모터를 이용한 장비 등을 사용할 때 인력을 이용하면 한시적으로 전기를 대체하여 구동이 가능하다.

대표적으로 활용되는 농업용 기구는 곡물의 도정 장치로, 자전거를 고정한 뒤 페달을 돌리면 만들어진 운동에너지가 도정 장치로 전달되어 곡물이 도정된다. 표면이 거친 두 개의 판이 회전하면서 판 사이에 있는 곡물의 껍질을 벗기거나, 곡물을 가루로 분쇄한다. 반자동화된 맷돌을 생각하면 이해가 쉬울 것이다. 이때 사용하는 두 판의 넓이나 재질을 바꿔 주면 다양한 곡물의 도정에 활용될 수 있다(그림 9.6 참조).

또 다른 장비로는 자전거로 구동되는 물 펌프를 들 수 있다. 기존 자전거에서 발생하는 회전에너지에 기반한 동력을 공급하는 어댑터는 쉽게 제작할 수 있는데, 어댑터는 자전거 기어를 통하여 전달되는 힘이 크기 때문에 강하고 단단해야 한다. 일반적으로 바퀴, 롤러 또는 뒤쪽 타이어에서 나온 힘은 어댑터를 거쳐 도르래를 끌어올리게 된다. 가장 일반적인 물 펌프는 회전운동을 통하여 하나의 실린더에 순간적인 내부 압력을 낮추고, 이러한 실린더가 물과 접촉하고 있는 실린더에 수압을 올려서 물을 외부로 옮긴다.

'이중 목적 자전거'는 '가난한 사람들을 위한 기술(Technology for the poor)'이라는 회사의 에베네저(Job S. Ebenezer) 박사가 개발한 자전거로, 두 가지 용도로 사용이 가능하다(그림 9.7 참조). 이중 목적 자전거는 인도에서 주로 쓰이는데, 필요에 따라 자전거를 운송용과 페달 동력 장치로 변환시킬 수 있도록 체인 전환 기기가 부착되어 있다. 페달에 연결된 체인을 뒷바퀴에 결합하면 일반적인 운송용 자전거로 쓸 수 있고, 페달에 연결된 체인을 앞바퀴 쪽에 추가로 부착된 원형 패널에 결합하면 페달의 힘을 기계로 직접 전달하여 작동시키

그림 9.6 곡물 도정 장치
자전거 바퀴를 돌리면 두 개의 판이 회전하면서 곡물의 껍질을 벗긴다.

그림 9.7 이중 목적 자전거 활용 사례

는 페달 동력 장치로 전환할 수 있다. 이중 목적 자전거는 전원 없이 곡물을 탈곡하는 장치, 땅콩 분쇄기, 수도 펌프 혹은 목공에 필요한 공작 장비 등으로 손쉽게 활용 가능하며, 전기를 저장하거나 이동시키는 특별한 도구가 없이도, 인력을 이용하여 반복적 노동을 기계로 대신하게 하는 매우 유용한 장비로 활용될 수 있다.

3. 전력 생성 장치로서의 활용

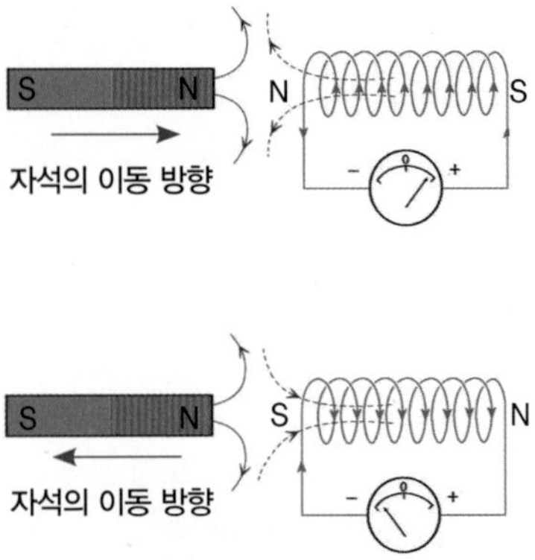

그림 9.8 렌츠의 법칙 전자기 유도의 방향에 관한 법칙으로, 전자기 유도에 의해 만들어지는 전류는 자속의 변화를 방해하는 방향으로 흐른다. 코일을 향하여 자석을 움직이면 코일 속을 지나는 자속은 증가한다. 이 때 코일에 유도되는 전류는 자속의 증가를 방해하는 방향으로 흐른다. 반대로 자석을 코일에서 빼면 코일 속을 지나는 자속은 감소한다. 이 때 코일에 유도되는 전류는 자속의 감소를 방해하는 방향으로 흐른다.

전기에너지(Electrical Energy)는 전기적 도체에서 이동하는 전자가 갖고 있는 에너지로, 눈으로 확인할 수는 없으나 저장하거나 이동시키거나 사용할 때 가장 편리하게 활용할 수 있다. 전기에너지를 생산하는 방법은 이미 잘 알려져 있는 것과 같이, 수력, 풍력, 화력, 원자력과 같이 대규모의 터빈에 붙어 있는 자석이 도선 주변을 회전하면서 전기를 발생시키는 원리를 이용한다.

전류가 흐르지 않는 도선에서 전하는 움직이지 않는다. 실제로는 임의의 멋대로 운동을 멈추지 않지만, 전체적으로 보면 평균적으로 그 자리에 움직이지 않고 있는 것과 다름 없다. 이 주위에서 자석을 운동시키면, 즉 자기장을 변화시키면 상대적이지만 자석 입장에서는 전하가 움직이는 것과 같아진다. 즉 자석이 만드는 자기장의 입장에서 보면 전하가 움직이게 된다. 그러면 움직이는 전하는 새로운 자기장을 형성하는 것처럼 보일 것이다. 하지만 그 움직임은 자석 입장에서 보면 정반대가 될 것이므로, 마치 자석이 만드는 자기장과 반대 방향으로 자기장을 형성하는 것처럼 보이고, 실제 그런 관성으로 전하가 움직이도록 할 수 있다. 이것을 렌츠의 법칙이라고 한다(그림 9.8). 실제로 건전지가 없어도 자석을 넣었다 뺐다 하면 이 코일에 전류를 흐르게 할 수 있고(비록 방향이 매번 바뀌지만)

Maya Pedal

Maya Pedal은 1997년부터 시작된 NGO로, 과테말라의 산안드레아스 잇사파(San Andrés Itzapa)에 본사가 있다. 자전거를 활용한 페달 구동 기계('Bicimaquinas')를 통해 적정기술 활용과 소규모 지속가능 농업의 발전을 목적으로 한다. 이를 위해 지역 파트너, NGO, 농업 협동조합, 유기농 생산 업체 등과 활발하게 교류하며 다양한 정보를 제공하고 있다.

페달 구동 기계는 미국과 캐나다에서 기증한 자전거와 현지에서 구할 수 있는 재료를 활용하여 지역 주민의 요구에 맞게 만들어진다. 전기가 필요 없고 손이나 발을 이용하여 구동할 수 있으므로, 페달 구동 기계는 다양한 분야에 응용 가능하다. 물펌프, 분쇄기, 탈곡기, 세탁기, 타일 제조기, 너트 쉘러, 블렌더 등 다양한 제품이 개발되었고, 전 세계에서 제품 디자인이 이용될 수 있도록 웹사이트를 통해 만드는 방법과 도면이 제공된다(http://www.mayapedal.org/).

(a)

(b) (c)

그림 9.9 (a) 전기 공급이 원활하지 않은 지역에서 물을 끌어올릴 수 있는 페달 물 펌프로, 30미터 깊이의 물을 1분동안 19~38 리터까지 끌어올릴 수 있다. (b) 옥수수, 콩, 커피 등을 탈곡 또는 분쇄할 수 있는 페달 구동 기계로 한 사람이 1분에 1.35 kg, 하루에 600 kg의 곡식을 분쇄할 수 있다. (c) 발로 구동하는 블렌더이다.

이 코일에 연결된 전구에 불이 들어오게 할 수 있다. 바로 이것이 현재 인류가 거의 주동력으로 사용하는 전기를 만드는 방법이다. 이 때문에 발전되는 전기는 항상 방향이 바뀌는 교류전기가 되기도 한다.

이것은 오늘날 인류가 사용하고 있는 모든 발전기에서 동일하게 이용되는 방법이다. 여기서 자석을 돌리기 위해서 불의 힘(화력)이나 핵분열에서 발생하는 열을 이용해 물을 끓인 증기압(원자력)을 사용할지, 아니면 직접 물이나 바람을 이용할지에 따라 화력, 원자력, 수력, 풍력 등 발전 방식이 달라지지만, 모두 다 같은 원리로 빈 도선에 자기장을 변화시킨다. 즉 전기와 자기는 사실 같은 근원인 전하에 기반을 두고 그 운동 상태에 따라 다르게 나타나는 현상으로 이해할 수 있다. 자전거에서 사용하는 기계적 회전력은 인력을 이용하므로 그 지속성과 세기의 한계가 있으나, 소량의 전력 생산은 가능하다.

엄청나게 큰 힘을 발휘하는 자연현상과 달리, 소규모의 공작기계, 전등의 점등을 위한 소규모의 전기는 상대적으로 간단한 페달 파워를 통해 배터리를 충전하

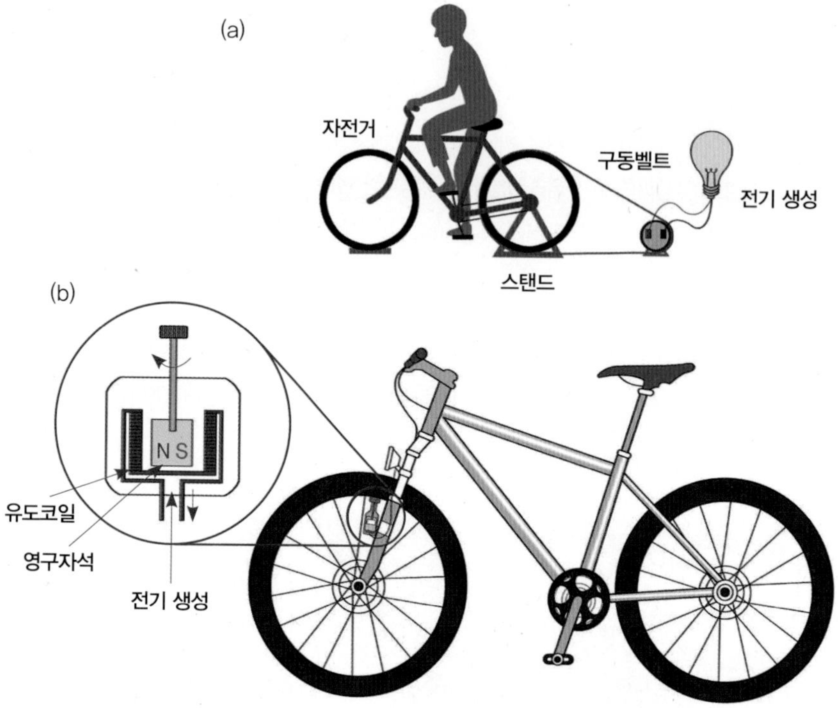

그림 9.10 모터에 연결하여 전기를 생성하는 장치 (a) 자전거를 모터에 연결하여 전기를 생성하는 모식도이다. 자전거 바퀴의 회전이 자석을 회전시키면서 생긴 자기장의 변화가 코일에 전기를 만들어낸다. (b) 전력 생성의 원리로 자전거 페달을 밟으면 바퀴가 회전하면서 운동에너지가 생기고, 이것이 다이너모를 통해 전기에너지로 전환되면 자전거에 달린 전구에 불이 켜진다.

거나 직접 전기에너지로 전환해 활용될 수 있다. 자전거에 붙어 있는 작은 전등은 자전거의 회전에너지를 전기에너지로 전환시켜 사용 가능함을 보여주는 예이다. 자전거에 부착된 소규모 발전이 가능한 전등을 다이너모 전등(dynamo lighting)이라고 한다. 회전에너지를 전기에너지로 전환시키는 원리는 다음과 같다.

페달의 회전운동은 상기한 바와 같이 회전에너지(rotational energy)는 기계적 에너지의 한 종류로 각운동에너지(angular kinetic energy)라고 정의되며, 하나의 물체가 회전하면서 생성되는 운동에너지의 한 종류이다. 페달과 체인을 통하여 전달된 파워는 자전거 바퀴의 회전운동을 통하여 각운동에너지를 생성하게 된다. 이때 기계적 에너지는 바퀴에 근접한 다이너모(dynamo)의 자석과 주변의 코일중심에서 회전하게 된다. 이때 자석의 코일로 전자의 흐름이 생기게 되며, 전자가 전구로 정의되는 저항을 통과하게 되면, 전류는 빛에너지로 전환되며, 밝은 빛을 내게 된다. 앞에서 설명한 바와 같이 자전거 페달의 동력을 이용하여 자석과 코일로 구성된 소형 발전기를 구동시킬 수도 있다. 이때 생성된 전류는 매우 미약하나, 최근 이와 같은 전기에너지 생성을 활용한 다양한 장비들이 속속 개발되고 있다.

● 페달 파워(pedal power)

기존 자전거를 개조하는 대신 특수 제작된 페달 구동 기계를 이용하여 설계할 수 있다. 초창기 모델은 집에서 만든 프레임, 시트, 페달 등이 체인과 결합되어 기계를 구동할 수 있게 설계하였다. 펜실베이니아주 엠마우스(Emmaus)의 로

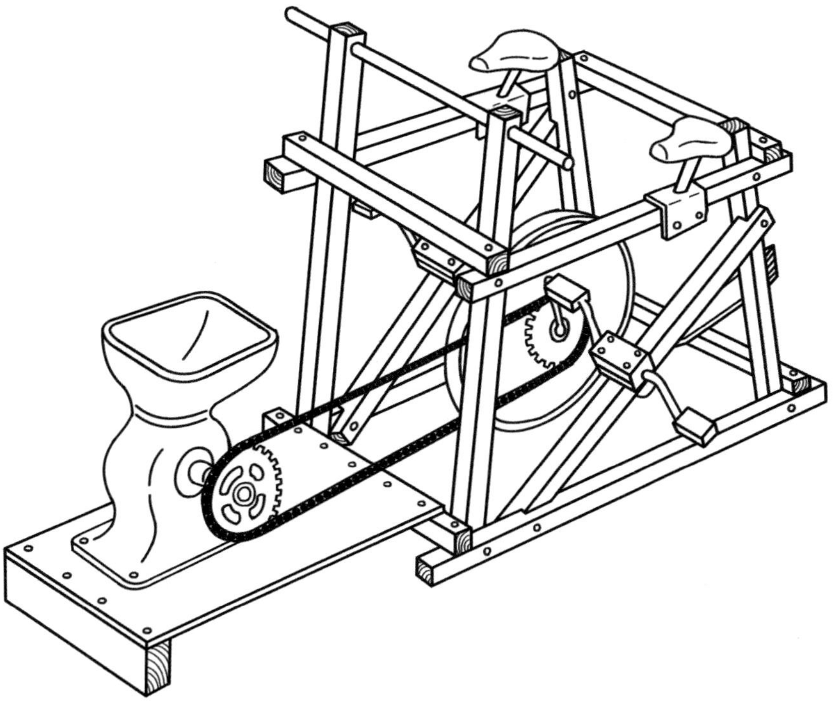

그림 9.11 파워 머신 자전거의 회전운동을 이용하기 위하여 페달과 바퀴를 고정시키고 전기를 생성한 후, 생성된 전원을 연결할 수 있도록 디자인한 장치이다(출처: Technical paper #51. understanding pedal power, by D. Gordon Wilson).

데일 인스티튜트(Rodale Institute)에서 처음 디자인되었으며, 사람이 직접 구동 가능한 시간과 효율 등을 고려하여 설계되었다. 두 사람이 번갈아 작업할 수 있게 변형된 형태도 있다. 간단한 손 도구 장치나, 부엌 기구를 구동시킬 수 있으며, 작은 농기구나 트랙터를 대신하여 토양을 정비하고 다른 농기구를 구동시킬 수 있도록 설계되었다.

앞서 페달 구동으로 직접 기기를 구동시키는 대신 전기 생산을 직접하는 경우 다양한 기기에 적용이 가능하다. 네팔은 주거지가 험준한 산악에 위치하여 전기의 혜택을 받지 못하는 주민들이 많다. 전기를 생산할 수 있는 영구적인 수원에 접근할 수 없기 때문이다. 그러나 인간의 힘을 이용하면 생활에 필요한 소량의 전기는 발생시킬 수 있다. 이에 네팔의 몇몇 단체들은 네팔의 외딴 지역을 대상으로 페달 발전기를 설치하는 프로젝트를 진행한 바 있다. 그러한 그룹 중 하나는 캐나다의 캘거리대학교(University of Calgary)의 어빈 할리데이(Irvine-Halliday) 교수가 이끄는 네팔 라이트 프로젝트(Nepal Light Project)와 카트만두(Kathmandu)에 있는 공학 연구소 에너지 연구 센터의 공학 학생들이 설계한 발전기이다. 발전기는 백색 LED(점등용) 및 배터리 충전(휴대전화 및 생활가전의 작동)을 위해 특별히 설계되었다. 최소 20분 동안 페달 발전기의 페달을 밟으면 백색 LED 전구 6개를 3~4시간 동안 밝힐 수 있는 전력을 생산할 수 있다.

카트만두에서는 인도와 중국에서 수입한 자전거 다이너모가 5,000원에 판매되고 있다. 이를 멀티미터에 연결하면 약 12 V AC와 6 W 전력을 출력할 수 있음을 확인할 수 있다. 따라서 중고로 판매되는 12단 기어의 자전거에 다이너모 10

Solved problem 9-2

자전거의 페달을 밟아서 전력을 생성할 때, 생산되는 전기의 총량과 경제성을 알아보자.

▶ 풀이 및 답

1) 전기 생산량 : 일반적인 자전거 페달을 통한 발전은 약 100 Watt를 생산할 수 있다. 만일 하루에 한 시간씩 한 달 30일을 작동한다면, 100 x 30 = 3000 Wh (3 kWh)를 생산할 수 있다. 이것은 보통 한 가정의 일반적인 총 에너지량 920 kWh의 약 0.3% 도 안 된다.

2) 경제적 효과 : 일반적인 전기의 가격이 약 100원 정도 한다고 하면, 매일 한 시간씩 한 달을 구동하여서 얻는 경제적 이익은 약 280원에 불과하다. 자전거를 이용한 전력 생산 장치가 40만 원이라고 가정하면, 110년간 전기를 생산해야 그 가치에 해당하는 전기의 생산이 가능하다. 만일 1칼로리로 1 Wh를 생산한다고 가정하면, 3000 Wh를 생산하기 위해서는 그만큼의 음식을 섭취해야 한다. 280원에 해당하는 전기를 생산하기 위해서 최소한 1000원에 해당하는 음식을 섭취해야 한다고 가정하면 경제성은 훨씬 더 떨어진다고 볼 수 있다.

3) CO_2 절감 효과 : 3000칼로리의 음식을 만드는 데 필요한 이산화탄소의 양은 약 11.8 kg이나, 발전소에서 3000 Wh의 전기를 생산하는 데 필요한 이산화탄소의 양은 2 kg에 불과하므로, 이를 통한 CO_2 절감 효과도 거의 없다고 볼 수 있다.

4) 에너지 전환 과정의 손실 : 자전거를 통해서 배터리를 충전하면 바퀴와 모터에서 나오는 마찰열에 의해 에너지가 손실되며, 배터리에 전압을 제공하는 전압 제어기(voltage regulator)에서도 에너지 손실이 발생하게 된다. 또한 배터리에서 다시 전기를 송출하는 과정과 인버터에서도 많은 에너지 손실이 발생한다. 따라서 페달 운동 에너지 중 최소 1/3에 해당하는 양이 사라지게 된다.

자전거를 이용한 전기 생산량, 경제적 효과, CO_2 절감 효과 그리고 에너지 전환 과정의 손실 등을 판단할 때, 자전거를 이용한 전기 생산이라는 과정은 무의미해 보인다. 그러나 심장마비에 대비한 제세동기가 단 한 번의 전압 충격으로 생명을 살리듯이, 전기가 전무한 상황에서는 적은 양의 전기라도 그 가치는 값을 매길 수 없을 만큼 클 수 있으므로 그런 경우에는 경제성을 따지기 어렵다.

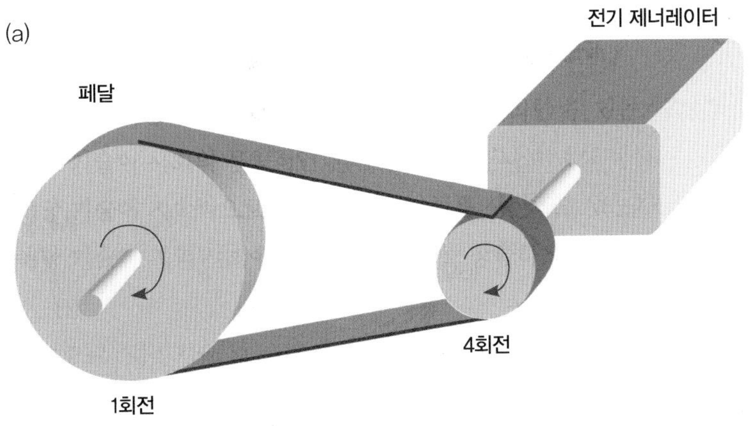

그림 9.12 페달 파워의 원리
(a) 자전거의 회전을 자석의 회전에 연결시키면 동일한 회전을 4배속의 회전으로 변화시켜서 전류의 생성을 극대화시킨다. (b) 현지에서 판매되는 다이너모 키트

대를 병렬로 설치하면 흑백 텔레비전뿐만 아니라 적절한 백색 LED 조명에 충분한 전원을 공급할 수 있다. 자전거의 페달을 통하여 전기를 생산하므로, 인력 발전기라고 이름 붙일 수 있다. 단, 이러한 전기 생산 방법은 유휴인력으로 여겨지는 여성과 아동의 과도한 노동으로 이어질 가능성이 매우 높기 때문에 풍력, 수력, 태양광 발전기를 보조하는 수준의 비상 발전기로서의 역할이 바람직하다.

● 페달 파워 노트북

컴퓨터에 에너지 전원을 공급할 수 있는 태양열 노트북이 개발되어 있으나 모두가 활용 가능한 기술이 아니다. 페달 파워 노트북은 페달 파워를 사용하여 노트북을 작동시키는 장치로, 초등학교 3학년 어린이도 문제없이 작동 가능하다고 한다. 그림 9.13의 컴퓨터 모델 자체는 XO라고 하며 핸드 크랭크를 사용하여 시스템에 전원 공급이 가능하며, 전원을 추가할 필요가 없으므로 전원이 없는 곳에서도 활용이 가능하다. 현재 프로토타입을 시험 중이며, 향후 긍정적 결과가 나타나면 확대 사용이 가능할 수 있다.

그림 9.13 페달 파워 노트북 자전거의 핸드 크랭크를 변형시켜 전력을 생산한다. 크랭크 제너레이터가 책상 밑에 연결되어 있어, 아이들이 책상 앞에 앉아서 사용할 수 있다. 현재 아프가니스탄 카불, 잘랄라바드 등에서 약 2500대가 유통되고 있다.

● 자전거를 활용한 비상 전원 장치

미국과 같은 선진국에서도 산속에서 긴급하게 쓰이거나 간단한 에너지 생산을 위하여 사용 가능한 DIY 제품이 다양하게 제공되고 있다. Pedal-A-Watt라는 제품은 보유하고 있는 자전거로 전기에너지를 생산하여 마치 자동차의 시가잭 충전기와 같이 다양한 가전제품을 직접 연결시키거나 배터리팩을 충전시켜 사용하도록 만들어진 제품이다. 현재 자전거의 회전으로부터 600 Watt 120/220 V 60 Hz의 출력이 가능한 배터리팩과 12 V DC로 작동되는 LED strip 그리고 100 Watt 태양광 패널 등을 결합시켜 약 150만 원에 판매하고 있다. Pedal-A-Watt로 충전된 배터리팩은 가정용 텔레비전, 노트북, 데스크톱 컴퓨터, 스테레오 기기, 휴대전화 등 여러 기기에 전원을 공급하는 데 사용 가능하다.

Do it yourself 9

- **실험 제목 :** 자전거를 이용한 universal 충전장치의 설계
- **실험도구 :** 12 V 납산 액체 배터리(자동차 보조배터리), DC-AC 인버터, DC-DC 배터리 충전기, 24 V DC 모터, 팬벨트, 팬벨트 풀리, 각종 와이어 및 금속 로드, 아두이노 키트
- **실험 배경 및 목표 :** 모터는 전기를 공급하면서 회전하는 장치이자, 동시에 회전운동에 의해 발생한 운동에너지를 전기에너지로 바꾸는 장치로 활용될 수 있다. 자전거 바퀴의 회전운동이 팬벨트를 거쳐 DC 모터를 회전시키면 납산 액체 배터리를 충전시킬 수 있다. 충전된 배터리를 다양한 전기 장치에 활용하기 위해서는 직류를 교류로 바꾸는 인버터를 활용하여 universal 전기 장치로 변환시킨다.
아두이노 키트를 이용하면 충전 콘트롤러, 인버터와 LCD 디스플레이를 연결하여 생산되는 전원을 제어하거나 출력 측정도 가능하다.

(a)

(b)

(c)

(d)

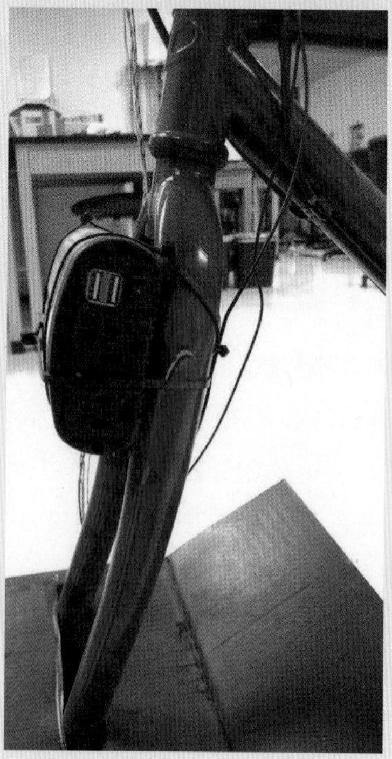

그림 9.14 (a) 자전거 페달을 밟아서 자전거 뒷바퀴에 연결된 24 V 모터의 회전운동을 유도한다. (b) 12 V 납산 액체 배터리와 연결한다. (c) 충전 콘트롤러를 이용하여 모터에 의해 생성된 전기를 충전기에 적합한 전압과 전류로 전환시킨다. 5.4 A–14 V로 전환시켜 납산 액체 배터리에 연결시킨다. (d) 배터리의 직류 전압을 교류로 전환시키는 장비로 최대 400 W까지 출력이 가능하다.

(출처: https://www.instructables.com/id/Bike-Generator-Charging-Station/)

오픈소스 과학기술 운동과 과학실험 도구

가난과 싸우기 위한 적정기술 대부분은 의식주와 관련된 기술로, 그 사례와 결과물이 본서에 잘 소개되어 있다. 이러한 활동은 미래 세대 양성을 위한 교육의 중요성을 보여 주며, 기술을 이해하고 발전시킬 수 있는 과학기술 교육은 더욱 중요하게 평가받고 있다. 과학기술계에서 시작되고 있는 오픈소스 과학기술 운동은 북유럽의 과학기술자들을 중심으로 과학기술 지식, 특히 생물학, 화학, 물리학, 전자공학 그리고 예술과 문화를 서로 공유하는 활동이다.

그림 9.15 여러 가지 오픈소스 과학실험 도구

2010년 네트워크를 기반으로 시작된 Hackteria.org는 전 세계 과학기술자와 과학문화 예술가를 엮어 내어 기술을 개방하고 이를 이용하여 누구나 접근할 수 있는 과학기술 운동을 매우 활발하게 전개하고 있다. 최근 스위스를 기반으로 하는 Gaudilabs과 함께 다양한 설계와 제작 기술을 공개하여 확산시키고 있는데, 그 내용은 주변의 간단한 재료를 이용하여, 고가의 생화학 장비에 견줄 수 있는 다양한 실험이 가능하도록 설계한 것이다. 그 사례로 CD기를 이용한 고속 원심분리기, 아두이노를 이용한 DNA 복제 PCR, 아두이노와 LED를 이용하여 혈액의 질병을 검출할 수 있는 UV Spectrophotometer 등이 있고, 이를 활용한 기초과학 실험을 인도네시아와 네팔, 캄보디아에서 수행하고 있는데, 여기에 한국 과학기술자도 참여하고 있다. 최근 개최된 Gathering Open Science Hardware (GOSH) 학술대회에서는 위와 같은 활동을 비롯하여 전 세계 오픈소스 과학기술자들이 개발한 새로운 장비들이 소개되었다.

9.4 자전거를 활용한 적정기술의 전망

인력을 이용하여 구동하는 자전거는 적정기술의 기본 정의에 부합되는 유용한 기구로서 역할을 수행해 왔다. 현재도 소외된 많은 지역에서 중요한 운송 수단으로 쓰이고, 자체적인 전기를 생산하기 위한 기구로도 활용되면서 생활에 필요한 유용한 기능을 제공하고 있다.

자전거의 장점은 다음과 같다. 자전거는 고장이 적으며, 누구나 유지하기 쉽다. 간단한 부품은 쉽게 구할 수 있고, 소유자가 직접 수리할 수 있으며 다른 자전거의 부품을 교환해서 사용할 수 있다. 더욱이 장비의 운용 방법이 직관적이라 사용하는 데 특별한 교육이 필요 없다. 또한 자전거 소모품인 타이어나 체인 등의 기구 수리 사업이 지역 사회에 이미 토착화되어 있어 유지 보수에 어려움이 없다. 대부분의 부품은 큰 자본이나 고된 노동을 요구하지 않고, 환경친화적이며 자전거를 이용하지 않는 동일한 노동 강도에 비하면, 일정 한도 내에서는 노동 친화적이라고 할 수 있다.

그림 9.16 자전거를 이용한 프로펠러를 회전시키는 글라이더

다만 자전거에도 몇 가지 단점이 존재한다. 인력으로 수행하기 어려운 큰 부하가 걸리는 작업을 수행할 때는 어려움이 있고, 장시간 이용이 어려우며, 운송수단으로 사용할 때 날씨에 따라 제약이 있을 수 있다. 그리고 도로 환경이 나쁜 곳, 언덕과 같은 지역, 덥고 습한 환경에서는 사용하기 어렵다. 일반적인 수리 유지는 쉽지만, 일부 지역에서는 볼 베어링이 포함된 허브와 같은 부품을 제조하려면 상당히 정교한 기계가 필요하다. 위와 같은 점 때문에 앞으로 개발도상국에서 자전거가 어떻게 활용될지는 확실하지 않다.

앞서 설명한 바와 같이 세계 여러 곳에서 자전거가 활성화되는 시기 없이 간단한 모터를 이용하는 오토바이를 활용하는 단계로 곧바로 넘어가면서, 운송이나 전력 생산을 수행하던 자전거는 다른 운송 수단으로 빠르게 대체되고 있다. 하지만 선진국에서는 자전거 바퀴를 돌리는 노동을 건강이나 레저로 이용하면서 자전거가 다양한 방법으로 활성화되고 있으며, 이를 이용한 첨단 제품도 속속 개발되고 있다. 이는 자전거가 지속적으로 우리의 삶과 생활에 중요한 역할을 하는 도구로 남아 있을 것이라는 반증이라 할 수 있다. 본 장에서 소개된 예는 적정기술로 널리 활용되는 분야에 한정하였으나, 최근 자전거를 이용한 해상 교통수단이나 자전거를 이용한 동력 항공기 등이 소개되고 있다. 비록 이러한 시도들이 개발도상국에 활용되기는 매우 어려우나, 향후 효과적인 에너지 전환이나 소규모 에너지의 새로운 활용은 계속 확대될 것이다.

참고 문헌

신관우, 이충훈 (2015), 시민과학기술 운동과 적정기술, *Journal of Appropriate Technology*, 1(1), 24-29.

Dean T. (2008), The Human-Powered Home : Choosing Muscles over Motors, New Society.

Hazeltine B. and Bull C. (2013), Field Guide of Appropriate Technology, Academic Press.

Hazeltine B. and Bull C. (1998), Appropriate Technology: Tools, Choices and Implications. Academic Press.

Wilson D. G. (1986), Understanding Pedal Power, Technical Paper #51, Volunteers in Technical Assistance (VITA).

Schmit (1994), Appropriate Technology in Post Modern Times, A Publication of the Deutsches Zentrum.

Debbs A. de V., Myers B.A, RcCurry, K. R., JDunbar-Jacob J. Hawkins R. P., Begey A. and Dew M. A. (2009), User-Centered Design and Interactive Health Technologies for Patients, *Comput. Inform. Nurs*, 27, 175.

Website

https://listverse.com/2010/06/12/10-cases-of-appropriate-technology

http://moneymakerpumps.org/

https://www.hipporoller.org/

http://cleancookstoves.org https://practicalaction.org

http://kickstart.org/impact/

http://www.gaudi.ch/GaudiLabs/?page_id=328

http://www.mayapedal.org/

http://www.hackteria.org/

http://openhardware.science

연습문제

● 다음의 문제를 풀면서 도구가 적정기술로 활용될 경우의 활용 방안을 생각해 보자.

1. 적정기술에서 활용되는 도구는 의식주를 편리하게 하는 다양한 사례를 포함한다. 의복과 관련된 적정기술의 사례와 이러한 기술이 생활에 미치는 영향을 설명하여라.
2. 에너지 자원으로는 태양에너지, 소수력에너지, 풍력에너지가 있고, 자전거는 인력을 에너지로 전환, 활용하는 도구이다. 각각의 장단점과 활용 범위를 설명하여라.
3. 자전거는 약 1/10 마력의 힘을 몇 시간 동안 지속적으로 생산할 수 있고, 몇 분 동안은 2배 정도의 마력을 생산할 수 있다. 1 마력이 745.7 Watts와 동일하다고 하면, 1 마력은 75 kg의 무게를 1초에 1 m 들어 올리는 힘과 같다. 이와 같은 힘을 가정에서 활용할 수 있는 경우를 나열해 보자.
4. 자전거는 사람의 인력을 다른 에너지로 전환하는 장치이다. 다리로 페달을 회전하여 구동되는 장치가 손으로 구동되는 장치보다 더 많은 힘을 낼 수 있는 이유는 무엇인가?
5. 개발도상국의 자전거 활용은 그 사회의 경제 활동의 특성, 교통인프라(도로 및 이동 거리) 등과 관련이 있는데, 최근 모터사이클과 오토바이가 확산되면서 자전거를 활용한 교통 및 운송수단을 대체하고 있다. 향후 자전거가 개발도상국의 경제활동에 장기적으로 활용이 가능할지 논의해 보자.

공동 설계 프로젝트

● 설계 프로젝트는 최종 작품의 요구 사항에 맞게 디자인하고, 학생들이 공동 작업하여 실제 프로토타입을 설계, 제작한다.

1. 50 W가 요구되는 작은 컬러 텔레비전 세트에 전기를 공급하고자 한다. 자전거 전원 장치를 변형하여 설계해 보자. 특히 에너지 전환을 위한 전원 어댑터를 설계할 때는 텔레비전 세트의 용도에 맞는 적합성과 효율성 등을 고려해야 한다.
2. 가장 일반적인 자전거 부품을 활용하여, 목재 가공을 위한 원형 회전 톱을 설계, 제작해 보자. 설계를 위해서는 원형 회전 톱이 실제 활용되기 위해 필요한 회전수, 에너지 전환을 위한 어댑터 그리고 목재 가공에 필요한 스탠드 등을 사전에 고려해야 한다.
3. 선진국에서는 고강도 경량합금을 사용한 경량 자전거, 레저용 자전거, 전기 자전거 등과 같이 고도의 신기술이 적용된 자전거가 활발히 개발되고 있다. 신기술의 발전이 개발도상국에서 활용되는 저가 자전거에 어떤 영향을 미칠 수 있는지 논의해 보자.

제10장 도구 2:
펌프와 스토브

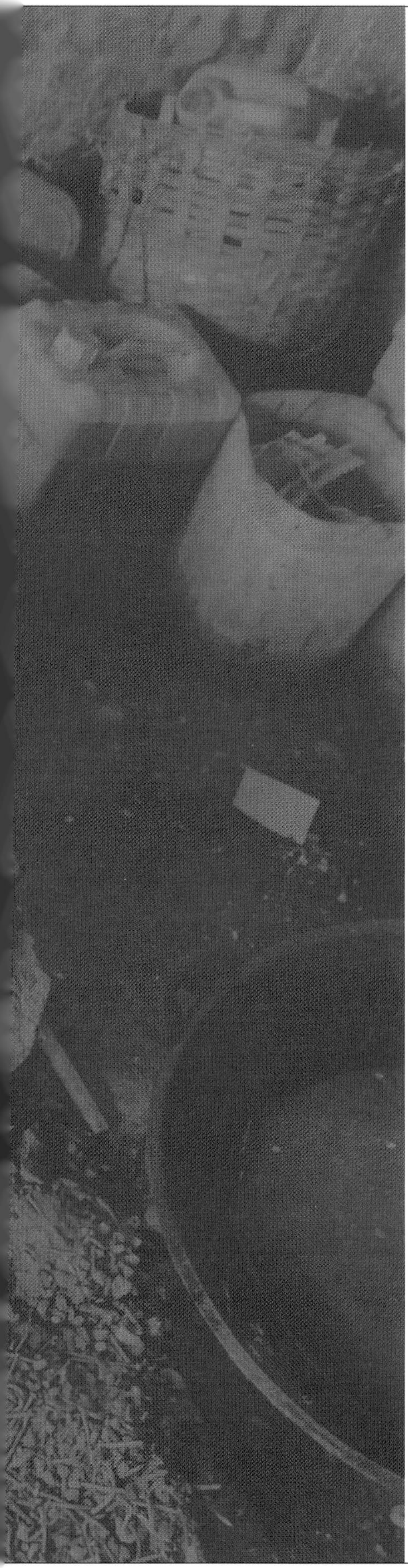

"High technology has done us one great service:
It has retaught us the delight of performing simple
and primordial tasks - chopping wood,
building a fire, drawing water from a spring."

- *Edward Abbey* -

"첨단기술은 우리에게 위대한 서비스를 선물했다.
이것은 우리에게 나무를 자르고
불을 피우며, 샘물을 긷는 원초적인 노동의 기쁨을
새롭게 알려 주고 있다."

- 에드워드 애비 -

생각해 봅시다

❶ 일상생활에서 사용되는 다양한 물 펌프를 찾아보고 펌프의 구동 원리를 생각해 보자.

❷ 물을 이동시키는 데 사용되는 펌프와 물의 이동에 의해서 구동되는 발전기와의 유사점과 차이점을 생각해 보자.

❸ 주방에서 사용되는 다양한 조리도구 중 전열식 조리기구와 가스연료식 조리기구의 장단점을 비교해 보자.

❹ 겨울철 장작으로 군고구마를 굽는 드럼형 군고구마 기계의 구동 원리를 확인하고, 에너지를 가장 효과적으로 활용할 수 있는 새로운 디자인을 제안해 보자.

조리의 역사 : 인류의 문화는 음식의 조리기술을 포함한다

그림 10.1 불을 이용한 조리

아침식사는 잎사귀와 과일, 점심식사는 나무껍질, 과일 그리고 익히지 않은 원숭이 고기와 뇌, 저녁식사는 잎사귀와 과일.

위 식단은 인간과 가장 가까운 친척인 침팬지의 식단이다. 이러한 동물의 식단은 인간의 식욕을 돋우지 않는다. 인간에게는 선택 가능한 식품이 수천 가지가 넘고 열을 가해 재료의 화학 성분, 향, 특성을 바꿀 수 있는 기술도 있다. 이것은 바로 조리기술이다.

음식의 조리는 인간만이 가진 기술이다. 북극 마을에서 사하라 사막 이남 아프리카에 이르기까지 모든 인류의 생존은 열에 의해 화학적, 물리적으로 변형된 음식 덕분에 유지되었다. 열에 의한 조리는 놀라운 발견이나 조리 문화가 언제 어디서 시작되었는지는 아직 밝혀지지 않았다.

조리 과정 대부분은 불 없이 만들어질 수 없으므로 불을 다루었던 증거를 찾으면 그 답을 찾을 수 있을 것이다. 하지만 불은 의도적으로 붙였더라도 그 흔적만 보아서는 번개나 자연화재로 인한 자연적인 불과 구별하기 어렵다. 그래서 고고학자들은 동굴에서 불의 흔적을 찾고 있다. 현생 인류의 직접 조상인 호모에렉투스의 불탄 뼈는 적어도 백만 년 전에 불로 조리된 고기를 섭취했다는 것을 암시한다. 인간의 조리 활동을 보여 주는 명확한 증거는 2만 년 전 중국의 조리용 화덕으로, 도구에 남은 그을음을 보아 조리 도구로 쓰였음을 짐작할 수 있다.

약 190만 년 전 인류의 조상에서 중요한 신체적 변화 몇 가지가 확인되었다. 호모에렉투스는 매우 작은 이빨, 작은 몸집, 큰 두뇌를 가지고 있었다. 영장류 학자 리차드 랭엄(Richard Wrangham)이 제시한 가설에 따르면 이러한 신체 변화는 음식 때문이다. 그는 불로 조리된 음식이 없었다면 호모사피엔스는 존재할 수 없다고 설명한다. 음식이 조리되지 않으면 더 오랫동안 소화해야 한다. 인간의 창자는 너무 짧아서 날 음식을 충분히 소화하기 어렵고, 작은 이빨과 약한 턱 역시 거친 날 음식을 씹어 잘게 자르기에 적합하지 않다.

이러한 형태학적인 특징은 약 190만 년 전에 일어난 조리기술에 신체가 적응한 결과이다. 요리는 우리 조상의 삶을 확실히 바꿔 놓았다. 열로 조리하면 재료가 부드러워져 씹는 데 필요한 시간이 짧아진다. 익힌 음식은 소화 흡수가 쉽고, 식중독을 일으키는 병균이 불에 의해 죽기 때문에 훨씬 안전하다. 요리는 먹기 힘든 음식 재료를 먹을 수 있게 바꾸고, 음식의 맛을 좋게 한다. 원숭이 대상 연구 결과, 원숭이도 익히지 않은 감자, 당근보다 구운 것을 더 선호하였다.

불을 이용해서 조리하려면 필요에 맞게 불을 피우고, 불의 세기를 조절하면서 화재로 번지지 않게 방지하는 지적 능력, 인내심, 기억력 등 인지 능력도 필요하다. 음식 조리법은 인간 문화의 가장 독창적인 요소 중 하나로 발전하였다. 현대 인간은 실제 먹는 시간보다 요리를 계획하고 만드는 데 더 많은 시간을 할애하며, 음식 소개 프로그램을 보며 시간을 보내고 있다. 즉 인간은 요리하기 위해 존재한다.

(출처: Graham Lawton, 2016 11. 2, New Scientist)

우리는 제9장 도구 1을 통해 적정기술에서 활용되는 도구가 에너지, 농사용, 생활도구 및 수송, 건설, 의료를 위한 기기 등으로 다양한 분야에서 개발되고 있음을 확인하였다. 그리고 적정기술의 대표적 도구 중 하나인 자전거에 대해 배우면서 인력을 이용한 전기의 생산, 농사용, 이동수단 등 자전거의 다양한 활용 방법도 알게 되었다.

또한 적정기술 도구를 분류하면서 최근 도구의 개발은 다양한 비즈니스 모델을 갖고 상업적인 동기 부여를 통하여 확산되고 있음을 소개한 바 있다. 하지만 플레이펌프(PlayPump)와 같이 선진국의 앞선 기술적 자만심 혹은 과도한 언론의 홍보를 기반으로 한 펀드레이징(fundraising)이 목적이 된 비즈니스 모델화로 실패한 사례도 있으므로 조심스럽게 접근할 필요가 있다. 이 경우 앞서 소개한 바와 같이 특정 **적정기술의 적정성(appropriateness)**을 확인하는 과정이 매우 중요하다. 대규모 원조에 의존하거나, 상업적인 비즈니스 모델을 활용하면 효율적이며 급속하게 확산 가능한 물적 동력이 제공될 수 있으나, 반드시 성공하고자 하는 개발자의 탐욕이 수반될 수 있기 때문에 개발된 적정기술에 대한 평가는 성급하게 이루어지면 안 된다.

> **적정기술의 적정성**
> 슈마허에 의해서 적정기술이 제안된 이후, 적정한 수준의 기술이라는 의미인지, 아니면 기술 자체가 사회적 문화적으로 적정한가라는 의미인지에 대해 많은 논란이 있다. 그 중 한 가지 사례는 다음 논문을 참조할 것. A. Stewart, ECTJ. Vol. 33(1), pp 58–65

특히 해당 적정기술의 지속가능성 평가가 중요한데, 해당 적정기술이 외부 지원에 의존하지 않고, 편리성과 유용함을 기반으로 지역 사회에서 자발적으로 활용되고 확산 가능해야 한다. 그럼에도 불구하고 일정 정도의 상업성은 적정기술의 자발적인 확산에 매우 중요한 요소임에 틀림없다. 널리 사용되지 않는 기술은 결국 검증될 수도 없고, 빈곤과 노동의 어려움을 해결할 가능성도 낮아지기 때문이다.

본 장에서는 적정기술의 도구 중 성공적인 모델 두 가지를 추가로 설명하고자 한다. 첫째는 농업용수나 생활용수를 확보하기 위한 관개용 도구인 펌프이며, 둘째는 환경오염을 최소화하면서 효율적으로 취사가 가능한 스토브이다. 두 사례 모두 성공적인 적정기술 도구의 핵심적인 분야로 자리 잡았는데, 이는 펌프와 스토브 모두 의식주 해결에 필수적인 가치를 제공하며, 지역의 노동력을 활용하여 유지 관리가 가능하기 때문이다. 그럼에도 불구하고 적정기술의 관점에서 지속적으로 고민하고 연구하여 새로운 디자인과 기술적인 혁신을 요구하는 도구이기도 하다.

본 장에서 소개되지 않았으나, 자원이 부족한 개발도상국에서 필요에 의해 현재 사용되는 도구는 많다. 다양한 에너지 전환을 통해 사용되는 조명기구나 동력기기, 이동수단으로 널리 사용되는 툭툭, 각종 농축산용 및 어로용 도구, 여성들의 가사나 가내수공업에 활용되는 직조기, 도자기 제작 기구 등 수많은 도구들이 개발, 활용되고 있다. 본 장을 통해 펌프와 스토브의 구동 원리와 사용 환경에 맞게 사용자 중심으로 개발되고 있는 과정을 이해하면, 본 장에서 다루지 않은 다른 도구들을 개발할 때 필요한 접근 방법 역시 알 수 있을 것이다.

10.1 펌프의 구동 원리와 종류

물을 이동시키는 도구는 농사에 가장 중요한 기구이다. 논에 물을 대거나 농작물에 물을 공급하는 활동은 농작물의 생산량과 직결된다. 우기와 건기가 뚜렷한 지역에서 벼농사를 하려면 많은 물이 필요하므로 저수지, 강, 땅속에서 물을 끌어오기 위한 다양한 방식의 물 펌프가 필요하다. 물 펌프를 이용하면 건기에도 관개수로에서 물을 끌어올 수 있으므로 농작물 생산에 매우 중요한 장비라고 할 수 있다.

농경지 최소 경작 면적

한 농경 가구가 농작물을 통해 생계를 꾸려갈 수 있는 면적. 인도의 평균 농경지의 크기는 1.15 ha로 11500 m^2이며, 해방 당시 한국의 평균 경작농지 면적은 1.01 ha로 알려져 있다.

물 펌프가 농산물 경작에 어떤 영향을 미치는지는 다음 예를 보면 알 수 있다. 방글라데시는 비가 많은 나라로 우기에는 국토 상당 부분이 물에 잠길 만큼 물이 풍부하다. 그러나 4월~6월 중순은 여름으로 고온건조하여 모든 식물이 메마르게 된다. 특히 5월은 40℃를 웃도는 고온의 건기이다. 6월 중순~8월 중순은 우기로 하루종일 비가 오며, 10월 중순까지 고온다습한 기후가 이어진다. 이러한 기후를 이용하면 건기에는 밀 경작을, 우기에는 쌀 경작을 할 수 있다. 건기에 밀 경작을 하려면 재배 기간 동안, 재배 면적에 최소 10 cm 높이에 해당하는 관개용수가 필요하다. 이것은 1 m^2당 물 100 ℓ, 1,000 m^2당 물 100,000 ℓ(1,000 m^2는 농사에서는 매우 좁은 넓이의 경작지이다)가 공급되어야 함을 의미한다. 1980년 농부가 이용할 수 있는 유일한 관개 시설은 우물에서 양동이로 물을 퍼 올리는 것이었다. 초당 1 ℓ의 물을 들어 올린다고 해도 최소 28시간 동안 물 확보에 전력해야 작은 경작지에 겨우 물을 댈 수 있다는 계산이 된다. 따라서 안정적인 물 확보 없이 건기 농사는 불가능하다.

물 펌프를 작동시키려면 현대화된 농촌이나 도시에서는 일반적으로 전기를 이용한다. 그러나 전기가 부족한 지역이나, 한시적으로 소량의 물이 필요한 경우에는 인력, 자전거, 풍력 등으로 전기를 생산하여 모터를 구동하거나, 기계적으로 순차적인 압력을 제공하여 펌프를 작동시킬 수 있다. 원리적으로 펌프 로터를 회전시켜 전기를 생산하거나, 다른 기계를 구동시키는 회전에너지를 얻고자 할 때는 전기에너지를 얻는 로터를 활용하기도 한다. 결국 전기에너지를 이용하여 기계적 에너지를 확보하거나, 기계적 에너지를 이용하여 전기에너지를 생산하는 등 유사한 원리를 활용한다(3, 4, 5장 등 참조). 그 중에서도 펌프는 구동 원리와 현장에서의 활용성을 고려할 때, 본 장에서 좀 더 자세히 다룰 필요가 있다.

그간 많은 관련 기관들이 다양한 방법으로 물 펌프 문제를 해결하기 위하여 시도하였다. 가장 일반적으로 격막을 이용해 압출시키는 다이어프램 펌프(diaphram pump), 인력이나 자전거 회전 동력을 이용한 물 펌프, 직접적인 인력에 의한 트윈 실린더 장치를 이용한 변위펌프(displacement pump) 등이 여러 현장에서 시도된 바 있다. 그러나 사용하지 않는 기간에 녹슬면서 반영구적인 확산에는 실패하는 경우가 많아, 장기적으로는 실제 현장에서 도움이 안 되면서 여전히 많은 지역에서는 전통적인 도르래, 양동이, 스윙 바구니 등을 사용하는 관개 방식에 더욱 의존하게 되었다.

1. 물 펌프의 원리

모든 펌프는 액체를 이동시키는 자연계의 기본 힘을 사용한다. 펌프에서 **임펠러**, **베인**, 피스톤 **다이어프램**과 같은 부품이 움직이기 시작하면 공기가 빠져 나오면서, 더 많은 공기나 물(물 펌프의 경우)로 채울 수 있는 부분 진공(저압) 상태가 만들어진다. 이는 기본적으로 빨대로 액체를 빨아올리는 것과 비슷하다. 빨대를 빨면 입 부분에 진공이 생기고, 입 부분과 대기 사이의 압력 차이로 인해 액체가 빨대 위로 밀려 올라오게 된다.

임펠러

원심펌프의 회전체로 모터나 엔진이 공급한 에너지를 유체로 전달한다.

베인

임펠러 등에 붙어 있는 날개 깃

다이어프램

왕복운동으로 유체를 당기거나 밀어 내는 격막

● 대기압과 압력 차이

기압은 압력의 단위로, 지구 해수면에서 잰 대기압을 기준으로 한다. 기압 단위는 atm이다(1 atm = 101,325 Pa = 1.01325 bar = 760 mmHg = 14.696 psi). 튜브의 한쪽 끝을 물속에 넣고 다른 끝 부분에 진공을 가하면 1기압은 상온에서 약 10 m 높이의 물을 보유할 수 있다. 물이 아닌, 이것은 해수면과 빨대 사이에 완벽한 진공 상태에서만 얻을 수 있고, 실제 원심펌프 대부분은 해수면에서 약 8 m까지 물을 들어 올릴 수 있다. 물이 아닌 물질은 밀도가 높은 쪽에서 밀도가 낮은 쪽으로 이동한다. 즉 고압의 액체는 저압 쪽으로 이동한다.

표 10.1 압력 단위의 환산표

	Pa	bar	atm	mH_2O	mmHg
1 Pa = 1 N/m^2	1	10^{-5}	$9.87\cdot10^{-4}$	$1.02\cdot10^{-4}$	$750\cdot10^{-5}$
1 bar	10^5	1	0.987	10.2	750
1 atm	$1.013\cdot10^5$	1.013	1	10.33	760
1 mH_2O	$0.981\cdot10^4$	0.0981	0.0968	1	73.6

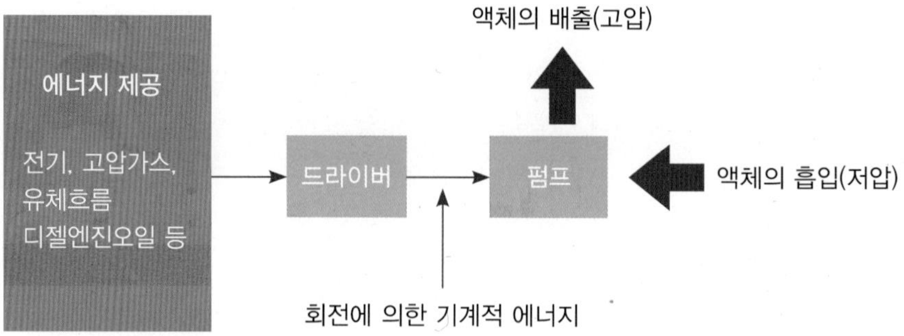

그림 10.2 에너지를 이용해서 모터의 회전을 일으키고, 회전의 기계적 에너지를 이용한 액체의 펌핑 과정

- **에너지 전환을 통한 물의 이동**

펌프는 원동기에서 기계적 에너지를 받아 물 등의 액체에 압력을 가해서 배관을 통해서 액체를 이용시키는 기계이다. 최초에 펌프는 낮은 곳에 위치한 물을 높은 곳으로 양수하기 위한 도구로 발달되어 왔으며, 원동기 발달과 함께 높고 먼 위치까지 액체를 이송시킬 수 있게 되었다. 앞에서 설명한 바와 같이 액체의 압력을 상승시켜 배관시스템을 통해 이동시키는데, 이때 액체의 압력을 높이기 위하여 여러 에너지 변환을 사용한다. 일반적인 에너지는 드라이버에 장착된 모터에 전기를 사용하는 방식이며, 이때 전기를 생산하기 위하여 수력 등을 사용할 수 있다. 또는 수력이나 증기 터빈을 통한 고압증기 등으로 직접 드라이버를 구동시킬 수 있다. 이때 회전하는 기계적 에너지가 펌프의 내부에 압력을 낮추어서 물을 흡입하고, 회전체가 물을 밀어서 압력을 높이는 원리가 가장 일반적인 펌프의 원리이다(그림 10.2).

2. 물 펌프의 성능 고려 사항 및 계산

펌프는 다음 사항을 고려하여 필요한 수량(水量)에 알맞게 설치해야 한다. 펌프가 물 공급원(흡입 헤드)에서 펌프(배출 헤드) 위로 배출 끝단이 얼마나 올라갈지를 결정하고, 이것을 통한 펌프의 배출 용량(discharge quantity, liter per min.)을 결정한다. 일반적으로 총 수두(total head, 흡입 + 배출)가 주어지면 상업용 펌프의 경우 배출 성능 커브를 통하여 필요한 압력치를 추정할 수 있다. 그 외에 파이프의 종류, 크기 및 길이, 재료로 인한 손실, 스프링클러 또는 노즐로 인한 손실 등 실제 현장의 다양한 요소에 따라서 그 값은 달라질 수 있다. 결국 정적 총 수두는 펌프를 선택할 때만 고려되며, 마찰 손실 등으로 큰 오차를 유발할 수 있는 것은 일정 정도의 시행착오를 고려해야 한다.

표 10.2 펌프 설치 시 알아야 할 주요 용어

유량(수량)	특정한 시간동안 펌프 내에 흐르는 액체의 양으로, 부피 유량과 질량 유량으로 나뉜다.
부피 유량(Q)	액체의 밀도와 관계 없이 펌프에 의해서 액체가 이동하는 값으로, 시간당 부피의 이동 값으로 나타낸다. 상수도 급수의 경우 부피 유량이 가장 중요하며, 취수나 관개용수의 경우 특정한 부피의 이송이 가장 중요하다.
압력(P_{total})	면적당 힘의 측정값으로 정압(P_{sta}), 동압(P_{dyn})이 있고, 전체 압력(P_{total})은 정압과 동압의 합으로 나타낸다. 단위는 N/m^2이며, 보통 bar로 표기한다.
정압(P_{sta})	움직이지 않는 액체의 흐름에 수직으로 놓인 압력게이지에서 측정한 압력이다.
동압(P_{dyn})	액체의 유속에 의해서 발생하는 압력으로, 호스 크기 등에 의해서 계산된다.
양정(lift)	펌프가 액체를 끌어올릴 수 있는 높이로, 일반적으로 m로 표기된다. 펌프 배출구와 흡입구에서 측정되는 유체의 총 수두(total head)의 차이를 나타낸다. 다음은 양정을 구하는 공식이다. $$H = \frac{P}{\rho} g$$ H: 양정(m), P: 압력(N/m^2), ρ: 액체의 밀도(kg/m^3) 물의 경우 1, g: 중력가속도(9.8 m/s^2)

3. 물 펌프 성능에 영향을 미치는 요인

● **배관 호스의 종류에 따른 마찰계수**

펌프의 실제 배출 성능은 고정형 헤드만을 사용하는 시스템의 경우, 장치와 물의 마찰계수(friction), 표면 손상 등으로 예상보다 훨씬 나쁠 수 있다. 실제로 액체가 호스를 흘러가면서 안쪽 면에 많은 마찰과 열이 발생되는데, PVC, 비닐 그리고 금속파이프 등 호스 소재에 따라 마찰력이 다르다. 금속관 호스, 직경이 작은 호스, 길이가 긴 호스도 추가적으로 배출용량을 줄이는 요소이다.

● **펌프의 높이**

해수면의 대기압은 1 atm 압력으로, 원심 펌프의 흡입 헤드를 약 10 m의 높이로 제한하게 된다. 그러나 이는 펌프에서 완벽한 진공 상태가 되어야만 얻을 수 있고, 실제로 원심 펌프의 흡입 헤드는 약 8 m로 제한된다. 따라서 펌프 성능(용량 또는 압력)은 펌프가 물 표면에 가깝게 위치할 때 가장 효과가 우수하다. 흡입 헤드를 높이면 배출 헤드의 높이가 줄어들고 결과적으로 펌프의 배출 용량이 감소한다. 또한 흡입구보다 직경이 작은 흡입호스는 절대로 사용하면 안 된다. 이것은 펌프를 빠르게 손상시킬 수 있다.

● **배출구의 높이**

자연현상은 펌프가 물을 얼마나 강하게 밀어 낼 수 있는지에 중요한 역할을 한다. 물은 기본적으로 매우 무겁다(1 ℓ당 1 kg). 임펠러의 기계적 에너지는 물과 접촉하는 물에 힘을 전달하며, 이 힘은 펌프 배출 시 kPa 단위로 측정할 수 있다. 펌프 배출헤드의 높이가 높아지면 펌프 유량(m^3/h)이 감소하고 배출호스 끝에 배출되는 압력(유량이 중지되거나 스프링클러 또는 노즐이 사용되는 경우) 역시 감소한다. 이러한 조건하에서 배출호스 끝에 노즐이 있는 경우, 사용할 수 없게 배출 용량이 감소할 수도 있다.

● **호스의 길이**

배출호스의 길이가 길어질수록 물은 더 넓은 호스 안쪽 면과 접촉하게 된다. 따라서 급수와 접촉한 호스 내벽에서 마찰이 일어나고, 마찰이 증가하면 결국 물이 느려져 배출 용량 감소와 펌프 성능 감소를 초래한다.

● **호스 직경의 감소**

호스 직경의 감소는 물의 흐름을 막는 댐과 같다. 물의 흐름이 호스 내벽과 부딪히면, 흐르는 물 일부만 통과하면서 마찰이 증가된다. 따라서 실제 사용 시에는 가능한 한 배출호스의 직경을 유지하고 호스 직경을 줄이지 않는 것이 좋다.

● **엘보에 의한 흐름의 방해**

호스관의 방향을 바꾸는 엘보는 물의 자연스러운 직진 흐름을 방해하며, 엘보 주위에 생성되는 난류는 마찰을 증가시켜 배출 용량을 감소시킨다.

● **밸브**

배관에 장착된 밸브나 커플러도 물 흐름을 차단하거나, 마찰을 증가시키며, 난류를 형성하여 배출 용량을 감소시킨다.

● **설치 장소의 높이와 기압의 감소**

엔진 성능은 고도와 함께 감소한다. 고도가 높을수록 연료에 의한 엔진의 작동을 지원할 수 있는 산소가 적어진다. 따라서 최대 엔진 출력은 고도 305 m당 약 3.5% 감소한다고 알려져 있다. 네팔과 같이 고도가 높은 고산 지역은 공기 밀도가 낮으므로, 펌프로 끌어들이려고 하는 물을 밀어내기 위한 공기 압력이 줄어들고, 물을 미는 기압이 작기 때문에 최대 흡입하는 총 수두가 줄어든다. 따라서 엔진 출력과 배출 용량이 감소할 수도 있다(그림 10.3).

그림 10.3 펌프의 성능 결정 요인
총 수두를 결정하는 흡입 높이와 배출 높이, 배출호스에 있는 엘보, 밸브, 호스의 길이, 직경 그리고 배출구에 있는 스프링클러 등이 총 배출 용량을 제한한다.

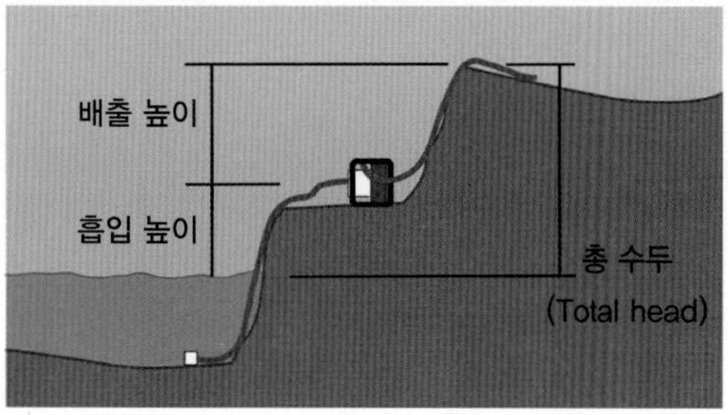

4. 액체의 총 이송거리의 계산: 양정과 수두

● 양정과 수두의 정의

펌프의 이론은 총 수두, 유량, 압력 그리고 펌프의 다양한 종류에 따라서 매우 복잡한 수식을 거쳐야만 계산이 가능하다. 또한 펌프 연결 방식이 병렬 또는 직렬인 경우, 펌프의 회전수, 게이지나 밸브의 설치 여부 등 다양한 변수에 의해서 실제 계산은 결정된다. 적정기술에서는 이러한 펌프의 원리와 유체역학에 의한 계산은 다루지 않고, 다만 현장에서 펌프를 설치할 때 가장 기본이 되는 수두와 양정(lift)을 구하는 방법을 알아보기로 한다.

양정은 펌프가 물을 끌어 올리는 높이를 의미하며, 펌프의 배출구와 흡입구에서의 높이의 차를 말하는 것이다. 이때 수두(head)는 펌프가 얼마나 높게 액체를 끌어올릴 수 있는지의 의미로, 물의 속도와 펌프의 위치 조건에 따라 액체를 끌어올리기 위해 필요한 압력이다. 즉 펌프의 수두는 펌프의 파워이며, 펌프가 낼 수 있는 압력이 클수록 펌프의 수두도 커지게 된다. 그리고 펌프의 배출구와 흡입구에서 측정되는 수두의 차이를 길이로 표현한 것이 바로 양정이다. 펌프의 성능인 압력은 호스의 직경이나 마찰 등에 의해서 감소하게 되고, 이는 총 수두의 감소로 이어진다.

따라서 수두를 측정하기 위해서는 각 지점에서 압력을 계산해야 한다. 압력은 단위 면적당 힘(Pa, N/m^2)으로 보통 수직으로 놓인 압력게이지에서 측정한 정압(P_{sta})과 액체의 밀도(ρ, kg/m^3)와 유속(υ, m/s)에 의한 동압(P_{dyn})으로 구분하며, 이들을 합친 것이 총 압력(P_{total})이다. 앞에서 설명한 바와 같이 총 수두는 이러한 각 압력과 마찰에 의한 손실의 합으로, 펌프에 의해서 이송 가능한 높이로 표현된다.

$$P_{dyn} = \frac{1}{2}\rho\upsilon$$
$$P_{total} = P_{sta} + P_{dyn}$$

그림 10.4에서 물의 높이가 높으면 물의 압력으로 펌프가 물을 끌어 올릴 수 있는 양정은 높아지게 된다. 이때 펌프의 힘에 의해서 올라가는 높이만이 총 수

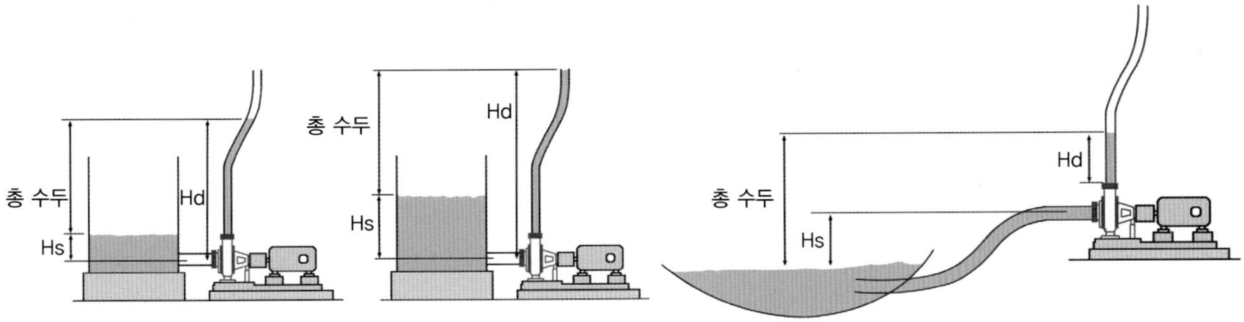

그림 10.4 펌프와 수면의 높이에 따른 총 수두의 비교 Hs는 흡입구 수면에서 펌프까지의 높이를 말한다.

두이며, 물의 높이가 낮은 경우는 펌프의 흡입구 수면에서 펌프까지의 높이(Hs)와 펌프에 의해서 올라간 총 높이(Hd)를 더한 값이 총 수두가 된다. 총 수두 값은 양정(H)으로 나타내며 양정(H)과 압력의 관계는 다음과 같다.

$$H = \frac{P_a}{\rho} \cdot g$$

H: 양정(m), P_a: 압력(N/m^2), ρ: 액체의 밀도(kg/m^3),
g: 중력가속도(m/s^2)

일반적으로 압력은 bar로 나타내며 액체에 따라서 다른 양정값을 갖는다. 예를 들면 20℃의 해수는 비중에 따라서 1 bar에서 약 7.3~12.75 m까지 다른 양정값을 갖는다. 양정값의 차이는 해수의 염분 농도와 온도 때문에 생긴다.

● **양정의 계산**

따라서 펌프의 양정은 펌프의 흡입구와 배출구에서 걸리는 압력에 의해서 결정된다. 이때 압력의 차이는 각각에 물려 있는 흡입구와 배관의 크기를 고려해야 하며, 각각의 흡입 유속과 배출 속도 등을 고려하여, 다음 공식에 의해서 계산이 가능하다.

$$H = \frac{P_2 - P_1}{\rho \cdot g} + (h_2 - h_1) + \frac{V_2^2 - V_1^2}{2 \cdot g}$$

H: 양정(m), P_a: 압력(N/m^2), ρ: 액체의 밀도(kg/m^3),
g: 중력가속도(m/s^2), h: 측정 높이(m), V: 유속(m/s)

유속 V = Q/A(Q: 유량, A : 배관 면적)을 고려하여 펌프를 통과하는 유량 Q와 각각의 배관 구경 D를 조합하면, 다음과 같은 수식으로 정리가 가능하다.

$$H = \frac{P_2 - P_1}{\rho \cdot g} + (h_2 - h_1) + \frac{8 \cdot Q^2}{g \cdot \pi^2} \cdot \left(\frac{1}{D_2^4} - \frac{1}{D_1^4}\right)$$

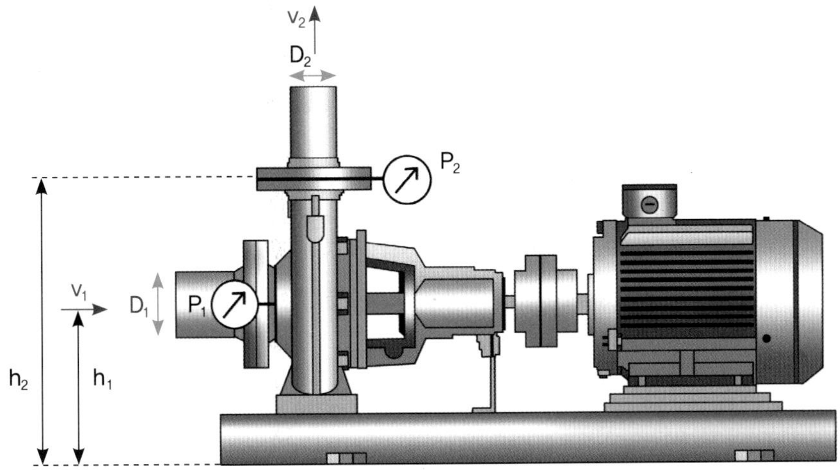

그림 10.5 원심펌프의 흡입구와 배출구의 크기와 높이에 따른 양정(H)의 계산을 위한 물리값

Solved problem 10

● 일반적인 연료 펌프나 전동펌프의 경우 설치 높이에 .099를 곱하면 이때 필요한 압력을 계산할 수 있다. 사용 가능한 최대 압력은 펌프가 갖고 있는 최대 압력에서 설치 높이에 의한 압력 손실을 빼면 구할 수 있다.

1. 설치하고자 하는 상업용 전동펌프의 최대 압력이 4.89 bar일 때 해수면에서 36 m 높이에서 사용 가능한 최대 압력을 계산해 보자.

▶ 풀이 및 답

4.89 bar - 3.58 bar (= 36 m x .099) = 1.31 bar

36 m 높이에서 사용 가능한 최대 압력은 1.31 bar이다.

2. 총 필요유량이 240 m^3/h(시간당 240,000 ℓ)이고, 흡입호스의 압력이 0.5 bar, 배출호스의 압력이 1.1 bar일 때, 20℃의 물을 이동시키는 펌프의 총 수두를 계산해 보자. 흡입호스 구경(D_1)은 150 mm, 배출호스 구경(D_2)은 125 mm이며, 두 구경의 높이 차 (h_2−h_1)는 355 mm이다.

▶ 풀이 및 답

$$H = \frac{P_2 - P_1}{\rho \cdot g} + (h_2 - h_1) + \frac{8 \cdot Q^2}{g \cdot \pi^2} \cdot \left(\frac{1}{D_2^4} - \frac{1}{D_1^4}\right)$$

$$H = \frac{1.1 \times 10^5 - 0.5 \times 10^5}{998 \times 9.81} + (0.355) + \frac{8 \times \left(\frac{240}{3600}\right)^2}{9.81 \times \pi^2} \times \left(\frac{1}{0.125^4} - \frac{1}{0.150^4}\right)$$

$$H = 6.13 + 0.36 + 0.77 = 7.26 \text{ m}$$

즉 주어진 펌프를 이용하여 최대 7.26 m까지 물을 끌어 올릴 수 있다.

5. 물 펌프의 종류

펌프 구동 방식은 크게 흡입에 의한 방식과 동력에 의한 방식으로 나눈다. 리프트 펌프는 우물에서 물을 끌어 올린다. 앞서 소개한 바와 같이 우물이나 수원지 수면의 대기 압력으로 물을 밀어내며, 펌프는 실제로 배관 꼭대기에서 물이 제거되기 때문에 더 많은 물을 밀어 올릴 수 있다. 다만 리프트 펌프는 우물 상단에 위치하야 하며, 대기압에 상응하여 물의 이동이 6~7 m로 제한된다. 동력에 의한 펌프는 바닥에서 물을 밀어 올린다.

● **변위펌프**(Displacement pumps)

가장 익숙하고 흔하게 사용되는 펌프는 변위펌프이다. 20세기 초 풍차는 수많은 변위펌프를 작동시켰다. 그림 10.6은 전형적인 변위펌프의 단면이다. 상향하는 스트로크에 의하여 피스톤밸브(플런저 버킷)가 닫히면 하단의 차단밸브(풋밸브)가 열리고, 대기압은 흡입튜브로 물을 밀어 넣는다. 하강 스트로크에서 차단밸브가 닫히면 피스톤밸브가 열리고 피스톤이 실린더 안의 물을 통과시키게 된다. 다음 상향 스트로크에서 더 많은 물이 흡입튜브로 밀려 올라가고 실린더에 들어온 물은 배출구 밖으로 나오게 된다.

외부 동력을 이용해야 하는 원심펌프나 회전펌프와 달리, 변위펌프는 이론적으로 배출 압력에 상관없이 주어진 속도(RPM)에서 동일한 흐름을 생성한다. 따라서 시간에 따라서 일정한 유량이 반복 이동되는 기계이다. 그러나 압력 증가에 따라 내부 실링이 약해지면 유속이 일정하게 유지되지 못하며 펌프 성능이 약화된다. 일정한 공간의 실린더에서는 차단밸브가 동작하여 압력을 유지시켜 주나, 내부 압력이 증가하여 펌프의 손상을 줄 수 있기 때문에, 기술적으로는 펌프 배출 부분에 안전밸브가 필요하다.

그림 10.6 변위펌프(a)와 다이어프램 펌프(b)

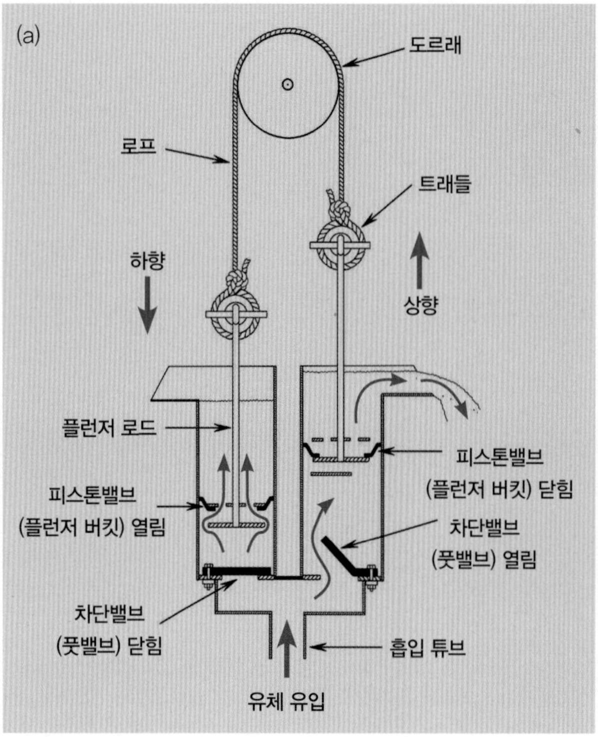

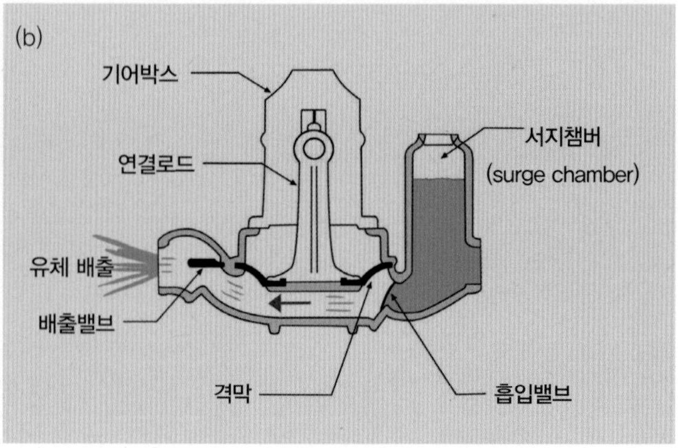

● **다이어프램 펌프(Diaphram pump)**

다이어프램 펌프는 변위펌프와 유사한 원리이나, 유체를 이송하기 위하여 고무와 같은 다이어프램, 즉 격막을 사용하는 기계장치이다. 변위펌프와 유사한 두 개의 흡입실린더와 배출실린더가 격막의 이동에 의해서 순차적으로 열린다. 보통 전기로 구동되며, 부식성이 있는 액체 등에 강한 고무 재질의 격막이 실제 구동되는 회전 왕복운동을 하는 회전축과 유체의 접촉을 막아 준다. 흡인스트로크에서 유체는 흡입밸브를 통과하고, 동시에 배출밸브는 밀봉되며, 압축스트로크에서 반대로 유체는 흡입밸브를 밀봉하며 배출밸브를 통해서 통과하게 된다.

● **원심펌프**

전기로 구동되는 기계적 펌프 대부분이 이에 속한다. 전기에 의해서 임펠러가 회전운동을 하면 펌프 내부에 진공이 형성되어 유체를 흡입하고, 이를 배출하는 펌프이다. 배출량과 배출압력이 정해져 있어 언제나 일정량을 제공하기 때문에 사용 범위가 넓다. 중심부의 물이 밖으로 나오면 중심부는 압력이 저하되고 진공에 가깝게 압력이 낮아지면서 흡입관으로 들어온 물이 대기 압력에 의해 임펠러 중심을 향해 흐르게 된다. 이러한 과정으로 펌프가 연속적으로 작용하면서 유체가 흐르게 된다. 따라서 원심펌프의 흡입구는 임펠러 중심에 위치한다. 원심펌프는 일반적으로 펌프 본체, 임펠러, 주축, 축이음, 베어링 본체, 패킹 상자로 이루어져 있다.

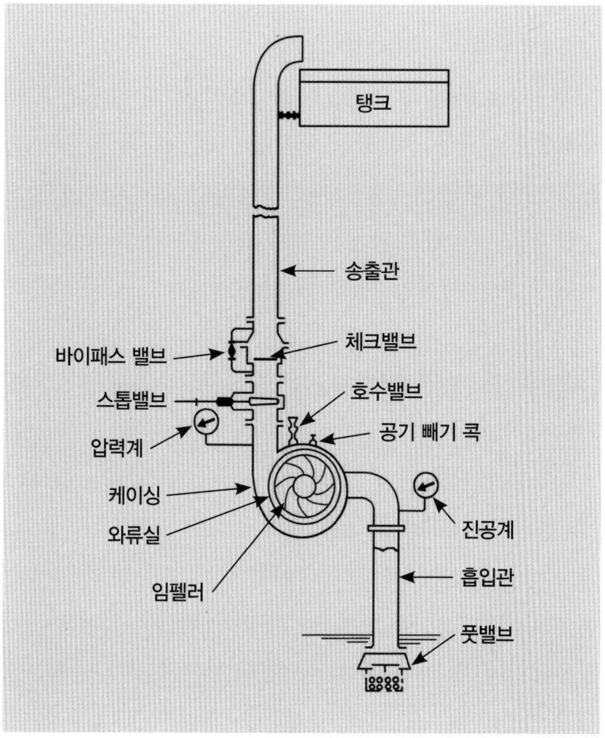

그림 10.7 원심펌프

10.2 펌프가 적용된 적정기술 사례

상수도가 설치되어 있지 않은 지역에서 물이 필요한 경우, 펌프는 크게 다음 용도로 활용된다. 음수용, 요리, 청소, 목욕용 등의 가정용수, 가축 사육용, 작물을 키우기 위한 농업용 관개수 등이다.

깨끗한 물이 부족한 지역에서 물의 소중함은 정량화할 수 없을 것이다. 따라서 물을 양수하기 위한 투입 비용은 물의 용도와 밀접한 관련이 있다. 지역 사람들의 생존을 위한 가정용 용수는 당연히 큰 비용을 들여서라도 확보해야 할 가장 중요한 자원이다. 그리고 가정 대부분에서 가축이 중요한 노동 자원이며, 식량 자원임을 고려하면 양돈이나 축산에 필요한 물은 가정 용수 다음으로 중요한 자원이고, 농사에 필요한 관개 용수는 가장 가치가 낮다. 하지만 농사에 필요한 수자원은 물의 질과 상관없이, 많은 양이 필요하기 때문에 가치와 상관없이 많은 비용을 지불할 가능성이 높다. 실제 적정한 양의 농작물을 경작하려면 많은 물이 필요하다. 예를 들어 옥수수 5000 kg을 생산하려면 최소 12,000 m^3의 물이 필요하다.

앞서 펌프의 구동 원리에서 확인된 바와 같이 자연에서 물을 양수하기 위해서는 회전이나 압축에 의한 진공 상태를 만들어야 하는데, 이때 다양한 종류의 동력원을 필요로 한다. 인력 펌프는 인류가 진화하면서 가장 보편적으로 사용한 방식이다. 직접 물을 길어 오거나, 인력을 이용한 펌프장치나 도르래 등을 이용한 양수 방식을 사용할 수 있는데, 이는 직관적으로 사용되는 가장 손쉬운 방법이라고 할 수 있다. 물론 자전거와 같은 간단한 기계장치나, 가축의 운동을 통해서도 물을 퍼 올릴 수 있을 것이다.

최근 오토바이, 연료 모터, 전기 모터 등의 다양한 동력원이 보편화된 펌프의 동력원으로 활용되고 있다. 필요한 기본 장비와 적절한 기술을 확보할 수 있으면 풍력, 수력, 태양열, 바이오매스에서 얻은 전력을 이용할 수 있을 것이다. 다만 이러한 전력 공급원의 활용은 실제 사용하는 지역 사회의 경제적 자원, 물 수요, 수자원 및 지역 사회의 기술 자원에 달려 있다.

1. 트윈 트래들 펌프(twin treadle pump)

1976년 루터교 세계 연맹(Lutheran World Federation)이 운영하는 'Rangpur-Dinajpur Rehabilitation Service (RDRS)'는 소규모 관개용 펌프의 연구를 시작한다. 페달 파워, 플라이휠 보조, 원통형 플런저 펌프 등 초기 모델이 일부 사용되었으나, 펌프 제작비가 너무 비싸서 약간의 물을 댈 수 있는 용도로만 활용되었다. 몇 차례에 걸친 시행착오 끝에, 1989년 RDRS는 농부의 다리와 몸무게를 이용한 펌프를 설계, 제작하는 데 성공했다.

그림 10.8 트윈 트래들 펌프의 실제 적용 사례

다리 운동을 하면 2개의 트래들 펌프가 물을 길어 올리는 형태의 모델이 농부에게 제공되었을 때, 기존의 다른 펌프와는 달리 농부들이 많은 관심을 보였다. 더불어 실제 작업의 용이성(직관적으로 이해할 수 있는 장비의 구조), 트윈 트래들 펌프를 이용해 얻을 수 있는 물의 총량, 제작비 등이 제공되자 농부들은 많은 관심과 함께 제작을 요청하게 되었다.

펌프를 구동하는 농부는 2시간 동안 초당 2 ℓ의 물을 2~4 m 높이까지 끌어 올릴 수 있고 펌프를 구성하는 데 필요한 재료 대부분은 현지에서 쉽게 구입할 수 있다. 프레임, 발판, 파이프는 모두 대나무로 만들고, 실린더는 판금, PVC 튜브, 주철 또는 콘크리트로 만든다. 외부에서 가져온 부품인 축, 실링제, 피스톤, 로드는 널리 사용되는 피처 펌프와 동일한 교환 부품이기 때문에 쉽게 제작, 수리가 가능하다. 트윈 트래들 펌프는 수명이 약 4~6년이므로 각 지역의 제작자들은 수리 및 설치 훈련을 받게 되었다. 2~3명으로 구성된 설치팀이 대나무 파이프와 여과기를 만든 뒤, 하루 동안 프레임을 설치하여 성공적으로 펌프를 설치할 수 있었다.

완벽한 펌프 설치 비용은 약 15~20달러(USD)로, 이는 극빈층의 농민을 제외하고, 경제활동을 하는 많은 사람들이 부담 가능한 금액 범위이다. 1985년 4월 기준 약 40,000대의 펌프가 판매되었고, 이 기술은 중국, 필리핀, 모리타니 및 탄자니아로 전파, 확산되었다. 트윈 트래들 펌프는 아주 성공적인 적정기술의 사례로 자리매김하고, 현재까지도 다양한 방식으로 관개가 필요한 지역에서 활용되고 있다. 이를 발전시켜 동일한 원리의 철제 펌프도 개발되고 있다.

2. 철제 트래들 펌프

그림 10.9는 짐바브웨에서 사용되는 고성능 철제 트래들 펌프이다. 얕은 우물과 지표면에서 물을 끌어 올리는 데 사용되는 스틸 트래들 펌프를 도금하여 성

그림 10.9 철제 트래들 펌프

능을 높였다. 금속 발판에 서 있는 한 사람에 의해 운영되고, 배출용량은 한 사람이 5 m 깊이에서 5000 ℓ의 물을 퍼 올릴 수 있다. 또한 최대 수평거리 20 m, 수직거리 3 m까지 물을 전달할 수 있다. 펌프는 최대 깊이 8 m까지 작동할 수 있으나, 7 m를 초과하는 작업은 장비의 안전성과 실링 문제로 권장되지 않는다.

펌프는 아연 도금 처리되었으며, 모든 패스너는 전기 도금으로 제작되었다. 배럴은 110 mm의 내경과 2 mm 두께의 이중 배럴로 구성되었고, 100% 니트릴 고무로 제작된 실링은 외경 43 mm, 벽두께 3 mm의 1 1/4 고무관으로 만들어져 있다. 도르래는 주철로 만들어졌으며 6 mm의 견고한 스틸 로프를 사용할 수 있다. 본 장비는 S.K. Industries에서 제작, 배포하고 있으며, 각 펌프에는 컵 씰, 플랩 밸브 및 유지 보수에 필요한 공구와 같은 예비 부품이 함께 제공된다. 안전성과 사용상의 용이성을 위해서, 펌프 작동 중에 발이 미끄러지는 것을 방지하기 위해 펌프의 철제 발판은 미끄럼 방지가 가능한 고무 슬리브로 마감하였다.

10.3 스토브의 작동 원리

스토브는 연료를 태워서 열을 내기 위한 목적으로 설치하는 장비이다. 대표적으로 조리용 부엌 스토브(kitchen stove, cookstove)와 난방을 위한 난로가 있다. 스토브는 지역, 주거 환경, 문화적 전통에 따라 다양한 발열원(장작, 석탄, 가스, 전기)을 활용하면서 개선되어 왔으나, 지역 환경과 전통 주거 문화에 의해 토착화되어 있어 가장 변화가 느린 도구이기도 하다. 발열과정 중 발생하는 불완전연소와 비효율성, 1차 에너지 자원의 과도한 사용으로 인한 에너지원 고갈, 지역의 대기 오염과 같은 문제를 해결하게 위한 다양한 노력에도 불구하고 개발도상국의 거주 환경과 새로운 도구의 확산을 어렵게 하는 지역의 빈곤으로 인해 마땅한 해결책이 부족한 실정이다.

실제로 스토브에 의한 대기오염과 에너지 고갈의 문제는 개발도상국뿐 아니라 선진국에도 영향을 미치고 있다. 장작 스토브 등은 연소부산물인 비산이나 미세먼지 등의 문제로 이미 많은 규제를 받고 있다. 이를 개선하기 위해 열효율을 높이기 위한 스토브의 설계, 목재의 완전 연소를 위한 바이오매스나 톱밥 대체 연료를 개발하고 있으며, 목재는 열효율이 높은 석탄 펠렛이나 완전연소에 가까운 기름 및 전기 등으로 대체되고 있으며, 최근에는 인덕션 가열방식도 쓰이고 있다. 그러나 개발도상국에서는 손쉽게 전기에너지를 생산 또는 전환하는 것이 불가능하므로, 적정기술을 통해서 현지에서 가장 경제적인 에너지원을 기반으로 하는 다양한 방식의 스토브 설계가 필요하다. 그래서 경제성을 유지하면서도 열효율을 높일 수 있는 방법의 제시가 활발한 분야이다.

새로운 스토브의 개발과 확산이 중요한 이유는 직접적으로 대기오염 및 유독가스의 발생을 저감할 수 있기 때문이다. 실내의 배기통을 통해서 배출되는 유독가스가 실내에 유입되면 호흡기에 직접적인 영향을 미치며, 인구가 밀집된 지역에서의 대기 오염을 유발하게 된다. 대기 오염은 2차적으로 농작물이나 거주하는 인체의 건강에 심각하게 영향을 미치게 된다. 모두 스토브에 의한 것은 아니지만, 대표적인 대기 오염원에는 **미세먼지**(particulate matter, PM_{10}과 $PM_{2.5}$), 일산화탄소, 오존, 질소 산화물 그리고 납과 같은 물질이 있다.

효율적이고 안전한 연소를 위해서는 최적화된 공기 흐름과 환기가 중요하며 굴뚝 손상이나 그을음 축적은 치명적인 가스가 실내로 유입되게 만든다. 특히 스토브 대부분은 실내에 유입될 수 있는 일산화탄소의 유독성을 갖고 있다. 화석연료의 연소로 인한 실내공기 오염은 개발도상국 여성과 어린이의 사망 및 질병을 유발한다. 이는 여성이 가사와 요리에 종사하기 때문으로, 실내 조리기구 사용으로 어린이들은 호흡곤란, 천식 등 호흡기질환의 발병 가능성이 높아지고 심각한 사망 위험에 노출되기도 한다.

미세먼지(particulate matter)

공기 중에 떠다니는 작은 알갱이를 말하며, PM은 Particulate Matter의 약자로, PM_{10}은 지름이 10마이크로미터 이하, $PM_{2.5}$는 지름이 2.5마이크로미터 이하를 의미한다. 보통 PM_{10}은 미세먼지, $PM_{2.5}$는 초미세먼지로 구분한다.

그림 10.10 전통적인 스토브(좌)와 스토브를 사용하는 여인(우)

스토브에 의한 직접적인 대기오염도 문제이나, 개발도상국의 빈곤 지역에서의 비효율적인 스토브 사용은 다양한 사회적 문제를 야기한다. 따라서 효율적인 스토브의 설계 및 확산은 다음과 같은 긍정적 효과가 있다.

첫째, 매일 사용되는 연료 소비량 감소로 지역 산림의 무분별한 벌채가 감소된다. 스토브를 사용하면 보통 한 마을에서 수천 톤의 목재를 필요로 하기 때문에 시간이 지날수록 산림의 황폐화가 일어난다. 둘째, 연료 확보를 위해서 벌채 및 장작의 수집에 소요되는 가사노동을 책임지는 여성의 고된 노동을 줄여 줄 수 있다. 실제로 개발도상국에서는 어린 소녀부터 노동이 가능한 노년 여성까지 요리와 난방을 위해 장작을 찾는 데 하루 중 많은 시간을 소비한다고 한다. 따라서 적은 장작으로 난방과 요리가 가능한 스토브가 보급되면 노동의 강도를 획기적으로 줄임으로써 여성의 노동 인권을 보호하는 데 많은 도움이 된다. 셋째, 유독가스로 인한 건강의 위험 및 조기 노화를 감소시킴으로써 육아에 더 많은 시간을 할애하도록 유도할 수 있다.

그러나 스토브의 새로운 발전은 예상만큼 빠르게 확산되지 않고 있다. 그 이유는 스토브가 요리나 난방과 관련된 사회적, 문화적 요소이기 때문에 장작을 모으는 데 소비된 시간을 낭비되는 시간으로 인식하지 않기 때문이다. 그러므로 환경, 여성 인권, 노동, 보건에 대한 사회적 인식을 변화시키는 것 또한 매우 중요하다.

1. 연소의 원리

연소는 열이 발생하는 화학반응으로, 물질이 산소와 화합하면서 다량의 열과 빛을 발생시키는 발열반응이다. 연소를 위해서는 연료, 연료와 반응하는 산소, 반응을 시작하기 위한 점화원, 이상 세 가지가 필요하다. 점화원(성냥 등)에 의해서 점화에너지가 제공되면 연소가 시작되며, 연료(목재 등) 또는 산소가 소비될 때까지 연소는 계속된다. 일반적으로 제공된 연료와 산소가 반응하면 이산화탄소와 물이 발생한다.

$$\text{탄화수소} + \text{산소} \rightarrow \text{이산화탄소} + \text{물}$$

$$CH_4 + 2O_2 \rightarrow CO_2 + 2H_2O\ (g)$$

- **완전연소**

'깨끗한 연소'라고 불리는 완전연소는 이산화탄소와 물만 생산하는 탄화수소의 산화 반응이다. 완전연소의 예는 양초나 정제된 휘발유의 연소이며, 여기서 발생하는 열은 공기 중의 산소와 반응하여 이산화탄소와 물을 방출하면서 탄화수소(양초 왁스)를 증발시킨다. 따라서 이상적으로 양초가 연소되면 수증기와 이산화탄소는 공기 중으로 방출되고, 아무것도 남지 않는다.

● **불완전연소**

불완전연소는 이산화탄소 이외에 일산화탄소 및 탄소 그을음을 생성하는 탄화수소의 산화 반응이다. 불완전연소의 예는 석탄과 목재의 연소로, 많은 그을음과 일산화탄소가 배출된다. 화석연료 대부분이 불완전연소되면서 많은 탄소 폐기물을 남긴다.

스토브 설계에서 가장 먼저 고려할 문제는 연소 제어 방법과 생성된 열을 효율적으로 활용하는 방법이다. 이를 위해서는 유입되는 바람의 제어, 연료 적재 방법, 연소 과정에서 유입되는 바람의 양과 방향을 고려하여야 한다. 센 바람이 들어오면, 불은 더 빨리 연료를 소비하고 주어진 시간 내에 더 많은 열을 방출한다. 연소 속도가 바람에 의존하는 이유는 뜨거워진 공기가 상층부로 상승하면서 생긴 상승기류가 측면에서 공기를 끌어들이고 지속적으로 화염을 위로 밀어내면서 크게 만들기 때문이다.

한편 스토브에 공기가 충분하지 않게 유입되면 목재 등의 연료가 불완전연소하면서 유독한 연기를 많이 발생시키고, 건강 및 위생 문제를 발생시킨다. 일반적으로 스토브의 효율, 즉 연료가 갖고 있는 에너지가 모두 열량으로 전환되는 비율은 약 10~15% 미만이다. 그러나 벽난로와 같은 스토브는 열과 빛을 동시에 제공하면서 주변에 빛과 따뜻함으로 사회적 공간의 훈훈함을 제공하므로, 효율성보다는 유독한 연기를 배출할 수 있는 굴뚝을 함께 제작한다. 그러나 쿡스토브는 열에너지로의 전환이 효율적이어야 하므로 설계 소재(진흙 및 벽돌), 공기의 흐름 제어, 연료의 완전연소를 위한 설계가 필요하다.

2. 열 이동의 원리

열은 전도, 대류, 복사의 세 가지 메커니즘으로 이동된다. 연소에 의해서 발생한 열은 난방을 목적으로 할 때와 음식을 조리할 때에 따라 각각 다른 메커니즘으로 이동한다.

전도란 접촉하고 있는 물질을 통해서 두 물질 사이에서 열이 이동하는 것을 말한다. 열의 전도는 항상 온도가 높은 물체에서 온도가 낮은 물체로 일어나며, 물질에 따라서 열전도는 각각 다르다. 잘 알려진 바와 같이 금속물질에서는 열전도가 매우 잘 일어나며, 유리나 플라스틱, 점토에서는 열전도가 잘 일어나지 않는다. 따라서 열전도를 높이기 위해서는 열을 잘 전도하는 물질을 접합시키고, 내부 열을 외부로 빠져나가지 않게 하려면 열을 전도하지 않는 물질을 접합시킨다. 조리용 스토브에서 철제 조리기구로 열이 전달될 때는 전도에 의해 열이 이동한다. 이때 불이 직접 조리기구에 열을 전달하거나 쇠 난로와 같이 철재로 된 표면 위에서 열전도는 극대화된다.

대류는 열을 가진 물질 자체가 이동하면서 열을 이동시키는 것으로, 공기와 같은 기체나 물과 같은 액체 분자가 직접 이동하면서 열이 이동된다. 공기나 물이

표 10.3 물질의 열전도도(W/m · K)
(25℃ 일 때)

공기(atm)	0.0262
알루미늄	205
아스팔트	0.75
내화벽돌	0.47
내열벽돌	0.15
시멘트	1.75
흙	1.5
유리	1.05

표 10.4 스토브 설계 시 고려 사항

스토브가 갖추어야 할 요건	• 전통적인 스토브에 비해서 연료를 적게 사용해야 한다. (환경 보존 및 노동 감소) • 전통적인 스토브에 비해서 적은 연기를 발생시켜야 한다. (보건 및 안전 요소) • 전통적인 스토브에 비해서 빠르게 조리되어야 한다. (노동 감소 및 연료 감소)
스토브를 설치하기에 적합한 장소	• 환기가 잘 되고, 쉽게 공기가 순환되는 장소 • 주변에 있는 물건들과 최소 1 m 이상 떨어지고, 공기 순환이 방해받지 않는 장소 • 바닥이 평평하여 조리할 수 있는 여유 공간이 있는 장소
적절하게 설계된 스토브의 기본 구조 및 성능	• 진흙층은 최소 10 cm 이상 되어야 한다. • 2차 공기구멍은 항상 열려 있고 쉽게 접근 가능해야 한다. • 스토브 윗면은 항상 수평으로 설계해야 한다. • 조리기구의 받침대는 깨끗하게 유지되고 연소를 방해하지 말아야 한다.

열을 받으면 부피가 증가하면서 밀도가 낮아지게 되어 매질의 위쪽으로 이동하게 되고, 가열되지 않은 공기나 물은 아래로 내려오는 것이 반복되면서 전체적으로 열이 이동하게 된다. 배관 보일러나 스팀을 통한 난방이 이에 해당한다.

복사는 열을 전달하는 매질(기체나 물)이 없이도 직접적으로 열이 전달되는 방식이다. 태양열이 진공 상태의 우주 공간을 지나 지구에 도달하는 현상이나 난방기 앞에 사람이 서 있을 때 바로 그 뒤는 가려져서 온도가 낮아지는 현상은 복사에 의해 열이 전달되기 때문이다. 이것은 흑체 복사와 같이 매질 없이도 전달되는 빛과 관련이 있으며 스토브를 포함하여 열을 내는 물체는 빛에너지인 전자기파를 통해서 열을 전달하게 된다. 빛이 가려지면 열 또한 전달이 되지 않게 되는 것이다. 간단한 커텐이나 칸막이로도 복사열은 가려지고 반사되므로 일정한 공간의 효과적인 난방을 유도할 수 있다.

따라서 스토브를 설계할 때는 스토브의 이용 목적과 용도에 따라, 전도, 대류, 복사를 통해 열이 효과적으로 전달되도록 설계되어야 한다. 예를 들어 조리기구를 온도가 높은 열원에 가까이 노출시키면 열전달의 효율이 높아지고, 조리기구 측면으로 불이나 뜨거운 가스가 새어나가지 않는다. 연소과정에서 발생한 뜨거운 불연소 가스는 굴뚝으로 내보내 실내로 들어오지 않게 설계해야 하며, 잠재된 열과 사용된 열의 비율로 정의되는 효율성을 극대화시키면 사용 연료를 최소화하면서 동일한 효과를 낼 수 있다. 조리도구의 뚜껑은 불필요한 열의 외부 확산을 방지하기에 효과적이며, 배기통을 통해서 유독가스만을 배출하고 뜨거운 열의 방출을 최소화하여 온열에 활용할 수 있도록 설계해야 한다.

3. 스토브의 설계

스토브는 기본적으로 세 가지 구성 요소로 이루어져 있다. 연소실(firebox), 공기 흡입량을 조절하는 댐퍼(damper) 그리고 가스를 배출하는 굴뚝이다. 그 외 고려해야 할 다른 요소는 스토브를 구성하는 소재이다. 일반적으로 높은 질량 스토브와 낮은 질량 스토브는 각각 다른 재료로 만들어진다. 높은 질량 스토브는 진흙, 점토, 모래, 벽돌, 암석으로 만들어지고, 천천히 가열되나 오랫동안 열을 유지한다. 만들기 쉽고 열을 잘 유지하므로 조리용이나 난방용으로 많이 활용되나 부서지기 쉽고 무겁다. 낮은 질량의 스토브는 금속이나 점토로 만들어지고, 빨리 가열되나 빨리 식는다. 경량이라 휴대가 간편하고 오일드럼이나 고철로 제작 가능하여 야외용 조리기구로 많이 사용되나, 불안정하고 열 손실이 많다.

10.4 적정기술을 이용한 스토브의 사례

1. 로레나 스토브(Lorena stove)

개발도상국에서 널리 활용되고 있는 대표적인 스토브는 Lorena 스토브이다(그림 10.11 참조). 높은 질량 스토브에 해당하며, 조리나 공간 난방에 사용되고, 효율성은 약 20~25%이다. 유사한 형태의 스토브는 아프리카와 남미에서 흔히 찾아볼 수 있다. 그림 10.11를 보면 공기가 아래 연소실로 흡입되고, 가스는 굴뚝을 통해 배출됨을 알 수 있다.

열의 이동 방향을 따라서 여러 개의 조리용 주방기구를 올려놓을 수 있는 큰 공간을 만들고, 댐퍼를 통해서 공기의 흐름을 제어하면서 화력을 조절한다. 기

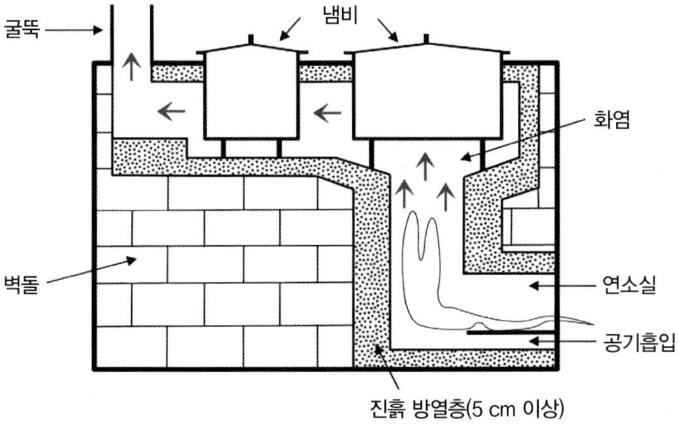

그림 10.11 진흙과 벽돌을 이용한 Lorena 스토브 설계도(좌)와 실제 적용된 스토브 사진(우)

본 소재는 벽돌과 진흙으로 경제적이나, 굴뚝은 금속판으로 만들어야 한다. 주변에서 구할 수 있는 모래와 점토를 섞어서 블록을 만들고, 연소실과 굴뚝 터널을 제작한다. 그리고 젖은 진흙을 반죽하여 스토브를 만든다. 제작기간은 3~4일이 걸리며, 특별한 도구 없이 제작 가능하다. 혼합물은 점토 : 모래의 비가 1 : 2~5이나 비율은 달라질 수 있다. 진흙은 고온에서 팽창하고 저온에서 수축하면서 파손되기 쉬우므로, 이를 방지할 수 있도록 모래를 적절히 혼합하여야 한다.

2. 태양열 조리장치

함께 읽어보기
제4장 4.2 태양열에너지의 활용 원리와 사례

태양열 스토브는 태양열에너지를 이용한 조리장치이다. 비교적 간단한 설계로 다양한 형태의 태양열 조리장치가 만들어져 현장에서 활용되고 있다. 태양열 스토브의 장점은 다음과 같다.

연료를 사용하지 않고 운영비용이 저렴하다. 연료 확보에 들어가는 시간을 줄일 수 있고, 장작 수집으로 인한 벌채 문제와 산림 황폐화를 늦출 수 있다. 야외에서 활용 가능하고, 조리과정에 유독한 가스의 발생이 없어서 대기오염이 발생하지 않는다. 그러나 흐린 날이나 야간에 조리가 불가능하며, 화덕이 없기 때문에 많은 경우 조리시간이 오래 걸리고, 바람이 많이 불 때는 반사체 고정이 어려울 수 있다.

태양열 조리장치의 원리는 비교적 간단하다. 높은 반사율을 갖는 반사판을 이용, 작은 조리 공간으로 태양열을 집중시킨다. 반사판의 기하학적 형태에 따라서(그림 10.12 (b)), 햇빛이 집중되었을 때 물을 끓일 수 있는 충분한 에너지를 모을 수 있는데 일반적으로 화창한 날에는 최대 400℃까지 온도를 높일 수 있다. 조리기구에 집중된 빛에너지는 무광택 검정색 표면으로 전달되면서 열에너지로 전환된다. 무광택 검정색 표면은 빛 흡수를 극대화하고 외부 반사는 일어나지 않게 설계한 것이다. 조리장치 내부는 외부의 대류와 차단되어 흡수된 열에너지가 보호되면서 효과적으로 조리에 활용된다. 다양한 형태의 태양열 조리장치가 있으나 일반적인 구조는 포물선 모양의 반사판과 철제 조리기구를 수평으로 설치할 수 있는 받침대로 구성되어 있다(그림 10.12).

그림 10.12 (a) 실제 제작된 태양열 조리장치 (b) 파라볼릭형 반사판의 기하학적 촛점거리 (c) 태양열 오븐 (d) 패널형 조리장치 (e) 파라볼릭형 조리장치

(a)

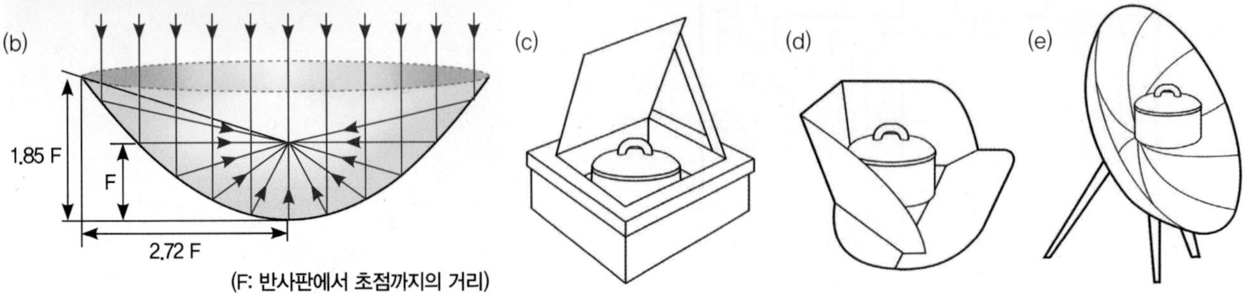

'Jewish World Watch', 'Kozon' 등의 NGO는 종이박스나 골판지에 알루미늄 호일을 붙여서 다양한 형태의 태양열 조리기구를 제작하는데, 이리디미(Iridimi) 난민캠프와 툴룸(Touloum) 난민캠프에 1만 개 이상의 태양열 밥솥을 제작, 공급한 바 있다. 난민들은 제공된 알루미늄 호일을 이용해서 직접 태양열 조리장치를 제작 활용하고 있다. 태양열을 이용한 조리장치는 선진국에서 가정에서 야외 활동에 활용하는 방식으로 상업화되어 판매되고 있다.

3. 로켓 스토브(Rocket stove)

로켓 스토브는 전 세계에서 가장 널리 사용되고 있는 일반적인 조리용 화력 스토브보다 더 효율적인 조리용, 난방용 스토브이다. 주로 경량 목재를 연료로 쓰기 때문에 벌채 도구 없이 쉽게 구할 수 있는 나뭇가지로 충분한 화력을 낼 수 있다. 벌채 없이 빠른 시간에 연료를 확보할 수 있는 장점 덕분에 지역의 산림 벌채가 억제되며, 난민 캠프와 같이 벌채가 어려운 지역에서도 조리용으로 쉽게 활용된다. 기본적인 배럴용 스토브에서 다양한 디자인과 변형으로 열효율과 안전성을 향상시킨 다양한 형태의 스토브가 제작되고 있다.

로켓 스토브의 장점은 다음과 같다. 첫째, 짧은 시간, 적은 노동력으로 만들 수 있다. 둘째, 환경에 크게 영향을 미치지 않는다. 셋째, 연료비가 적게 들기 때문에 연료를 구매해야 하는 도시 지역에 보급되어도 비용 회수 기간이 짧다. 넷째, 효율적으로 연소하여 유해 연기의 배출을 줄일 수 있도록 설계되어 있어서 실내 공기 오염을 줄일 수 있다. 다섯째, 연료 효율의 향상과 조리 용기로의 열전달 개선을 위해 스토브와 조리용기가 접촉하는 면이 넓게 설계되어 있다.

기본적인 구조는 그림 10.13과 같이 가스 배출용 굴뚝, 연소 공간, 열교환 부분과 공기가 유입되는 부분으로 구성된 비교적 간단한 구조이다. 실제로 로켓 스토

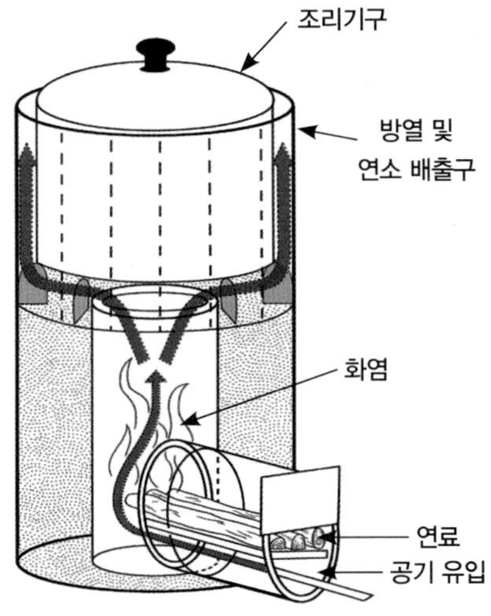

그림 10.13 로켓 스토브의 설계도(좌)와 실제 제작된 스토브(우)

Do it yourself 10

● **실험 제목** : 깡통을 이용한 로켓 스토브 제작

● **실험 준비물** : 뚜껑이 있는 큰 캔 1개, 통조림통 3개, 장갑, 유성펜, 드릴, 단열재(유리섬유나 불이 붙지 않는 단열 소재), 스프레이페인트

● **실험 배경** : 로켓 스토브는 효율이 높은 장치로, 연료에 의한 화염이 완전 연소되는 수직 굴뚝에 위치하므로 난로나 요리 등에 사용할 수 있다. 기존의 스토브에 비해서 연료 사용량과 가스 배출량이 크게 감소하며, 실제로 야외에서 조리용이나 난방용으로 활용 가능하다. 깡통, 흙, 벽돌 등을 이용해서 간단히 만들 수 있는데, 다음 방법을 참고하여 스토브를 직접 만들어 보자.

● **실험 방법**

① 큰 캔의 아래쪽 옆에 통조림통을 끼워 넣을 수 있도록 드릴을 이용하여 구멍을 뚫는다.

② 통조림통의 옆에 ①과 동일한 크기의 구멍을 뚫고 큰 캔 안에 넣은 후, 통조림통을 두 개의 구멍에 동시에 끼울 수 있도록 배치한다.

③ 남은 통조림통 끝을 일정 간격으로 잘라서 약 4 cm 길이 날개를 만든 뒤, 날개를 접어서 고정한다.

④ 가장 큰 캔의 상단에 접을 수 있는 날개 4개를 만들고, 안에 들어 있는 통조림통 사이의 빈 공간을 단열재로 채운다.

⑤ 가장 큰 캔의 가운데에 작은 캔과 동일한 크기의 구멍을 뚫은 후, 큰 캔에 삽입하고, 위에 날개를 접어서 고정시킨다.

⑥ 아래에서 공기가 흡입될 수 있는 공간을 만들 수 있도록 남은 양철을 이용해서 구분한 후, 전체 캔을 검은색 스프레이페인트로 칠한다.

(출처: http://prepared-housewives.com/how-to-build-a-rocket-stove-and-impress-the-boys/)

브는 깨끗하고 거의 완전하게 연소된다. 굴뚝은 단열되어 있어 내부 온도를 극대화하여 연료가 완전히 연소되는 것을 돕고, 나무가 타는 공간의 디자인에 따라 공기의 유입량이 결정되며, 연소 가스의 혼합을 제어하게 된다.

제작은 드럼통을 이용해서 만든 연료 효율형 스토브(훔볼트 주립대학 제작)와 벽돌과 진흙을 이용해서 만든 스토브가 있다. 지역에서 전통적으로 활용하는 연료를 사용하며 기름이 없이도 연소 후 잔유물을 최소화하게 한다. 최근 개선된 스토브는 절연재를 드럼통 내부에 2중으로 처리하여 열전달과 연소를 크게 향상시킨 형태로 개발되고 있다.

10.5 생활 속의 적정기술, 의미와 전망

안전한 주거 환경, 구성원의 생계 유지, 건강한 삶에 대한 욕구는 한정된 자원으로 살아가는 개발도상국이건 충분한 재화와 사회적 보장이 제공되는 선진국이건 상관없이 동일하게 존재한다. 이러한 욕구는 사회의 역사적 배경, 문화적 환경에 맞는 방식으로 새로운 도구의 개발을 만들어내는 원동력이 되었다. 특히 식량 수확을 위한 농업, 생활에 필요한 에너지 생산, 깨끗한 생활용수나 먹는 물 확보를 위하여 가장 효율적인 도구를 개발하는 것은 어디서나 필수적인 요구이다. 다만 효율성을 극대화시킨 새로운 도구의 발명은 선진국에서는 새로운 재화와 비즈니스를 창출하는 새로운 기회로 작용하나, 개발도상국에서는 삶의 질, 나아가 지역 사회의 문화를 바꿀 수 있는 중요한 기회를 제공한다는 점이 다르다.

또 다른 관점에서 보면 생활 속의 도구는 농사일을 수행하는 가장의 노동과, 가사에 필요한 물이나 연료를 확보해야 하는 여성이나 노약자의 노동 강도를 낮추는 데 큰 도움이 된다. 그리고 스토브에서 발생하는 연기가 줄어들면 질병 위험성과 대기 오염도가 낮아지므로 삶의 질이 향상된다. 이러한 노동 강도의 경감 및 삶의 질 향상은 개인과 가족의 문제를 넘어서 개발도상국의 경제 및 사회 개발을 저해하는 근본적인 문제를 해결하는 중요한 매개체가 될 수 있다.

특히 본 장에서 소개된 펌프와 스토브는 식량 재배나 물과 관련된 의식주 활동, 난방이나 조리 등을 효과적으로 해 나가기 위하여 지속적으로 시도, 개발되어야 한다. 뿐만 아니라 펌프와 스토브는 간접적으로 환경, 보건, 노동 그리고 여성과 노약자의 권리와 삶의 질을 보장하는 인권문제까지 관련되는 중요한 도구이다. 위와 같은 문제는 본서의 다른 장(에너지, 물, 정수, 보건, 인권 등)에서 설명하는 내용을 통해 그 해결책을 좀 더 구체화 할 수 있다. 더 나아가 본서에서는 담고 있지 않으나 이용자 중심의 설계와 직관적으로 원리가 이해되는 디자인 개념이 적용될 때 비로소 성공 모델이 나올 수 있을 것이다.

어떠한 수준의 작은 기술도 어디선가 중요하게 활용될 수 있고, 실제 에너지 생산, 생활도구, 의료 및 건설, 수송 등에서 다양한 도구들이 개발, 적용되고 있다. 그러나 삶과 노동의 질을 바꾸면서 현장에서 자발적으로 확산되는 성공 사례는 그리 많지 않다. 이것은 그 기술 자체의 문제가 아니라 실제 현장 상황과 해당 기술이 성공적으로 결합되지 않았기 때문일 것이다. 이는 기술의 완벽성 부족 때문이 아니므로, 기술 개발을 위한 노력과 시도는 그 자체로 매우 의미가 있다.

최근 적정기술의 개발 방향은 두 가지 이상의 개념이 복합된 새로운 도구의 등장이다. 예를 들면 물의 운송과 에너지 생산이 동시에 가능한 '전기를 생산하는 수도 파이프', '놀이기구와 결합되어 전기 에너지를 생산하는 장난감: Soccket Ball', '자전거와 결합된 정수기술: Aquaduct' 등과 같이 새롭고 혁신적인 아이디어가 디자인과 결합된 사례가 지속가능한 비즈니스모델로 시장에 소개되고 있다. 앞으로도 더 많은 새로운 도구들이 지속적으로 개발될 것이다.

참고 문헌

Stewart A. (1985), Appropriate educational technology: Does "appropriateness" have implications for the theoretical framework of educational technology?, 33, 58, DOI.org/10.1007/BF02769343.

Hazeltine B. and Bull C. (2013), Field Guide of Appropriate Technology, Academic Press.

Hazeltine B. and Bull C. (1998), Appropriate Technology: Tools, Choices and Implications, Academic Press.

Website

https://listverse.com/2010/06/12/10-cases-of-appropriate-technology/

https://www.newscientist.com/article/mg23230980-600-what-was-the-first-cooked-meal/

https://www.pinterest.ie/pin/247205467028154584

http://5cdssanchezsofia.blogspot.com/2015/12/estufa-lorena-y-estufa-patsari.html

http://www.tjtech.co.kr/archives/18562

https://en.wikipedia.org/wiki/Solar_cooker

https://www.popsci.com/build-diy-solar-oven

http://www.pumpfundamentals.com/what%20is%20head.htm

연습문제

● 다음의 문제를 풀면서 도구가 적정기술로 활용될 경우의 활용 방안을 생각해 보자.

1. 본 장에서 설명한 회전펌프의 구조를 그리고, 부품별 역할과 특성을 설명하여라.
2. 펌프에서 물을 이동시키는 호스의 재질이 물 펌프의 성능에 미치는 영향을 설명하여라.
3. 적정기술로 개발된 많은 스토브는 대부분 연료로 바이오매스를 사용한다. 대표적으로 사용되는 목재, 석탄, 석유에 대해 각각의 장단점을 열효율과 완전연소의 관점에서 기술하여라.
4. 태양열 조리장치는 반사판 모양에 따라 수평형(솔라오븐), 다각형(판넬형), 타원형으로 구분할 수 있다. 태양열 조리장치 각각에서 반사된 빛에너지가 집중되는 반사각도를 그려 보고, 장치별 효율에 대해 설명하여라.
5. 최근 적정기술의 도구로 에너지 전환장치와 도구의 기능을 복합적으로 고려한 장치가 개발되고 있다. 대표적인 예로 소개된 전기를 생산하는 수도 파이프에 대한 정보를 찾아보고, 에너지 전환장치를 수도 파이프에 장착했을 때, 전기를 이용하여 펌프를 구동하는 기능과 펌프가 구동되어서 물이 이동될 때, 다시 전기를 생산하는 기능의 효과에 대하여 서술하여라.

공동 설계 프로젝트

● 설계 프로젝트는 최종 작품의 요구 사항에 맞게 디자인하고, 학생들이 공동 작업하여 실제 프로토타입을 설계, 제작한다.

1. 다음 영상을 참고하여 간단한 물 펌프를 제작해 보자. 필요한 재료는 금속판, 플라스틱 뚜껑, 쇠톱, 나사, 송곳, 전기 모터, 건전지, 호스 및 튜브, 접착제 등이다. 〈시각자료 1〉을 참고하여 금속판을 모터에 연결하여 날개(임펠러)를 만든 후, 이를 이용하여 물 펌프를 제작한다. 물 펌프에 가해 준 건전지 파워에 의해서 물의 이동이 가능한 높이와 이동 가능한 물의 양 등을 확인한다. 이때 〈시각자료 2〉를 참고하여 설계를 수정하면 물 펌프의 출력을 대폭 높일 수 있다. 이때 사용한 구동 원리와 실생활에서 활용 가능한 고출력 물 펌프를 어떻게 제작할 수 있는지를 제안하여라.
   〈시각자료1〉 https://www.youtube.com/watch?v-NUhWzY7GGB8&vl-en (by Navin Khambhala)
   〈시각자료2〉 https://www.youtube.com/watch?v-DQu_GrziHgU (by Navin Khambhala)

2. 제4장 태양에너지의 DIY 4-1(p.93)는 태양열 조리장치에 대한 설계이다. 태양열 조리장치는 반사판의 길이, 소재, 모양에 따라 다르게 설계할 수 있다. 위 조건에 따라 서로 다른 태양열 조리장치를 만들고, 다음 활동을 해 보자.
   1) 동일한 조건에서 태양열 조사 시간에 따른 조리공간의 온도를 측정하고 그 변화를 그려 보자.
   2) 반사판의 크기가 최대 온도 변화에 어떠한 영향을 미칠지 논의해 보자.
   3) 요리 방법과 재료에 따른 요구 사항을 고려하여, 라면 1인분을 조리할 수 있는 최소 규모의 태양열 조리장치를 제안해 보자.

제11장
건축

"Less is more."

- Mies Van Der Robe -

"단순한 것이 더 아름답다."

- 미스 반 데어 로에 -

생각해 봅시다

❶ 건축물의 환경 조절 방법에는 어떤 것이 있는지 생각해 보자.

❷ 건축물의 열손실 및 난방부하에 영향을 주는 요소에 대하여 생각해 보자.

❸ 건축물의 자연형 태양열 난방방식과 자연형 냉방방식의 원리와 장단점을 알아보고 적정기술로서 활용할 수 있는 가능성을 찾아보자.

❹ 위생설비, 취사설비 및 난방설비를 적정기술로서 구현할 경우 고려할 사항에 대하여 생각해 보자.

재난재해에 안전한 집짓기

한국해비타트는 오래 전부터 집짓기에 적정기술을 활용해 왔다. 그 이유는 수혜지역 대부분이 태풍 등 재난재해에 취약한 곳이기 때문이다.

대표적인 예는 2014년부터 2017년까지 베트남 남부 바리아붕따우성 지역에 지은 104가구의 주택이다. 이 지역은 홍수 피해가 잦아 지면에서 1 m를 높인 뒤 36 m^2(10평) 규모의 집을 짓는다. 또 더운 지방 특성에 맞게 열을 잘 전달하지 않는 소재로 지붕을 만든다.

방글라데시 담라이 지역도 비 피해가 많은 곳이다. 이곳 주택들은 빗물의 낙하 속도를 줄이기 위해 지붕 경사를 30도 미만으로 설계했다. 또 사이클론 피해가 잦은 점을 고려해 철과 철근 콘크리트로 집을 지었다. 이 주택들의 경우 건축 수명이 최소 40년이다.

이 밖에도 비가 많이 내리는 인도네시아는 부식에 강한 콘크리트 블록과 진흙 타일 기와를 건축 자재로 사용하고, 필리핀에서는 태풍 피해가 많은 만큼 바람의 저항을 덜 받는 구조로 지붕을 설계한다.

한국해비타트는 이와 같은 적정 건축기술을 적용해 1994년부터 2017년까지 국내와 해외 25개국 어려운 이웃들에게 6만 3,207채의 집을 선물했다. 새집을 짓거나 리모델링하기 위해 현장에 투입된 봉사 인원만 38만 6,300명에 달한다.

정태민 커뮤니케이션팀장은 "단순히 새로 집을 짓는 것이 아니라 수혜자들이 재난재해에서 안전하게 거주할 수 있도록 건축하는 것이 중요하다."며 "주택이 완공된 후에도 주민들을 상대로 기후변화와 건축 과정의 개념, 건축 용지 선정의 중요성, 양질의 건축 자재 구별법 교육 등 지속적인 관리를 이어가고 있다."고 말했다.

(박진호 (2018. 9.19), 홍수 많은 베트남에선 지면 1미터 위에 집 지어요, 중앙일보, 출처: http://news.joins.com/article/22983952)

그림 11.1 베트남 남부 바리아붕따우성 지역 주택은 홍수 피해를 막기 위해 지면에서 1 m를 높인 뒤 36 m^2(10평) 규모의 집을 지었다(좌).

그림 11.2 빗물의 낙하 속도를 줄이기 위해 지붕 경사를 30도 미만으로 설계한 방글라데시 담라이 지역 주택(우)

건축물은 선사시대부터 오늘에 이르기까지 보호처(shelter)로서 의미가 크다고 할 수 있다. 건축물은 일반적으로 기후, 기술, 재료, 경제 등과 같은 요인들뿐 아니라 넓은 의미에서의 사회문화적 요소에 의해 파악될 수 있다. 건축물은 심미성을 갖는 동시에 실제로 사용한다는 실용성이 강하게 작용하기 때문에 예술보다 상당히 복잡한 성격을 지니고 있다. 건축물이 본래 목적을 달성하기 위해 필요한 요구 사항은 기능적 합목적성, 인본주의, 보건위생, 구조(풍압, 지진 등), 경제성(건축비와 유지비, 내구 연한 등), 사회적 성격, 친환경성, 심미성 등이다.

현대적인 건축물을 짓기 위해서는 복잡한 과정과 여러 전문가들을 포함한 수많은 작업인력이 참여하여 설계 및 시공에 많은 기술과 비용, 오랜 시간이 필요하다. 그래서 개발도상국 및 저개발국가에서는 이러한 기술과 비용 문제로 인해 거주 환경이 열악하고 주거 문제가 생존의 문제로까지 연결되는 상황이다. 인간 삶에 있어서 필수적인 요소가 의복, 음식, 주거라고 하듯이 주거 문제는 가장 본질적인 인간의 삶을 좌우하는 요소라고 할 수 있다. 특히 건축물은 도로망과 주변 환경 인프라 위에 구축되어야 하는데 적정기술이 적용되는 건축물은 그러한 인프라 환경에서 건설되기 힘든 경우가 많아 이러한 인프라를 스스로 자급자족하거나 간이 형태로 해결해야 한다. 아울러 고도의 복잡한 기술이 적용되기보다는 최대한 단순하고 간단하며 저렴한 기술로 전문가가 아닌 일반인도 작업이 가능해야 할 것이다.

최근에는 이러한 문제를 해결하기 위한 대안으로 조립식 및 모듈러 공법의 건축물이 개발되었고, 일반 건물뿐 아니라 재난 및 구호용, 저소득층을 위한 건물이 국내외적으로 많이 시도되고 있으며, 이러한 건물 기술은 적정기술 건축 분야의 한 부분으로 점차 자리매김하고 있다. 아울러 요소 기술로서 냉난방, 환기, 급배수 위생설비 기술 등이 저개발국가의 주거 향상을 위해 다양하게 개발되어 활용되고 있다.

본 장에서는 먼저 건축물의 기본적인 건축 과정과 공간 계획, 구조 및 재료 계획 이외에 열에너지, 공기 및 빛 환경 등의 건축 환경의 조절 방법과 설비적인 환경 조절 방법을 심도 있게 다루려고 한다. 지금까지 건축의 적정기술은 단지 비바람을 피하는 주거 제공 정도로 이해되면서 대부분 셀터 정도의 기능을 지닌 적정기술 건축물이 많이 시도되었으나, 이제는 한 차원 더 올라서서 기후 특성과 생활습관 등에 따른 환경 조절의 중요성이 점점 커지고 있다. 이는 향후 적정기술의 나아갈 방향 설정에 중요하므로, 관심을 갖고 함께 살펴보도록 하자.

그림 11.3 현대엔지니어링의 재해구호용 모듈러 주택

11.1 건축물의 환경 계획

패시브 환경 조절 방법

설비가 아닌 단열, 차양, 흡음재 등 건축적인 방법을 이용하여 환경을 조절하는 방법

적정기술 측면에서 건축물은 지금까지는 셀터로서의 기능만 요구되었다. 그러나 이제는 한발 더 나아가 건축물의 실내 환경도 고려하여 맞추는 것이 적정기술의 건축 기술에서 대단히 중요한 부분이 되고 있다.

거주자의 쾌적함과 건강을 유지하기 위한 실내 환경으로는 크게 열, 공기, 빛, 음 등이 있고, 건축물의 환경 조절 방법은 크게 **패시브(passive) 방법**과 액티브(active) 방법으로 나눌 수 있다. 친환경적인 건축 환경 조절이란 패시브 방법을 극대화하고 액티브 방법을 최소화하는 것인데, 액티브 방법을 적용할 경우에도 연료로서 기존의 유류 및 가스 등 화석연료 대신 신재생 및 대체 에너지 사용을 극대화하는 것이 바람직하다.

Solved problem 11-1

- 건축물의 환경 조절 방법 중 다음에 제시된 패시브 방법에 대응하는 액티브 방법을 찾아 적어라.

1. 열환경
㉠ 단열 – (　　　　), ㉡ 차양 – (　　　　), ㉢ 화석연료 – (　　　　)

2. 빛/음/공기환경
㉠ 자연채광 – (　　　　), ㉡ 흡음재/차음재 – (　　　　),
㉢ 자연환기 – (　　　　)

3. 기타
㉠ 빗물 사용 – (　　　　)
㉡ 자연발효식 변기(composting toilet) – (　　　　)
㉢ 식생 정화 연못(waste water recovery pond) – (　　　　)
㉣ 자연형 태양열 – (　　　　)

▶ 풀이 및 답

1. ㉠ 보일러, ㉡ 냉방기, ㉢ 신재생/대체 에너지
2. ㉠ 인공조명, ㉡ 사운드마스킹, ㉢ 기계환기
3. ㉠ 상수도, ㉡ 수세식 변기(flushing type toilet),
㉢ 하수 처리 시설(sewage treatment plant), ㉣ 설비형 태양열

11.2 건축물과 열 환경

1. 건축물의 열손실과 난방부하

기후대에 따라 건축물의 난방은 거주자를 위한 최소 조건으로 반드시 냉방보다 먼저 고려되어야 한다. 건축물의 적정기술에 있어서도 외기의 평균온도가 10~15℃ 이하인 지역에서는 반드시 난방에 대해 고려해야 한다. 최근 기후변화로 인해 난방이 필요 없던 지역에서 기온 저하로 인해 난방에 대한 요구가 증가하고 있다. 이런 지역에 거주하는 사람들은 지역적인 온열 습성에 따라 외부 기온이 조금만 내려가도 추위에 대한 신체 위험이 증가하는 경우가 많다.

건축물의 열손실은 외피를 통한 전도에 의한 열손실과 침입외기에 의한 열손실로 구분되며 이 2가지를 합쳐서 건축물의 난방부하로 계산한다. 외피 전도에 의한 열손실은 벽체 및 창문 등 외피를 통한 총합 열손실 계수인 **열관류율(U-value)**에 벽체 면적과 실내외 온도차를 곱한 값으로 계산할 수 있다. 벽체의 열관류율은 설계 시 벽체의 물성치와 관련된 데이터가 있을 경우 계산이 가능하며 현장에서는 열류계를 이용하거나 열화상카메라를 이용하여 측정할 수 있다.

> **열관류율(U-value)**
> 건축물 외피의 총합 열손실 계수로 단위는 W/m²℃이다.

표 11.1 건축물 벽체의 열관류율 측정 방법

구분	HFM(Heat Flow Meter) Method	IR(Infrared) Method
원리	$U = \dfrac{q}{t_i - t_o}$ · 측정기준: ISO 9869 · HFM을 이용하여 측정 부위의 열류 산출 · 산출된 열류를 실내외 온도차로 나눠 열관류율 계산 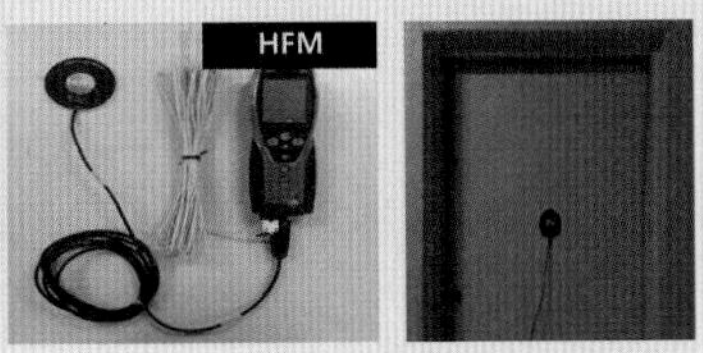	$U = h_i\left(\dfrac{t_i - t_{is}}{t_i - t_o}\right)$ · 측정기준: ISO 6781, KS 2829 · IR 카메라를 이용하여 건축물 표면의 온도 분포 파악 · 온도측정기를 이용하여 실내외 온도 파악 · 건축물의 표면 열전달 계수와 표면 온도, 실내외 온도차를 이용하여 열관류율 계산 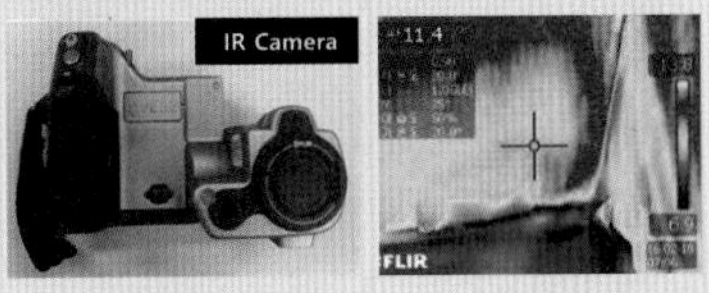
특징	U : 열관류율 (W/m² °C) q : 열류 (W/m²) t_i : 실내 온도 (°C)	t_{is} : 실내 표면 온도 (°C) t_o : 실외 온도 (°C) h_i : 실내 표면 열전달 계수 (W/m² °C)

표 11.2 건축물의 열손실 요소와 난방부하

요소	내용	열손실 장소	식
전도에 의한 열손실	벽, 문, 창문, 천장, 바닥을 통하여 열관류에 의해서 손실되는 열량	벽, 문 창문 천장, 바닥	$q = UA\Delta t$ U: 열관류율 ($W/m^2°C$) A : 각 부위의 면적 (m^2) Δt: 실내외 온도차 (°C)
침입외기에 의한 열손실	창문의 틈새나 출입문, 구조체를 통한 침입외기를 실내공기 상태로 가열하는 데 소요되는 열량	창문 틈 출입문 틈 구조체 틈	$q = \rho C_p \dot{V} \Delta t$ $\dot{V}$: 침기량 (m^3/h) ρ: 공기의 밀도 (1.2 kg/m^3) C_p: 공기의 정압비열 (1.01 kJ/kg°C) Δt : 실내외 온도차 (°C)

Solved problem 11-2

● 다음 문제를 읽고 답을 구하라.

1. 열류계를 이용해 측정한 어떤 벽체의 단위 면적당 열손실이 30 W/m^2이며, 실온 18℃, 외기온 6℃일 경우, 열관류율(U-value)을 구하라.

▶ 풀이 및 답

$U = q/\Delta t = 30 / (18 - 6) = 2.5$ ($W/m^2℃$)

2. 어떤 벽체의 열관류율(U-value)이 2.5 $W/m^2℃$이고 폭 4 m, 높이 2.5 m, 실온 18℃, 외기온 6℃일 경우, 이 벽체의 전도에 의한 열손실을 계산하라.

▶ 풀이 및 정답

$q = U \times A \times \Delta t = 2.5 \times (4 \times 2.5) \times (18 - 6) = 300$ (W)

3. 실체적이 30 m^3인 공간의 창문 틈새 및 출입문 등을 통한 시간당 침기량이 1.5 ACH (Air Change Per Hour)인 경우 침입외기에 의한 열손실을 계산하라. 실온 18℃, 외기온 6℃이며 공기 용적비열 C_v (밀도와 정압비열의 곱)는 1300 J/ m^3 으로 가정한다.

▶ 풀이 및 정답

$q = C_V \times \dot{V} \times \Delta t = C_p \times \rho \times V \times ACH \times \Delta t = 1300 \times 1.5 \times 30 \times 12/3600 = 195$ (W)

표 11.3 열손실을 감소시킬 수 있는 다양한 제품

제품명	제품 형태	기능	제품명	제품 형태	기능
에어캡		· 외부의 냉기 유입 차단 · 내부의 온기 유출 차단	단열벽지		· 벽체의 단열 기능 향상 및 결로 예방
난방 텐트		· 따뜻한 공기를 텐트 내부에 가둠	문풍지	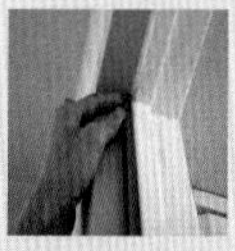	· 창으로 유입되는 외풍 차단
단열 스프레이		· 얇은 단열층 형성 · 외피 단열 성능 향상	방풍비닐		· 창문을 감싸 틈새로 들어오는 바람 차단
기밀 방수 테이프		· 창문, 문 등의 틈새 차단	방풍재 (방풍패드)		· 창문의 틈새 차단
덧댐 창호		· 창문의 열손실 저감	방풍재 (방풍캡)		· 창문의 틈새 차단

2. 단열방법과 단열재

적정기술 난방 측면에서 난방기구를 바로 사용하는 것보다 패시브 방법으로 최대한 열손실을 먼저 줄이는 것이 중요하다. 특히 실내외 온도차가 큰 경우 외피의 단열 성능을 향상시켜야 한다. 단열 방법은 저항형 단열, 반사형 단열, 용량형 단열 등으로 나뉠 수 있으며 단열재의 설치 위치에 따라 내단열, 중단열, 외단열로 구분할 수 있다.

3. 건축물의 열획득과 냉방부하

적정기술로서 건축 기술에 대해 언급할 때 냉방에 대한 부분은 그리 중요하지 않다고 생각할지 모르지만 최근 기후변화로 인해 냉방이 필요 없던 지역도 점차 냉방이 필요하게 되는 추세이다.

건축물의 열획득 요소는 난방부하와 마찬가지로 전도에 의한 열획득, 침입외기에 의한 열획득 이외에 인체, 조명, 기기 등의 내부발열과 외부 일사에 의한 열획득 등의 요인에 의해서 냉방부하가 발생된다. 이러한 열획득은 벽체에 열류로 유입되고 벽체에서는 열용량효과(thermal storage effect)에 의해서 시간지연

(time lag)과 디크리먼트팩터(decrement factor)가 발생하므로 냉방부하 계산은 좀 더 복잡해진다.

태양일사에 의한 영향은 냉방에 큰 요소이므로 냉방부하 저감을 위해서는 불투명한 외벽체에서 흡수되는 양을 줄이고 창문과 같은 개구부로 유입되는 일사량을 줄여야 한다. 외벽체에는 반사율이 높은 재질로 마감을 하고 창문에는 차양을 설치할 수 있고 태양 고도각이 높은 향은 오버행(overhang), 태양 고도각이 낮은 향은 사이드핀(side fin)이 적합하다. 냉난방 부하가 요구되는 지역이나 건물 특성에 따라 고정 차양과 가변형 차양을 다양하게 적용할 수 있다.

건물 내부의 거주자 인체 발열, 조명기구 발열, 각종 장비 및 기기의 발열은 냉방부하에 큰 영향을 주는 요소이며 이러한 내부 발열이 큰 경우 외기온이 실온보다 낮아도 냉방요인이 될 수 있다.

4. 자연형 열환경 조절 방법

● 자연형 태양열(passive solar)

> **자연형 태양열(passive solar)**
> 건축물 자체가 집열부, 축열부 등으로 사용되는 태양열 방식

건물의 태양열을 이용한 난방 방식은 크게 **자연형 태양열(passive solar)**과 설비형 태양열(active solar) 방식으로 구분되며, 이러한 태양열 시스템은 크게 집열부, 축열부, 이용부, 보조열원, 제어부로 구성된다. 적정기술로서 난방을 할 때 흔히 연료를 사용하는 설비적인 난방법을 생각할 수 있지만, 무엇보다 먼저 신재생에너지로서 태양열을 고려하여야 한다. 집열판과 축열조 등을 활용한 기계적인 태양열 시스템도 적정기술로서 활용 가능하나, 건축물 자체를 집열부와 축열부로 사용할 수 있는 자연형 태양열이 우선적으로 고려될 수 있다.

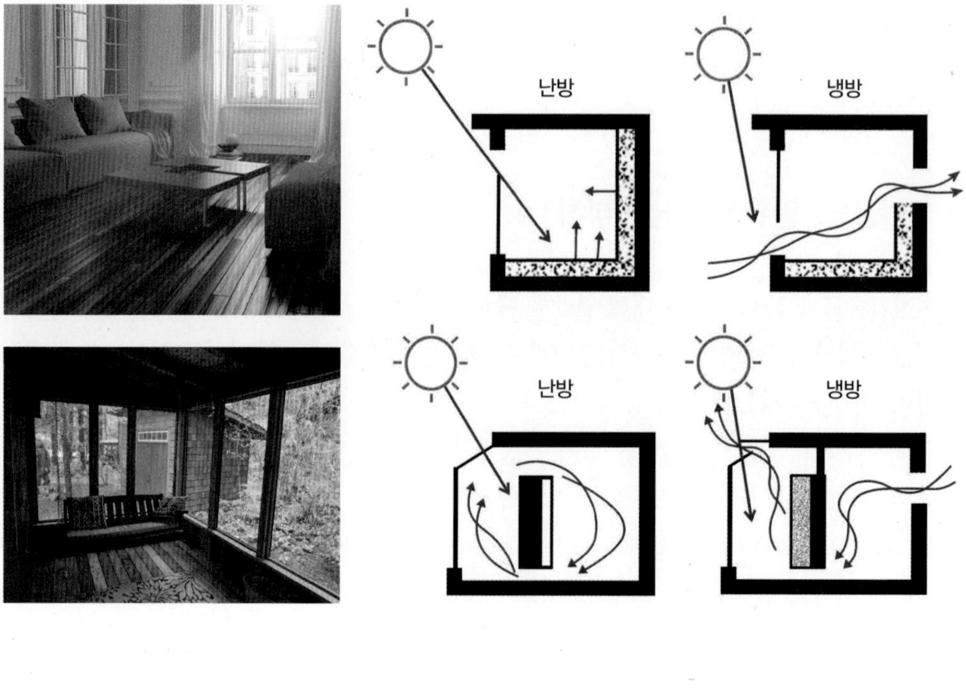

그림 11.4 직접획득형 자연형 태양열 방식(상)과 부착온실에 의한 분리획득형 자연형 태양열 방식(하)

자연형 태양열 방식은 크게 직접획득형(direct gain), 축열벽/축열지붕 등을 이용한 간접획득형(indirect gain), 부착온실(attached sun space)이나 대류루프(convective loop)를 이용한 분리획득형(isolated gain)으로 구분된다. 건물의 난방 성능 향상은 먼저 단열과 기밀을 통해 열손실(heat retention)을 줄이고 자연형 태양열(passive solar)을 최대한 활용한 뒤, 보일러와 같은 액티브 난방설비(mechanical heating)를 적용하여야 한다.

- **자연형 냉방(passive cooling)**

건축물에 적용될 수 있는 자연형 냉방(passive cooling) 방법은 공기의 밀도차 부력효과 및 풍압차를 이용한 자연환기 냉방(cooling with ventilation), 태양일사 차단 쿨루프(cool roof)와 지붕의 야간천공 복사냉각, 직접 및 간접식 증발냉각(direct or indirect evaporative cooling), 직접 및 간접식 지열냉방(direct or indirect earth cooling) 등의 방법이 있다.

건축물의 냉방부하를 줄이기 위해서는 먼저 일사차폐 차양, 단열 등 패시브 방법을 시행하고 이후 다양한 자연형 냉방을 적용한 후 에어컨과 같은 기계적인 액티브 냉방을 하도록 한다.

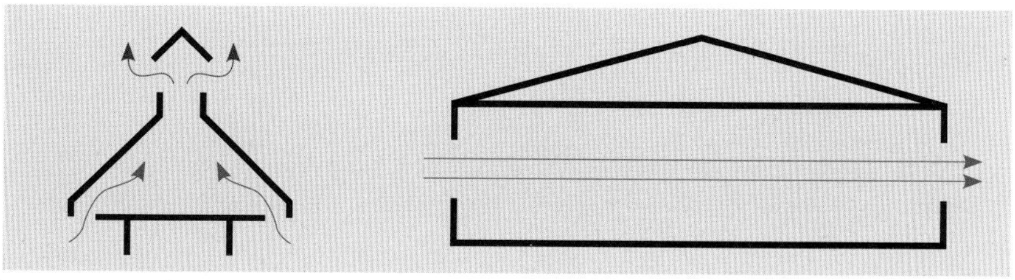

그림 11.5 자연형 냉방 방법 공기의 밀도차 부력효과를 이용한 자연환기 냉방 방법(좌)과 풍압차를 이용한 자연환기 냉방 방법(우)

11.3 건축물과 빛 환경

실내의 적절한 조도를 확보하는 적정기술로 태양광을 결합시킨 LED 램프를 떠올릴 수 있다. 그러나 일몰 이후 야간에는 이러한 인공조명을 이용하더라도 주간에는 충분한 태양광을 이용하는 자연채광 기술을 적용시키는 것이 유리하다.

창문 등 개구부를 통한 자연채광은 일반적으로 창 높이의 2.5배 정도 깊이까지 자연광이 실내에 유입되는 것을 경험적(rule-of-thumb)으로 하며, 자연광을 실내 깊숙이 들이기 위해 광선반(light shelf)을 사용할 수도 있다. 자연채광 방식은 측창(side lighting), 천창(top lighting), 경사 지붕창(angled roof lights), 톱날형 천창(sawtooth lights), 모니터 창(monitor lights) 등으로 구분된다.

측창 방식은 대표적인 자연채광 방식으로 일반적으로 널리 쓰이며 천창 방식

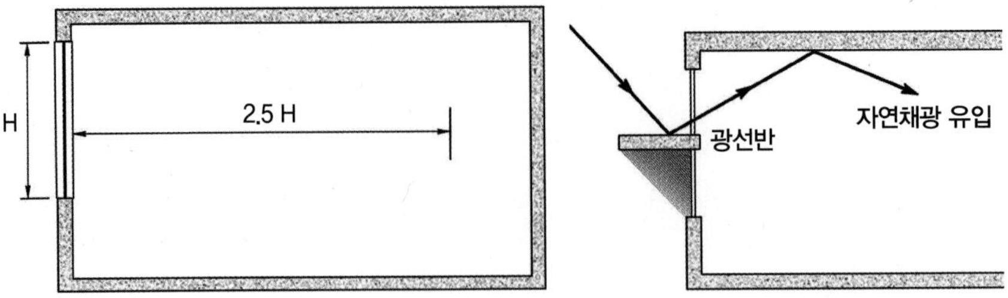

그림 11.6 자연채광 방식 중 측창의 자연채광 유입 깊이(좌)와 자연채광을 실내로 깊숙이 유입하는 광선반(우)이다. 창 높이 H의 2.5배만큼 실내로 자연채광이 유입된다(출처: Fuller Moor, (1981), Concepts and practice of architectural daylighting, Van Nostrand Reinhold).

은 프라이버시 등이 요구되는 공간과 최상층에서 적용될 수 있으며, 경사 지붕창은 측창과 천창의 장점을 복합적으로 지닌 방식이다. 톱날형 천창은 지붕 일부에 개구부를 내어 천창보다 조도 분포가 향상되고, 모니터창은 톱날형 창의 일방향 자연광 유입을 양방향으로 분산시켜 조도 분포를 고르게 하는 효과가 있다.

Do it yourself 11

- **실험 제목 :** 자연채광 축소모델 평가
- **실험 재료 및 방법 :** 골판지/우드락, 스케일자/쇠자, 접착제, 칼/가위, 페인트/벽지 등을 활용하여 건축물이나 벽체 일부를 축소모델로 제작한다. 평판, 모델 고정핀, 나침반, 해시계 등을 활용하여 턴테이블을 제작하고, 길이 측정자, 사진기 및 조도계 등을 활용하여 측정 평가한다.
- **실험 배경 및 목표 :** 자연채광 및 일사 유입 등의 빛 환경 측정은 실제 스케일 건물과 축소모델 사이에 큰 차이 없이 평가 가능하다. 그러므로 평가를 하고자 하는 개구부를 설치한 실제 건축물의 축소모델이나 차양과 개구부를 설치하는 벽체의 축소모델을 만든 후 이를 나침판과 해시계를 이용한 턴테이블 위에 고정시킨 후 장애물이 없는 옥상 혹은 공터에서 태양의 일사 유입을 다양하게 하면서 일사 유입과 자연채광 효과를 평가할 수 있다.
  실험을 통해 수평형/수직형 차양의 일사차폐 효과를 향별, 계절별, 시간별로 다양하게 평가해 보며, 실제 건축물 축소모델에서는 개구부의 크기에 따른 자연채광 유입 깊이, 내부 조도 등을 평가해 보자.

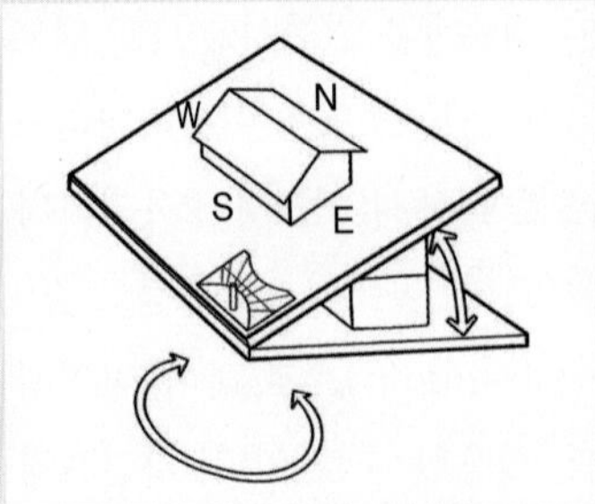

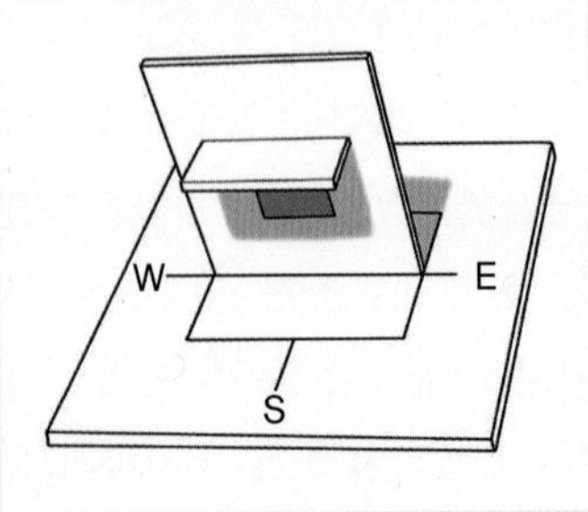

그림 11.7 축소모델을 고정한 평판에 나침판과 해시계를 이용한 턴테이블(좌)과 자연채광 축소모델 평가를 통한 수평차양의 차폐효과 평가(우)

11.4 건축물과 공기 환경

1. 환기

건축물에 적정기술을 적용할 때 추운 지역에서 지나치게 건물이 꽉 막혀 있거나, 거주자가 많으면 실내공기 질이 악화되므로 반드시 환기장치가 필요하다. 특히 많은 사람들이 건물 구조체의 틈새를 통한 공기유입과 환기를 혼동하여 틈새를 유지하는 것이 좋다고 판단하는 경우도 있다.

실내외 공기교환(air exchange)은 크게 구조체 틈새 등을 통한 침기(infiltration)와 팬이나 창문을 통한 환기(ventilation)로 구분한다. 건축물에서 의도하지 않은 침기는 줄여 냉난방 부하를 낮추고 필요한 환기는 의도적으로 확보하여, 실내공기 질(Indoor Air Quality, IAQ)을 유지하고 자연냉방(natural cooling)을 할 수 있도록 한다.

환기 방법은 크게 개구부(opening)를 이용한 자연환기(natural ventilation)와 팬을 활용한 기계환기(mechanical ventilation)로 구분하며, 자연환기는 바람에 의한 풍력효과(wind effect)를 이용한 풍압환기와 연돌효과(stack effect)를 이용한 밀도차 부력환기로 나뉠 수 있다.

2. 실내공기의 질

개발도상국 대부분의 주거에서는 구획되지 않은 좁은 실내 공간 내에서 취사와 난방 등의 연소가 이루어지고, 연소공기를 외부로 배출하지 않아 연소가스에 의한 호흡기 질환 등이 심각한 경우가 많다. 그러므로 실내공기의 질을 유지하기 위한 방법을 고려해야 한다.

실내공기의 질을 악화시키는 오염물질은 건축 자재 및 설비, 재실자 활동 등으로 인해 실내에서 발생되는 경우와 대기 미세먼지 등과 같이 외부 발생원에 의해 발생되는 경우로 구분될 수 있다. 내부발생 오염물질은 실내 자재에서 발생하는 초기 발생물질과 연소 등을 통한 생활 발생물질로 구분할 수 있다.

이러한 다양한 오염물질은 가스상, 입자상, 복합물질 등으로 구분할 수 있으며 이를 위한 해결 방법은 크게 오염원 제어(source control), 환기(ventilation), 필터 등을 이용한 공기청정(air cleaning) 등으로 구분할 수 있으며, 환기 방법은 자연환기와 기계적인 팬을 이용한 기계환기로 구분할 수 있다.

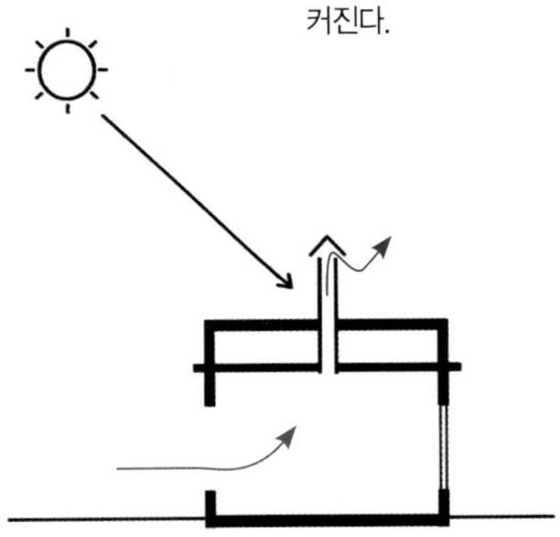

그림 11.8 공기 밀도차(부력)에 의한 환기력을 높이기 위한 solar chimney 환기장치 굴뚝이 태양열로 가열되어 배기공기의 부력이 커져 환기력이 커진다.

실내 오염물질 발생량(m^3/h)을 K, 실외와 실내 농도(%)를 각각 C_o, C_i라고 할 경우 필요한 환기량(m^3/h) $\dot{V}$는 다음과 같이 계산할 수 있다.

$$\dot{V} = \frac{K}{(\Delta C)} = \frac{K}{(C_i - C_o)}$$

Solved problem 11-3

공간의 이산화탄소 발생량이 0.017 m^3/h 이고 외기농도가 0.03%일 경우 실내 이산화탄소 농도 0.1%를 유지하기 위해 필요한 환기량을 계산하라.

▶ 풀이 및 답

$K = 0.017\ m^3/h$, $C_i = 0.1\%$, $C_o = 0.03\%$

$\dot{V} = K / (\Delta C/100) = K / ((C_i - C_o)/100) = 0.017 / ((0.1-0.03)/100)$

$= 24.3\ (m^3/h)$

11.5 액티브 환경 조절로서 설비 계획

> **액티브 환경 조절**
> 패시브가 아닌 기계, 전기설비 등을 활용한 환경 조절

적정기술로서 건축기술을 적용할 경우 먼저 패시브 환경 조절을 시도하도록 한다. 그러나 여건상 **액티브 환경 조절**을 적용할 수밖에 없으면 최소한의 설비로 적용하여야 한다.

액티브 환경 조절 방법인 건축 설비 시스템은 크게 기계설비와 전기설비, 소방설비와 정보통신 설비로 나눌 수 있으며, 기계설비는 유틸리티 설비, 냉난방공조 환기설비, 위생설비, 기계소방, 자동제어, 기타 특수설비 등으로 구분된다. 이 중에서 특히 적정기술로서 필수 불가결한 설비로는 위생설비, 급수설비, 난방설비 등이 우선적으로 고려될 수 있다.

1. 위생설비

위생설비는 급수와 배수, 건물 내 위생기구를 포함한 설비이며 위생기구(plumbing fixture)는 세면기(lavatory), 싱크(sink), 욕조 및 샤워 등의 세척용(washing)과 대변기 및 소변기 등 수세용(flushing)으로 구분된다.

위생설비는 단순히 대소변기와 세면대 등의 위생기구만 있으면 안 되고, 건

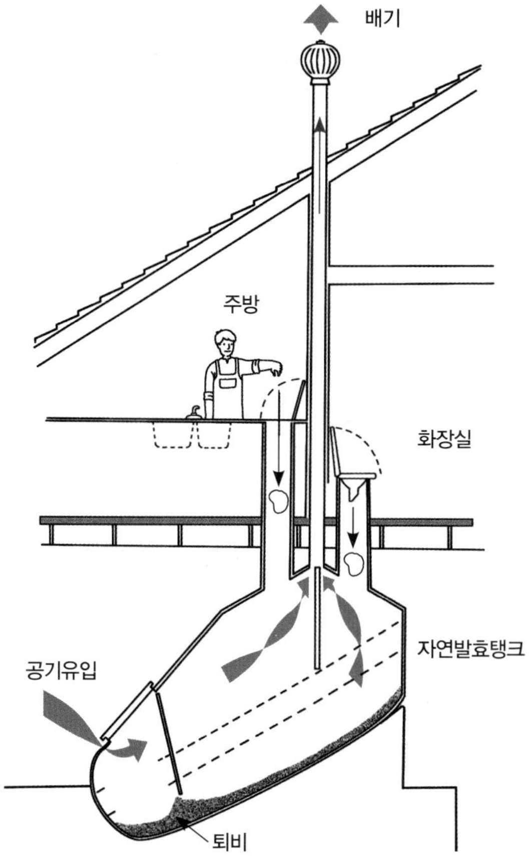

그림 11.9 자연발효식 변기와 하수 처리 시스템 변기 오물과 주방 음식물 쓰레기를 자연발효 탱크에서 퇴비로 만드는 시스템이다(출처: Alison Kwok, (2003), Mechanical, Electrical Equipment for Buildings, Wiley).

물 내의 위생설비는 상하수도, 하수처리장 등 광대한 시스템적인 인프라(infrastructure)를 필요로 하므로, 이러한 점이 저개발국가에서의 어려운 점이다. 그러므로 우리가 적정기술이라는 이름으로 변기만 보급한다면 이러한 인프라가 없는 국가에서는 무용지물이 되기 쉽다. 특히 공급 부분과 배출 부분인 급수와 배수는 인프라 시설로서 광역 인프라 체계에서 기반시설로 설치되지 않으면 건물 자체적으로 지하수, 강물 처리 시설, 빗물 시설, 중수 등과 같은 자체 급수공급 설비와 정화조 및 오배수 처리시설 등 자체 배수처리 설비를 구비해야 한다. 만일 수세식 변기용 정화조 및 광역 하수도와의 연결이 어려울 경우 패시브 방법으로 제거식 변기(슬러지를 일시적으로 저장 후 운반하여 처리)나 자연발효식 변기(composting toilet)를 독립적으로 설치할 수 있다. 오배수 등의 하수처리 시설 역시 식생 정화 식물을 이용한 자연형 하수 처리 연못(sewage recovery pond) 등으로 독립적으로 구축할 수도 있다.

2. 급수설비

급수설비는 거주자에게 없어서는 안 될 필수 설비이다. 적정기술로서 최소한 요구되는 급수설비의 조건은 수량(water quantity), 수질(water quality)과 수

그림 11.10 아프리카 지역에 설치된 급수용 고가수조와 수처리 필터 설비

수두(water column)

건축물 위생설비 시스템에서 사용되는 압력 단위로 mAq를 사용하며 대략 10 mAq는 1 kgf/cm²에 해당한다.

압(water pressure)이며, 충분한 원수의 확보와 수처리 필터 등을 통한 수질 조절, 펌프 및 고가수조를 이용한 수압의 확보가 중요하다. 급수 공급 방식은 크게 수도직결, 고가수조, 압력탱크, 부스터펌프 방식 등으로 나눌 수 있다. 일반적으로 건물 급수설비에서 사용하는 압력 단위는 kgf/cm² 혹은 **수두(water column)** 단위인 mAq를 사용하며, 대략적으로 10 mAq는 1 kgf/cm²에 해당하며 건물 내 수전(급수 수전)의 소요되는 압력은 1~2 kgf/cm² 정도이다.

수도직결 방식과 고가수조 방식에서 원활한 급수 공급을 위한 수도본관의 수압과 고가수조 높이(정수두)는 다음 식으로 계산할 수 있다.

$$P_m \geq P_W + P_f + \frac{H_s}{10}$$

$$\frac{H_s}{10} \geq P_W + P_f$$

P_m: 수도 본관의 수압(kgf/cm²), P_w: 급수 수전의 소요압력(kgf/cm²)
P_f: 급수배관의 마찰 손실수두, H_s: 정수두(mAq)

Solved problem 11-4

- 위에서 설명한 수도 본관의 수압을 구하는 공식을 이용하여 다음 물음에 답하라.

1. 지하수 심정펌프로 지면에서 10 m 높이의 지점에 물을 공급할 경우 지면에서 지하수 공급관에 요구되는 수압은 얼마 이상이어야 하는지 계산하라. 배관의 마찰 손실수두는 단위 길이당 30 mmAq/m로 가정하며, 수전의 소요압력은 1 kgf/cm²으로 가정한다.

▶ 풀이 및 답

지하수 공급 본관의 수압(X) ≥ 수전의 소요압력 + 배관의 마찰 손실수두 + 정수두

$X \geq 1 + 0.03 \times 10 + 10/10 = 2.3$ (kgf/cm²)

2. 지면 위 일정 높이에 고가수조 물탱크를 설치하여 지면에 설치된 수전에 물을 공급할 경우 고가수조 하단부 높이는 지면에서 얼마나 높여서 설치하여야 하는지 계산하라. 배관의 단위 길이당 마찰 손실수두는 30 mmAq/m, 수전의 소요압력은 1 kgf/cm²으로 가정한다. 또한 고가수조 최하단부에 공급관이 연결되어 있고 지면 높이에 수전이 위치했다고 가정한다.

▶ 풀이 및 정답

고가수조 높이/정수두(X) ≥ 수전의 소요압력 + 배관의 마찰 손실수두

$X \geq 10 + 0.03X$, $X \geq 10.3$ (m)

3. 환기설비

기계적인 방법을 활용하여 실내 오염물질을 제거하기 위한 환기 방법은 크게 제1종 환기(강제 급기+강제 배기), 제2종 환기(강제 급기+자연 배기), 제3종 환기(자연 급기+강제 배기), 제4종 환기(자연 급기+자연 배기)로 나뉠 수 있으며, 전체 실을 환기하는 전반 환기(general ventilation)와 오염물질 발생 부위에서 집중적으로 제거하는 국소 환기(local ventilation)로 구분할 수 있다.

4. 난방설비

냉동기와 보일러가 개발되기 전까지 냉방은 자연형 냉방이 적용되었고, 난방은 대부분 목재나 화석연료를 직접 실내에서 연소하고 굴뚝을 통해 외부로 연소가스를 배출하는 벽난로나 페치카 등이 사용되었다.

난방의 특수한 형태로 로만 하이포코스트(Roman hypocaust)와 한국의 전통 온돌(Ondol), 개량식 연탄아궁이 온돌 등이 있다. 특히 한국 전통온돌의 우수성은 연소 부분(combustion section)이 공간의 바깥에 설치되어 연료 연소와 취

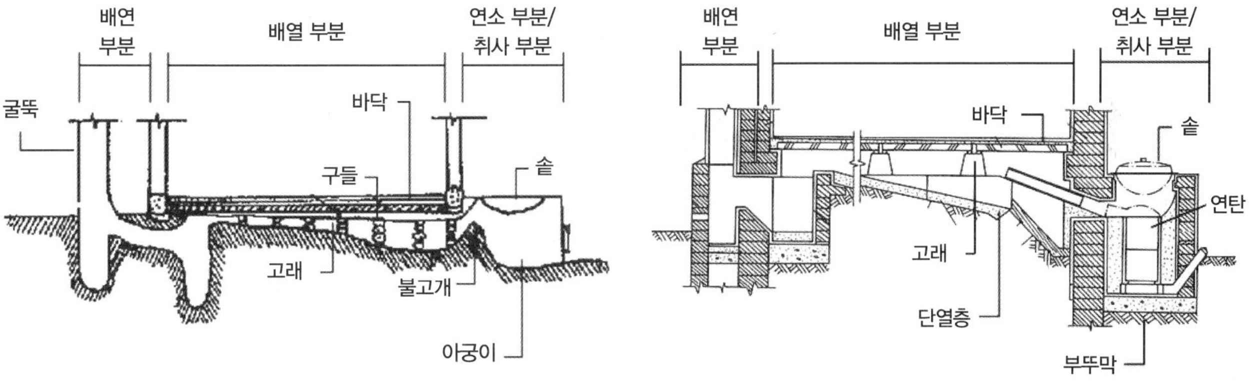

그림 11.11 한국의 전통온돌(좌)과 개량식 연탄아궁이 온돌(우) (출처: M.S. Yeo, *et al.*, (2003), Historical changes and recent energy saving potential of residential heating in Korea, Energy and Buildings, 35(7), pp. 715–727)

그림 11.12 네팔에 적용된 온돌을 이용한 난방 및 취사 설비 온돌을 실내에 부분적으로 설치하고(좌) 실외에 굴뚝을 만들었다(우). 연소 부분인 아궁이에서 불을 때면 실외 굴뚝으로 연소가스가 배출된다 (출처: Chu, W.S. *et al.*, (2017), Design and Performance Evaluation of Korean Traditional Heating System – Ondol: Case Study in Nepal , Energy and Buildings, Elsevier, Vol. 138, pp. 406–414)

사를 모두 방 밖에서 할 수 있다는 점과 채난의 경우 실내에서 직접 연소하는 벽난로와 달리 구들이라는 배열 부분(heat releasing section)에서 간접 채난을 한 점이다. 또한 열용량이 큰 구조체를 활용하여 열을 저장할 수 있는 축열성도 우수하다고 할 수 있다. 배연 부분(exhaust section) 역시 주거공간 외부에 굴뚝을 설치하여 화재 및 실내 연기 유입을 최소화한다.

11.6 적정기술을 적용한 건축물 사례

다음에서는 적정기술로 실제 지어진 건축물 사례를 소개한다. 각 사례가 앞에서 언급한 모든 기술을 적용한 것은 아니지만 지역적, 거주적 특성에 따라 특정 요구 성능 위주로 기술이 적용된 것을 볼 수 있다. 다음에 소개하는 적정기술 건축 사례는 1세대 적정기술이라고 할 수 있으며 향후에는 더욱 다양한 기능을 가지는 적정기술 건축물이 개발될 것으로 기대된다.

1. 대나무 단열주택

그림 11.13 네팔에서 적정기술로 지어진 대나무 단열주택

특허청과 해비타트는 네팔 떠라이 지역(평야 지대) 대나무 주택의 단열 성능을 높일 수 있는 기술을 개발했다. 떠라이 지역은 여름과 겨울에 밤낮 온도차가 심한 곳으로 추위에 대비하지 않으면 영하로 내려가지 않는 겨울에도 사람이 저체온증으로 동사하는 일이 생기고 있다. 특허청과 해비타트는 쉽고 값싸게 친환경적으로 제작할 수 있도록 지푸라기, 흙 등 주위에서 쉽게 구할 수 있는 재료를 써서 간단한 방법으로 대나무 주택의 단열 효과를 높일 수 있는 건축기술을 개발했다. 개발된 기술은 양철 지붕의 찬 기운을 줄이기 위해 지붕에 지푸라기층을 넣는 방법, 집의 외벽을 두껍게 하기 위해 대나무를 두 번 덧댄 더블패널 대나무 건축법이다. 이렇게 지은 집은 기존 집보다 단열 효과가 높아 여름엔 더 시원하고 겨울엔 더 따뜻하다.

2. 글로벌 빌리지 셸터(global village shelter)

Ferrara Design과 Architecture for Humanity에 의해 개발된 글로벌 빌리지 셸터는 생분해성 판자와 내화 및 방수코팅, 골판지, 범용 ABS소재를 이용하여 내부 면적을 6.3 m^2(77 kg), 21 m^2(236 kg)로 비교적 가볍게 만든 공장 생산형 현장 조립식 주택으로, 550달러(USD)의 저렴한 가격에 파키스탄, 아프가니스탄, 동남아시아 등에 공급되었다.

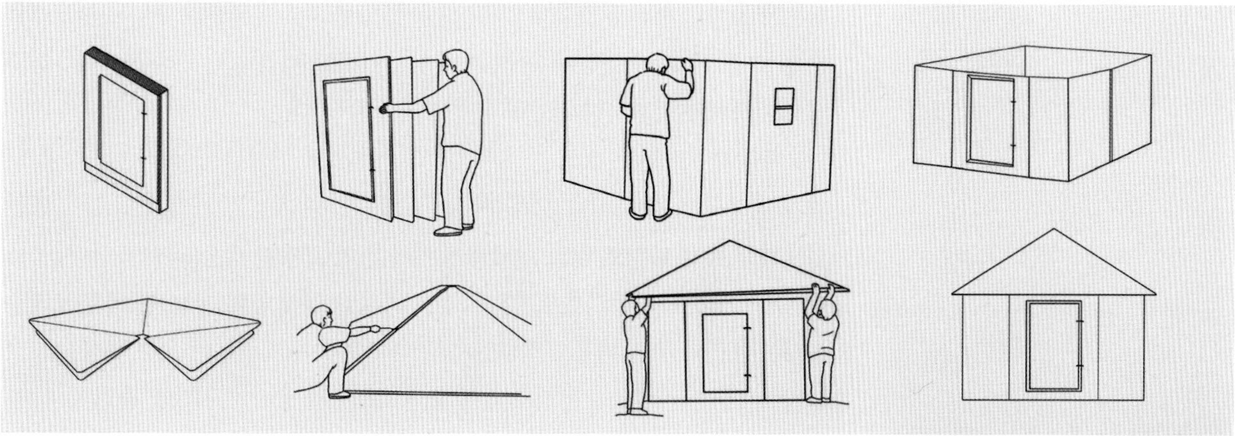

그림 11.14 **글로벌 빌리지 셀터(global village shelter) 만드는 법(상)과 완성된 모습(하)** 공장 생산된 골판지를 현장에서 펼쳐 벽체와 지붕을 만들어 집을 완성한다.

각 부품들은 공장 생산된 골판지 평면 형태로 현장에 운반되며 현장에서 2인이 작업할 때 20~40분이 소요된다. 접힌 기본 모양을 펼치고 줄로 묶으면서 벽체와 지붕의 기둥을 제작하고 연결한 다음, 최종적으로 지붕을 들어 본체에 올려 완성한다. 이러한 적정기술 건축물의 가장 큰 특징은 일반적인 건축공사가 기간 및 비용이 많이 소요되고 전문적인 기술자가 필요하다는 단점을 극복한 것이다.

3. 희망의 셀터(shelter of hope)

희망의 셀터는 현지에서 구할 수 있는 재료와 최소한의 인력으로 빠른 시간에 소형 주택을 지은 사례라고 할 수 있다. 특히 재난 지역에 신속하게 임시 주거를 지은 후 나중에 추가적인 공사를 통해 더욱 발전된 주거 형태로 만들 수 있는 것이 특징이다.

리히터 규모 7.8의 강진이 발생한 네팔 지역에 국제평화재단(Global Peace Foundation)과 아태평화개발협의회(Asia Pacific Peace and Development Service Alliance)는 희망의 셀터(shelter of hope)를 보급했다. 희망의 셀터는 120달러(USD)의 저가로 제작 가능하며 11.4 m^2 면적의 소형 주택으로 우기를 견딜 수 있는 간단한 재료를 이용하여 1차로 만들어졌다. 나중에 영구적으로 집을 지을 경우 1차 제작된 구조 재료를 사용하여 업그레이드 할 수 있도록 하여 'completed transitional shelter'라고 이름 붙였다.

그림 11.15 **희망의 셀터(shelter of hope)** 벽돌을 쌓고 양철 지붕을 덮어 1차로 만든 집이다.

4. 모래주머니 집(sandbag building)

모래주머니 집은 벽돌과 같은 벽체 재료조차도 제작하기 어려운 경우, 마치 전쟁터에서 모래주머니로 참호를 파고 방호벽을 세우는 것과 같이 빠른 시간과 손쉬운 방법으로 주거 형태를 완성할 수 있는 방법이다.

모래주머니로 집을 지으려면 우선 목재나 철근 등 해당 지역에서 쉽게 구할 수 있는 구조재로 뼈대를 세운다. 그런 다음 섬유 마대로 만들어진 주머니에 모래를 가득 채운 뒤, 미리 만들어 놓은 뼈대 사이사이에 빼곡하게 모래주머니를 잔뜩 넣고 지붕재로 마감하면 간단하게 집을 지을 수 있다.

모래주머니로 만든 집의 장점은 기존의 시멘트로 건설된 집에서 종종 누수 문제가 발견되는 것에 비해 모래주머니 구조는 방수 기능을 가지고 있으며, 또한 나무처럼 불에 타지도 않고 미세하게 빼곡히 찬 모래가 방음 역할도 한다. 아울러 단열 기능도 있고 시멘트벽은 시간이 지나면 쉽게 금이 가는 데 비해 모래주머니는 균열과 붕괴 위험도 적다. 무엇보다 건축비가 저렴하며 운송 역시 비교적 편리하므로 인건비나 노동력도 적게 들어 자연스럽게 시공 시간을 줄일 수 있다. 환경적으로 보더라도 기존의 건축 방식에는 전기나 석탄 등이 필요하지만 모래주머니 건축은 모래와 모래를 담을 주머니만 있으면 제작 가능해 매우 환경친화적이다.

5. 흙건축 주택

흙건축은 적정기술로서 대표적인 기술로 최근에는 국내에서도 많이 소개되어 활용되고 있다. 재료 자체를 구하기 쉽고 흙 자체의 우수한 열적 단열성능과 온도 및 습도조절 성능으로 인해 환경적으로도 우수한 재료이기도 하다.

국제구호개발 NGO 굿네이버스가 네팔에 적용한 흙건축 적정기술은 현지 재료를 이용하여 깨끗한 주거환경과 함께 소득이 되는 일자리를 만들어 낼 수 있었다고 한다. 기존 흙건축 기술인 흙벽돌 공법, 흙다짐 공법, 흙부대 공법 중에서 흙다짐 공법과 계란판(egg pack) 공법을 적용하였으며, 건물의 구조는 대나무

그림 11.16 모래주머니 집 섬유 마대에 모래를 채워 모래주머니를 쌓은 후 지붕재로 마감하여 집을 완성했다.

(a) (b) (c) (d) (e)

그림 11.17 흙건축 주택 목재 혹은 대나무 구조와 흙다짐 공법을 사용하여 외벽을 쌓고 양철 지붕으로 마감하여 집을 완성했다.

등 목재 혹은 기존 벽돌 및 콘크리트 구조체 사이에 흙으로 외벽을 쌓은 후 지붕판으로 최종 마감공사를 실시하여 공사를 하였다.

현지 주민들이 손쉽게 집을 지을 수 있게 되었고, 주민들이 공동으로 이용할 건물인 커뮤니티센터인 '맘센터'를 흙건축 기술로 짓기로 결정하고 건축 과정을 통해 지역 주민들은 흙건축을 접하고 스스로도 집을 지을 수 있도록 교육을 받았다.

11. 7 건축기술 활용의 전망

일반적으로 건축물을 만들기 위해서는 외관, 기능, 구조, 재료, 에너지, 공법, 위생, 유지 관리 등 다양한 기술의 습득과 적용이 필요하며 복잡한 공정 및 비용과 시간이 소요된다. 그러므로 적정기술 적용을 위한 건축 기술은 일회적인 교재나 교육을 통해 습득하기 상당히 어려운 면이 있으며 때로는 해당 분야 전문가의 기술과 경험이 요구되는 경우도 있다. 하지만 건축물 자체는 우리가 항상 거주하고 생활하는 공간으로 기본적으로 건축 전문가가 아니어도 대부분 경험적으로 건축 기술에 대한 어느 정도의 지식을 가지고 있다. 최근에는 다양한 경로로 건축 기술에 대한 일반인의 접근이 가능하고 재료와 자재 역시 조립식 및 모듈러 형태로 공장 생산된 제품의 현장 적용이 가능하여 더욱 손쉽게 활용할 수 있게 되었다.

건축 기술을 적정기술로 적용할 때 무엇보다 중요한 것은 건축물의 기능을 만족시키면서 안전하고 단순하며 시공 비용과 유지 관리 비용을 최소로 할 수 있어야 한다는 것이다. 그러므로 건축물의 재료와 자재 및 장비는 현지에서 조달 가능하도록 하여야 하며 시공 과정이 복잡하지 않아 시공 시간과 노동력 투입은 적어야 한다.

최근에는 다양한 첨단기술과 새로운 기술들이 점차 건축물에 적용되고 있으며 이러한 경향은 적정기술에도 예외가 아닐 것이다. 특히 친환경재료 및 첨단재료를 이용한 건축 자재, 신재생 에너지를 활용한 건물 에너지 관련 설비, 사물인터넷을 통한 환경제어 등 건축 기술의 적정기술 적용 범위는 한계가 없이 무한하며 기술적 발전에 따라 점점 더 현실화되고 적용 가능성이 높아질 것이다. 아울러 건축기술자들과 일반인이 다양한 온오프라인 공간을 통해 다양한 기술 습득과 경험을 공유한다면 앞으로는 더욱 새로운 아이디어가 녹아든 적정기술 건축물을 제안하고 이를 실현시킬 수 있을 것이다.

참고 문헌

구재오, 김광우, 김신도, 김정태, 이현우 (2006), 건축환경계획, 태림문화사.

유동렬 (1998), 건축설비계획, 문운당.

안영배, 김광문, 원정수, 이범재, 임창복 (2009), 건축계획론, 기문당.

장기인 (1983), 건축구조학, 보성각.

AKwok, A. (2003), Mechanical, Electrical Equipment for Buildings, Wiley.

Chu, W.S. et al. (2017), Design and Performance Evaluation of Korean Traditional Heating System – Ondol: Case Study in Nepal, *Energy and Buildings*, 38, 406–414.

Reid, E. (1981), Understanding buildings, MIT Press.

Moor F. (1981), Concepts and practice of architectural daylighting, Van Nostrand Reinhold.

Norbert L. (1991), Heating, cooling, lighting design methods for architects, John Wiley & Sons.

Yeo M. S. et al. (2003), Historical changes and recent energy saving potential of residential heating in Korea, *Energy and Buildings*, 35(7), 715–727.

연습문제

● 다음의 문제를 풀면서 건축이 적정기술로 활용될 경우의 활용 방안을 생각해 보자.

1. 길이 4 m, 폭 3 m, 높이 2.5 m인 단순한 건물이 있다. 전면에 1 m×0.6 m 크기의 창이 두 개 있고 측면에 있는 문 한 개는 1.75 m×0.8 m 크기이다. 각 부분의 U 값은 창 5.6 W/m^2℃, 문 2.0 W/m^2℃, 벽 2.5 W/m^2℃, 지붕 3.0 W/m^2℃이고 실온은 18℃, 외기온은 6℃이며 바닥으로의 열손실은 없다고 가정한다. 공기 용적비열(밀도와 정압비열 곱)은 1300 J/m^3 이고 시간당 침기량이 1.5 ACH(Air Change Per Hour)일 때 다음 물음에 답하여라.
   1) 창, 문, 벽, 지붕을 통한 외피벽체를 통한 전도 열손실의 총합을 계산하라.
   2) 침입외기에 의한 열손실을 계산하라.
   3) 건물의 난방부하를 계산하라.
2. 지면 위 15 m 높이에 고가수조 물탱크를 설치하여 지면 높이에 설치된 수전에 물을 공급할 경우 수전의 압력은 얼마인지 계산하라. 배관의 마찰 손실수두는 30 mmAq/m로 가정하며, 고가수조 최하단부에 공급관이 연결되어 있고 지면 높이에 수전이 위치했다고 가정한다.
3. 공간의 분진 발생량이 1650 mg/h 이고 외부공기의 분진량이 0.1 mg/m^{3}일 경우 실내 부유 분진량을 0.15 mg/m^{3}로 유지하기 위해 필요한 환기량을 계산하라.

공동 설계 프로젝트

● 설계 프로젝트는 빈곤층 취약주거지역이나 저개발국의 현지 주거건물에 대해 기존 주거의 문제점을 파악하고 이를 개보수하는 경우로 가정하여 기존 건축물 개보수 진단 및 기본계획 수립을 목표로 한다. 다음 그림과 같은 취약주거 건물에 대해 난방성능 측면에서 다음 절차에 따라 성능진단을 한 후 개보수 측면에서 성능향상을 위한 기본계획을 제시하라.

1. 난방성능 측면에서 벽체 및 창문의 열관류율을 측정하고 벽체와 지붕을 통한 열손실을 계산한 후 벽체와 창문을 통한 열손실량을 계산하라.
2. 벽체와 창문의 단열방법과 단열재 그리고 창문틈새 기밀도를 높일 수 있는 방법에 대해 적용 가능성을 검토하고 적정한 것을 선정하라.

그림 11.18 취약주거 건물 사례

제12장

식량과 농업

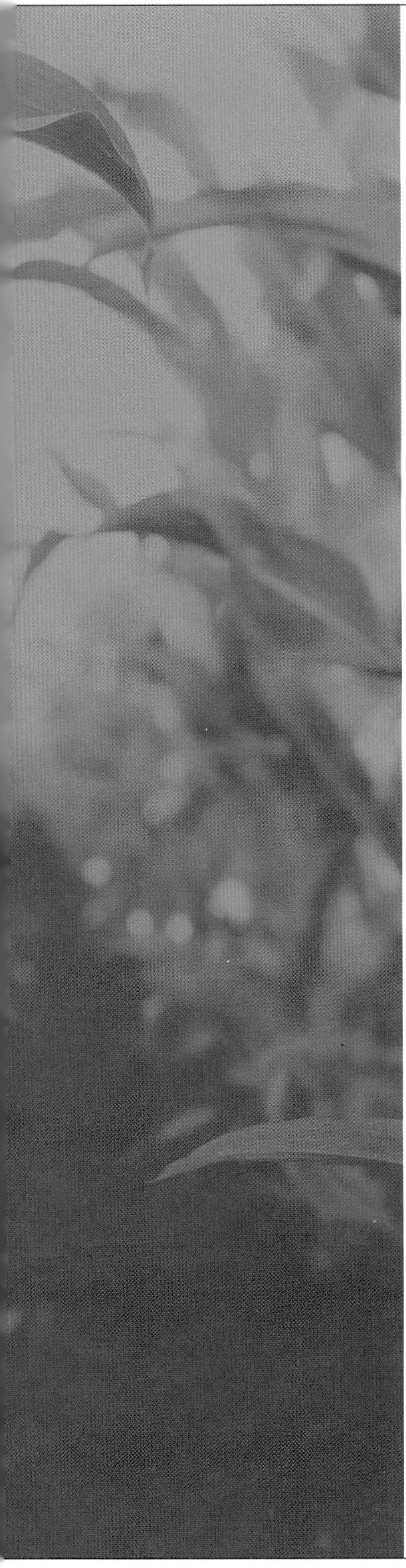

"Why the World Still Goes Hungry?"

- Jean Ziegler -

"왜 세계는 아직도 굶주리는가"

- 장 지글러, 2018년 -

생각해 봅시다

❶ 다음에 제시된 웹 사이트를 참고하여 굶주림과 빈곤과의 관계를 생각해 보자.
https://www.worldhunger.org/world-hunger-and-poverty-facts-and-statistics/

❷ 세계의 식량 생산량은 꾸준히 증가하여 세계 인구가 먹기 충분한데도 굶주리는 사람들이 왜 이렇게 많은지 생각해 보자.

❸ 개발도상국 농촌에서 적정한 농업 기술이 중요한 역할을 하는 이유에 대하여 생각해 보자.

왜 세계의 절반은 굶주리는가?

그림 12.1 장 지글러의 저서 『왜 세계의 절반은 굶주리는가?』의 표지

『왜 세계의 절반은 굶주리는가?』에서 아들은 아버지에게 다음과 같은 질문을 던진다.

"우리나라에는 먹을 것이 넘쳐나서 사람들이 비만을 걱정하고 한쪽에서는 음식 쓰레기도 마구 버리고 있잖아요? 그런데 아프리카나 아시아, 라틴아메리카의 많은 나라에서는 아이들이 굶어 죽어가고 있다니 정말 기막힌 일이 아니에요?"

새로운 천 년을 맞이하던 2000년 국제연합(UN)은 미래에 닥칠 가장 큰 위험을 빈곤과 굶주림으로 규정하고, 이를 해결하기 위해 'Eradicate extreme poverty and hunger(극심한 빈곤과 배고픔의 퇴치)'를 가장 중요한 첫 번째 과제로 정하였다.
1999년 전 세계 인구의 약 13%가 빈곤 상태였고, 그 비율을 50% 낮추기 위한 노력이 15년간 계속되었다. UN 소속 식량농업기구(FAO)의 발표에 의하면 현재 농업 시스템에서 생산되는 식량의 양은 120억 인구가 먹고 살 수 있는 양(성인 기준 하루 2,200 kcal)에 해당한다. 그럼에도 불구하고 세계에서는 10살 이하의 어린이가 5초마다 1명씩 먹지 못해 죽어 가고, 매일 기아로 5만 7천 명이 죽고 있다. 세계 71억 인구 중 8억 4,200만 명이 아직도 기아 상태에 있는 것이 바로 현실이다.

『왜 세계의 절반은 굶주리는가?』는 1999년 프랑스에서 발간된 장 지글러의 저서 『La faim dans le monde expliquée à mon fils』의 한국어판이다. 영어로 번역한 책 제목인 'Hunger in the world explained to my son'이 의미하듯이 장 지글러는 UN에서 일한 경험을 토대로 알게 된 기아의 실태와 그 배후의 원인을 아들과의 대화 형식을 통해 알기 쉽게 설명하고 있다.

이 책에서 저자는 미국이 생산 가능한 곡물 양만으로 전 세계 사람들이 먹고살 수 있고, 프랑스의 곡물 생산량만으로도 유럽인 전체가 먹고살 수 있는 식량 과잉의 시대에, 기아로 인해 많은 사람들이 죽는 상황을 문제로 제기하면서, 우리에게 닥친 기아 문제를 근본적으로 해결하기 위해서는 '각국이 스스로의 힘으로 자급자족 경제를 이룩하는 것 외에는 진정한 출구가 없다'고 역설하고 있다.

식량농업기구(FAO)는 1945년 10월 16일에 창설된 뒤, 이 날을 '세계 식량의 날'로 정하였다. 세계 식량의 날은 전 세계 150개국 이상이 참가하는 유엔의 가장 대표적인 기념일로, 배고픔으로 고통 받는 사람들과 안전하고 영양가 있는 식단을 제공받을 필요가 있는 사람들을 위해 전 세계적인 인식과 행동을 촉구하는 날이다. 또한 2015년부터 2030년까지 실행하기로 계획한 **지속가능 개발 목표**(Sustainable Development Goals, SDGs), 즉 기아 제로를 달성하기 위한 우리의 노력을 보여 주는 날이다. FAO는 세계 식량의 날과 '기아 제로'에 대해 깊은 관심을 가져야 하는 이유를 다음과 같이 설명한다.

첫째, 음식에 대한 권리는 기본적인 인권이다. 둘째, 지속가능한 식품 공급 시스템과 지역 사회 개발에 투자하면 기후변화의 위험에도 불구하고 인구 증가에 발맞춰 안정적인 식량 공급이 가능해지고, 농촌 지역의 취약한 경제 기반으로 인한 인구 이동과 주거 문제를 해결하는 데도 도움이 된다. 셋째, 17가지 SDGs는 지구상에서 배고픔을 없애기 위한 것으로, 기후변화에 대처 가능한 지속가능하고 탄력적인 농업 및 식품 공급 시스템이 반드시 필요하다.

세계 식량의 날을 정하고 기념하는 이유는 세계의 많은 사람들이 넉넉한 식량을 공급받지 못하기 때문이며, 이를 해결하기 위한 최우선 과제가 기아의 해결이기 때문이다. 다음은 FAO가 제공하는 배고픔에 대해 알아야 할 10가지 사실이다.

- 세계적으로 보면 모든 사람들을 먹이기에 충분한 음식이 생산되지만, 약 8억 명의 사람들은 배고픔으로 고통 받고 있다. 이는 9명 중 한 명 꼴이며 배고픔으로 고통 받는 사람 중 60%는 여성이다.
- 세계 빈곤층의 약 80%는 농촌 지역에 살고 있고 대부분이 농업에 의존한다.
- 배고픔은 말라리아, 결핵 그리고 에이즈를 합친 것보다 더 많은 사람을 매년 죽음에 이르게 한다.
- 유아 사망자 약 45%는 그 원인이 영양실조와 관련 있다.
- 세계 경제에서 영양실조로 인해 소요되는 비용은 연간 3.5조 달러에 달한다.
- 전 세계 인구의 4분의 1 이상인 19억 명이 과체중이다.
- 전 세계에서 생산되는 음식의 3분의 1이 없어지거나 버려진다.
- 증가하는 세계 인구를 먹여 살리려면 2050년까지 현재 식량 생산량의 60% 이상이 늘어나야 한다.
- 농업만큼 기후 변화에 민감한 분야는 없다.
- 어디에서 배고픔과 굶주림이 닥칠지 아는 것은 어렵다.

함께 읽어보기
제2장 2.1 발전의 의미와 방향

지속가능 개발 목표

1. 모든 형태의 빈곤 종결
2. 기아 해소
3. 건강 보장과 복지
4. 양질의 교육
5. 성 평등
6. 깨끗한 물과 위생
7. 저렴하고 깨끗한 에너지
8. 양질의 일자리와 경제 성장
9. 산업화, 기술 혁신, 사회기반 시설 구축
10. 불평등 해소
11. 지속가능한 도시와 지역 사회
12. 책임 있는 소비와 생산
13. 기후변화와 그 영향에 대처
14. 해양, 바다, 해양 자원의 지속가능한 보존
15. 육지 생태계 보존과 삼림 보존, 사막화 방지, 생물 다양성 유지
16. 평화와 정의의 강력한 집행
17. 목표 달성을 위한 협력 관계

본 장에서는 기아 문제를 해결하기 위해 적정기술의 관점에서 몇 가지 해결책을 제시하고자 한다. 지역 상황에 맞는 새로운 농업 기술의 개발 및 전파, 교육, 종자 개발, 관개수로 설치, 효율성 개선 방법 등과 함께, 개발도상국에 적용 가능한 새로운 농업의 대안으로 자연 농업과 가족농업에 대하여 기술하고자 한다.

12.1 굶주림과 식량 문제의 현황

2000년 UN이 설계한 새천년 개발 목표(MDGs)는 '극심한 빈곤과 굶주림의 퇴치(eradicate extreme poverty and hunger)'이다. 목표에 따른 실행 과제는 다음 세 가지이다. 첫째, 하루 약 1,400원(설계 당시는 하루 1,100원, 2018년 현재는 약 2,000원) 미만으로 살아가는 사람(극빈층)의 비율을 50% 줄인다. 둘째, 여성과 젊은이를 포함한 모든 이를 위해 생산적인 완전 고용과 양질의 일자리를 창출한다. 셋째, 굶주림에 처한 사람들의 비율을 50% 줄인다.

다양한 캠페인과 사업으로 2015년까지 수행된 MDGs의 첫 번째 과제의 실행 결과는 다음과 같다. 세계은행의 2018년 발표에 따르면, 전 세계의 극빈층 비율은 2012년 12.4%에서 2013년 10.7%(7억 6천 7백만 명)로 감소했다. 1990년의 극빈층 비율 35%(18억 5천만 명)와 비교하면 11억 명이 감소한 수치이다.

두 번째 과제의 실행 결과를 보면, 전 세계 생산가능인구에 대한 근로자 비율은 1991년 62%이었으나, 2008~2009년 글로벌 금융 위기의 영향으로 2015년 60%로 하락했다. 그러나 청년층(15~24세 남녀) 취업률은 1991년 20%에서 2015년 40%로 증가했다.

세 번째 과제의 실행 결과를 보면 개발도상국에서 영양실조에 걸린 사람들의 비율은 1990년 이후 거의 절반으로 떨어졌다. 하지만 아직도 전 세계적으로 약 7억 9천 5백만 명이 영양실조에 걸린 것으로 추정되고 5세 이하 어린이 중 9천만 명 이상은 여전히 영양실조와 표준체중 미달의 상태이다.

극심한 빈곤과 굶주림을 퇴치하기 위한 노력에도 불구하고, 여전히 많은 수가 극심한 빈곤에 시달리고 있으며, 어린이의 영양 상태도 여전히 나쁜 상태이다. 적정기술의 적용에 있어 빈곤과 기아 문제는 무엇보다 앞서 해결해야 할 문제이다.

다음에서는 빈곤과 극빈의 개념에 대해 설명하고, 빈곤 측정에 사용되는 지수에 대해 알아보고자 한다. 지역 개발 및 국제 개발에 관계하는 사람들이 빈곤과 극빈의 개념을 분명히 인식하면 현장에서 빈곤과 극빈에 처한 사람들을 조사하고 이들을 위한 정확한 목표를 설정하여 문제의 해답을 제시하는 데 도움을 받을 수 있을 것이다.

1. 빈곤이란?

빈곤이란 일반적으로 '돈, 재화 혹은 지원 수단이 거의 없는 상태'로, 재화란 지붕이나 처마가 있는 집, 의복, 음식 등을 의미한다. UN은 빈곤 측정을 위해 인간빈곤지수(Human Poverty Index, HPI)를 제시했는데 HPI는 한 국가의 생활수준을 보여 주는 지표로, 1997년 UN이 발표한 인간개발지수(HDI)를 보완하기 위해 개발한 것이다. HDI의 부족한 부분은 이후 2010년 UN의 **다기능빈곤지수(Multidimensional Poverty Index, MPI)**로 대체되었다.

HPI는 주로 두 가지 척도로 나뉜다. 그 중 HPI-1은 개발도상국에서 절대 빈곤을 측정하기 위해 사용된다. HPI-1의 변수로는 40세 이전에 사망할 가능성이 있는 인구의 비율, 15세 이상에서의 문맹자 비율, 5세 이하 어린이 중 체중 미달의 비율, 건강 관리나 깨끗한 물과 같은 공공 서비스와 개인 서비스를 이용하지 못하는 사람들의 비율 등을 꼽을 수 있다.

HPI 외에 빈곤 측정에 관계되는 지수로는 인간고통지수(Human Suffering Index, HSI)와 삶의질지수(Physical Quality of Life Index, PQLI) 등이 있어 각 지역과 국가에서 빈곤 정도를 측정할 때 이용할 수 있다.

> **MPI (다기능빈곤지수)**
>
> MPI는 개인의 수준에서 빈곤을 평가한다. 영양 상태, 어린이 사망률, 재학 기간, 학교 출석 정도, 부엌 연료, 향상된 위생 시설, 깨끗한 물, 전기 공급, 주거 가능, 재정 정도 등 10개 이상의 지표로 평가하며, 3가지 이상의 측정치가 낮으면, 'MPI 빈곤'으로 인식한다.

2. 배고픔과 굶주림

지구상의 약 8억 명은 굶주린 채로 잠자리에 든다. 굶주림이란 단순히 음식의 부족으로 인한 '배고픔'만을 의미하지 않는다. 굶주림은 다음과 같은 결과를 초래한다.

- 영양 결핍(under-nourishment): 음식물을 통해 활동적인 삶에 필요한 칼로리를 충분히 섭취하지 못하는 상태이다. 현재 전 세계 10억 2천만 명이 영양결핍에 시달리고 있으며, 이들 대부분이 개발도상국에서 살고 있다.
- 영양실조(malnutrition): '심각한 영양 불량 상태'로, 우리 몸에 꼭 필요한 기본 칼로리, 단백질, 미량 영양소 등이 제대로 공급되지 못할 때 발생한다. 그 결과 전염병이나 질병에 쉽게 걸리게 되고, 홍역이나 설사와 같은 전염병으로 사망에 이를 수도 있다. 영양실조의 기준은 음식의 양이 아니라 나이, 체중, 신장이다.
- 소모성 질환 증세(wasting): 심각할 정도로 체중이 감소한 상태로 주로 굶주림이나 질병에 의해 발생한다. 발육 부진과 함께 급성 영양실조의 지표로 볼 수 있다.

유니세프의 '2009 어린이 및 산모 영양 발달 경과보고서'에 의하면 동남아시아와 아프리카 지역과 같은 개발도상국의 5세 미만 어린이 약 2억 명이 영양실

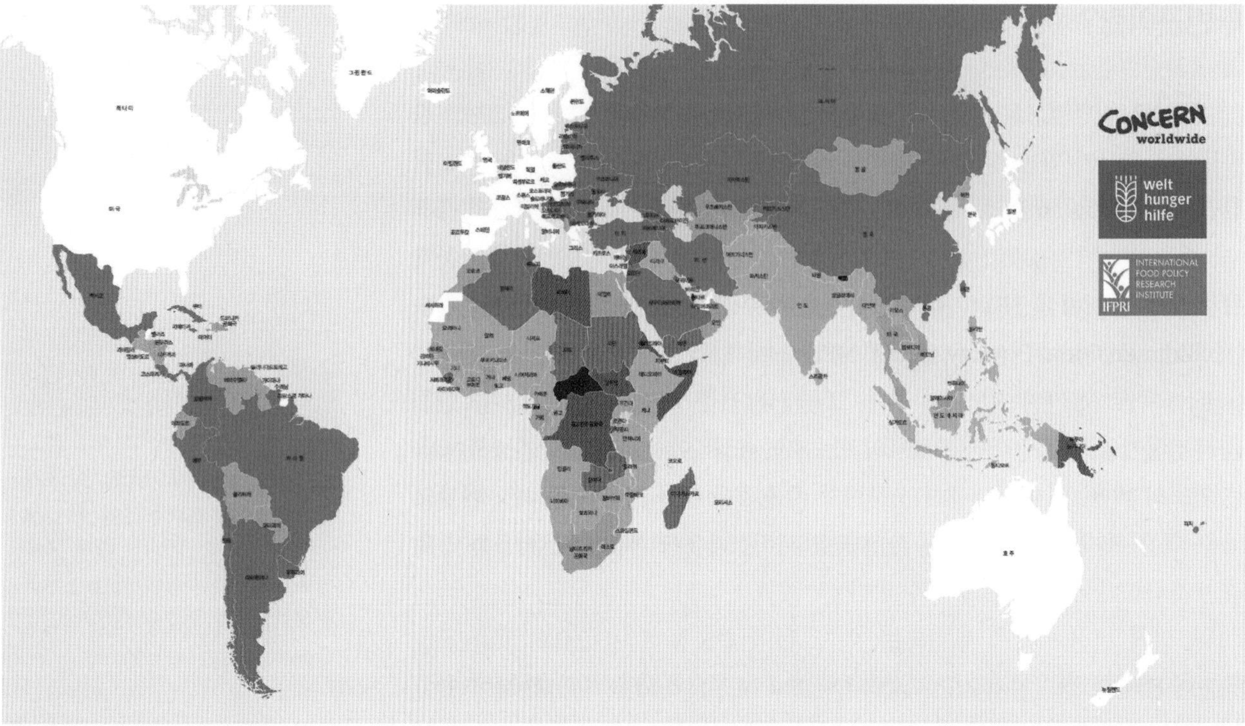

■ 극히 위험(Extremely alarming) 50.0≤
■ 위험(Alarming) 35.0–49.9
■ 심각(Serious) 20.0–34.9
■ 보통(Moderate) 10.0–19.9
■ 낮음(Low) ≤ 9.9
■ 불충분한 자료, 관심국가(Insufficient data, significant concern)
■ 불충분한 자료(Insufficient data)
□ 산업국가(Not calculated)

그림 12.2 세계기아지수 (Global Hunger Index, GHI) 기아의 정도를 세계적, 지역적 그리고 국가별로 종합적으로 측정하고 추적하기 위해 설계된 지수이다. 2006년 10월 처음으로 정식 발표한 뒤, 매년 10월 세계 식량의 날 전에 발표해 오고 있다. 붉은 계열에 가까울수록 기아의 정도가 심각함을 나타낸다.
www.globalhungerindex.org
*세계기아지수는 영양결핍 비율, 허약아동 비율, 발육부진아동 비율 그리고 영유아 사망률을 지표로 기아 상황의 심각성을 측정하고 있으며, 2017년은 총 119개 국가를 대상으로 했다. 컨선월드와이드, 국제식량정책연구소, 세계기아원조는 2006년부터 매년 세계기아지수를 발표하고 있다.

조로 고통을 받고 있으며, 5세 미만 어린이 사망자 중 3분의 1이 영양실조로 사망할 정도로 심각한 상황이다. 영양실조는 어린이의 면역력을 낮추고, 또 다른 질병을 불러일으켜 어린이의 생명을 더욱 위협하지만, 증세가 심각해지기 전까지는 눈으로 확인하기 어려운 경우가 많다. 그래서 건강해 보이는 어린이조차도 이미 심각한 영양실조 상태이거나, 건강과 성장 발달 체계에 영구적인 손상을 입은 경우가 많다. 만약 폐렴이나 설사병 등을 앓는 어린이들에게 영양 결핍 증세가 동반되지 않는다면 사망자의 3분의 1 이상이 생존할 수 있을 것으로 판단된다.

3. 식량 문제

세계는 모든 사람들을 먹일 수 있을 만큼 충분한 음식을 생산한다. 전 세계적으로, 1인당 일일 식품 가용성은 1960년대 초 약 2,220kcal에서 2006~2008년에는 2,790kcal로 늘어났다. 같은 기간 개발도상국의 1인당 일일 식품 가용성도 1,850kcal에서 2,640kcal로 늘어났음이 보고되었다.

식량 생산성 역시 매우 빠르게 증가하였다. 국제은행에서 제시한 데이터에 의하면 2004~2006년의 생산성을 100으로 했을 때, 1980년 51.756에서 2014년 124.179로 증가했다. 식량 생산성은 지난 10년 사이 24% 증가하고, 1980년대와 비교하면 약 2.4배 증가했다.

그림 12.3은 FAO에서 제시한 세계 식량 생산량과 인구 증가 사이의 관계를 나타낸 것으로, 지금까지는 인구 증가 속도에 비해 식량 생산 속도가 빨랐음을 알

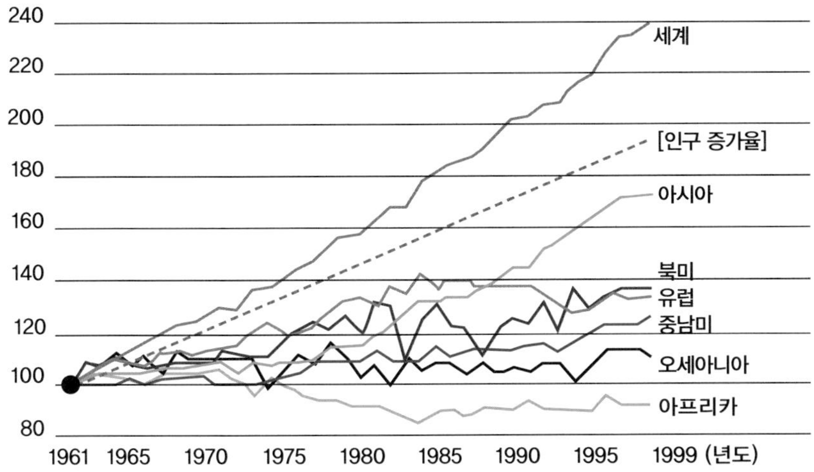

그림 12.3 1961~1999년 지역별 농산물 생산량의 추이(1961년 수치를 100으로 함, 출처: FAO)

수 있다. 즉 세계적인 관점에서는 식량 생산량은 부족하지 않음이 과학적 지표로 나타나고 있다. 그럼에도 불구하고 세계 인구의 12%가 영양실조 상태인 이유는 식품의 공간적 패턴, 즉 지역에 따른 과다 과소 경향 때문이다.

영국 지질학회에서 발간한 보고에 의하면 세계 식량 생산량은 고르게 분포되어 있지 않다. 식량 생산은 환경적 능력과 인간의 능력에 따라 생산량이 달라진다. 환경적 능력은 물리적 환경, 특히 기후, 물 가용성 및 토양 유형에 의해 영향을 받는다. 인간의 능력은 인구 규모와 식량 생산 기술을 말한다. 그림 12.4는 지역에 따른 식량 생산량으로, 그림 12.2와 비교해 보면 대체로 식량 생산량이 낮은 곳에서 영양실조 비율이 높음을 알 수 있다 그렇다면 왜 아직도 굶주림이 계속되는 것일까?

2008년 개발도상국 30개국에서 발생했던 식량 가격 급등과 식량 폭동을 분석해 보면 다음과 같이 그 원인을 찾을 수 있다. 첫째로는 농산물 투기 자본의 문제를 들 수 있고, 둘째로는 바이오디젤 개발로 인한 옥수수 품귀 현상을 들 수 있

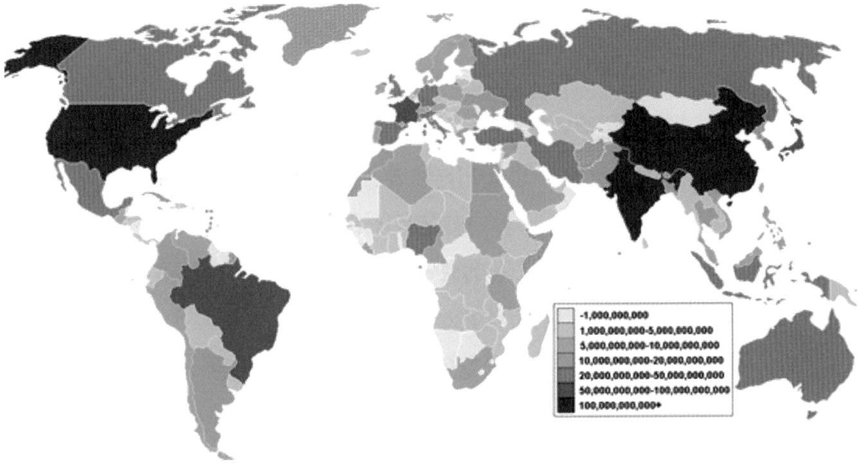

그림 12.4 지역별 식량 생산량 (2006년 데이터). 중국이나 인도 같이 인구가 많은 나라는 천억 달러 이상의 생산량을 보인다. 농사 기술이 발달하고 대규모 자본 투자가 가능한 미국, 브라질, 유럽 연합(특히 프랑스) 역시 생산량이 매우 많다. 그러나 사하라 사막 이남 아프리카와 같이 작은 나라, 발달이 더딘 나라에서는 생산량이 적다 (출처: thebritish-geographer.weebly.com/spatial-patterns-of-food.html).

다. 옥수수 가격이 올라가자 농가에서는 밀 대신 옥수수를 키우기 시작하게 되었는데, 밀 생산 수출국에 가뭄이 들면서 밀 생산량이 감소하고 그로 인해 밀 수출 금지 정책이 시행되면서 식량 가격 급등과 식량 폭동이 발생하게 된 것이다.

즉 모든 문제는 지역적 특성에 맞추어 접근해야 하고, 문제의 해결도 세계 스케일보다는 지역적, 국지적으로 접근하는 것이 필요하다.

12.2 개발도상국 농업의 이해

개발도상국에서 발전 가능한 농업은 자연 생태계의 기능을 극대화하는 방법 이외에는 없다. 국가나 기업 또는 몇몇 개인은 기계화 농업이나 IT 기술을 이용한 농업 및 기타 선진화된 시설 농업을 통해 높은 소득을 올릴 수 있으나, 지역 농민은 생산단가를 맞출 수 없어서 실패하고 마는 것을 동남아시아와 아프리카의 현지에서 경험한 바 있다.

그렇기에 적정기술로서의 농업 방식은 자연 농업 방식이 더 유용하며 더 많은 소득을 올릴 수 있다. 여기에 몇 가지의 적정기술과 적정기술로 개발된 도구들이 결합된다면 더 많은 농민들이 더 많은 소득을 올릴 수 있다. 뿐만 아니라 이러한 시도가 수확물을 가공하고 판매하는 단계까지 적용된다면 마을 단위로 소득이 증가되는 변화를 확인할 수 있다.

자연 농업이란 유기농업, 퍼머컬쳐(permaculture) 농업, 미생물 농업, 활성화 농업 등과 같은 단어와 함께 사용되지만 가장 중요한 원칙은 밭 갈기, 비료 사용, 화학 농약과 제초제 사용, 제초, 가지치기를 금지하는 것이다. 대신에 미생물이 더 많이 번식할 수 있도록 유기물을 제공하며, 밭을 높이 조성하여 토양을 보호하고, 뿌리덮개를 이용하여 농토를 최대한 자연과 가까운 환경으로 바꿔나가면서 농업 생산성을 높인다. 축산 방법도 축사의 바닥을 유기물로 덮고 방사와 지역 순환을 원칙으로 하며, 항생제의 사용을 최소화함으로써 건강한 가축을 키울 수 있다.

개발도상국의 농업은 가족농업을 기본으로 해야 하며 이는 UN의 기본 방침(2017년 UN은 2019~2028년의 10년간을 가족농업의 해로 선포)이기도 하다. 따라서 한 가족이 1 ha의 땅에서 필요한 수익을 올릴 수 있도록 디자인하고 필요한 기술을 공급하는 것이 바로 적정기술 농업의 목표이다.

기아와 식량 문제를 해결하기 위해서는 지역을 이해하고 지역 사회에 적정한 기술이 개발, 보급되어야 하며 이러한 시도는 중앙 정부의 정책과 충돌할 우려가 높은 만큼 지역 사회의 훈련과 교육이 선행되어야 하는 어려움도 존재한다. 많은 국가의 농업 관련 고위 공무원을 만나 보면 대부분 트랙터나 콤바인 등 선진화된 농기계 제공을 요구하며 기계화 농업을 추구하고 있다. 그러나 아프리카나 동

누가 누구를 지원하는가?

영국의 국제 개발 감시 단체 ODAwatch는 아프리카 지역에 투입되는 자금과 비교하여 ODA 후원국이 걷어 들인 자금이 몇 배나 된다고 보고하였고, 2014년 주디스 카바나흐 (Judith Cavanagh)는 『Think Africa Press』에서 '아프리카의 1,920억 달러 손실의 진상을 밝힘'이라는 제목의 기사를 썼다.

그림 12. 5를 보면 아프리카로 300억 달러(USD)가 유입되고,

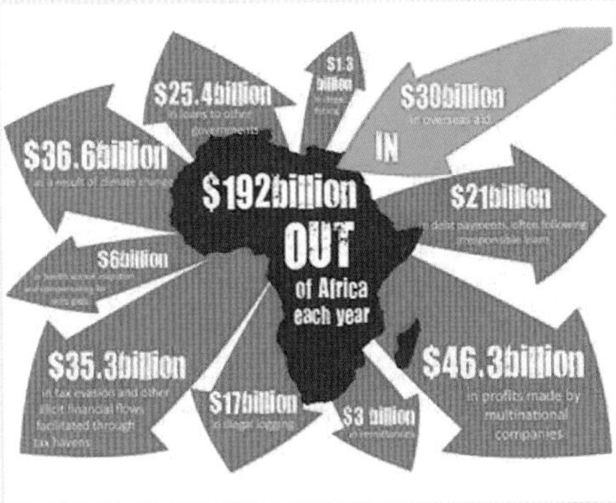

그림 12.5 아프리카에서 ODA 지원금의 자금 흐름

1,920억 달러(USD)가 유출되었다. 그 이유는 무엇일까? 그 해답은 농업 환경에서 찾아볼 수 있다. 아프리카 농촌에 트랙터 한 대가 보급되었다고 가정하자. 트랙터는 토양 환경을 갈아엎으면서 미생물이 살 수 있는 환경을 파괴한다. 개발도상국 농민들이 선진국에서 도입한 농업 개발 프로그램에 의존하여 농사를 짓게 되면, 트랙터 연료부터 종자, 화학 비료, 제초제, 토양 살균제를 선진국에서 수입해서 사용할 수밖에 없게 된다. 과연 이 방법이 아프리카 농민들을 살리고 필요한 식량을 생산하기에 옳은 방법일까?

『타임』에 의해 가장 영향력 있는 100인으로 뽑힌 거시경제학자 담비사 모요(Dambisa Moyo) 역시 '죽은 원조(Dead AID)'로 인해 아프리카 경제가 죽어간다고 강조하였다.

위와 같은 선진국 농업 개발 프로그램에 대한 대안으로 자연농업(Dynamic Natural Agriculture)의 가능성을 생각해 볼 수 있다. 자연 농업이란 미생물을 이용한 농업으로, 숲이 농부, 농자재, 농기계 없이도 다양한 식물과 동물을 키우는 방식과 같다.

남아시아의 현실은 이와 다르다. 개발도상국의 농촌은 넓은 지역에서 흩어져 있어 기초적인 농업 시스템을 갖추지 못하고 있다. 때문에 농지 정리라든지 트랙터와 같은 기계가 필요 없는 경우가 훨씬 많고 이는 지역적 특성에 맞는 적정기술의 필요성을 말해 준다.

개발도상국 농촌에서 가장 중요하고 기본적인 목표는 다음 두 가지이다. 첫째는 자연 자원을 효율적으로 지속가능하게 사용하여 식량 안보를 강화하는 것이고, 둘째는 새로운 농업 생산 시스템을 구축하고 관련된 기술을 보급하는 것이다.

위의 두 가지 목표를 달성하기 위해 개발도상국 현지에서 찾아낸 해결 과제는 다음 6가지이다.

① 낮은 토양 비옥도
② 낮은 생산성
③ 안전하고 지속 가능한 농자재 활용의 부족
④ 기후변화에 대한 대처
⑤ 시장 접근성 부족
⑥ 농지 부족

위의 과제 중에서 적정기술을 적용하여 해결할 수 있는 것은 토양 비옥도와 생산성을 높이는 것이다. 이에 본 장에서는 앞에서 언급한 자연 농업에 대하여 구체적으로 알아본 뒤, 토양의 비옥도와 생산성 개선 방법 그리고 가족농업에 대하여 알아보도록 한다.

1. 자연 농업의 원리

트리코데르마

균류의 세포벽 주성분인 키틴을 분해하는 효소를 갖고 있어 fungicide로 활용된다. 식물의 뿌리와 rhizosphere를 형성하므로 식물의 영양 흡수를 돕는 유익한 생물이다.

님

열대 지방에서 많이 자라며 특히 인도 주변, 동남아시아에 주로 자생한다. 살충 효과가 있고, 자생 지역에서 매우 신성시하는 식물이다.

로테논

물고기와 같은 변온동물이나 곤충의 전자전달계에 작용하여 에너지 전달을 막는 물질이다. 가래나무 껍질, 은행나무 껍질과 데리스(*Derris elliptica*) 등에서 발견된다.

자연 농업은 생태계 순환의 원리를 활용하는 농업 방식으로, 개발도상국에서 확보하기 어려운 기계, 화학 비료, 제초제의 사용을 최소화여 황폐화된 토양을 복구하는 친환경적인 농업 원리이다.

일반적인 유기농업은 화학 비료와 지속적 퇴비를 사용하고 기계를 투입하는 데 반해, 자연 농업은 자연 재료를 사용하고(natural mulching), 갈아엎기(경운)를 금지하며(no tilling), 둔덕을 높이고(raising bed), 토착 미생물(indigenous microorganisms)을 적극 사용함으로써 문제를 해결한다.

자연 농법의 살충제로는 관행적으로 사용되는 화학적 살충제 대신, 미생물과 동식물에서 얻는 재료를 이용할 수 있다. 식물 병원균 대부분을 차지하는 균류를 방제하기 위해 **트리코데르마**(*Trichoderma harzianum*)를 사용하고, 해충을 방제하기 위해 **님** 오일(Neem oil)이나 식물에서 추출한 **로테논**(rotenone)을 사용하며, 진딧물을 방제하기 위해서는 달걀노른자를 사용할 수 있다.

자연 농업에서는 경운기나 트랙터의 사용도 최소화한다. 많은 농촌에서 갈아엎기를 관행처럼 지속하고 있으나 이는 토양 미생물 또는 지렁이 같은 유익한

그림 12.6 쿠바의 영구적인 높임 두둑의 모습

나라를 먹여 살린 친환경 도시 농업, 쿠바 이야기

수 세기에 걸친 식민 지배의 결과로 쿠바는 전형적인 식민지형 농업 생산을 하고 있었다. 사탕수수와 같이 돈이 되는 고급 환금작물(換金作物)을 대규모로 재배하여 수출하지만, 스스로 먹을 식량은 수입에 의존하고 있었다. 농업은 자본 집약적, 대규모, 단종(單種) 경작의 형태이고, 농자재 또는 그 원료의 90% 이상이 수입되었다. 이러한 양상은 소련의 지원에 전적으로 의존하는 냉전시대를 거치면서 고착화되었다. 식량 안보란 말이 무색할 만큼, 1990년 쿠바는 식량의 50%를 수입에 의존하고 있었다. 하지만 1989년 소련의 붕괴와 더불어 쿠바에서는 혁명적인 변화가 시작된다.

소련의 지원이 끊긴다는 것은 곧 130만 톤의 화학 비료, 1만 7천 톤의 제초제, 1만 톤의 살충제가 더 이상 수입될 수 없음을 뜻했다. 이는 농경에 필요한 화학제품의 80%에 달하는 양이었다. 수입 농자재에 의존하던 농업은 심각한 타격을 받지 않을 수 없었고 수입되는 식량에 의지하던 국민은 위기에 빠졌다. 정부는 당장 국민을 먹여 살릴 현실적 대안을 마련해야 했다.

쿠바 정부는 '도시 농업(urban agriculture)'을 활성화시켰다. 기존에 시행되던 '국가 식량 계획(National Food Program)'을 활성화시켜 수도인 아바나(Havana) 도심지와 도시 주변의 미활용 부지 수천 곳을 집약적인 채소 재배지로 바꾸기 시작하였다. 1993년에는 농지의 80%를 차지하던 국유지를 사유화시키고, 시장 경제를 도입하여 생산성의 향상을 도모하였다.

쿠바의 계획은 상상을 초월한 성공을 거두었다. 1998년에 이르자 무려 8천 개의 도시 농장이 생겨났으며 3만 명의 인구가 아바나 근교에서 농장을 운영하게 되었다. 도시 근교에서 생산이 이루어지자 수송비, 냉장유지비, 보관비를 비롯한 각종 비용이 줄어드는 효과를 낳았다. 아바나 주변의 도시 농장은 이제 멋스러운 풍경의 하나로 정착하였으며 아바나의 성공 모델은 다른 도시로 확산되고 있다. 생산량 또한 매년 250~300% 증가하고 있다.

그림 12.7 쿠바 아바나의 비베로 알라마르(Vivero Alamar) 협동농장에서 상추를 키우는 모습

쿠바의 식품 가격은 아직도 비싼 편에 속해서 식량 문제를 완전히 해결했다고 보기는 어렵다. 하지만 친환경 농업이라는 사고의 전환을 통해 쿠바가 1990년대 중반의 식량 위기를 슬기롭게 극복했다는 데는 이론의 여지가 없다. 위기를 극복하기 위한 수단으로 채택된 정책이 이제는 미래를 여는 열쇠가 되고 있다.

토양 생물을 없애고 죽이므로 토양을 황폐화시키는 원인이 될 수 있다. 따라서 경운 대신에 높임 두둑을 추천하는데 이는 쿠바의 혁신적 유기농업에서 높은 활용도를 확인할 수 있다.

2. 토양 비옥도 높이기

자연 농업의 생산성은 1차적으로 토양 비옥도에 의해 좌우된다. 흔히 땅심 또는 지력이라고 불리는 토양 비옥도는 장 · 단기적으로 만족스러운 작물 생장을 유지하기 위한 토양 능력의 척도라고 할 수 있다. 토양 비옥도는 토양 내에 얼마나 많은 양분이 있느냐가 아니라 토양의 물리적, 화학적, 생물적 성질이 얼마나

표 12.1 토양 비옥도의 구성 요소

물리적 성질	유효 토심, 용적 밀도, 보수력, 입단 안전성, 투수성 등
화학적 성질	pH, 양이온 치환 용량, 유기물 함량, 가용성 질소, 치환성칼리, 칼슘 등
생물학적 성질	미생물체량 질소, 미생물체량 탄소, 지렁이, 효소, 토양병 억제 정도 등

조화를 이루고 있는지를 의미하며, 생태적 순환 구조를 만드는 데 중점을 둔다. 유기 농경지의 관리는 토양 비옥도를 증진하는 데 목표를 두고 있는데, 작물에 따라 요구되는 토양의 물리적, 화학적 성질이나 양분 요구 정도가 다르기 때문에 토양 비옥도의 기준은 작물에 따라 다르다.

토양의 비옥도를 높이기 위해서는 첫째, 토양의 유기물 함량을 높이는 데 중점을 두며 이를 위해 퇴비 생산과 투입을 우선한다. 둘째, 토양 관리에 있어 경운을 금지한다. 경운을 하게 되면 토양은 쉽게 부서지고 미생물 생태계가 사라지게 되며 따라서 생태적 환경이 무너진다. 셋째, 토양 내 다양한 생물들을 이용한다. 벼 농사에 사용하는 오리, 다슬기 등을 비롯해 토양 내 지렁이의 역할을 중요시하며 다양한 동식물의 성장을 위해 녹비를 윤작하고 뿌리덮개(mulching)를 하면서 토양 환경을 증진시킨다.

토양 비옥도를 증진시키기 위한 목표는 바로 토양의 물리적 특성 변화, 환경 보전 및 생물 다양성을 증진시키는 데 있으며 이를 통해 농부들은 화학 물질을 사용하지 않으며 농기계를 사용하지 않고도 좋은 품질의 작물을 생산하게 된다.

3. 농업 생산성 높이기

그림 12.8 퇴비화에 사용되는 여러 가지 유기물 개발도상국 대부분은 열대 지방에 위치하므로 퇴비화에 필요한 재료를 구하기 어렵지 않다.

토양에 존재하는 유기물은 녹색 식물, 마른 잎과 가지, 동물의 분뇨 등이며 이들이 토양 내 미생물에 의해 서서히 분해되면 부식된 퇴비로 존재하게 된다. 토양 내 유기물 함량을 가장 빨리 높이기 위해서는 톱밥을 퇴비화하여 사용하는 것이 좋다. 목재 퇴비는 볏짚 퇴비에 비해 부식 생산량은 3배 이상, 양이온 교환 용량은 7배, 기계적, 물리적 효과의 지속성은 4~5배 높기 때문이다.

퇴비화란 생물의 성장 과정에서 작은 분자 혹은 원소들이 결합하여 형성된 거대 분자가 생물 사후에 미생물에 의해 분해되어 작은 분자 혹은 원소의 형태로 돌아가는 것을 의미한다. 퇴비화의 주역은 미생물이며(미생물은 생태계에서 분해자의 역할을 담당한다) 여기에 물과 산소가 반응하여 이미 환원되어 있던 거대 분자를 산화시키면서, 동식물이 성장하는 데 용이하게 이용할 수 있는 작은 분자들이 만들어지게 된다.

퇴비화에서는 탄소/질소 비율 즉 탄질율이 가장 중요하다. 탄질율(carbon-

표 12.2 유기 폐기물의 탄질율 (출처: 농업기술연구소, 1988)

종류	C(%)	N(%)	C / N
왕겨	39.8	0.55	72
보리껍질	44.7	0.12	373
밀껍질	41.8	0.39	108
알팔파 건초	43.2	2.34	18
옥수수대	46.9	0.45	108
대두박	40.5	7.24	5.6
채종유박	39.1	5.92	6.6
면실박	50.5	6.56	7.7

nitrogen ratio, C/N ratio)이란 전 질소(N)에 대한 유기탄소(C)의 비를 말하며, 경작지 표토는 10, 두과식물은 10~30, 밀짚과 옥수수대는 60~80, 톱밥은 600 정도가 된다. 식물, 동물 또는 토양에서 미생물에 의해 분해가 일어나면 탄질율이 낮아진다. 탄질율이 높을수록 퇴비화는 빨라지지만 혐기성 발효가 일어나 악취가 날 경우가 많고, 탄질율이 낮으면 퇴비화가 늦어져 퇴비가 만들어지지 않는다. 퇴비화를 위한 최적의 탄질율은 30 정도로 알려져 있다.

토양 내 적정 유기물 함량은 2.0~3.0%이지만 개발도상국의 대부분 농토는 1.0% 이하인 경우가 많다. 따라서 퇴비를 시용하고 때로는 뿌리덮개로도 사용하여 작물을 병해충에서 보호하고 품질을 향상시키면서 수확량을 늘리도록 한다.

관행 농업에서 사용하는 화학적 비료는 질소, 인산, 칼륨, 칼슘 등 몇 가지 원소만을 사용하므로 지속적으로 사용하면 토양 내에 집적되고 환경을 오염시켜 적조를 일으키는 요인이 된다. 반면 버려지는 유기물질을 이용한 퇴비는 환경오염을 막고 토양을 비옥하게 한다. 또한 물고기를 이용한 아미노산 액비, 달걀 껍데기를 이용한 칼슘 액비 등을 만들어 사용하면 매우 높은 효과를 나타내며 화학 비료에 비해 원자재 값을 절약할 수 있다.

환경친화적 가축 사육 역시 미생물을 사용하여 동물의 배설물이 빠른 속도로 자연 분해되도록 만드는 퇴비화 사육 시스템이다. 퇴비화하려면 탄소원과 질소원의 미생물 먹이, 물과 공기가 필요하다. 그러므로 사육장 바닥에 톱밥, 짚, 커피 껍질, 나무 껍질, 쌀겨 등 탄소가 풍부한 폐기 유기물을 깔아 놓으면 동물들이 배설하는 배설물이 질소원으로 작용하여 미생물의 먹이로 이용된다. 아울러 바닥의 폐기 유기물이 많은 공간을 확보하면서 물과 공기를 품고 있다가 충분하게 공급되므로 미생물이 매우 빠른 속도로 자라면서 배설물을 분해하고 이산화탄소와 물이 생성되는 생태 시스템이 된다.

Solved problem 12

● **퇴비화에 필요한 계분 4톤과 미송톱밥 2톤을 이용하여 양질의 퇴비를 만들고자 한다. 다음 문항에 답하라(양질의 퇴비는 탄질율이 20~40이다).**

1. 계분은 탄소율 27.2%, 질소율 2.06%이다. 계분 4톤의 탄질율을 계산하라.

▶ 풀이 및 답

계분의 탄소량 = 4,000 kg × 0.272 = 1,088 kg

계분의 질소량 = 4,000 kg × 0.0206 = 82.4 kg

계분의 탄질율 = 1,088/82.4 = 13.20

위 수치는 양질의 퇴비 탄질율(20~40)보다 낮다. 탄소보다 질소 함량이 많으므로 탄소 성분을 더 첨가하여야 한다. 미송톱밥은 탄소 보충 재료로서 훌륭하다.

2. 미송톱밥은 탄소율 51%, 질소율 0.07%이다. 미송톱밥 2톤의 탄질율을 계산하라.

▶ 풀이 및 답

미송톱밥의 탄소량 = 2,000 kg × 0.51 = 1,020 kg

미송톱밥의 질소량 = 2,000 kg × 0.0007 = 1.4 kg

미송톱밥의 탄질율 = 1,020/1.4 = 728.57

3. 합리적인 계분과 미송톱밥의 혼합 비율을 계산하라.

▶ 풀이 및 답

양질의 퇴비를 만들려면 탄질율을 20~40로 조절해야 한다. 미송톱밥을 약 2톤 첨가하면 그 중 반에 해당하는 분량이 탄소이므로 약 1톤의 탄소가 보충될 수 있고, 질소는 0.07%이므로 약 1.4 kg 첨가되는 셈이다.

계분 4톤과 미송톱밥 2톤을 섞은 혼합물의 탄소량과 질소량은 다음과 같다.

계분 4톤과 미송톱밥 2톤 혼합물의 탄소량 = 1,088 kg + 1,020 kg = 2,108 kg

계분 4톤과 미송톱밥 2톤 혼합물의 질소량 = 82.4 kg + 1.4 kg = 83.8 kg

계분 4톤과 미송톱밥 2톤 혼합물의 탄질율 = 2,108/83.8 = 25.16

그러므로 양질의 퇴비 탄질율의 조건인 20~40 범위에 속하므로, 양질의 퇴비라고 할 수 있다. 합리적인 계분과 미송톱밥의 혼합 비율은 계분 4톤, 미송톱밥 2톤이다.

Do it yourself 12

● **실험제목 :** 토양 함수량과 유기물 함량의 측정 및 분석

● **실험 방법 :** 학교 주변의 산과 정원에서 흙을 채취하여 다음 방법으로 토양 함수량과 유기물 함량을 측정해 보자.

가. 토양 함수량 측정

1) Fresh Moisture 측정
   ① 큰 돌이나 나무뿌리 등을 제거한다.
   ② 10~20 g의 채집토를 비커 또는 건조접시에 담는다.
   ③ ②를 공기순환 건조기에 넣고 105℃에서 24시간 이상 건조한다.
   ④ 데시케이터에서 토양을 냉각시킨 후 무게를 측정한다.

2) Air-dried Moisture 측정
   ① 그늘에서 건조시킨 토양을 나무망치로 두드려 뭉쳐진 토양을 없앤 후 2 mm 체로 거른다.
   ② 체로 거른 토양 5~10 g을 비커 또는 건조접시에 담는다.
   ③ ②를 공기순환 건조기에 넣고 무게가 일정해질 때까지 105℃에서 6~12시간 이상 건조한다.
   ④ 데시케이터에서 토양을 냉각시킨 후 무게를 측정한다.

3) 토양 함수량 계산

$$\text{토양 함수량(\%)} = \frac{\text{건조되면서 감소한 무게(g)}}{\text{최초의 무게(g)}} \times 100$$

나. 유기물 함량 측정

1) 도가니를 건조기에서 건조시킨 뒤 무게를 잰다.
2) 건조기에서 건조시킨 토양 약 1 g을 도가니에 담는다.
3) 토양이 담긴 도가니를 용광로에 넣고 온도를 천천히 올려 550℃가 되게 한다.
4) 용광로를 4시간 동안 가열한다.
5) 용광로가 식으면 도가니를 꺼내 데시케이터로 옮겨서 실온이 될 때까지 식힌다.
6) 5) 에서 도가니의 무게를 제거하여 현재 상태의 흙 무게를 측정한다.
7) 유기물 함량 계산
   유기물 함량(%) = 550℃에서 말린 흙의 무게(g)/공기 건조 흙의 무게(g)×100

토양 함수량

토양에 포함된 수분 함량을 나타낸다. 모든 생물들이 생존하기 위해서는 수분 함량이 50~70%가 되어야 한다.

유기물 함량

토양 유기물은 질소를 비롯한 영양분을 공급할 뿐 아니라 토양의 수분과 양분을 간직하는 능력을 높이고 공기가 잘 통하게 하며, 미생물과 지렁이 등 토양 생물의 집과 먹이를 제공하며 토양의 산도 변화와 염류 장해를 억제한다. 밭작물에서 적정 유기물 함량은 대체로 40~70 g/kg 범위에 있다.

4. 가족농업을 통한 지속가능성 확보

UN은 2014년을 '가족농업의 해(International Year of Family Farming, IYFF)'로 정해 발표한 바 있다. UN은 가족농업과 같은 소규모 농업이 세계 식량 안보와 밀접하게 연결되어 있다고 설명한다. 가족농업은 전통적인 음식물을 보존하는 동시에 균형 잡힌 식단에 기여하며, 세계의 농업 생물 다양성과 천연 자

원의 지속 가능성을 보호한다. 따라서 가족농업은 특히 사회 보호와 지역 사회의 안녕을 목적으로 하는 구체적인 정책과 결합될 때 지역 경제를 활성화시킬 수 있는 기회를 제공한다.

12.3 농업에 적용된 적정기술 사례

1. 다양한 펌프

● **페달 펌프**

운반 가능 페달 펌프는 발로 작동되며 적은 비용으로도 많은 양의 물을 얻을 수 있게 도와주는 제품이다. 특히 시골 농부들이 소규모로 물을 끌어올려 사용할 수 있다. 이 기계를 이용하면 6~7 m 깊이에 있는 물을 끌어 올릴 수 있다. 운반이 가능한 모델은 물이 들어오는 파이프를 물 표면으로 확장시키거나 우물 아래로 내려 보내도록 조정할 수 있어서 다양한 장소에서 사용될 수 있다.

고정 페달 펌프 역시 발로 작동 가능하며 적은 비용으로 많은 양의 물을 퍼올릴 수 있도록 도와준다. 앞에서 언급한 운반 가능한 모델과 달리 우물의 케이싱 위에 장착시키고 케이싱의 파이프를 펌프의 지지대로서 사용한다. 고정 페달 펌프는 7 m 이하 깊이에 있는 물을 끌어 올릴 수 있다. 고정 페달 펌프는 운반 가능한 모델에 비해서 더 저렴한데 그 이유는 실린더를 제외한 다른 부품 페달과 핸들 등의 구성물을 대나무와 같은 지역적인 재료를 이용하여 만들 수 있기

그림 12. 9 (a) 대나무 발 펌프 (b) 머니메이커 펌프로 알려진 철제 발 동력 펌프 (c) 철제 손 동력 펌프

때문이다.

압력 페달 펌프는 발에 의해 작동되며 압력에 의해 물을 끌어 올린다. 다양하게 응용할 수 있기 때문에 다양한 관개 환경에서 사용될 수 있다. 모델 대부분에서 물이 들어오는 파이프를 표면이나 지하의 물을 끌어 올리는 데 사용할 수 있다. 압력 페달 펌프로 끌어 올리는 물의 양은 물이 운반되는 거리에 반비례한다. 물의 깊이가 깊을수록 물이 밀려 올라오는 거리가 길어지기 때문에 같은 양의 에너지를 사용해도 더 적은 양의 물이 올라오게 된다. 압력 페달 펌프는 6 m 이하 깊이에 있는 물을 끌어 올려 1000 m^3 넓이의 땅에 물을 관개하는 데 사용할 수 있고 가축에게 물을 줄 때도 유용하게 쓰인다. 물을 원천보다 더 높은 높이로 이동시킬 수 있고, 원천으로부터 50 m까지 멀리 운반할 수 있다.

압력 페달 펌프를 만들기 위해서는 강철로 된 틀과 밸브 상자가 필요하고 발판은 강철 또는 나무나 플라스틱도 가능하다. 손잡이로는 강철이나 지역 재료가 가능하고 피스톤 컵은 고무 또는 플라스틱이어야 한다.

● 피스톤 펌프

수동 피스톤 펌프는 적은 비용으로도 우물 등 깊은 곳에 있는 물에 효과적으로 접근할 수 있다. 특히 피스톤 펌프를 사용하면 우물을 이용하는 데 필요한 비용을 상당히 줄일 수 있다. 피스톤 펌프는 30~35 m 깊이의 물도 끌어올릴 수 있으며 물 산출량은 가정용으로 적당하고 가격이 저렴하여 가정에서 직접 소유 가능하다.

● 줄 펌프

줄 펌프(rope pump)는 손으로 작동되며 펌프의 흡입 범위를 넘는 깊이에 있는 물에 접근하는 데 사용된다. 정밀도가 낮은 부품을 이용하여 만들 수 있기 때문에 피스톤 펌프에 비해 값이 싸고, 수리하기 쉬운 특징이 있다. 지역적에서 이용 가능한 재료로 만들어진 와셔는 긴 줄을 따라서 멀리 떨어져서 묶인다. 줄이 우물 안으로 들어가면 파이프를 통해 위로 올라오면서 줄이 파이프를 떠난다. 이것은 바퀴 위를 지나가게 되고 다시 우물 안으로 내려진다. 바퀴가 돌아가면서 와셔들이 파이프를 통해서 물을 지속적으로 끌어올린다.

2. 유기농 채소 생산을 위한 종자 처리 기술

유럽연합(EU)에서 진행 중인 프로젝트 'STOVE(Seed Treatment for Organic Vegetable Production, 유기농 채소 생산을 위한 종자 처리)'는 종자를 통해 전달되는 채소의 병해를 미리 없앨 수 있는, 효과적이며 친환경적인 종자 처리 방법이 존재한다는 사실을 보여 준다.

박테리아와 균류에 의해 주로 발생하는 채소 병해의 원인은 종종 씨앗에 잠재되어 있다. 때문에 일반 농사에서는 예방 차원에서 씨앗을 화학적으로 처리하는 것이 관례로 되어 왔다. 이를 종자 소독이라 일컫는다. 하지만 2004년부터 유기농업에서는 유기농업 방식으로 생산된 씨앗만을 사용하게 되었고, 종자에 대한 화학 소독 역시 금지되었다. 종자 생산자들이 새로운 조건에 직면하게 된 것이다.

새로운 종자 소독 방법으로 물리적인 처리 기술(뜨겁고 습한 공기, 뜨거운 물 처리 등) 또는 전기 소독이 시도되었다. 최근 실험에서는 종자 껍질의 모든 표면에 동일하게 전기를 가하고 이와 함께 물리적, 화학적, 생물학적 프로세스를 각각 적용했더니 씨앗 껍질의 위와 아래에 있던 병원균이 모두 제거되었다고 한다. 실험 관계자는 이와 관련하여 "앞으로는 최적의 공기 습도, 온도 , 전기 강도 등과 같은 변수들이 작물의 특성에 따라 각각 다르게 설정, 제시되어야 한다"고 언급하였다.

STOVE 프로젝트는 종자에 의해 전달되는 채소 병변 대부분에 효과적이며 지속가능하고 적정한 종자 처리 방안이 존재함을 보여 준다. 그 중 일부는 이미 실제 현장에서 사용되고 있다.

3. 농산물 가공 및 보관 기술

개발도상국에서 나타나는 가장 큰 문제 중 하나는 수확 후 관리이다. 기본적으로 과일이나 채소 작물은 일시적으로 대량 생산되어 나온다. 생산량이 많을수록 시장 가격은 내려가므로 수확 후 관리하는 기술이 부족하여 싼 가격으로 거래되거나 부패하여 버려지곤 한다. 아프리카 일부 지역에서는 망고 1톤이 10달러(USD)에 거래되고, 바나나 또는 파인애플 1 kg은 1달러(USD)에 팔리기도 한다.

주스나 잼으로 가공, 보관하여 판매하는 것이 좋지만 많은 투자 비용이 필요할 수 있다. 그러므로 가장 흔한 에너지인 태양에너지를 이용하여 농산물을 건조시키는 방법을 생각할 수 있다. 그림 12.11의 태양열 식품건조기를 이용하면 별

그림 12.10 범용 견과 껍질 제거기
서아프리카에서 땅콩을 까는 일은 주로 어린이와 여자들의 몫인데, 작업 과정에서 발암성 독소인 아플라톡신에 접촉 가능성이 높다. 범용 견과 껍질 제거기는 2,000명의 사람을 대신하며 위험성을 줄여 준다.

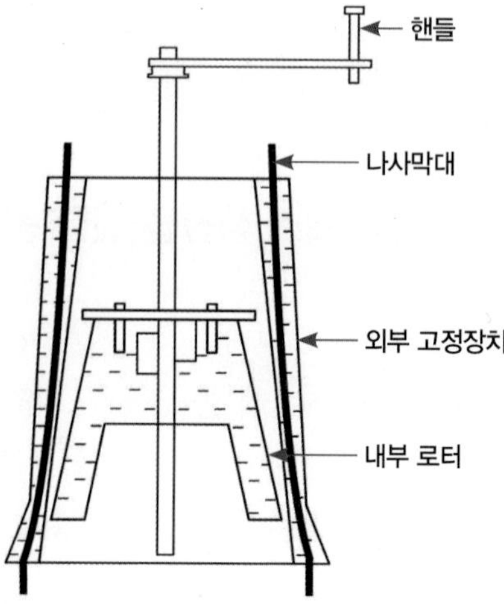

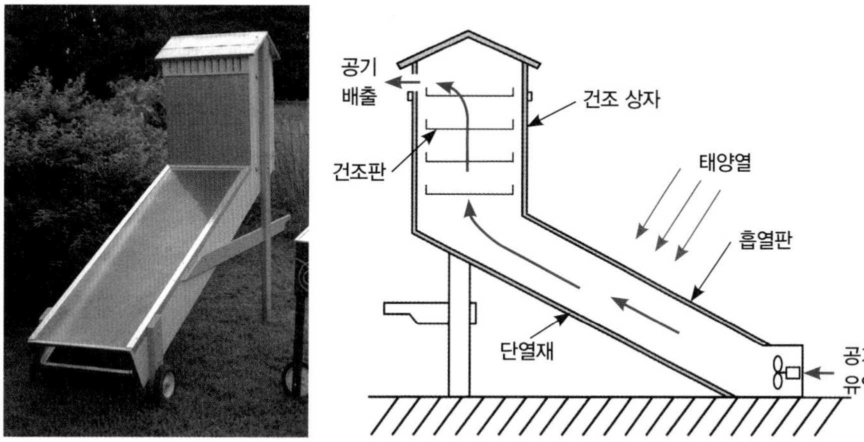

그림 12.11 태양열 식품건조기
지역에 풍부한 태양열을 이용해 대기를 순환시켜 빠른 시간 내에 수확물을 건조시키는 것으로 지역의 요구에 따라 얼마든지 크기 조절이 가능한 장점이 있다.

도 비용없이 농산물을 건조시키고 판매하여 수익을 올릴 수 있다. 수확한 농산물을 먹기 좋게 가공하는 것 역시 중요한 문제이다. 특히 이러한 작업은 여성이 주로 담당하므로, 효과적인 농산물 가공 장치는 여성의 가사 노동 부담을 줄여 주어 매우 유용하게 쓰일 수 있다.

농산물 가공 기계로 범용 견과 껍질 제거기(universal nut sheller)를 예로 꼽을 수 있다(그림 12.10 참조). 땅콩은 세계 12억 인구가 단백질 보충제로 먹는 작물로, 딱딱한 껍질을 벗겨야 섭취가 가능하다. 손으로 땅콩 껍질을 제거하면 1시간에 1 kg의 땅콩 껍질밖에 제거할 수 없지만, 범용 견과 껍질 제거기는 햇빛에 잘 말린 땅콩을 시간당 50 kg씩 껍질을 제거할 수 있다. 제작하는 데는 약 50달러(USD)가 소요되며, 구성은 콘크리트로 구성된 외관, 렌치, 해머 기능을 할 수 있는 돌이나 나무 조각으로 이루어져 있다. 이 장치는 땅콩 외에도 다른 견과류의 껍질 제거에도 활용될 수 있다.

4. 현지에 적합한 작물의 개발

개발도상국의 현지 식문화는 지역에 따라 엄청난 차이를 나타내곤 한다. 예를 들어 아프리카 대륙에서도 마토케라는 바나나의 일종이 주식인 곳도 있고, 카사바가 주식인 곳도 있다. 다음에서는 현지에 적합한 여러 작물의 재배에 대해 알아보도록 하자.

모링가(*Moringa oleifera*)는 빠르게 성장하는 나무로, 남아시아가 원산지이나 현재는 열대 지역 전반에 걸쳐 자라고 있다. 모링가 잎은 수 세기 동안 전통적인 약재로 사용되었고, 아유르베다 의학에서는 약 300가지 질병의 치료 및 예방에 모링가를 활용하였다. 모링가에는 단백질, 칼슘, 베타카로틴, 비타민 C, 칼륨 등 많은 영양가가 포함되어 있고, 단백질은 달걀의 4배, 철분은 시금치의 9배, 칼슘은 우유의 4배, 비타민 C는 오렌지의 7배, 칼륨은 바나나의 4배에 달해 고혈압 환자와 같은 환자와 영양 부족인 사람들에게 좋은 식품이 된다.

영양이 풍부한 모링가는 말라위, 세네갈, 인도에서 쉽게 구할 수 있고, 일 년 내내 수확이 가능하여 사람들의 영양식뿐 아니라 사료 대체물로도 가치가 높다. 하지만 현지에서는 잘 사용되지 않는데, 그 이유는 너무 높이 자라며 나뭇잎이 작아서 잎의 수확이 어렵고 활용이 어렵기 때문이다. 이러한 문제점에 대한 해결책은 다음과 같다. 모링가를 밀식 재배하면서 1 m 내외의 크기로 키우고, 고랑 4개를 기준으로 각 고랑에 식재하는 시기를 1달 간격으로 조절하면 1년 내내 충분한 양의 모링가를 수확할 수 있다. 수확한 모링가는 식품뿐 아니라, 여러 가지 제품 생산에도 활용 가능하다.

카사바의 경우, 농업 기술에 따라 1 ha당 수확량이 10배 이상 차이가 난다. 이는 고랑의 높이와 간격, 카사바와 카사바 사이의 식재 거리 조절 때문이다. 카사바 잎은 식자재로 많이 사용되므로 카사바 잎의 수확 시기를 조절하면 잎뿐 아니라 카사바 구근 역시 수확하여 활용할 수 있다.

수단그라스는 아프리카 지역에서는 잡초처럼 취급받는 식물이다. 잎이 매우 강하고 단단하여 잘못 건드리면 피부에 상처를 입히는 무기가 되기도 한다. 하지만 어떤 환경에서도 잘 자라는 수단그라스는 축사의 바닥재로 사용하거나, 퇴비화하거나, 뿌리덮개로 사용할 수 있으므로 그 효용성이 매우 높다. 각 지역에서 자라는 식물을 얼마나 잘 활용할 수 있느냐는 농촌의 소득 향상에 직접적인 도움이 될 수 있다.

5. 농산품 마케팅

개발도상국에서 현지인들이 해결하지 못하는 문제는 바로 마케팅으로, 가장 큰 이유는 정보의 부족이다. 현지인들이 정보에 어두우므로, 정보를 쥔 세계적 기업이나 특히 대규모 상인들은 수확 시기에 나타나 헐값으로 농산물을 사들인다. 현지의 농민들은 어쩔 수 없이 생산비에도 미치지 않는 가격으로 팔 수 밖에 없는 현실이다.

그림 12. 12 현지에 적합한 작물
(a) 모링가 (b) 카사바 (c) 수단그라스

(a) (b) (c)

멀리 떨어진 우리가 할 수 있는 도움은 바로 공정 무역 제품을 구매하는 일이다. 『50 reasons to buy fair trade(한국어판: 인간의 얼굴을 한 시장 경제, 공정 무역)』의 저자 마일즈 리트비노프와 존 메딜레이는 공정 무역을 통한 새로운 시장 경제를 제안, 실행하고 있다. 현재 우리나라에도 많은 공정 무역 제품들이 수입, 판매된다. 공정 무역의 실천은 인식의 전환을 전제로 한다. 더 많은 사람들에게 공정 무역의 중요성을 알리고, 가격은 약간 비싸지만 해당 제품을 구매하도록 돕고 이끄는 일은 현지에 참여하지 않아도 할 수 있다.

12.4 농업에서 적정기술의 활용과 전망

전 세계에서 생산되는 식량은 120억 세계 인구가 먹고 남을 만큼 생산되고 있다. 그럼에도 불구하고 8% 이상의 인구가 여전히 굶주리고 있는 것이 우리의 현실이다. 그 이유는 다양하나 전문가들이 현지에서 찾아낸 최선의 해결책은 바로 자연 농업과 가족농업 이 두 가지이다. UN에서는 가족농업만이 앞으로 지구의 식량 문제를 해결할 방법이라고 보고된 바 있으며, 쿠바의 자연 농업과 같은 사례가 바로 개발도상국의 빈곤과 굶주림을 해결할 방법으로 제시되었다.

개발도상국에서 농업 종사자는 광범위한 지역에서 살며 대부분 가난에서 벗어나지 못하는 삶을 살고 있다. 농민 대부분이 땅을 소유하지 못하고, 농사기술이 부족하며, 비료와 물이 부족하며, 수확 후 보관 기술이 없으며, 가공 처리의 기술과 판매 정보 부족 등의 문제를 안고 있다. 개발도상국 농업에 적정기술을 적용할 때는 그 방향성이 매우 중요하다. 자칫 대량 생산이나 수확량 확대와 같은 유혹에 빠지게 되면 결국 국제적 기업과 일부 사람들만 소득을 가져가고 현지인 대부분은 노동력을 착취당하고, 농촌에서의 삶을 포기하게 될 수 있다.

적정기술 과학자는 현지에서의 문제점을 분석하여 가장 시급한 문제 해결에 도전해야 한다. 땅 소유의 문제를 제외하면 나머지 문제들은 현지 사정만 잘 분석하면 농가 수익률을 높여 줄 수 있다. 앞에서 설명한 바와 같이 기본적인 농업 기술에 대해서는 잘 몰라도 필요한 물을 쉽게 공급하는 방법을 개발하거나 수확한 농산물을 잘 가공하고 보관하게 할 수 있다. 특히 현지 여성들이 필요한 식수를 얻는 데 하루 4~6시간을 소모하므로 이 시간을 절약하여 농업에 더 집중하게 함으로 수확량을 높인 사례도 있는 만큼, 적정기술이란 말 그대로 현지 사정을 잘 알아야만 그 역할을 할 수 있다.

현지 문화를 살펴보지 않으면 생각하지 못한 문제에 봉착할 수 있음을 기억해야 한다. 예를 들어 발 펌프는 방글라데시에서 성공적으로 활용되었으나, 아프리카 수단에서는 적용에 실패했다. 이는 수단 여성들은 정통 이슬람 문화에 따라

히잡으로 얼굴을 덮고 있어서 발 펌프에 올라가는 것을 두려워했기 때문이다.

하지만 현지 사정을 잘 파악하면 다음의 미얀마 사례과 같이 성공을 거둘 수도 있다. 미얀마 농장에서는 파인애플 1개가 0.1달러 이하에 판매된다. 그러나 미얀마 수도 양곤에서는 파인애플 1개가 0.5달러 넘는 가격에 팔린다. 일시적으로 파인애플이 과잉 생산되므로 헐값에 판매되며, 운송 중에는 파인애플이 많이 망가지기 때문에 수확 후 관리에 문제가 많았다. 이에 파인애플 잼이나 병조림을 만드는 기술을 보급하여 마을 소득이 많이 증가하였다. 이처럼 앞으로 우리가 해결해야 할 문제는 각 국가의 환경과 문화에 맞는 맞춤형 적정기술을 어떻게 개발하고 제시하는가에 달려 있다.

참고 문헌

담비사 모요 (2012), 죽은 원조, 김진경 옮김, 알마.

마일즈 리트비노프, 존 메딜에리 (2007), 인간의 얼굴을 한 시장경제, 공정무역, 김병순 옮김, 모티브.

이경선 (2013), 국경 없는 과학기술자들, 뜨인돌.

장 지글러 (2007), 왜 세계의 절반은 굶주리는가?, 유영미 옮김, 갈라파고스.

전국귀농운동본부 (2000), 생태농업을 위한 길라잡이, 들녘.

Website

http://www.worldhunger.org/2015-world-hunger-and-poverty-facts-and-statistics/

http://www.unicef.or.kr/news/news_view.asp?idx=12582

https://data.worldbank.org/indicator/AG.PRD.FOOD.XD?view=chart

https://ec.europa.eu/agriculture/sites/agriculture/files/markets-and-prices/market-briefs/pdf/08_en.pdf

http://www.fao.org/3/a-i4910e.pdf

http://www.fao.org/about/meetings/icn2/toolkit/hunger-facts/en/

http://www.fao.org/docrep/009/a0100e/a0100e0d.htm

http://www.fao.org/family-farming-2014/en/

http://www.fao.org/state-of-food-security-nutrition/en/

http://www.fao.org/world-food-day/2017/home/en/

http://www.fao.org/zhc/en/

http://hdr.undp.org/en/content/human-development-index-hdi

http://www.jadam.kr/news/articleView.html?idxno=1605

http://thebritishgeographer.weebly.com/spatial-patterns-of-food.html

https://thinkafricapress.com/who-aids-whom-exposing-truth-africa-192-billion-losses/?utm_medium=facebook&utm_source=twitterfeed

http://www.wildpotential.org/permaculture.html

http://www.who.int/topics/millennium_development_goals/en/

https://www.worldhunger.org/2015-world-hunger-and-poverty-facts-and-statistics

연습문제

● 다음의 문제를 풀면서 농업에 적정기술이 적용될 경우의 활용 방안을 생각해 보자.

1. 자연 농법의 기본 이론을 설명하라.
2. 각 국가와 지역에 따라 적정 농업 기술을 달리해야 하는 이유들을 설명하라.
3. 퇴비 생산에 필요한 물리적 요인 세 가지와 각각의 역할을 설명하라.
4. 개발도상국 농업에서 발견되는 중요한 문제점이 무엇인지 설명하고, 그 중 한 가지를 예로 들어 가능한 해결 방법을 제시하라.

공동 설계 프로젝트

● 설계 프로젝트는 최종 작품의 요구 사항에 맞는 디자인이 필수이며, 학생들이 공동 작업하여 실제 프로토타입을 설계, 제작하는 것을 목표로 한다.

1. 우간다의 교도소장 존은 수감자를 분석한 결과, 모두 가난하고 먹을 것이 없어 물건을 훔친 단순 범죄자라는 사실을 알아냈다. 특히 수감자 중에는 건조하고 황폐한 북부 지역 출신이 많았다. 그곳은 거친 환경에서 잘 자라는 수단그라스가 무성한 지역이다. 수감자들에게 맞는 적정 농업 방법을 제시하라(힌트: 퇴비의 장점, 수단그라스).
2. 탄자니아 농촌 지역의 카사바 수확량은 유사한 다른 지역에 비해 20% 정도밖에 되지 않는다. 카사바는 고구마처럼 땅속에서 자라는 작물인데, 탄자니아에서는 카사바를 둔덕과 이랑 없이 심고 있었다. 탄자니아에서 카사바의 수확량이 적은 이유는 무엇인지 토의하고, 해결책을 제시해 보자(힌트: 우리나라의 고구마 재배법).
3. 우간다의 존 보스코는 자연 농업으로 닭을 키우고 있다. 자연 농업에서 추천하는 닭장의 바닥 재료는 볏짚이지만 우간다는 쌀을 먹지 않는다. 어떤 재료를 사용할 수 있을지 논의해 보자(힌트: 주변에 커피 농장과 주스 가공 공장이 있다).

V. 인권과 적정기술

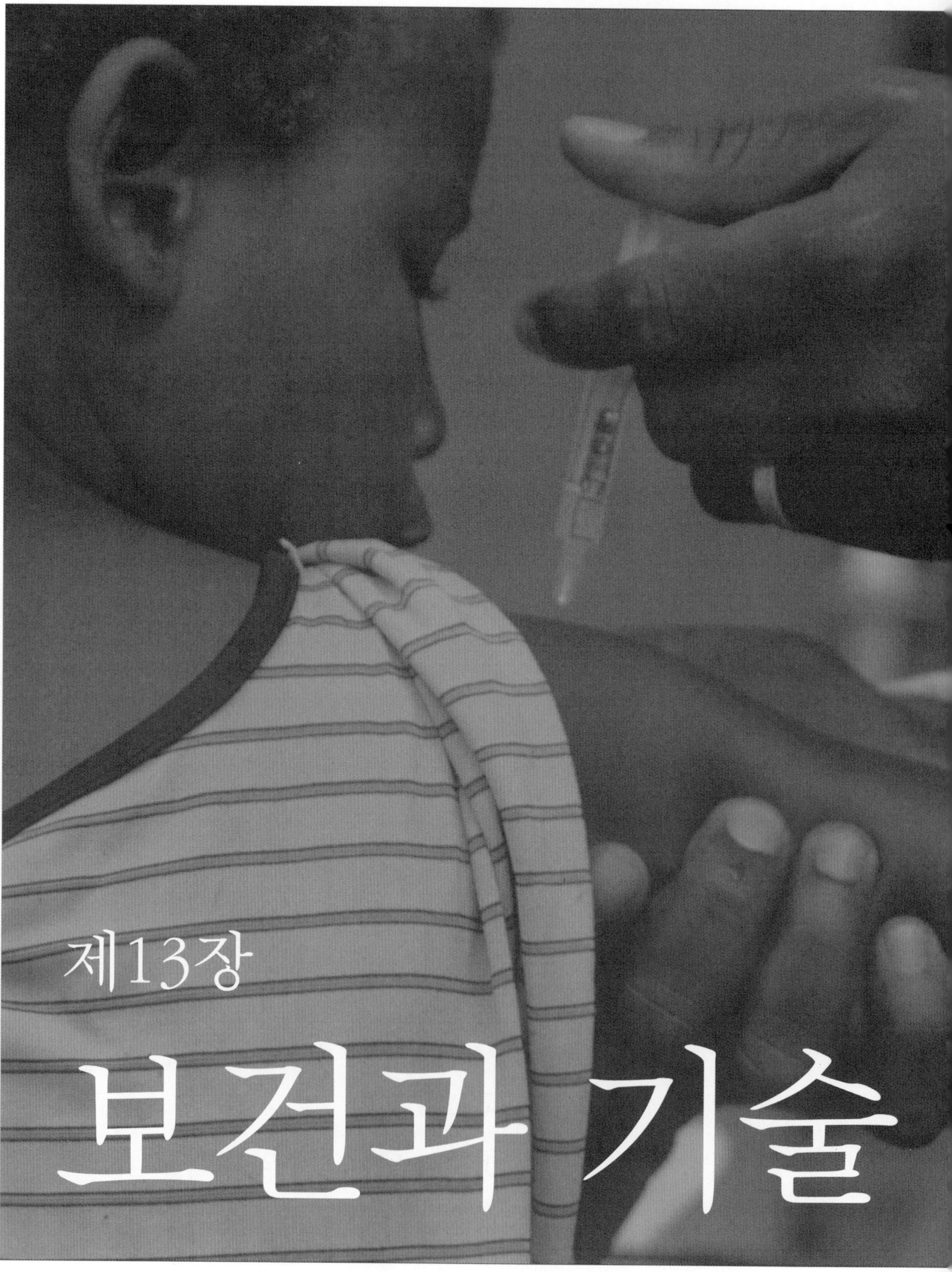

제13장

보건과 기술

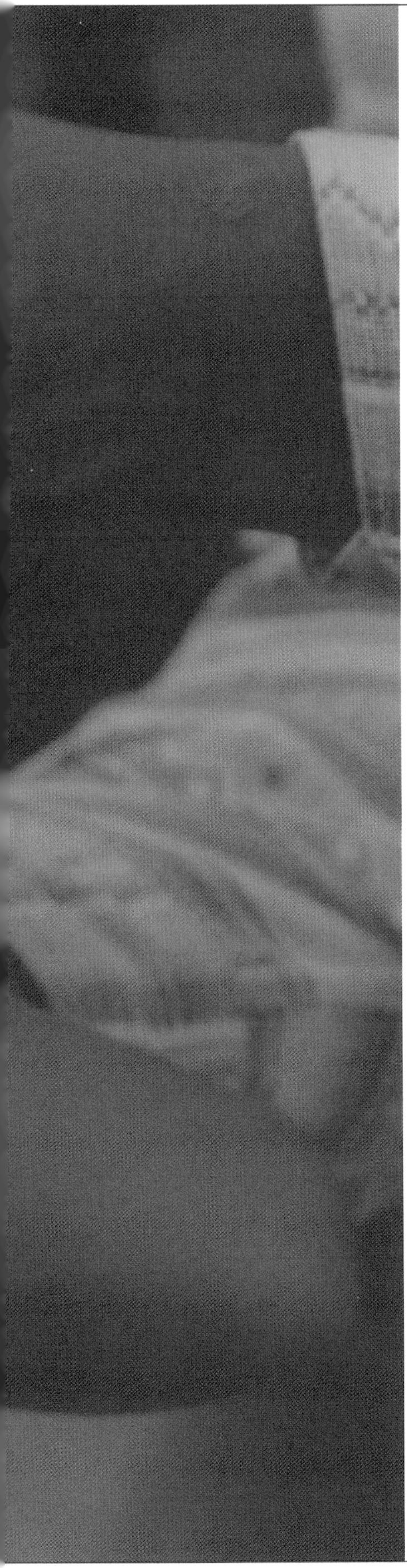

"Knowledge which is unable to support action is not genuine- and how unsure is activity without understanding."

- Rudolf Virchow -

"참 지식은 행동을 뒷받침할 수 있어야 한다. 확실한 행동을 위해서는 문제에 대한 충분한 이해가 전제되어야 한다."

- 루돌프 비르효, 독일의 병리학자, 사회의학자 -

생각해 봅시다

1. 저개발이 건강에 미치는 영향에 대해 생각해 보자.
2. 기술적 발전이 질병 발생과 건강 증진에 미치는 다양한 영향을 고려하면서 기술적 해결을 모색해 보자.
3. 저개발 지역 사회에 존재하는 주요한 건강 문제에 대해 생각해 보고, 이와 관련한 기술적 요인을 설명해 보자.
4. 보건 분야에 적정기술을 적용할 때 발생할 수 있는 영향과 고려할 점에 대해 생각해 보자.

휴대전화로 모기매개 전염병을 방지하는 Abuzz 시스템

여름 밤, 윙윙거리는 모리 소리는 우리를 잠들지 못하게 한다. 모기는 사람을 귀찮게 하는 단순한 해충이 아니라, 말라리아, 황열, 뎅기열, 웨스트나일열, 지카바이러스열과 같은 치명적인 질병을 일으키고, 특히 자원이 부족한 지역에서 가장 위험한 질병을 전파시키는 매개체이다. 치명적 질병을 전파하는 모기는 여러 종류로, 지역마다 다른 종류가 분포한다. 모기는 종류에 따라 날개 크기가 달라서 날갯짓 소리의 파동수도 다르다.

2017년 논문에서 스탠포드대학의 마누 프라카시(Manu Prakash) 교수는 전 세계 곳곳에 분포하는 질병 매개 모기들이 종류마다 파동수가 다른 점에 착안하여, 휴대전화를 이용하여 특정 지역에 출몰하는 모기의 종류를 알아낼 수 있는 시스템을 제안했다. 이 플랫폼은 Abuzz (citizen-based mosquito monitoring system)로, 휴대전화로 모기의 날갯짓 소리를 녹음, 취합하여 모기의 분포에 대한 상세한 글로벌 지도를 작성하는 것을 목적으로 한다.

이 프로젝트는 전 세계의 누구라도 참여 가능하다. 모기를 포집하여 가까이에서 휴대전화로 모기 소리를 녹음한 뒤 Abuzz 웹사이트로 녹음 파일을 전송하면, 데이터베이스에 등록되어 있는 모기 중에서 날갯소리 파동수가 일치하는 종을 확인할 수 있다. 그러면 웹사이트에서 모기가 발견된 시간, 위치, 모기의 종류가 공개된다. 현재 프라카시 교수팀은 질병을 매개하는 여러 종의 모기를 채집, 분석하여 그 결과를 공개하고 있다. 실증을 위해 2016년 프라카시 교수팀은 마다가스카르에서 자원봉사자들에게 모기를 잡은 다음, 20달러 미만의 휴대전화로 2초 이상 모기 날갯소리를 녹음한 뒤 전송하게 했다. 그리고 이를 분석하여 모기 종류를 확인하는 실험을 진행하였다. 불과 3시간 만에 약 60건의 녹음이 가능했고, 각 녹음에 소요된 시간은 단 10분이었다.

Abuzz의 가장 큰 목표는 전 세계에서 동시 다발로 출몰하는 치명적인 질병의 매개체인 모기의 생태와 발생 빈도를 파악하여 긴급한 모기 출몰을 알리는 시스템을 구축하는 것이다. 이를 위해서는 세계 여러 지역에서 시민 활동가의 참여가 필수적이므로, 이를 확산시키기 위해 휴대전화 앱을 공개하고 협업을 제안한다. 휴대전화 하나로 전 세계의 질병 확산이 방지될지는 미지수이나, 과학, 네트워크 그리고 자발적인 참여로 전 지구적 문제점을 해결하려는 새로운 시도임에 틀림없다.

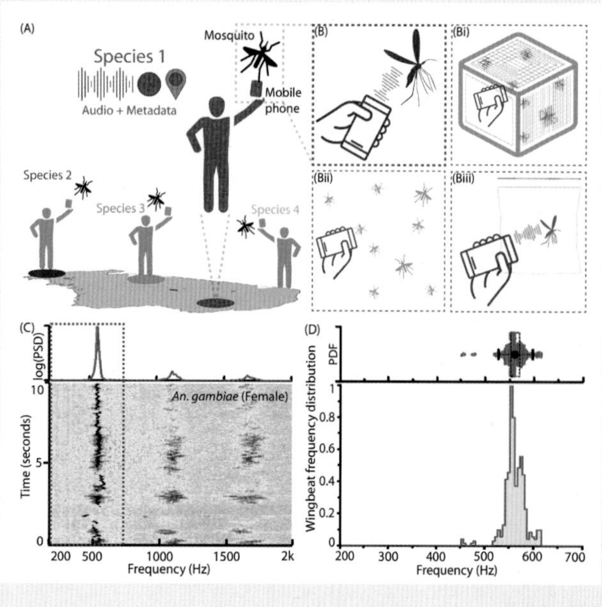

그림 13.1 (A) Abuzz 시스템의 플랫폼에 대한 설명 (B) 각 지역에서 출몰한 모기의 소리를 휴대전화로 수 초간 녹음하고 이것을 웹사이트에 공유한다. (C) 공유된 소리 파일에서 모기 날갯짓 소리의 파동수를 분석한다. (D) 최종적으로 녹음된 지역에서 출몰한 모기의 종류를 분석하여 모기 생태의 분포를 알아낸다(eLife.27854.001 발췌).

다양한 과학기술의 발전은 인간이 사는 환경의 변화를 가져오고 이로 인해 건강에도 영향을 미친다. 19세기 서구 거리는 말이 끄는 마차로 분주했고, 마차 소음과 말 배설물은 거리를 위험하고 시끄럽고 지저분하게 만드는 원인이었다. 자동차 도입으로 이러한 문제는 해결되었으나, 화석연료를 이용하는 내연기관을 자동차의 주 동력원으로 이용하면서 도시는 대기오염에 시달리게 되었다. 화석연료 사용의 폭발적 증가로 인한 온실가스 배출은 전 지구의 기후변화를 가져오게 되었다.

가정에서 난방과 취사의 주요한 연료였던 장작이나 석탄 등은 실내공기 오염을 초래하여 주로 가사에 종사하는 여성과 자라나는 어린이의 건강에 큰 위협이 되었다. 실내 난방의 개선은 호흡기질환의 감소뿐만 아니라 폐암, 뇌혈관질환, 심혈관질환 등 대기 오염으로 인한 장기 건강영향을 현저히 줄여 인류의 수명 연장에 크게 기여하였다.

19세기 후반부터 서구 대도시를 중심으로 시작된 도시상수도 건설로 침전과 여과 공정을 거쳐 정수된 물이 안정적으로 공급되면서 수인성질환이 획기적으로 감소하고, 일반 사망률도 현저히 줄어들어 20세기 인류의 수명 연장에 크게 기여하였다.

우리나라의 경우, 산업화 이후 주거형식이 현대화 되어 단열성이 현저히 향상되었음에도 불구하고 전통적인 온돌 난방 형식은 그대로 유지하여 주택의 실내 온도가 겨울에도 매우 높게 유지되고 있으며, 이로 인해 실내 상대습도가 낮아져 실내 환경 문제 중의 하나로 대두되고 있다. 실내 상대습도의 유지를 위해 많은 주택에서 초음파가습기를 사용하게 되었는데 이 과정에서 살생물제인 가습기살균제가 널리 사용되어 수많은 아까운 생명을 잃는 원인이 되기도 하였다.

이와 같이 기술의 발전은 건강 현상과 밀접한 연관성을 가지고 있다. 저개발 지역의 주거, 환경, 먹는 물, 에너지, 교통문제의 기술적인 해결은 삶의 질을 획기적으로 향상시킬 수 있을 뿐 아니라 한편으로 지역 주민의 건강 수준에도 큰 변화를 가져올 수 있다. 또한 해당 지역에 존재하는 건강문제 해결에 있어 기술적인 해결 방법이 결정적인 역할을 하기도 한다. 따라서 해당 지역의 문제 해결을 위해 기술적으로 접근할 때는 기획 단계부터 평가에 이르기까지 기술적, 경제적인 영역뿐 아니라 이로 인한 건강 영향도 평가하여야 한다. 아울러 기술적 해결 방법의 적용으로 인해 예기치 못한 건강문제가 대두될 가능성에 대해서도 면밀한 사전 검토가 필요하다.

그림 13.2 대기 오염

13.1 저개발과 건강: 무엇이 인간을 건강하지 못하게 하는가?

건강이란 무엇인가? 세계보건기구(WHO)는 "건강이란 단순히 질병이 없거나 허약하지 않다는 것을 지칭하는 것이 아닌, 완전한 신체적, 정신적, 사회적 안녕 상태(Health is a complete state of physical, mental and social well-being and not merely the absence of disease or infirmity)"라고 정의하였다. 따라서 건강은 단지 신체의 질병 여부를 넘어서 인간 삶의 모든 측면에서 최상의 상태로 유지하여야 할 가치이다.

건강은 또한 인간의 기본권이기도 한데 1948년 국제연합(UN)은 세계인권선언 제22조에서 "모든 사람은 사회의 일원으로서 사회보장을 받을 권리를 가진다"고 하였고, 제25조에서는 "모든 사람은 의식주, 의료 및 필요한 사회복지를 포함하여 자신과 가족의 건강과 안녕에 적합한 생활 수준을 누릴 권리와 실업, 질병, 장애, 배우자 사망, 노령 또는 기타 불가항력의 상황으로 인한 생계 결핍의 경우에 보장 받을 권리를 가진다"고 명시하였다.

1. 주요 건강결정요인과 질병부담

인구 집단의 건강은 다양한 요인에 의해 결정되는데 주요한 건강결정요인으로는 생물학적 요인, 환경요인, 생활습관, 생태요인, 보건의료체계 요인 등을 꼽을 수 있다. 특정 건강결정요인이 질병 혹은 사망에 기여하는 정도는 질병부담(burden of disease, BOD)이란 지표를 이용하여 양적으로 산출할 수 있다. 즉 질병과 사망으로 인한 건강의 손상은 양적으로 산출할 수 있고, 이는 경제적인 피해를 환산하는 데도 사용된다. 질병부담은 주로 특정 요인으로 인해 발생하는 초과사망으로 표시하기도 하고, 장애보정생명년(disability adjusted life years, DALY)으로 산출하기도 한다.

환경요인은 특히 개발도상국에서 질병부담의 주요한 요인이 되는데, 세계보건기구는 세계적으로 연간 총사망의 23%가 예방 가능한 환경요인에 의한 것이며 특히 어린이의 경우 연간 총사망의 26%가 환경요인에 의한 것이라고 하였다. 즉 환경요인의 적절한 관리는 사망을 획기적으로 줄일 수 있으므로 환경 개선에 노력을 기울여야 한다. **환경성 질병부담**은 개발도상국일수록 더 크다.

환경요인으로 인한 질병과 사망의 주된 원인은 일반 인구에서 흔히 관찰되는 뇌졸중(중풍), 허혈성심질환, 설사병, 암 등이다. 질병부담의 주요 원인이 되는 주요한 환경요인을 나열하면 다음과 같다.

환경성 질병부담(environmental burden of disease)

특정 인구 집단에서 발생하는 질병과 사망에 환경요인이 기여하는 정도를 나타낸다.

- 실내공기 및 대기의 오염: 세계적으로 연간 700만 명이 실내공기 오염 및 대기 오염으로 사망하고 있다. 실내공기 오염은 주로 환기시설이 취약한 곳에서 바이오매스를 난방 및 취사용으로 사용하는 개발도상국의 취약한 주거 지역에서 문제가 된다. 대기 오염은 아시아 지역을 비롯하여 개발도상국의 도시 지역을 중심으로 광범위한 지역에서 건강 피해를 초래한다.
- 안전한 먹는 물, 하수처리, 개인위생: 설사병을 비롯한 위장질환은 대기 오염에 이어 세계적으로 가장 큰 질병부담을 초래하는데 이는 주로 안전한 먹는 물 공급과 하수처리, 개인위생의 향상으로 예방할 수 있다. 특히 어린이 설사는 많은 생명을 앗아간다.
- 기후변화: 해수면 상승, 폭염, 기상재해 등은 직접적으로 생명과 건강의 손실을 초래한다. 뿐만 아니라 온난화에 의해 모기나 진드기 등의 증식, 식량 생산량 감소, 대기 오염 증가 등이 발생하면 간접적인 질병부담이 초래되므로, 기후변화는 21세기의 주요한 환경위험요인 중 하나이다.
- 그 외에도 생활화학물질 노출, 폐기물 처리, 방사선 노출, 유해금속 노출 따위의 직접적인 유해요인과 더불어 녹지나 교통 등의 주거환경도 포괄적인 환경요인이 되어 질병부담의 원인으로 작용할 수 있다.

2. 건강형평성

건강수준은 나라와 지역, 계층에 따라 매우 달리 나타나는데 이러한 건강결정요소의 불평등을 **건강형평성**(health equity)이라고 한다. 형평성은 평등과는 다른 개념으로, 특정 목표를 기준으로 할 때 계층에 따라 그에 미치지 못하는 정도를 표현하는 것이다. 즉 일정 수준 이상의 건강을 향유하는 것은 모든 인간의 기본권 중 하나로 볼 수 있다. 한 국가 내에서도 인구집단에 따라 건강형평성 문제가 다른데, 가장 흔하게 건강형평성이 문제가 되는 인구집단은 빈곤층, 난민이나 천민 등의 주변인구, 인종 또는 종교적 소수인구, 여성, 어린이, 노령인구 등이다. 즉 사회경제적, 정치적, 생물학적 약자가 주로 건강형평성이 취약한 인구집단이 된다.

건강형평성(health equity)

인구집단 간에 존재하는 건강수준의 차이를 의미하는데 단순히 동등한 수준을 의미하는 평등(equality)과는 달리 환경적, 사회경제적으로 조절이 가능한 건강수준의 차이를 말한다.

3. 취약성(vulnerability)

기후변화를 비롯, 주요한 환경요인에 의한 건강피해 역시 인구집단 전체로 살펴보면 불균등한 분포를 보인다. 특정 환경요인에 대한 건강요인이 문제가 되는 인구집단을 취약집단(vulnerable population)이라고 한다. **환경성질환의 건강취약성**은 크게 세 가지의 요인으로 나누어 볼 수 있는데 첫째는 노출(exposure)의 수준이다. 예를 들어 폭염이 발생하면 열섬 현상을 보이는 도시나 쪽방촌과 같이 지리적, 구조적으로 폭염 수준이 더 심한 곳에 사는 인구집단

환경성질환의 건강취약성(vulnerability)

특정 환경 요인에 의한 건강영향이 더 크게 나타나는 인구집단으로 표현되는데, 취약성은 환경요인에 대한 노출 수준의 차이, 노출에 대한 감수성의 차이, 사회경제 및 보건 영역의 적응역량의 차이 등의 총계로 나타난다.

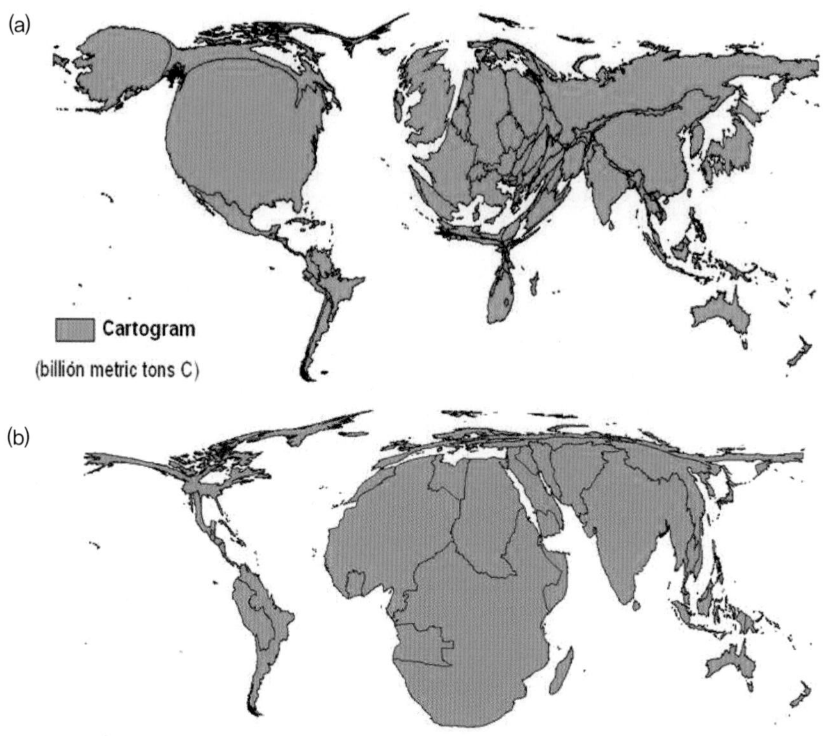

그림 13.3 기후변화와 건강형평성 – 가해자와 피해자 (a) 국가별로 온실가스 배출량을 면적으로 표시한 지도 (b) 국가별로 기후변화로 인한 주요 건강영향(영양실조, 설사병, 말라리아, 홍수, 폭염)으로 인한 사망자수를 면적으로 표시한 지도 (출처: National Academies Press)

을 파악하여야 한다. 해수면 상승은 세계적인 현상이지만, 대양 도서 지역의 산호초와 같이 해수면 근접한 곳에 사는 인구집단이 가장 직접적인 피해자가 될 수 있다. 둘째는 감수성(sensitivity)이다. 폭염이 내습할 경우 젊고 건강한 사람보다는 노령층이나 고혈압, 당뇨병 등의 만성질환을 앓는 사람이 사망에 이르기 쉽다. 어린이는 설사를 할 경우 체중과 수분 보유량이 적어 어른에 비해 더 빨리 생명이 위태롭게 된다. 태아는 작은 환경변화나 매우 낮은 농도의 유해물질이라도 발달단계의 결정적인 순간에 노출되면, 기형 혹은 결함을 가지고 태어나게 되므로 특히 환경요인의 변화에 민감하다. 셋째는 적응역량이다. 폭염이나 태풍을 비롯한 자연재해가 오더라도 기반시설이 잘 갖춰지고 주택 수준이 높은 선진국에서는 생명의 피해를 입는 경우가 흔치 않다. 그러나 주거환경이 취약하고 보건의료, 교통 및 응급지원체계 등 사회기반시설이 미비한 개발도상국에서는 동일한 자연재해를 겪더라도 심각한 피해를 입을 수 있다.

따라서 환경요인에 의한 인구집단의 건강과 생명의 피해를 막기 위한 대책과 그 우선순위를 결정하는 데 있어, 환경요인에 대한 취약성은 가장 중요한 고려요인이 된다. 특히 영유아는 외부 환경에 취약하기 때문에, 간단한 예방접종(표 13.1 참조)으로도 치명적인 많은 질병에 거의 완벽하게 면역이 가능하다. 따라서 지역 내 취약집단에게 안전한 식수 공급, 난방과 조리 및 조명을 위한 필수적인 에너지 제공도 중요하지만, 백신 확산을 위해 보건의료 시설을 확충하거나 취약지역에서도 백신을 이동, 보관할 수 있도록 돕는 기술을 개발하는 것이 적정기술에서는 매우 중요하다.

표 13.1 표준예방접종표(2018) 질병관리본부에서 발표한 국가예방접종표 (출처: https://nip.cdc.go.kr/irgd/introduce.do?MnLv1=1&MnLv2=4)

대상 감염병	출생~ 1개월이내	1개월	2개월	4개월	6개월	12개월	15개월	18개월	19~ 23개월	24~ 35개월	만4세	만6세	만11세	만12세
결핵	BCG 1회													
B형 간염	HepB 1차	HepB 2차			HepB 3차									
디프테리아 · 파상풍 · 백일해			DTaP 1차	DTaP 2차	DTaP 3차		DTaP 4차				DTaP 5차		TdaP 6차	
폴리오			IPV 1차	IPV 2차	IPV 3차						IPV 4차			
b형 헤모필루스 인플루엔자			Hib 1차	Hib 2차	Hib 3차	Hib 4차								
폐렴구균 (PCV, PPSV)			PCV 1차	PCV 2차	PCV 3차	PCV 4차				고위험군에 한하여 접종(PPSV)				
홍역 · 유행성이하선염 · 풍진						MMR 1차					MMR 2차			
수두						VAR 1회								
A형 간염 (HepA)						HepA 1~2차								
일본뇌염 IJEV[1]						IJEV 1~2차				IJEV 3차		IJEV 4차		IJEV 5차
일본뇌염 LJEV[2]						LJEV 1차				IJEV 2차				
사람유두종바이러스 감염증(HPV)														HPV 1~2차
인플루엔자					IIV 매년 접종									

1) 불활성화 백신 2) 약독화 생백신

13.2 건강을 결정하는 주요 환경요인

1. 물

인간의 몸을 구성하는 세포와 장기의 가장 주요한 성분은 물이다. 대략 인간의 체중 70%가 물로 이루어져 있다. 유네스코(UNESCO)에 의하면 세계 인구 중 약 10억 명이 안전한 먹는 물을 마시지 못하며, 약 25억 명은 하수 처리가 되지 않는 환경에서 살고 있다. 따라서 안전한 먹는 물이 공급되면 연간 160만 명의 목숨을 구할 수 있을 것으로 추산하였다.

물과 관련한 세 가지 주요한 주제는 첫째 안전한 물의 공급, 둘째 분변을 포함한 하수 처리, 셋째 적절한 위생 수준의 확보이다. 안전한 물을 확보하려면 우선 적절한 수량(水量)의 확보가 중요하다. 수질이 좋다 할지라도 필요한 수량이 확보되지 않으면 수질이 나쁜 물을 쓸 수밖에 없고, 필요한 물을 사용하지 못하기 때문에 문제가 발생하게 된다. 물로 인해 발생하는 질환에는 다음과 같은 다양한 범주가 있다.

- 수인성질환(water-borne disease): 사람이나 동물의 분변으로 오염된 물을 마셨을 때 물속에 포함된 병원체(박테리아, 바이러스, 기생충 등)로 인해 발생하는 위장관질환 및 연관질환을 말한다. 예로는 설사병, 장티푸스, 콜레라, 폴리오, 작은와포자충증, 지알디아증, 수족구병 등을 들 수 있다.
- 수세질환(water-washed disease): 오염된 물이 피부, 눈, 귀 등을 통해 체내로 들어가거나, 물이 부족해 개인위생을 유지하지 못해 발생하는 질환을 말한다. 예로는 결막염, 트라코마, 기생충질환, 한센병, 렙토스피라증, 옴 등을 들 수 있다.
- 에어졸질환(water-aerosol disease): 오염된 물에서 발생한 에어졸을 흡입하여 발생하는 질환으로, 그 예로는 레지오넬라증, 폰티악열 등을 들 수 있다.
- 기생충질환(water-based disease): 물에 서식하는 중간숙주를 통해 감염되는 기생충질환을 말한다. 그 예로는 폐흡충증, 간흡충증, 주혈흡충증, 레슈마니아증, 샤가스병 등을 들 수 있다.
- 매개체질환(water-related vector-borne disease): 물에서 생장 혹은 서식하는 매개체를 통하여 전파되는 질환이다. 그 예로는 말라리아, 뎅기열, 황열, 일본뇌염, 지카바이러스 감염증, 웨스트나일열, 사상충증, 트리파노조마증 등을 꼽을 수 있다.

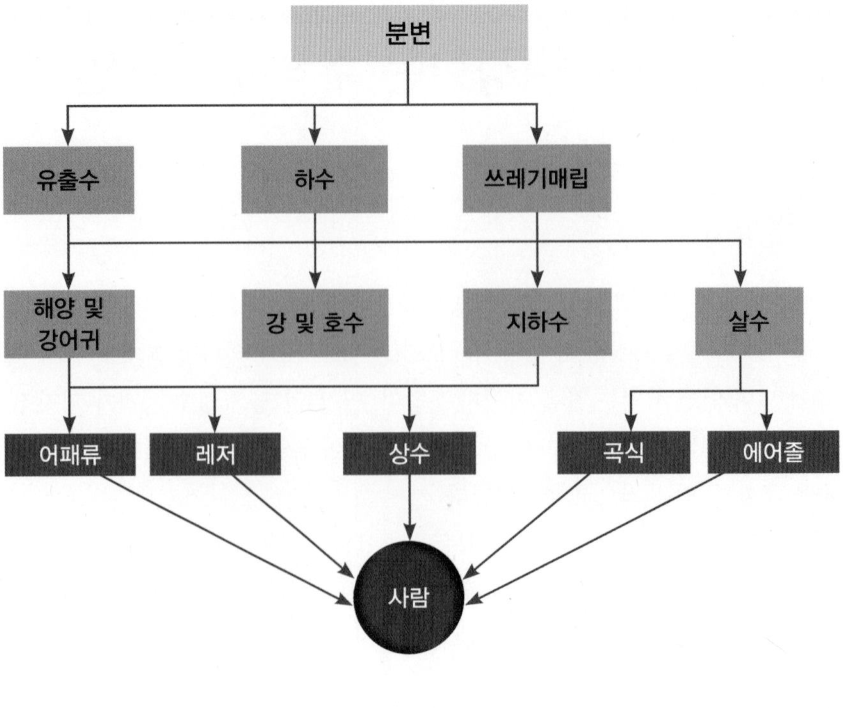

그림 13.4 수인성질환의 분변-경구 전파 경로 인체의 장에 서식하는 병원체가 숙주인 사람이나 동물에게 전파되기 위해서는 다양한 경로를 거친다. 이렇게 긴 경로를 거쳐 병원체가 다른 숙주동물이나 사람으로 전파되려면 자연계의 비우호적인 조건에서 장기간 생존할 수 있고 극히 미량만으로도 전파를 성공시킬 수 있는 능력이 필요하다. 지역 사회에서 발생하는 수인성질환의 유행이 근절되기 위해서는 이러한 경로를 확실하게 차단하는 조치가 필요하다.

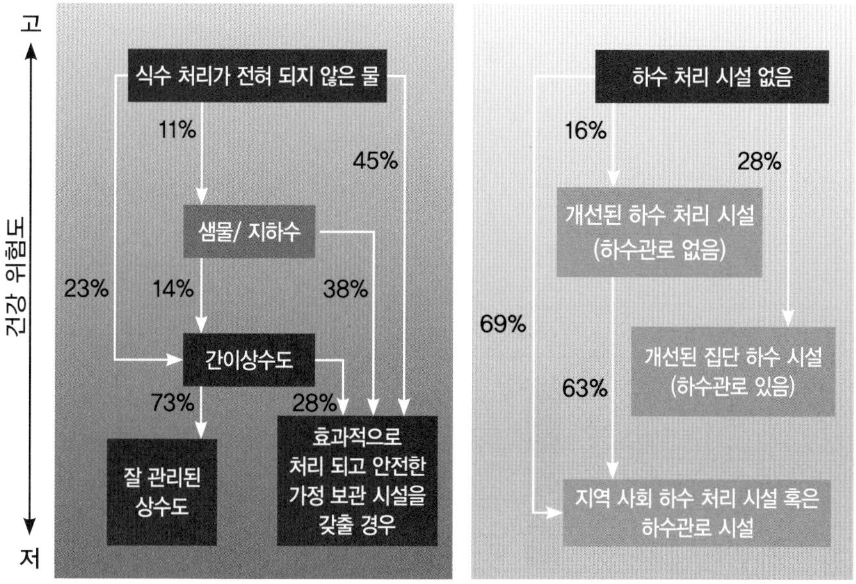

그림 13.5 상수 및 하수 처리 수준에 따른 설사병 발생률의 저하 정도 상하수 처리시설을 강화할수록 지역 사회에서 발생하는 수인성질환의 발생이 줄어드는 정도를 예측할 수 있다(출처: Prüss-Üstün *et al*. (2014)).

수인성감염병은 전형적으로 **분변-경구전파**(fecal-oral transmission) 질환으로, 병원체는 인간 혹은 동물의 장 속에서 증식하면서 질병을 일으키는 미생물 혹은 기생충이다. 분변을 통해 배출된 병원체는 운이 좋은 경우 오염된 손을 통해 다른 사람의 입으로 직접 전파되는 경로를 취할 수 있다. 그렇지 못한 대부분의 경우 병원체는 자연계로 배출되어 물의 경로를 따라 먼 이동경로를 취하게 된다. 물속은 미생물의 대량 증식에 좋은 조건이 아니고 물속에서는 병원체가 희석되므로, 물을 통해 전파되기 위해서는 물속에서 오랫동안 생존할 수 있어야 한다. 즉 분변-경구전파가 가능하려면 염소 소독에 저항성이 강해 생존력이 높고, 매우 적은 수의 병원체만으로도 다른 숙주를 감염시킬 수 있어야 한다. 이러한 조건을 만족하는 병원체의 경우 인구집단에서 대규모 유행을 일으키기도 한다.

인구집단에서 일어나는 수인성 감염병의 역학적 특성을 요약하면 다음과 같다.

> **분변-경구전파 (fecal-oral transmission)**
>
> 인간이나 동물의 장 내에서 번식하는 병원체가 분변을 통해 배출된 다음, 다양한 경로를 거쳐 다시 사람의 입으로 들어와 감염시키는 감염병의 전파양식이다. 이는 수인성질환의 주요 전파 양식이다.

그림 13.6 캄보디아 농촌 가정의 빗물 저장 시설(a~c)과 그 안에서 증식하는 모기 유충(d) 전통적인 빗물 저장 시설은 정화 시설이 없고 개방되어 있어 쥐 따위의 다른 동물에 의해 오염되거나 특히 모기 서식지로 작용할 수 있다. 항아리 대부분에서 뎅기열과 지카열을 옮기는 이집트숲 모기와 흰줄숲모기의 유충이 발견되었다.

Solved problem 13

몽골의 더르너고비 주(동고비주)의 주도인 사인샨드는 고비사막 동부에 위치하며, 인구가 2만 8천 명이다. 이 지역에 대한 건강수준을 평가한 결과, 고혈압, 당뇨병 등의 만성질환 유병률이 다른 지역에 비하여 높았다. 상수원으로 지하수를 사용하고 있었는데 수질검사 결과 비소와 불소 농도가 높아 상수로 사용하기에 적절하지 못하였다. 어떻게 하면 지역 주민의 건강수준에 영향을 미치는 요인을 알 수 있을까?

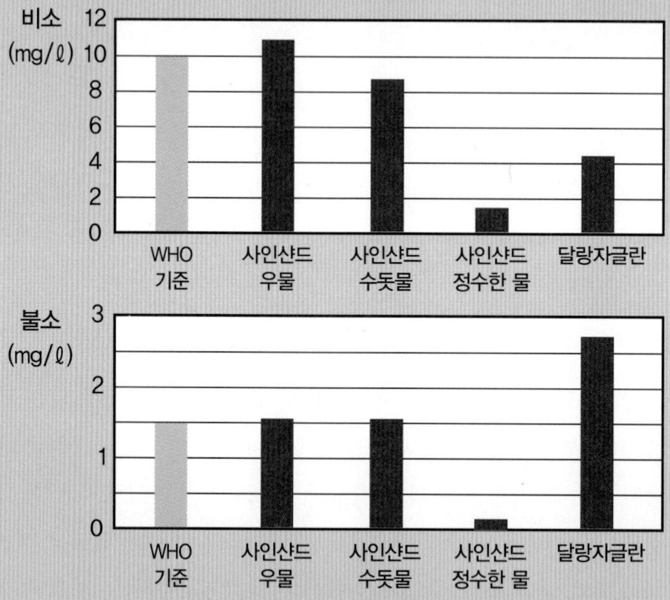

그림 13.7 지하수 샘플에서 측정된 비소와 불소 농도

▶ 풀이 및 답 (다음은 실제 사례를 바탕으로 한 풀이의 예이다)

개발지원자금의 지원을 받아 사인샨드 도시 전체에 물을 공급하는 정수장에 필터를 설치하여 운용하기로 하였다. 정수장의 기존 정수과정 이후 과정으로 설치하기로 하여, 역삼투압방식과 FM-α, GFH 흡착제를 사용한 필터 등 세 가지 필터를 동시에 설치 후 수질검사를 정기적으로 시행하여 필터의 효율과 지속성을 평가하였다. 최초 수질검사 결과 비소와 불소 농도는 기준치의 20% 수준으로 떨어졌다.

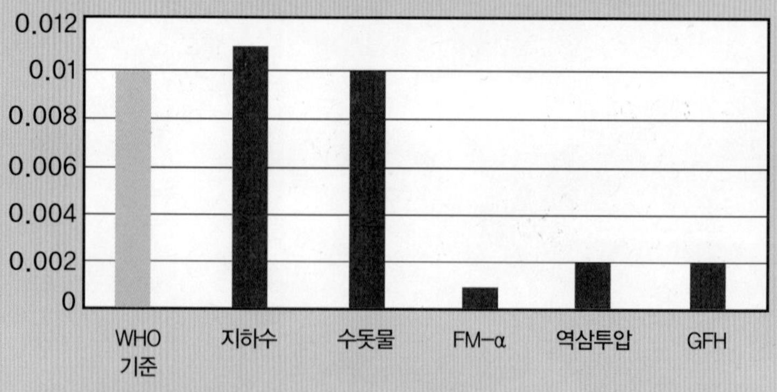

그림 13.8 상수 여과장치 설치 후 수질검사 결과

표 13.2 필터 설치 후 필터 종류별 주요 수질 지표의 변화

	경도 (Hardness)	불소 (Fluoride ion)	비소 (Arsenic)	질소 (Nitrate)	철 (Iron)	pH	수은 (Mercury)
WHO 기준	100~300 mg/L	1.5 mg/L	0.01 mg/L	30 mg/L	0.3 mg/L	5.8~8.5	0.006 mg/L
공용 우물	206.0	1.38	0.012	10.1	0.00	7.9	0.00
역삼투압 필터	5.3	0.06	0.002	3.8	0.00	7.9	0.00
FM-α (흡착제1)	155.0	0.10	0.001	8.2	0.03	7.3	0.00
GFH (흡착제2)	63.2	0.01	0.002	11.2	0.00	8.0	0.00

필터 설치 후 3개월에 걸쳐 5일 간격으로 수질 모니터링을 실시하였다. 정수된 물의 비소 농도는 3개월이 지난 후에도 안정적으로 유지되었다. 불소 농도는 역삼투압 방식과 GFH 흡착제를 사용한 경우에는 설치 후 바로 이전 수준 가까이 올라갔으나, FM-α 흡착제를 사용한 경우는 설치 후 한 달까지 효과적으로 작동하였다. 따라서 성능이 좋은 FM-α 흡착제를 사용하더라도 한 달에 한 번씩 필터 교환이 필요함을 알 수 있었다.

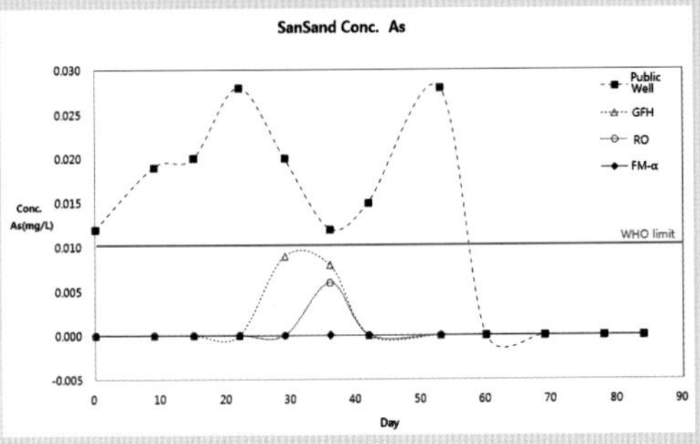

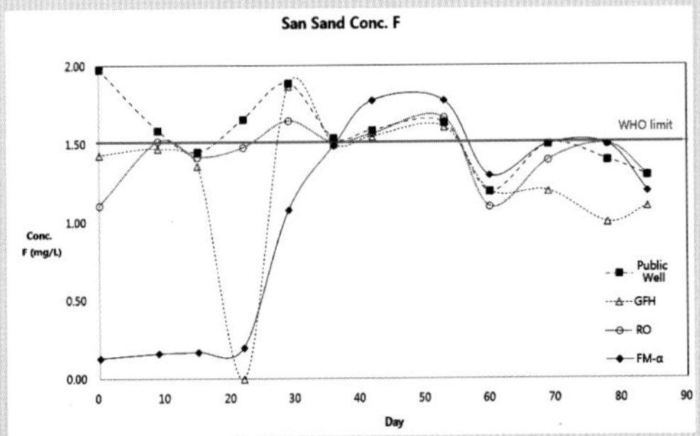

그림 13.9 필터 설치 후 시간 경과에 따른 비소 농도(상)와 불소의 농도(하) 변화 그래프

또한 상수 정수시설의 보완으로 수질이 좋아진 물을 음용하는 지역 주민의 건강수준을 지속적으로 평가하여 실제로 심혈관질환의 발생률이 좋아지는지를 평가하기로 하였다. 지역 보건당국의 매달 질병보고를 바탕으로 심혈관질환과 암 등 주요 만성질환의 발생률을 평가하기로 하였다. 비소 농도의 감소로 고혈압의 발생이 줄고 이로 인한 심혈관질환과 암의 발생률이 10년 이내 10% 감소할 경우, 이로 인한 질병부담과 경제적 편익을 산출하기로 하였다(출처: 독고석, 정해관: WHO 보고서, 2012).

첫째, 지역적 분포가 물의 사용과 관련되어 집중적으로 발생한다. 둘째, 공통단일 폭로 혹은 연속적인 폭로의 양상을 취하는 경우가 많다. 따라서 단기간에 집중적으로 다수의 환자가 발생한다. 셋째, 대상자의 성, 연령, 생활수준, 직업 등과 무관하게 발생한다. 마지막으로 수질검사를 통하여 원인 병원체를 확인하기 힘든 경우가 많다. 수인성 감염병을 예방하기 위한 최상의 대책은 안전한 물을 공급하고 분뇨 처리를 포함한 하수를 처리하고 개인위생을 철저하게 지키는 것이다.

2. 공기의 질

최근 환경보건 영역에 있어 세계적으로 가장 큰 이슈는 공기의 질과 건강문제이다. 대기 오염은 동아시아 지역과 같이 한 지역에서 발생한 오염물질이 대기의 흐름을 타고 장거리 이동을 하기도 하며, 도시 지역이 아닌 농촌 지역에서도 대기 오염물질의 농도가 매우 높아지는 경우가 많다. 저개발국가에서는 실내에서 직접 연소하는 바이오매스를 사용하여 난방과 취사를 하는 경우가 많아, 이로 인한 실내공기 오염이 건강의 큰 위험요인이 된다. 다음에서는 공기질(air quality)의 건강영향에 대해 간략히 알아보도록 하자.

인간은 하루 평균 12.8 m^3(성인 여성)~15.7 m^3(성인 남성)의 공기를 흡입한다. 정상 성인은 3~5억 개의 허파꽈리를 가지고 있으며 이들 폐포의 면적은 70~100 m^2로 성인 1인당 테니스코트의 절반에 해당하는 면적에서 공기와 혈액의 접촉이 이루어진다. 따라서 공기 속에 포함된 각종 오염물질이 호흡기를 통해 흡입되는 과정에서 걸러지지 않고 폐포에 도달할 경우 혈액으로 바로 흡수되게 된다. 이것이 공기 오염물질이 건강에 큰 영향을 미치는 이유이다.

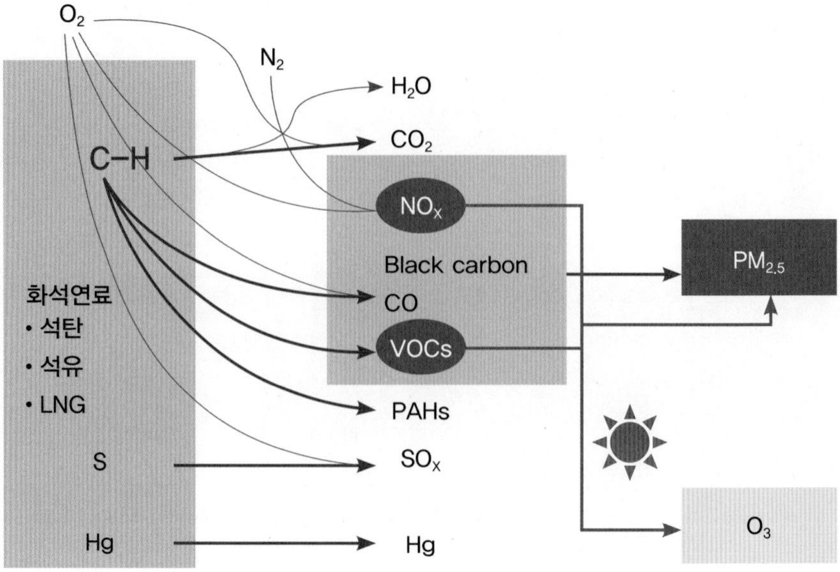

그림 13.10 주요 대기 오염물의 기원
대기 오염의 주요한 근원은 연소과정에서 발생하는 연소부산물이다. 화석연료의 주성분인 탄화수소는 연소과정을 통해 이산화탄소와 일산화탄소를 발생시키고, 포함하고 있던 휘발성탄화수소, 다환방향족탄화수소 등의 물질을 대기 중으로 방출시킨다. 위의 물질들은 공기 중에서 이차적인 과정을 거치고, 불완전연소를 통해 발생하는 블랙카본 등과 함께 초미세먼지($PM_{2.5}$)를 생성한다. 이산화질소는 연소과정의 부산물로 발생하는데, 대기 중에서 자외선에 의해 광화학반응을 거쳐 오존과 같은 이차 대기 오염물질로 바뀐다. 지각에서 기원한 화석연료는 정제과정을 거치지 않을 경우 지질에 포함된 황과 수은 등의 물질이 산화과정을 거쳐 이산화황과 수은 형태로 대기 중에 방출된다.

대기 오염물질에는 입자 혹은 액상의 고형물질인 먼지와 기체인 이산화질소, 이산화황, 일산화탄소, 오존 등이 있고 한편으로 휘발성 유기화합물(volatile organic compounds, VOCs), 각종 유해금속(수은, 납 등), 포름알데히드, 라돈 등 다양한 조성성분으로 이루어져 있다. 먼지는 호흡 과정을 통해 걸러지지 않고 폐포까지 도달할 수 있는 크기인 공기역학적 직경 10 ㎛ 미만의 먼지(미세먼지, PM_{10})가 문제가 되며 크기가 작을수록 더 쉽게 폐포까지 도달할 수 있다. 미세먼지 중 PM_{10}은 황사나 비산 먼지 등 주로 자연계에서 발생하는 반면, 공기역학적 직경이 2.5 ㎛ 미만의 초미세먼지($PM_{2.5}$)는 주로 화석연료, 담배 등의 **연소부산물**로 발생한다.

이들 연소부산물은 폐포를 통해 체내에 들어올 경우 산화손상물질로 작용하여 세포의 노화를 촉진하고 염증반응을 촉진한다. 이로 인하여 동맥경화증을 비롯하여 체내의 조직과 장기의 노화가 촉진되어 각종 질병이 유발된다. 모든 연소과정에서 공기 중의 질소가 산소와 결합하여 발생하는 이산화질소 또한 호흡기장애로부터 각종 노화현상에 이르기까지 다양한 건강장애를 일으킨다. 이러한 화석연료의 연소에서 발생한 대기 오염 혹은 실내공기 오염물질은 단기적으로는 혈압이 높거나 동맥경화증이 있는 사람에서 심혈관질환이나 뇌혈관질환을 일으

연소부산물

화석연료의 연소로 인해 발생하는 다양한 오염물질로, 대기 오염으로 인해 발생하는 건강영향과 기후변화의 주요한 원인이 된다.

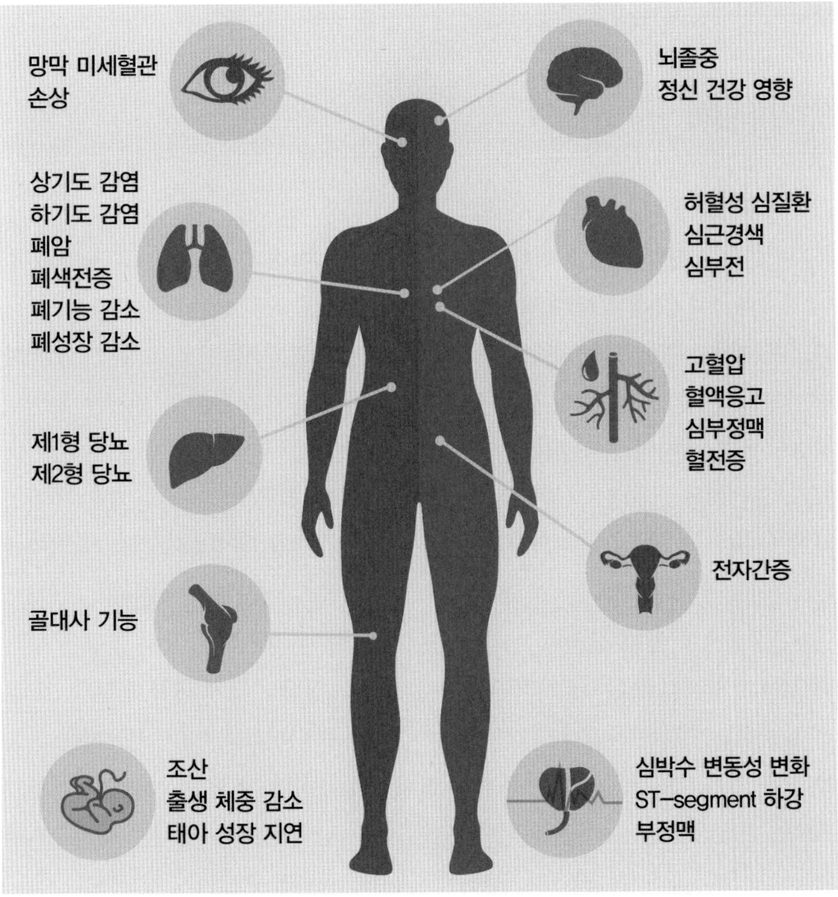

그림 13.11 **대기 오염으로 인해 발생할 수 있는 여러 가지 질환** 대기 오염물질은 호흡기뿐만 아니라 혈액을 따라 이동하면서 인체에 다양한 영향을 미친다. 초미세먼지에 포함된 물질들은 체내의 산화손상을 촉진하고 염증반응을 일으켜 세포와 조직의 노화를 촉진한다. 이것은 사람의 수명을 단축하는 주요 만성질환의 발병기전과 크게 다르지 않다.

켜 생명을 위협하고 천식 등 호흡기질환을 악화시킬 뿐만 아니라 편두통을 악화시키고 각종 기존 질환을 악화시켜 병원을 찾는 환자나 사망자가 늘어나게 된다.

장기적인 대기 오염 노출은 폐암, 만성호흡기질환, 심혈관질환, 뇌혈관질환 등을 일으킬 뿐만 아니라 태아에도 영향을 미쳐 조산이나 저출생아 출생률이 높아지고 고혈압, 당뇨병, 치매나 파킨슨병과 같은 신경퇴행성질환을 유발하거나 악화시킨다. 따라서 공기 오염을 줄이는 것은 건강수준을 향상시키는 데 있어 가장 중요한 사항 중의 하나이다.

도시의 주요 대기 오염원으로는 자동차를 가장 중요하게 보아야 하며, 한편으로 소각장, 보일러, 공장 등의 발생원을 검토하여야 한다. 주거지역을 선택할 때 명백한 대기 오염원으로부터 충분한 거리를 두어야 하며 바람의 방향을 포함한 공기의 흐름을 고려하여야 한다. 주거지는 최대한 교통량이 많은 도로변에서 충분한 거리를 두도록 선정하는 것이 중요하다.

마찬가지로 실내 난방이나 취사, 흡연 등으로 인해 연소부산물에 노출되는 것도 심각한 건강의 위험요인이 된다. 난방과 취사, 에너지의 개선을 위한 기술적인 해결에 있어 반드시 연소부산물의 위해성에 대해 인식하고 있어야 하며, 화석연료나 바이오매스를 이용하는 연소방법은 이용하지 않도록 해야 한다. 만약 연소방법을 이용하게 되면 가능한 한 실내에서 연소과정을 진행하지 않도록 해야 하며, 불가피하게 실내에서 연소과정을 진행하게 되면 배기가스를 완벽하게 배출하여 실내공기 오염을 최소화하는 방안을 강구하여야 한다.

3. 기후변화

● 기후변화가 지구에 미치는 영향

기후변화는 전 지구적인 현상으로, 20세기 중반 이래 평균기온 상승은 전례 없이 가속화되고 있다. 그러나 지역 수준에서 기후변화의 영향은 보다 다양하게 나타난다. 이는 해당 지역의 위도, 해양과 육지의 분포, 지형, 수리적 환경, 도시환경, 녹지 등 다양한 요인이 작용하기 때문이다. 평균기온 상승의 추세는 고위도 지방이 훨씬 심하여 온대 및 냉대 지역의 기온상승 폭이 다른 지역보다 훨씬 더 크다. 평균기온 상승은 기온 분포의 우편향을 초래할 뿐만 아니라 기온 변이도 커지게 하여 폭염이나 한파와 같은 극단적인 기상현상의 빈도와 강도가 커지게 된다.

기온상승으로 인해 강수의 변화도 일어나는데, 전 지구적인 강수 총량은 변하지 않아도 지역적으로는 장기적인 강수량과 강수 양상이 크게 변하게 된다. 그 결과 집중호우와 같은 극단적인 강수 양상이 더 자주 나타나게 된다. 평균기온 상승에 따라 일차적으로는 해수의 부피가 커지면서 해수면 상승이 일어난다. 이차적으로는 히말라야 등 고산 지대 빙하와 그린란드, 남극 등 육지 빙하가 해빙되면서 해수로 유입되는 수량(水量)의 증가로 인해서도 해수면 상승이 증가한다.

기후변화는 다음과 같은 결과를 초래한다. 전 지구적인 평균온도 상승으로 인해 국소적으로 폭염과 한파, 태풍이나 사이클론의 강도가 커지고, 집중호우, 홍수와 같은 수해의 빈도와 강도가 현저히 증가하고, 해수면 상승으로 인해 연안 지역이 침수되거나 먹는 물이 고갈된다. 또한 식생 및 생태계의 황폐화 등이 초래된다. 이상기후는 농작물의 수확량과 생장 지역의 변화를 가져와 식량문제에 위기를 초래하고, 어획량 감소와 어종 변화가 현저해지면서 수산업의 황폐화가 초래된다. 모기와 진드기 같은 매개체의 생장 조건이 달라지고, 절지동물의 번식을 포함한 생태계에 변화가 커진다. 또한 기후변화는 오존과 같은 대기 오염물질의 농도를 증가시킨다.

● **기후변화가 건강에 미치는 영향**

기후변화는 인간의 건강에도 큰 영향을 미치는데, 건강영향은 직접적, 간접적인 양상으로 나타난다. 우선 기상재해나 폭염 등은 직접적으로 사람의 생명을 앗아가고 많은 사람들이 상해, 감염 등으로 건강 피해를 입게 된다. 반면 생태계 변화와 해수면 상승, 농작물과 해산물 수확량의 변화 등은 인간의 질병과 건강을 결정하는 환경요인을 변화시켜 간접적으로 건강에 영향을 준다.

매개모기 개체수가 증가하고 활동시기가 길어지면서 말라리아, 뎅기열, 쯔쯔

그림 13.12 기후변화로 인한 건강영향의 구조 기후변화는 다양한 방법으로 건강에 영향을 미친다. 홍수 등의 극한기상은 직접적인 건강피해뿐 만 아니라 장기적이고 간접적으로 생태계에 영향을 미쳐 자연환경의 변화 등에 의해 지역 사회의 질병 양상을 변화시킬 수 있다. 한편 재해 등으로 인한 영양실조나 난민발생 등은 새로운 건강 문제를 야기한다. 이러한 건강영향은 지역 사회의 환경 조건, 사회기반시설의 수준, 공중보건 역량 등에 따라 발생양상이 달라진다.
따라서 기후변화에 의한 건강영향을 낮추기 위해서는 사회기반시설의 강화, 보건의료시설 등과 같은 공중보건 역량의 강화가 필요하다. 적정기술은 기후변화의 건강영향을 예방하고 줄이는 데 다양한 방법으로 기여할 수 있다(출처: IPCC AR5, 2014).

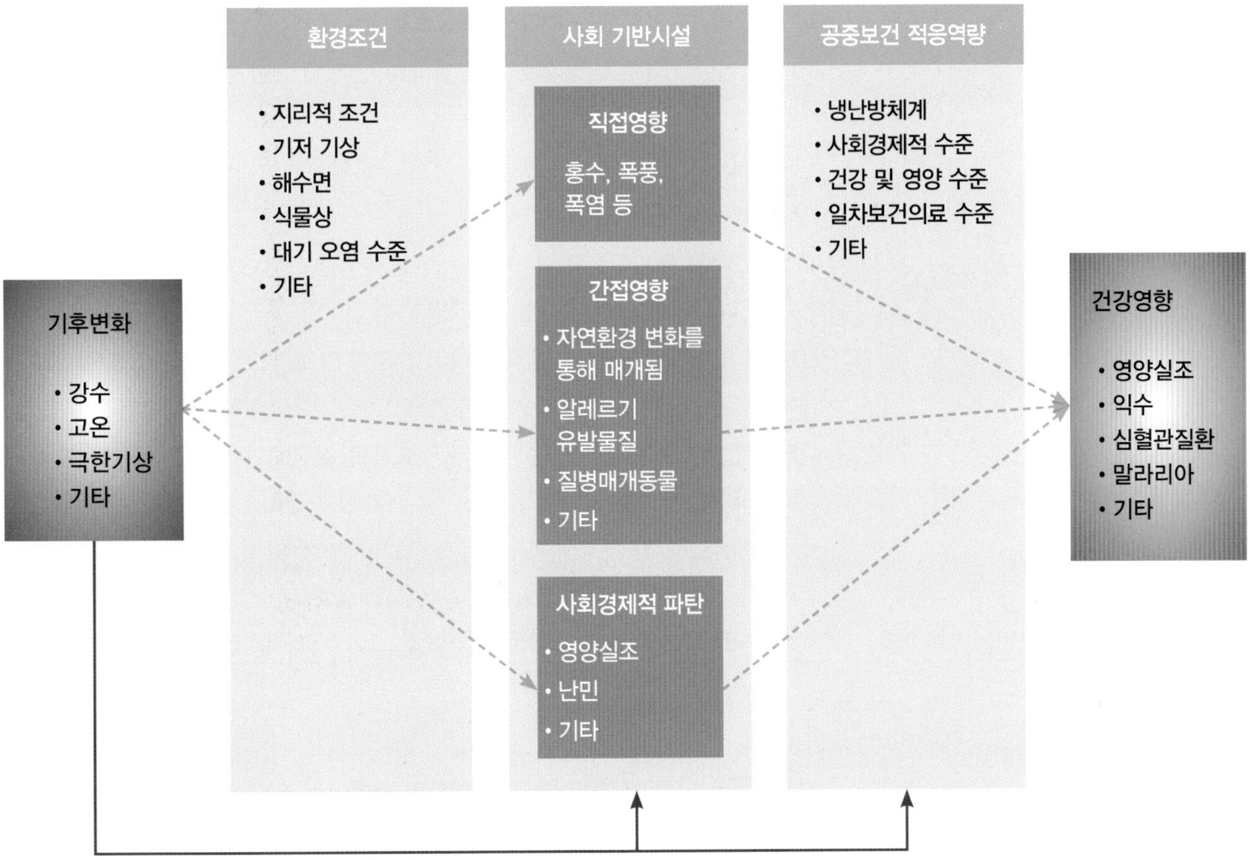

가무시병, 라임병과 같은 모기나 진드기 매개질환의 상한선이 고위도 지역으로 확장되고 지역과 조건에 따라서는 대규모 유행이 발생하는 빈도가 더 커진다. 또한 식물의 생장 기간과 수분 시기가 길어지면서 꽃가루의 양과 지속 기간이 길어지고 번식 범위가 넓어져 알레르기 질환의 악화가 초래될 수 있다. 대기 오염으로 인한 건강영향이 더 커지고 오존 농도 증가는 천식 등 호흡기질환자의 악화와 초과사망을 촉진하게 된다. 농산물 수확량이 감소하면서 식량공급의 불균형으로 인해 영양실조가 지역적으로 늘어나게 된다. 기상재해, 해수면 상승 등으로 인하여 삶터를 잃은 이주민이 증가하는데 이는 위생상태와 영양상태의 악화와 더불어 정신질환과 범죄 등을 통한 삶의 질과 건강악화를 가져올 수 있다.

이와 같이 기후변화는 전 지구적인 광범위한 삶과 건강에 영향을 초래한다. 기후변화로 인한 건강영향은 지역에 따라 기후변화의 양상이 매우 다르게 나타나는데, 해당 지역에서 민감집단의 규모와 성격, 사회경제적 수준, 국가 및 지역 사회의 대응능력, 보건의료 기반시설의 수준 등에 따라 매우 현저한 차이를 보인다. 즉 기후변화 취약성은 해당 지역 사회의 노출수준(열섬 현상, 기상재해의 빈도와 강도 등)과 민감집단(노령인구, 산모 및 영유아, 만성질병자 등)의 규모, 적응능력(보건의료 시설 및 제도, 교통, 복지제도, 대응능력 등)의 세 가지 요인의 조합에 따라 지역 사회의 전체 피해의 규모와 성격이 결정된다.

기후변화로 인한 건강영향에 대해 요약하면 아래와 같다.

- 기후요인 그 자체로는 건강의 위험요인(risk factor)이 되지 않는 경우가 많다. 그러나 기후변화에 의한 건강영향의 전체 규모는 향후 계속 빠르게 커질 것으로 예측된다.
- 지역 수준의 건강영향은 전 지구적인 수준에서 일어나는 것과는 전혀 다른 양상을 보일 수 있다.
- 기후변화로 인한 건강영향은 새로운 문제보다는 기존에 존재하던 건강문제가 더 악화되어 나타날 가능성이 많다.
- 기후요인이 특정한 건강영역에 미치는 영향은 그 지역의 주요 건강결정요인에 따라 크게 다른 결과를 보일 수 있으므로, 기후요인에 의한 건강영향을 양적으로 파악하기 위해서는 지역의 주요 건강결정요인에 대한 폭넓은 이해가 필요하다.
- 기후변화로 인한 건강영향은 시간－공간－사람에 걸쳐 불균등하게 분포하며, 이는 취약성이 높은 인구집단을 반영한다. 따라서 기존 보건의료체계의 강화, 특히 취약지역에 대한 집중지원으로 기후변화로 인한 건강영향을 줄일 수 있다.

기후변화로 인한 건강영향은 기후변화의 진행에 따라 더욱 커질 것으로 예상되고 있다. 이를 예방하기 위해서는 국가 및 지방정부 수준에서 지역에 대한 취약성을 분석하여 해당 국가와 지역 사정에 맞는 대책을 수립하여야 한다. 기후변화로 인한 이상기후 등의 영향 분포를 확인하고 민감계층의 분포와 질병발생 양상을 분석하여, 기후변화의 진행에 따른 질병 양상을 예측하고 질병부담을 산출하여 정책과 예산에 반영하여야 한다. 적응능력의 제고를 위하여 보건의료 시설과 질병 감시체계, 응급의료 체계 등 제도와 체계의 확충이 필요하다.

한편 온실가스 저감을 위해 노력할 경우 그 결과가 건강의 향상으로 나타날 수 있는데, 건강수준의 향상은 비용으로 환산 가능하다. 도시계획과 녹지 확충 등의 정책 역시 인구집단의 건강행태를 변화시켜 건강향상을 가져올 수 있다. 도시의 경우 도심에 자동차 통행을 억제하고 자전거 운행이 편리하도록 제도와 시설을 갖출 경우, 자동차 운행으로 인한 대기 오염물질의 저감으로 인한 일차적인 효과 외에도 자전거 혹은 걷기를 통한 건강증진 효과도 편익으로 더해진다. 온실가스 저감을 위한 정책이 가져오는 이러한 이중적 건강향상 효과를 **건강동반편익**(health co-benefit)이라고 한다. 따라서 환경 변화를 가져오는 모든 기술적 활동의 결과를 건강동반편익으로 산출하는 것은 기술적 대안의 실효성을 평가하는 데 도움이 된다.

> **건강동반편익**
> **(health co-benefit)**
> 기후변화, 대기 오염 등을 저감하기 위한 특정 정책이나 조치가 결과적으로 건강수준의 향상으로 이어지는 것을 질병부담 혹은 경제적 편익으로 산출한 것.

13.3 모기매개 질환과 건강

모기는 지구상에 존재하는 모든 동물을 통틀어 인류의 목숨을 가장 많이 앗아가는 동물이다. 세계보건기구에 의하면 세계적으로 연간 약 50만 명이 모기가 옮긴 질환으로 목숨을 잃는다. 이 중 가장 흔한 원인은 열대지방에 주로 분포하는 말라리아에 의한 것이다. 황열을 비롯한 모기매개 질환은 열대지방을 개발하는 과정에서 많은 노동자들의 목숨을 앗아간 원인이기도 하다. 한편, 이는 서구 국가들이 열대 의학을 발전시키는 계기가 되었다.

기후변화로 온대 지방의 기온이 상승하고 교통의 활성화로 모기의 이동이 쉬워지면서 모기매개 질환은 유럽이나 동아시아와 같이 경제적으로 발전한 나라에서도 새로운 위협으로 대두되고 있다. 최근 뎅기열, 치큰군야열, 지카바이러스열 등의 모기매개 질환은 새로이 등장하였거나 최근 들어 세계적으로 확장되고 있는 질환이다.

1. 모기의 종류와 옮기는 질병

모기가 옮기는 병은 병원체와 숙주에 따라 매우 다양한데 그 원인 병원체 역시 원충류, 박테리아, 바이러스에 이르기까지 많은 종류가 있다. 말라리아는 매우

표 13.3 질병을 옮기는 대표적인 모기종과 매개 질환

	Anopheles (얼룩날개모기속)	Culex (집모기속)	Aedes (숲모기속)
대표적 모기종	*A. gambiens* *A. sinensis*	*C. pipiens* *C. tritaeniorhynchus*	*Ae. aegypti* *Ae. albopictus*
주로 옮기는 질병	말라리아	일본뇌염 웨스트나일열	황열 뎅기열 지카바이러스열 치쿤군야열

오래 전부터 인류와 함께 해 온 원충류이다. 사람을 감염시키는 4종의 열원충 중 열대 지역에서 주로 유행하는 열대열원충은 중증 감염이 많고 어린이가 감염되면 목숨을 잃는 경우가 많다. 그 외 사상충 등도 모기에 의해 전파된다.

모기가 옮기는 바이러스질환은 주로 아르보바이러스목에 속하는 3가지 과(family)의 바이러스인데, 세계적으로 200종 이상이 보고되고 현재도 계속 새로운 종이 발견되고 있다. 아르보바이러스를 비롯한 모기매개 감염병은 일본뇌염과 황열 등 극히 일부 질환을 제외하고는 예방접종이 개발되어 있지 않고 특효 치료제가 없을 뿐 아니라 많은 지역에서 진단을 위한 시설과 인력을 갖추지 못하고 있는 경우가 많다.

대표적인 아르보바이러스 질환으로 황열, 뎅기열, 지카바이러스열, 치쿤군야열, 웨스트나일열, 일본뇌염, 진드기매개뇌염 등이 있다. 이들 질환은 가벼울 경우 발열에서 시작하여 피부 발적, 근육통, 관절통 등이 동반되고 심하면 뇌염이나 쇼크에 이를 수 있으나 증상만으로는 완전한 구별이 어려우므로 반드시 검사를 통해 확진하여야 한다.

2. 모기의 생활사

모기는 오랜 시간 진화를 거듭하면서 다양한 환경에 뛰어난 적응 능력을 갖춘 절지동물로 열대지방에서 툰드라 지역에 이르기까지 널리 분포하고 있다. 모기는 적정 온도에 이르면 알에서 부화하여 유충이 되고 짧은 번데기 기간을 거쳐 성충이 된다. 알에서 성충에 이르는 기간은 온도에 따라 매우 달라서 5~14일이 걸리는데 더워질수록 모기의 증식에 유리한 환경이 된다. 또한 모기 유충기는 물속에서 이루어지므로 유충의 성장을 위해서는 적정한 수준의 강수가 필수적이다.

모기 유충이 성장할 수 있는 물의 종류는 모기의 종에 따라 다르다. 말라리아를 옮기는 아노펠레스 모기는 비교적 많은 물이 고인 호수나 하수구 등에서 서식하지만, 뎅기열, 지카바이러스열을 옮기는 흰줄숲모기나 이집트숲모기는 식물에 고인 극소량의 물에서도 성장할 수 있고, 물이 없는 환경에서는 알 상태로 여

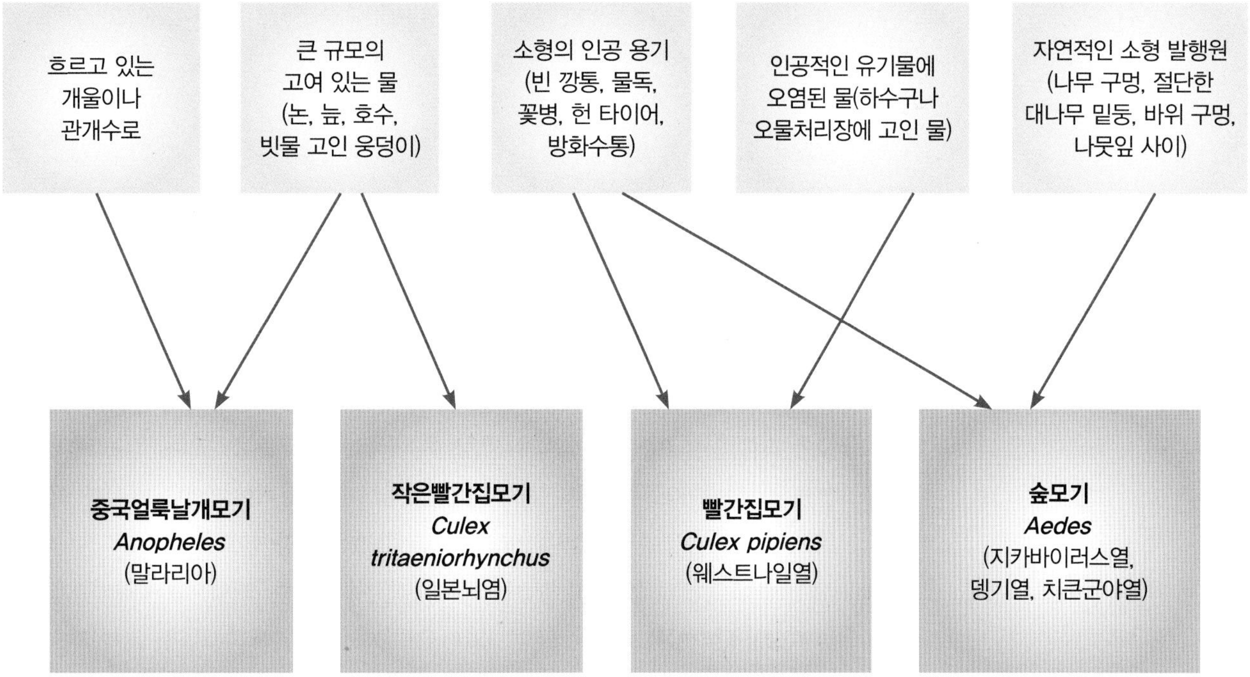

그림 13.13 모기의 종류에 따른 서식지의 특성 모기는 세계적으로 다양한 종이 서로 다른 환경에 적응해 서식하고 있다. 모기의 종에 따라 옮기는 질환이 다르므로 목표로 하는 질환의 종류에 따라 모기의 서식조건을 알아보고 이에 적합한 방제대책을 수립하여야 한다.

러 달 동안 생존이 가능하므로 대상 모기에 따라 방제 전략을 달리하여야 한다.

성충 모기는 온도와 종에 따라 다르나 최장 한 달까지 생존한다. 모기는 알을 기르기 위한 영양분을 얻기 위해서 사람이나 동물의 피를 흡혈한다. 성충 모기는 한 번 흡혈로 2~3일만에 알을 체내에서 기른 뒤, 적당한 물이 고인 곳에 알을 낳는다. 알을 낳은 즉시 다음 산란을 위하여 피가 필요하므로 다시 흡혈하는 주기를 반복한다. 흰줄숲모기는 평균 3일에 한 번 산란하는데 성충의 생존 기간이 한 달에 이르므로 암컷 모기 한 마리는 일생 중 최대 10번까지 흡혈할 수 있다. 모기는 낮에는 주로 잎이 넓은 식물의 잎 아랫면에서 태양광선을 피하여 서식하다가 해가 지는 어스름 무렵에 사람이나 동물을 찾아 흡혈한다. 모기가 흡혈 대상을 찾는 기전은 온도와 이산화탄소 감지기를 이용하므로, 모기를 잡으려면 유인등보다는 이산화탄소를 이용하는 BG트랩을 이용한다.

3. 모기의 방제

모기는 열대지방으로부터 툰드라 지역에 이르기까지 지구상 광범위한 지역에 생존하며 적응력이 뛰어난 절지동물이다. 모기를 완전히 방제하는 것은 매우 어려우며 또한 과도한 살충제 사용은 생태계 교란을 일으킬 뿐 아니라 인체에도 악영향을 끼칠 수 있다. 세계보건기구는 모기 방제의 원칙으로 통합적 매개체 관리(integrated vector management, IVM)를 제시하고 있다. IVM은 생태계의 부정적 영향과 인구집단의 건강 위해를 최소화하면서 비용 대비 가장 효과적인 방법으로 매개체 감염병을 관리하는 전략이다. IVM의 실행을 위해서는 대상 지역에 서식하는 매개체의 생태와 분포에 대해 충분히 이해한 뒤 이를 바탕으로 가능한 관리 방법 중 최적의 방법을 적용한다.

- **환경관리**

모기의 성장을 위해서는 반드시 일정 수준의 고인 물이 필요하므로 댐이나 관개시설을 설계할 때는 수위의 차이를 두어 물의 흐름이 연결되게 하는 것이 대단히 중요하다. 물 수요가 많고 물이 고인 상태로 유지되는 논농사 지역에서는 간헐적인 물대기와 번갈아 물대기 같은 방법을 이용할 수 있다. 따라서 물공급 체계를 구축할 때는 반드시 건강 문제를 고려하여 수리시설을 설계하고 운용하도록 하여야 이로 인한 매개체 감염질환의 창궐을 막을 수 있다. 주요 지역개발 사업 시에는 반드시 건강영향평가(health impact assessment, HIA)를 시행하여 사업으로 인한 건강피해를 사전에 검토하고 예방하여야 한다.

- **생물학적 방제**

모기 유전자를 실험실에서 조작하여 번식하지 못하게 한 모기를 자연계에 방출시켜서 모기 개체수 감소와 장기적인 퇴치를 목표로 하는 방법이다. 다양한 시도가 있었으나 생태계 파괴의 우려가 커서 제한된 지역에서 소규모로 시도되고 있다. 모기 개체에 특정 병원체를 감염시키는 방법도 시도되고 있으나 대규모로 성공한 사례는 아직 없다.

- **화학적 방제: 살충제**

주로 피레스로이드(pyrethroid) 성분이 함유된 스프레이 제품을 준비한다. 숙소 내에 모기가 침입하였을 경우 사용하며 모기를 향하여 직접 분사한다. 모기가 눈에 잘 띄지 않을 경우 주로 어둡고 구석진 곳을 향하여 분사한다. 분사 중에는 분사하는 사람 외에는 입실을 피하고, 분사 후 실내 공기와 외부 공기를 교환시킨 후 입실하도록 한다.

4. 개인 보호 방법

- **기피제**

기피성분으로 DEET, Icaridin (=picaridin), eucalyptus oil (PMD), IR3535, indalone, dimethyl phthalate, dimethyl carbate, ethyl hexanediol 등이 함유된 스프레이 또는 바르는 모기 기피제를 준비한다. 허용량을 초과하지 않도록 노출된 피부나 옷에 엷게 바르고, 눈이나 입, 상처에는 사용하지 않아야 한다. 야외활동 시에 주로 사용하고 건물 내에 들어와서는 바른 부위를 물로 깨끗이 씻는다. 약효는 주로 3~4시간 정도 지속된다. 어린이 손에 닿지 않는 곳에 보관한다.

● 모기장

모기 활동 장소 또는 모기가 침입할 가능성이 있는 장소에서 취침할 경우 사용한다. 퍼메트린(permethrin)이나 델타메트린(deltamethrin) 등 피레스로이드계 살충제를 처리한 모기장이 일반 모기장보다 효과적이다. 지속성 살충제로 처리한 모기장(LLIN)은 말라리아 유행지역에서 가장 중요한 방제대책 중 하나이다.

● 복장

말라리아가 발생하는 국가 여행 시, 도시를 제외한 지역에서는 가능하면 주로 모기가 흡혈하는 시간대인 저녁부터 새벽까지 외출을 자제한다. 어두운 색은 모기를 유인하므로 피하는 것이 좋으며, 불가피하게 야간 외출을 해야 하는 경우에는 긴소매와 긴바지를 착용한다. 장시간 야외활동 시 0.5% 퍼메트린을 도포한 겉옷이나 망사 두건 등을 착용한다.

● 안전한 숙소 꾸미기

문과 창에 방충망을 설치하고, 방충망이 없을 때는 반드시 잠자리 둘레에 모기장을 사용한다(모기장에 구멍 난 곳이 없는지 미리 확인). 방충망에 살충제 퍼메트린이나 델타메트린 등을 처리할 경우 효과적이다. 창문에 방충망이 있더라도 문을 여닫을 때 모기가 따라 들어오므로, 침입한 모기는 에어로졸 살충제를 분무하여 없애야 한다.

모기향은 피레스로이드계 살충제와 목질의 연소물질에 약간의 점착물을 섞어 코일로 만든 훈연제이다. 원칙적으로 밀폐가 잘 된 공간일수록 살충력이 최대로 발휘되나 장기간 사용 시 사람이 흡입할 수 있으므로 밀폐된 공간에서의 사용은 금지되어 있다. 특히 6세 미만 영유아에게 노출될 수 있는 장소에서는 사용하지 말아야 한다.

13.4 해외여행과 건강

해외를 방문하면 국내와 전혀 다른 환경 조건 및 해당 지역의 질병에 노출된다. 또한 의료시설에의 접근성이 떨어져 가벼운 질병이라 할지라도 제때 적절한 진단이나 치료를 받지 못하여 악화되는 경우가 많다, 개발도상국을 여행할 때 상식적으로 알아야 할 질병에 대해 이해하고, 적절하게 대비하여 건강을 지키도록 하자. 특히 일반적인 해외여행에 비하여 현지에서 많은 시간을 보내거나 힘든 작업을 하면 원래 갖고 있던 질병이 악화되거나 해당 지역의 질병에 걸릴 위험이 더 커진다. 반드시 사전에 충분히 준비하여 건강을 지키도록 하자.

1. 여행 전 준비사항

질병관리본부(http://www.cdc.go.kr)와 WHO(http://www.who.int) 홈페이지를 검색하여 방문할 지역의 질병을 사전에 확인하도록 한다. 지역별, 주요 감염병별로 상세한 정보가 나와 있으므로 방문 지역의 질병에 대해 충분히 공부한다. 특히 브라질이나 아프리카와 같이 면적이 넓은 나라를 방문할 때는 세부 지역별로 질병을 확인해야 한다. 다음은 방문 전 반드시 확인할 사항이다.

- 방문 지역의 질병 정보를 확인하고 현지 의료기관의 실태와 이용가능성을 확인한다.
- 평소 복용하는 약이나 치료제가 있다면(천식 흡입제, 당뇨 치료용 인슐린 주사, 혈압약 등) 반드시 사전에 처방을 받아 충분한 양을 확보한다. 방문이 더 길어질 것을 감안하여 여유 있게 처방을 받도록 한다. 비상시 현지에서 약을 구할 수 있는지 확인한다.
- 구급키트를 준비한다. 가벼운 상처부터 설사 등에 대비할 수 있도록 위장약, 소독약, 반창고 등을 준비한다. 현지의 먹는 물 사정이 좋지 않을 경우 물 소독약이나 자외선소독기 등을 준비한다.
- 현지 질환에 대한 예방접종 혹은 화학예방 등을 시행한다. 열대지방의 경우 황열 예방접종 대상지역인지 확인 후 황열 예방접종을 사전에 받도록 한다. 콜레라나 장티푸스 등은 경구 예방접종을 할 수 있다. 입국 시 예방접종 확인서가 필요한 국가들이 있으므로, 예방접종을 마친 후 반드시 확인서를 받아 두어야 한다.
- 예방접종 후 면역이 생기기 위해서는 시간이 필요하므로 반드시 최소 출발 2주 전에는 접종하도록 한다. 예방접종은 발열이나 근육통 등으로 며칠간 힘들 수 있으므로 시간 여유를 두고 접종하는 것이 매우 중요하다.
- 가장 흔한 예방접종 대상 질환으로는 황열, 수막알균 수막염, 콜레라, 장티푸스, 일본뇌염, 광견병, A형 간염, 폐구균 등이 있다. 국내에서 정기예방접종으로 이미 접종한 경우라도 추가접종 필요성을 확인할 필요가 있다(B형 간염, 일본뇌염, 파상풍, 디프테리아, 폴리오, 홍역 · 볼거리 · 풍진, 인플루엔자 등)
- 국내에서는 자주 노출되지 않는 강렬한 태양 아래 장시간 노출되므로 눈과 피부를 보호하기 위하여 선글라스, 자외선 차단제, 모자 등을 준비한다.
- 반드시 여행자보험에 가입한다. 현지에서 치료를 받을 경우 반드시 영수증을 받아 둔다. 사고 등이 있을 경우 현지 경찰의 확인서가 필요한 경우도 있다.
- 현지 대사관 혹은 영사관의 위치와 연락처를 확인한다. 비상시에 이용할 수 있는 현지 교민회 등의 연락처를 확보해두는 것도 필요하다. 숙소를 잡을 경우 비상시 연락처를 고려한다.

2. 해외에서 걸리기 쉬운 질병 예방

● 말라리아

열대지방에서 유행하는 열대병 말라리아는 국내의 삼일열 말라리아에 비하여 증상이 심하고 치명률도 높으므로, 말라리아 유행지역을 갈 때에는 반드시 예방약을 복용하여야 한다. 말라리아는 예방접종을 통해 예방되지 않고 예방약의 혈중 농도가 일정하게 유지되어야 예방이 가능하다. 약 종류에 따라 출발 2주~1주 전부터 복용해야만 효과를 볼 수 있으므로, 여행 전 미리 종합병원의 감염내과나 가정의학과를 방문하여 처방을 받는다. 예방약은 주1회 복용하는 약과 매일 복용하는 약이 있는데 의사와 상의해 결정한다.

여행 중에도 잊지 말고 약을 복용해야 하며 귀국 후에도 말라리아의 잠복기를 고려하여 최소 1주~4주간 약을 복용해야 한다. 예방약을 복용해도 말라리아에 걸릴 수 있으므로 현지에서 최대한 모기에 물리지 않도록 주의를 기울인다. 외출 시에는 반드시 긴소매와 긴바지를 입고, 말라리아모기의 활동력이 높은 새벽과 저녁 해질 무렵에는 모기장 안에 있거나 모기가 많은 곳을 피하고 기피제를 사용하도록 한다. 특히 어린이, 임산부, HIV 감염자, 면역억제제 치료자, 노인 등은 말라리아에 걸리면 치명적일 수 있으므로 최대한 예방에 힘써야 한다. 방문기간 중 고열이 나면 빨리 현지의 의료기관을 방문하여 진단받고 치료해야 한다.

● 뎅기열

뎅기열은 이집트숲모기 혹은 흰줄숲모기에 물리면 발병하는데, 동남아시아 지역이 뎅기열의 유행지역이다. 뎅기열 매개 모기는 다른 모기와 달리 낮에도 활동하는 경우가 많고 도시 지역에서도 활동하므로 유의해야 한다. 뎅기열 예방접종은 아직 불완전하므로 모기에 물리지 않도록 주의하고 방호하는 것이 가장 중요하다.

뎅기열은 치료제가 없으나 적절한 수액치료를 받을 경우 회복이 되므로 발병 초기에 현지 의료기관을 방문하여 진단, 치료받도록 한다. 증상면에서 뎅기열과 구분이 힘들고 유행지역이 비슷한 모기매개 질병으로는 치큰군야열과 지카바이러스열이 있다.

● 여행자 설사

여행자 설사는 해외여행 시 가장 흔히 발생하는 감염질환이다. 여행자 설사의 발생 우려가 가장 높은 지역은 라틴아메리카, 아프리카, 아시아, 일부 중동 지역 등이나, 중국, 남부 유럽, 이스라엘, 남아프리카, 러시아, 카리브해 섬 지역 등도 중간 정도의 위험도를 보인다. 여행자 설사 발병의 위험요인으로는 다음을 꼽을 수 있다.

- 유행 계절: 일반적으로 우기나 여름에 발병 확률이 높으나, 갈수가 심해 물을 충분히 쓸 수 없는 건기에도 발병 가능성이 높다.
- 음식의 상태 및 종류: 익히지 않았거나 껍질째 먹는 음식, 충분히 익히지 않은 육류, 생선, 조개류 등이 발병 가능성이 높다.
- 음식을 먹는 장소: 거리 음식, 식당, 가정집의 순으로 발병 가능성이 높다.
- 여행의 형태: 모험이나 체험일 경우 위험도가 높다.

여행자 설사를 예방하기 위해서는 안전한 물과 식사를 섭취하고, 먹는 물이 안전하지 않을 경우 물소독제를 사용한다. 일반적인 소독제로는 요오드나 염소 등을 이용할 수 있고 휴대용 정수기, 자외선 정수기 등을 이용할 수 있다. 가능한 자주 손을 비누로 씻도록 한다. 설사가 시작되면 빠른 속도로 탈수가 되므로 반드시 수분과 염분을 충분히 보충하여야 한다. 스포츠 이온음료는 도움이 되나 염분이 충분하지 않으므로, 물 1 ℓ에 설탕 6작은술, 소금 1작은술을 넣어 녹인 물을 소변이 충분히 나올 때까지 자주 마시도록 한다. 하루 4번 이상의 본격적인 설사가 시작되면 수액 치료 및 항생제 사용이 필요하므로 의료기관을 찾아 치료받는 것이 좋다.

3. 귀국 후 신고와 사후 관리

해외에서 질환을 앓고 귀국한 경우 증상이 조금이라도 있거나 불편할 경우 반드시 입국 시 검역소에 신고를 하여야 한다. 해외에서 뎅기열이나 말라리아 등으로 치료한 경우에도 반드시 입국 시 신고하여야 한다. 입국 후에도 열이 나거나 설사가 있을 경우 방문한 국내 의료기관에서 의사에게 해외방문 사실과 증상을 알려야 정확한 진단을 받을 수 있다.

13.5 보건 분야의 특수성과 전망

인간의 건강과 수명을 오랫동안 유지할 수 있게 하는 것은 과학기술 대부분의 공통적인 목표이다. 앞서 소개한 바와 같이, 인간 생명과 관련된 보건은 약물에 의한 치료나 첨단 기기를 이용한 진단과 같은 의료 행위뿐만 아니라, 적정한 식량, 주거, 생활 환경, 위생과 생활 습관 등과 같은 광범위한 요인에 의해 결정되므로 복합적인 문제이다. 이러한 관점에서 적정기술에서의 보건 분야는 기술 자체의 완벽함, 효과, 효능이 반드시 성공을 거둔다고 보기 어렵다. 오히려 기술적인 면에서는 한정적일 수 있으나, 경제적, 사회적, 정치적으로 실현 가능하고, 저소득층 인구집단에 적극적으로 수용 가능한 기술이 더욱 중요하게 평가된다.

광범위한 보건과 생명에 대한 기술은 농업, 상수도 시설, 위생, 수송, 식품의 생산과 저장, 개인 및 집단에 대한 위생과 관련된 모든 적정기술을 포함하며, 이러한 활동이 공중 보건에 직접적인 도움이 된다는 점을 명확하게 이해해야 한다. 적정기술이 한정된 자원과 고유의 생활 환경을 갖고 있는 지역 보건에 적용될 때, 지역 사회에서 기술을 공유하고 확산시킬 매개 방법을 반드시 고민해야 한다. 그렇기 위해서는 해당 기술이 과학적 방법에 의해 보편적으로 적용될 수 있어야 하고, 지역 사람들이 거부감 없이 쉽게 받아들여야 한다.

위와 같은 관점에서 보건 분야 적정기술에서 반드시 고려해야 할 몇 가지 사항을 강조하고자 한다.

첫째, 보건 및 의료에 대한 원인과 방법을 과학적으로 이해시키고, 기술을 실제 적용시킬 수 있는 전문적으로 숙련된 인력이 파견되어야 한다. 선진국이나 개발도상국 모두, 생명과 관련된 문제는 경험과 지식이 축적된 전문가가 결정해야 한다.

둘째, 의료 분야의 해결책은 효능, 효과, 안전성이 반드시 검증된 후에 적용되어야 한다. 일부 다국적 제약회사에서 임상실험이라는 이름으로 개발도상국에서 완전치 않은 약을 사용하여 치명적인 부작용이 나타난 여러 사례가 있다. 긴급한 구호 지원이라는 이름 하에 안전성과 장기적인 임상을 거치지 않은 치료 방법을 무분별하게 적용하면 돌이킬 수 없는 의료사고를 초래할 수 있다.

셋째, 보건 적정기술은 현지인들이 문화적으로 수용 가능한 형태로 개발되어야 한다. 이를 위해서는 대상자들에게 과학적인 방법에 입각하여 지속적으로 교육하는 것이 매우 중요하다. 예를 들면 AIDS 확산 방지를 위한 새로운 피임기구 개발보다 대상자들이 HIV의 전파경로를 이해하도록 교육하는 것이 훨씬 더 효과적일 수 있다.

특히 자원이 부족한 환경에서 적정기술의 효과를 극대화하기 위해서는 각 지역에서 필요로 하는 사항과 우선 순위를 명확하게 조사, 설계해야 한다. 이러한 보건 분야의 특수성을 이해하고 적용 가능한 기술에 대한 연구를 지속적으로 수행하는 한편, 국제기구나 보건 관련 NGO와 지속적으로 네트워크를 구축하면서 지역 사회에 지속가능하며 문화적으로 적합한 해결책을 개발해야 한다.

조사에 의하면 전 세계에서 말라리아 퇴치에 투자된 금액은 약 3,500억 원으로 추산된다. 말라리아 관련 전염병의 박멸을 가속화하기 위해, 2013년 Gates Foundation은 말라리아에 관한 단일 연구에 2,800억 원을 투자하기로 했다. 그리고 2018년에는 1조원을 추가로 투자하면서 가장 치명적인 질병 중 하나인 말라리아를 지구상에서 완전 박멸할 것을 예고하고 있다. 물론 이렇게 특정 질병의 완전한 해결에 세계 최대 자선단체의 참여도 매우 중요하다.

하지만 대규모 원조를 기반하지 않는 해결 방법도 가능하다. 최근 개발도상국에 대한 지원을 위해 보건 분야를 포함한 여러 분야 전문가 그룹이 참여하여 빈곤에 처한 주민들의 종합적인 해결책을 마련하고 있다. 이는 한 지역 사회의 건강문제는 매우 복합적이며, 에너지와 환경 문제는 특히 빈곤 문제에서 기인한다는 점이 명확하기 때문이다.

참고 문헌

대한예방의학회 (2017), 예방의학과 공중보건학, 제3판, 계축문화사.

질병관리본부 (2018), 해외감염병 예방수칙,해외여행건강정보 (http://www.cdc.go.kr/CDC)

World Health Organization (2018), World Malaria Report 2017, WHO Press.

Jang J. Y., Kim S. Y., Kim SJ, Lee K. E., Cheong H. K., Kim E. H. et al. (2014), General factors of the Korean exposure factors handbook, *J. Prev. Med. Public Health* 47, 7–17.

McCloy S. G. (2013), Health in *Field Guide to Appropriate Technology*, Edited by Hazeltine B. and Bull C., Academic Press, 481–544.

Prüss-Ustün A., Wolf J., Corvalán C., Bos R. and Neira M. (2016), Preventing disease through healthy environments: a global assessment of the burden of disease from environmental risks, World Health Organization Press.

United Nations, Sustainable Development Goals.

World Health Organization and the Special Program for Research and Training in Tropical Diseases (2009), Dengue guidelines for diagnosis, treatment, prevention and control: new edition. Geneva; WHO Press.

UNESCO, The United Nations World Water Development Report.

World Health Organization, Integrated Vector Management (IVM).

Website

http://www.cdc.go.kr/CDC/contents/CdcKrContentView.jsp?cid=139798&menuIds=HOME006-MNU2801-MNU2826-MNU3029

http://www.ipcc.ch/report/ar5/wg2/

http://www.who.int/rpc/guidelines/9789241547871/en/

http://www.who.int/malaria/publications/world-malaria-report-2017/report/en/

http://www.unesco.org/new/en/natural-sciences/environment/water/wwap/wwdr/

http://www.who.int/neglected_diseases/vector_ecology/ivm_concept/en/

https://www.theatlantic.com/health/archive/2013/02/testing-drugs-on-the-developing-world/273329/

http://www.who.int/quantifying_ehimpacts/publications/preventing-disease/en/

https://sustainabledevelopment.un.org/sdgs

연습문제

● 다음의 문제를 풀면서 적정기술이 보건 분야에 활용될 수 있는 방안을 생각해 보자.

1. 몽골의 수도 울란바타르에는 전체 가구의 50% 이상이 초원 지역의 전통 가옥인 게르에서 거주하고 있다. 게르는 －40℃의 겨울에서 30℃의 여름을 오가는 극한 기후에서 사용할 수 있고, 이동이 가능하여 몽골의 초원 지대에 최적화된 주거 형태이다. 그러나 도시 빈민 지역 인구의 반 이상이 게르를 사용할 경우, 이로 인해 환경 문제가 생길 수 있고 건강에도 영향을 미칠 수 있다. 환경 문제와 건강 영향에 대해 조사하고 그 해결 방안을 모색해 보자.
2. 북한의 도시와 농촌에서 주된 주거 형태를 조사해 보고 이들이 주택의 난방과 취사에 사용하는 연료와 연소 기구를 조사해 보자. 이를 근거로 북한에서 실내 오염으로 인해 발생할 수 있는 건강 영향을 유추해 보아라.
3. 인도의 한 농촌 마을에 NGO에서 태양열 조리기구를 보급하였다. 나뭇가지와 같은 전통 연료를 사용하는 조리기구를 태양열 조리 기구로 바꾼 뒤, 주민들의 삶의 변화와 이러한 변화가 건강에 어떤 영향을 미칠지에 대해 논하여라.

공동 설계 프로젝트

● 키리바스는 적도에 면해 있는 태평양의 산호초 섬나라이다. 평균 해발고도 2.3 m, 최고 해발고도가 3 m에 불과하여 사이클론이 발생하면 섬 전체가 물에 잠길 수 있다. 키리바스는 해수면 상승으로 대수층이 줄어들어 식물이 말라 죽고 식수원이 고갈되고 있으며, 쓰레기 처리 공간이 없어 쓰레기가 방치되고 있는 실정이다. 한국 정부는 키리바스에 현대적인 시설을 갖춘 보건소를 설립하는 것을 지원하려고 한다. 보건소를 설립하려고 할 때 고려해야 할 사항에 대해 논의하라.

제14장

여성과 어린이를 위한 기술

"The greatest threat to extremism isn't drones firing missles, but girls reading books."

- Nicholas Kristof -

"극단주의를 없애는 가장 효과적인 방법은 무인비행기로 폭격하는 것이 아니라, 그 사회의 여성들이 교육을 받는 것이다."

- 니콜라스 크리스토프 -

생각해 봅시다

❶ 인권의 의미를 알아보고 특히 개발도상국에서 여성과 어린이의 인권과 교육이 왜 중요한지 생각해 보자.

❷ 개발도상국에서 적정기술을 이용하여 여성과 어린이의 인권을 보호할 수 있을지 생각해 보자.

❸ 우리 주변의 사회적 약자를 위한 실천적 적정기술에 대하여 고민한 뒤, 그 타당성을 논의할 때 어떤 요소를 고려해야 할지 생각해 보자.

어린이에게 더 치명적인 아프리카의 10대 질병

아프리카는 의료와 관련된 인적, 물적 자원이 매우 부족하며, 사망에 이르는 치명적인 질병들이 타 지역보다 많다. 치명적인 질병이라 해도 10달러 이하의 백신으로 예방 가능하여 선진국에서는 거의 완벽하게 예방될 수 있으나, 아프리카에서는 보건 의료 시스템의 미비, 의료 자원의 부족, 극심한 빈곤에 의한 영양부족, 열악한 생활환경 때문에 특히 어린이가 질병에 취약하다.

최근 알려진 아프리카의 가장 위험한 10대 질병은 다음과 같다. 폐렴, HIV/AIDS, 말라리아, 설사, 결핵, 홍역, 백일해, 파상풍, 수막증, 매독으로, 대부분이 어린이에게 치명적이다. 폐렴 및 호흡기 감염은 아프리카 5세 미만 어린이 7천 5백만 명 중에서 1년에 150만 명이 사망하는 원인이다(Fact Sheet N 109, WHO 1996). 폐렴의 최소 2/3는 폐렴구균(Pneumococcus)과 헤모필루스 인플루엔자에 의해 발생하는데, 이는 값싼 항생제로도

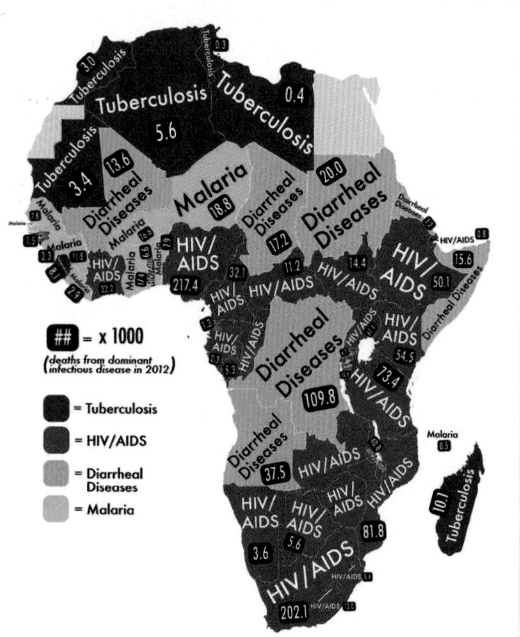

그림 14.1 아프리카에서 지역별로 가장 많이 발생하는 질병과 질병으로 인한 사망자수

치료가 가능하며, 신속히 치료하면 생존 가능성이 높지만 어린이는 이러한 관심과 서비스에서 배제되곤 한다.

말라리아의 경우 매년 5억 명이 감염되며 90%가 사하라 이남 아프리카에 집중되어 있다. 매년 1~3백만 명이 사망하고, 특히 15세 미만 어린이가 약 1백만 명 이상 사망에 이르고 있다. 아프리카에서는 감염된 어린이 중 환자 사망률이 10~30%로 보고되고 있다.

설사(diarrhea)는 아프리카를 포함한 개발도상국에서 가장 일반적인 질병으로, 매년 4천만 명의 감염 사례 중 2세 이하의 영아 약 220만 명이 사망으로 이어지고 있다. 그 원인은 오염된 물이다.

결핵은 세계 인구의 1/3이 감염되고, 매년 8백만 명의 감염이 보고되는 매우 일상적인 질병이다. 어린이는 오랜 기간 감염으로 인한 고통을 겪다가 사망에 이르게 된다.

홍역은 대부분 5세 이하 영유아에서 보고되며, 매일 약 1,400명의 홍역 사망자가 보고되며, 이 중 50%가 아프리카에서 발생한다. 백일해 역시 5세 이하의 영유아에서 발생하며, 매년 사망자 20~30만 명 중 90%가 아프리카 지역에서 발생하는 것으로 알려져 있다.

마지막으로 매독은 성인의 성적 접촉에 의해서 확산되며, 전 세계적으로 매년 1천 2백만 명이 감염되고 있다. 아프리카, 동남아시아, 남미에서도 매우 많이 보고되며 약 1/4은 아프리카에서 발생한다. 매독은 산모에서 태아로 전달되므로, 의료 시스템이 확보되지 않은 아프리카에서는 영아 사망의 주요 원인 중 하나로 알려져 있다.

이와 같은 문제를 해결하기 위해 WHO와 UNICEF는 다양한 아동기 질병의 통합관리를 제안하고 있다.

(출처: AnswersAfrica, Top 10 Disease in Africa-Most deadly, https://answersafrica.com/diseases-in-africa.html)

기술 혁신을 통해 인간의 삶을 보다 편리하고 윤택하게 만들고자 한 목표는 인류의 오랜 역사 속에서 실천되어 왔으며 일반적인 규범으로 인식되어 왔다. 그러나 인간의 권리, 그 중에서도 여성과 아동의 인권 향상을 위한 기술 활용의 중요성과 적합한 기술에 대한 고민은 비교적 최근의 일이다. 특히 개발도상국(동남아, 사하라 사막 이남 지역 등), 내전이나 자연재해로 급박하게 인권이 침해되고 있는 지역 또는 그러한 상황에서 적절한 기술 지원을 통해 인간으로서의 기본적 권리를 보호하는 활동은 대규모 국제개발협력의 형태로 이루어지고 있으며, 다양한 활동으로 실천되고 있다.

기술과 인권의 결합, 즉 기술적, 경제적으로 적합한 기술은 인권을 침해받고 있는 사람들의 교육권, 근로권, 양성 평등권 등의 권리 보호와 건강하고 쾌적한 환경에서 인간다운 생활을 할 권리 보호를 위한 필수적 요소가 되고 있다.

그러나 인권, 특히 여성과 아동의 기본적 권리를 존중하고 보호하고 실천하기 위한 국제개발협력이나 원조에서 실시한 프로그램이나 기술이 모두 성공적이지는 않다. 권리 증진보다는 기술 중심의 접근, 현장의 필요와 요구를 충족하기 위한 상향식 접근보다는 지원과 원조 프로그램 제공자들에 의한 하향식 접근, 기술이 실천되는 다양한 정치 · 사회 · 문화적 맥락을 고려하지 않은 탈맥락적 접근, 지속가능한 인권 향상의 도구로서의 기술보다는 이벤트성의 기술이 일회적으로 실천되는 경우가 많았다.

실제로 개발도상국의 역사와 문화적 고려 없이 기술적인 접근과 적용으로 약자(여성과 아동)의 인권 신장은 쉽게 해결되지 않을 수 있다. 여성과 아동 인권의 중요성을 고려하여, 본 장에서는 여성과 아동 인권의 기본적인 이해를 바탕으로 여성과 아동의 인권을 신장시킨 프로그램과 적정기술의 다양한 사례들을 제시하고 이를 인권과 기술의 조합, 실천 과정 및 결과 측면에서 비판적으로 조망하고자 한다.

14.1 인권 그리고 여성과 어린이의 인권

적정기술을 통한 인권의 향상, 특히 여성과 아동 인권의 신장은 인권 자체에 대한 이해를 바탕으로 한다. 지역, 사회, 성별, 종교 등의 다양한 요인들과 자연재해나 전쟁과 같은 인권의 위기 상황에서 적절하고 효율적인 기술을 현장에서 지속가능한 방식으로 실천하는 것은 적정기술의 본질적 철학과 가치에 부응한다.

즉 인간다운 삶을 살아갈 권리는 기술적 진전을 통해 신장될 수 있다. 이러한 맥락에서 적정기술은 모든 개개인의 일상적 삶의 역경을 극복하도록 조력함으로써 인간적인 삶의 권리를 보장하는 기제가 되는 것이다.

일상적 삶의 어려움과 불편함을 완화하거나 해결하는 적정기술의 가치가 인권 증진을 지향하고 있다는 점에서 인권에 대한 기본 개념과 특징 등을 살펴볼 필요가 있다. 특히 여성과 아동은 전 세계적 수준에서 문화적 측면뿐 아니라 사회경제 측면에서 인권 보호가 가장 필요한 계층이며 실제 적정기술의 주요 대상이라는 점에서 여성과 아동의 인권에 대하여 간단히 정의할 필요가 있다.

1. 인권

인권은 모든 인간에게 타고난 내재된 권리이며 모든 개별 인간의 존엄과 가치를 존중하는 점에 기초하고 있다. 1948년 '**세계 인권 선언**(Universal Declaration of Human Rights)'이 채택된 이후 인권은 국제, 지역 및 국가 수준의 법적 체제로 수용되었다. 이에 따라 인권을 존중하고 보호하고 실현시켜야 할 의무는 개별 국가의 인권에 관한 법률을 통해 실현되어야 한다. 예를 들어 유엔의 모든 회원국은 모든 개인에게 교육을 받을 기회를 제공해야 하며, 인종, 성별, 언어, 정치적 또는 다른 의견, 국가 및 사회 출신, 빈곤 등의 배경에 따라 특정 집단이나 개인이 권리를 행사하는 데 있어 어떠한 차별도 용인하지 않을 의무를 가진다.

세계 인권 선언

1948년 12월 유엔총회에서 채택한 인권 선언으로 세계 최초로 인권과 기본적 자유가 개개인 모두에게 어디에서든 적용되는 것임을 밝혔다.

따라서 모든 사람은 시민으로서, 가족 구성원으로서, 노동자로서 또는 어떤 결사나 조직의 구성원으로서 어떤 권리와 의무를 가지느냐와 상관없이 누리는 가장 기본적인 자유와 권리를 가진다. 이에 따라 인권 보호란 구체적 행위뿐 아니라 소극적인 부작위에 의한 인간 존엄성 침해 없이 최우선적으로 보호받아야 한다는 특징을 가지고 있다.

인권은 보편적이며(universal), 양도할 수 없고(inalienable), 서로 연계되어 있으며(interrelated), 상호의존적이며(interdependent), 분할할 수 없는(indivisible) 속성을 갖고 있다. 따라서 인권은 적절한 절차와 특별한 상황에서 예외적 경우를 제외하고 보장되어야 한다. 즉 시민 및 정치 권리(예: 공적 사안에 대한 참여의 권리, 고문과 임의적 구금으로부터의 자유 등), 경제, 사회 문화적 권리(예: 음식, 사회적 안정 및 교육에 대한 권리) 또는 집합적 권리(예: 개발의 권리, 원주민의 권리) 등에 관계없이 모든 사람이 모든 시기에 향유해야 하는 것이다. 이와 함께 인권을 구성하는 권리를 누리는 수준은 다른 구성 권리 실현에 의존하며, 특정 권리를 희생삼아 다른 특정한 권리를 행사하도록 해서는 안 된다. 그럼에도 불구하고 사회의 종교적, 문화적인 규범은 특히 사회적 약자들에 대해서 매우 불공평하게 적용되고 있는 것이 현실이다. 따라서 여성과 아동의 인권에 대한 억압은 그 역사적 맥락과 사례를 구체적으로 들여다 볼 필요가 있다.

2. 여성의 인권

보편적 권리로서 인권은 성별에 차등 없이 적용되어야 한다. 이에 따라 여성은 인권을 구성하는 하위 권리인 생명, 교육 및 정치적 참여에 대한 권리를 남성과 동등하게 향유해야 한다. 그러나 전 세계 각국에서 인간으로서의 동등한 권리는 성별에 따라 오랜 기간 동안 일상적 삶에서 다양한 방식으로 침해되고 차별받아 왔다. 1945년에 설립된 유엔의 인권 선언은 중앙 집권적 국가 체제에 기초하여 그간 소홀했던 시민권이나 정치적 권리 보호에 집중되는 특징이 있다. 이에 따라 세계 인권 선언 이후에 발표된 국제 및 지역 수준의 여성 인권과 관련된 선언문에서는 여성의 일상적 삶에 핵심적인 사회적, 경제적, 문화적 권리들이 보다 구체적으로 명시되었다. **여성차별 철폐협약**(Convention on the Elimination of All Forms of Discrimination against Women)은 교육, 보건, 고용뿐 아니라 정치적, 공적 삶에 대한 기회가 여성에게도 동등하게 제공되어야 함을 강조하였다.

여성차별 철폐협약

양성평등 달성 및 여성의 지위 향상을 위한 여성차별 철폐선언이 1967년 유엔총회 결의로 채택된 후, 동 선언을 바탕으로 1979년 12월 18일 유엔총회에서 채택한 협약

여성 인권의 국제사적, 개별 국가적 수준에서의 노력에도 불구하고 여성의 기본적 권리가 부정되거나 보호받지 못하고 있는 상황이 지속되고 있다. 일례로 전 세계적으로 매년 50만 명의 여성이 대부분 예방 또는 치료 가능한 임신 질환이나 출산에 의해 사망하고 있고, 사하라 사막 이남 아프리카 지역에 사는 15~24세의 여성은 사회적, 경제적 취약성으로 남성에 비해 에이즈 감염 비율이 최소 2배 이상 높다. 또한 약 8억 명의 문맹자 중 3분의 2가 여성이라는 점 역시 여성 인권의 보호 및 신장을 위한 활동의 필요성을 시사한다.

이러한 여성에 대한 차별적 상황은 성불평등지수(Gender Inequality Index)를 통해서도 확인할 수 있다. 매년 유엔개발계획(UNDP)은 인간개발지수(HDI)의 일부로 각국의 성불평등지수를 조사 발표하는데 이는 세계 각국 및 지역별 여성차별 수준을 간접적으로 확인할 수 있는 지표이다.

조사 결과 발표 시기에 따라 일부 차이가 있지만 보건, 사회적 기회, 고용 측면

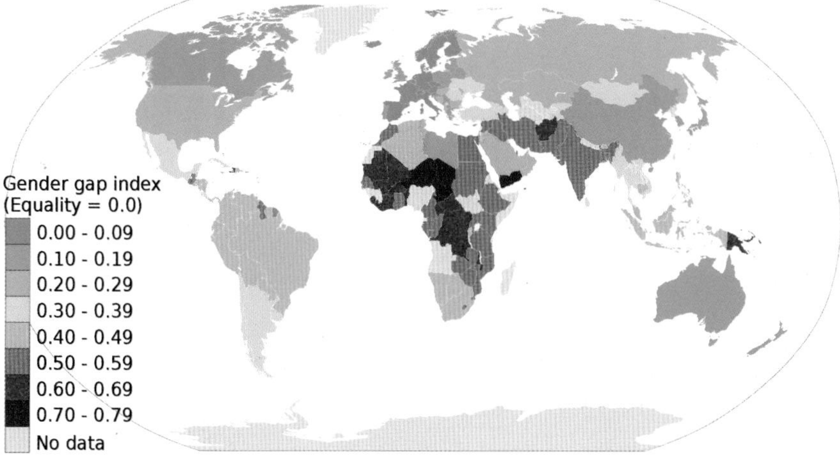

그림 14.2 국가별 남녀 성불평등 지수(2014년). 지도상의 붉은 색 표기 지역은 남녀 불평등 수준이 높은 것을 의미하는 반면, 녹색 표기 지역일수록 남녀 평등성이 높은 지역임을 의미한다(출처: 인간개발보고서 2015, 인간 개발을 위한 보고서 표 5: 남녀 불평등 지수).

에서의 성불평등지수가 높은 국가의 대부분은 동남아시아, 유라시아, 중남미 및 아프리카 지역의 개발도상국이다. 인권의 근간이 되는 건강권, 사회적 기본권, 경제권 등에서 개발도상국의 취약성은 경제적 후진성뿐 아니라 각국의 사회문화에 내재되어 있는 양성평등에 대한 차별적 인식, 여성의 인권을 보호하기 위한 법적, 제도적 체제의 미비, 교육을 통한 여성 계층 이동성의 한계 등의 다면적 요인들에 기인한다. 예를 들어 선진국에 비해 개발도상국의 교육 환경은 기본 교육을 수행할 수 있는 학교 시설, 교과서, 자격을 갖춘 교사가 부족한 실정으로 매우 낙후되어 있다. 특히 여성은 사회문화적 요인에 의해 교육 참여가 제한되고, 가사 노동이나 생계를 위한 저임금 노동 경제 활동을 주로 여성(여아)이 담당하기 때문에 남성에 비해 정규 교육 참여에 더 취약하다.

3. 어린이의 인권

여성과 마찬가지로 아동은 특정한 권리와 밀접한 관련이 있는 경우가 있으며 특별한 보호가 필요하다. 1989년에 채택된 '**유엔 아동권리 협약**(Convention on the Rights of the Child)'에서는 다음의 항목을 아동의 기본적 인권으로 제시하였다.

유엔 아동권리 협약

1989년 11월 20일 유엔총회에서 만장일치로 채택된 협약으로 18세 미만 아동의 생존 · 보호 · 발달 · 참여와 같은 모든 권리를 담은 국제적인 약속

① 생존을 위한 권리(the right to survive)
② 잠재력을 개발할 권리(the right to develop to the fullest)
③ 위험, 학대 및 착취로부터 보호받을 권리(the right to protection from harmful practices, abuse and exploitation)
④ 가족 및 문화적, 사회적 삶에 온전히 참여할 권리(the right to participate fully in family, cultural and social life)

유엔 아동권리 협약에서 제시된 아동 보호 내용에도 불구하고 개발도상국에서는 아동 인권을 심각하게 위협하는 현상이 지속되고 있다. 예를 들어 전 세계적으로 매년 4세 미만의 아동 중 약 9백만 명이 대부분 치료할 수 있는 질환으로 사망하고 있으며 개발도상국의 5세 미만 아동의 25%가 저체중, 신체 및 인지적 발달 장애를 경험하고 있다. 또한 약 1억 명의 아동이 초등교육을 받지 못하고 있으며 세계 아동 6명 중 한 명이 유년 노동(child labour)을 하고 있고, 2007년 기준, 약 5천만 명의 아동이 출생 신고를 하지 않아 성명과 국적을 포함한 기본적인 권리 보호의 사각 지대에 놓여 있다.

14.2 여성과 어린이를 위한 적정기술

1. 여성을 위한 적정기술의 사례: 생리컵

유엔인구기금(United Nations Population Fund, UNFPA)은 생리 기간 전후에 학교에 나오지 않는 여학생들에게 '생리컵(menstrual cups)'을 제공하는 프로그램을 2016년부터 말라위(Malawi)에서 시범적으로 실시하고 있다. 생리 기간 동안 전체 여대생의 40%가 학교에 나오지 않아 학교 교육의 기회를 상실할 뿐 아니라 일상생활에서의 경제적 활동도 크게 위축되는 것으로 보고되었다. 이에 유엔인구기금은 여대생을 대상으로 생리컵 제공과 여성 관련 위생 교육을 실시하였고 이후 중등학교 여학생에게도 교육 활동과 함께 생리컵 제공 프로그램을 실시하였다.

생리컵은 1930년대에 생리 기간 중 위생적인 관리를 위해 개발되었지만, 주목받게 된 것은 최근 일이다. 특히 다른 개발도상국에서와 마찬가지로 말라위에서는 거의 알려지지 않은 새로운 상품이었다. 물론 생리대(sanitary napkins)나 탐폰(tampons)과 같은 생리용품이 있지만 물품이 부족할 뿐 아니라 구입을 위한 비용 역시 학생들에게 부담이 되었다. 또한 학교에 청결한 화장실이 절대적으로 부족하여 생리 기간 동안 청결을 유지하고 생리 기간임을 표시나지 않도록 하는 것이 주요한 걱정거리였다. 결국 생리 기간 동안 당황스러운 상황을 맞게 되는 경우가 생기고 다른 학생에게 낙인 찍히는 현상이 빈번하였기 때문에 많은 경우 학교를 결석하는 현상이 발생하였다.

이에 따라 유엔인구기금에서 매우 적은 비용으로 공급할 수 있으며 특히 위생

그림 14.3 재사용이 가능한 생리컵
생리컵 제공 프로그램은 여성의 몸에 대한 지식을 강화시키고 여성의 생리적 특성에 따라 권리에 대한 사회적 공론화 기회를 제공하였다.

적인 생리대를 구입할 여력이 부족한 빈민이나 농촌 지역 여학생에게 생리컵을 제공하는 프로그램을 시작하였다. 유엔인구기금은 2,500명의 여학생에게 무상으로 생리컵을 제공하고 있으며, 생리컵을 적절하고 위생적으로 사용하는 방법을 학생에게 교육하기 위해 교사 65명이 활동하고 있다. 실제 생리컵 한 개는 10년 동안 위생적으로 사용할 수 있으며 생리컵 한 개를 사용함으로써 총 1,200개의 생리대 구입 비용이 절감되는 것으로 보고되었다. 또한 생리대 구입 비용이 줄어들자 학습 자료의 구매 기회가 증가하는 것으로 나타났다.

생리컵에 대한 교육과 활용은 여성의 교육 기회 확대 및 경제적 비용 절감, 위생 및 건강권을 신장시키는 효과를 가져왔다. 이와 함께 종교 문화적 요인으로 인해 여성의 몸에 대한 논의가 사회적으로 금기시되어 온 현실에서 생리컵 제공 프로그램은 여성의 몸에 대한 지식을 강화시키고 여성의 생리적 특성에 따른 권리에 대한 사회적 공론화 기회를 제공하였다. 특히 생리컵의 올바른 사용과 효과 등을 교육하고 여성이 직접 생리컵 사용을 경험하면서 여성 자신의 신체에 대한 이해와 자존감을 고취시키는 기회가 되었다. 뿐만 아니라 기존의 생리대나 플라스틱 소재의 탐폰과는 달리 생리컵 대부분이 환경친화적인 소재로 만들어지기 때문에 환경 보호의 효과도 수반되는 것으로 보고되었다.

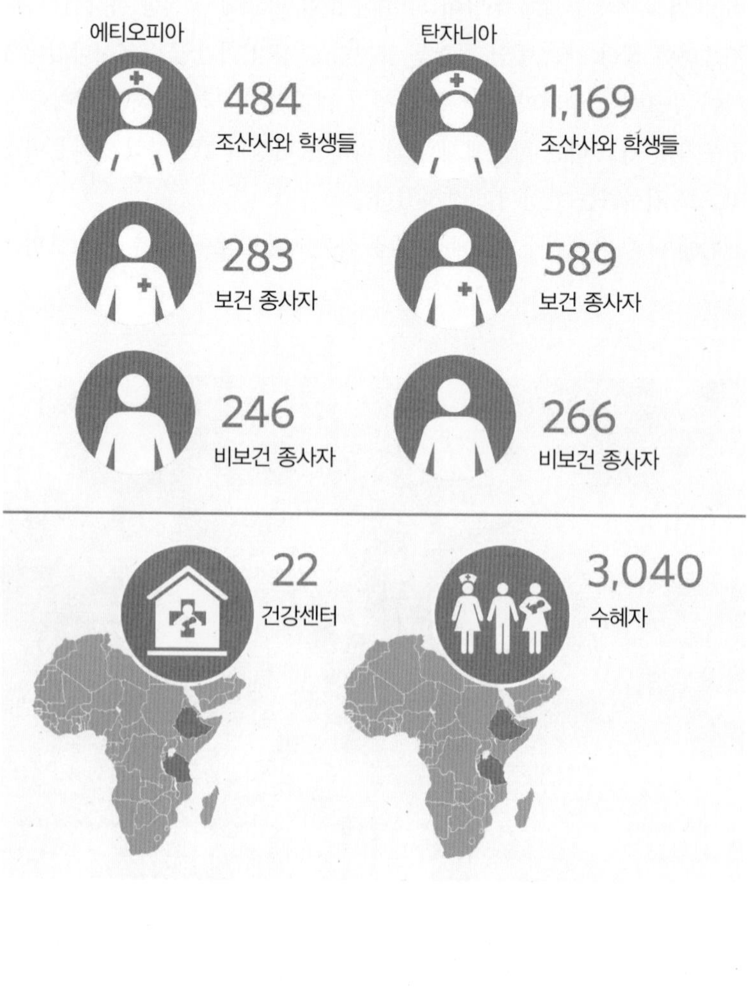

그림 14.4 여성을 위한 이동식 학습 시스템(좌)과 이동식 학습 시스템의 활용 효과(우) (출처: UNFPA. (2017). Portable mobile learning system: A rural training solution for health workers. New York: United Nations Population Fund)

2. 여성을 위한 적정기술의 사례: 이동식 학습 시스템 보급

세계보건기구(World Health Organization, WHO)의 보고에 따르면 2015년 에티오피아(Ethiopia)와 탄자니아(United Republic of Tanzania)는 산모 사망률이 인구 10만 명당 각각 398명과 353명로, 산모 사망률이 매우 높은 국가이다. 다른 개발도상국과 마찬가지로 에티오피아와 탄자니아의 높은 산모 사망률은 자격을 갖춘 숙련된 보건 종사자 및 의료진의 부족이 주된 원인이나, 산모나 여성에 대한 교육의 부재 역시 그 원인으로 꼽을 수 있다. 이러한 문제를 해결하기 위해 유엔인구기금은 2016년부터 산모를 위한 '**이동식 학습 시스템**(Mobile Learning System, MLS)'을 개발하여 운영하고 있다(그림 14.4 참조).

이동식 학습 시스템
(Mobile Learning System)

개인 컴퓨터 및 이동식 전자 기기를 활용하여 학습자가 다양한 사회적 문화적 맥락 속에서 학습 내용과 상호작용하면서 학습하는 체제

이동식 학습 시스템은 산모 사망률의 90%를 유발하는 다양한 분만 전후의 위급 상황들(예: 분만후 출혈, 임산부 경련, 임신중독증의 하나인 자간전증, 패혈증, 폐쇄분만, 임신중절 후 치료)에 대처하는 세계 수준의 응급 처치 방법을 교육하는 멀티미디어 장치로, 숙련 단계까지 교육받고 연습할 수 있는 프로그램들이 내장되어 있다. 뿐만 아니라 가족계획, 필수적인 신생아 보호 방법 등의 교육 내용도 포함되어 있다.

환경친화적 기술 도구로 손바닥 크기의 이동식 프로젝터와 스피커, 태양열 충전 도구로 구성되어 있다. 프로젝터에는 안드로이드 태블릿, USB 단자, 심카드 포트(SIM card port) 등이 내장되어 있다.

이동식 학습 시스템은 조산사(midwives)와 보건 관련 종사자를 훈련시키고 교육하기 위해 많은 재원을 사용할 수 없는 국가에서 단순하며, 휴대하기 편리하며 비용면에서도 효율적인 해결책으로 평가받고 있다. 특히 사회기반시설과 전력이 부족하며 인터넷 접속이 어려운 낙후된 지역은 의료진을 훈련시킬 수 있는 전문적이고 숙련된 인력과 시설이 더욱 열악한 실정으로, 이동식 학습 시스템이 비용, 시간, 장소 등의 다양한 측면에서 그 효과가 높은 것으로 보고되었다. 특히 이동식 학습 시스템의 구성 요소인 태양열 충전기는 전략 공급 상태가 변덕스러운 상황에서의 대안이 되며, 프로젝터에 내재된 세계적 수준의 훈련 프로그램은 인터넷 접속이 없어도 사용 가능한 장점이 있다. 태양열 충전 도구는 각 프로젝터를 자동차 배터리나 태양전지판으로 충전할 수 있는 이동식 배터리를 포함한다. 또한 USB와 같은 다양한 장치에 의료교육 훈련이나 긴박한 상황에서 활용할 수 있는 대응 방안들을 저장할 수 있다.

이동식 학습 시스템 프로그램이 시범 실시된 이후 에티오피아와 탄자니아의 낙오된 도시 외곽 지역에 소재한 22개의 건강 센터에서 사용되면서 3,040명의 조산사와 보건 관련 종사자를 훈련시키는 데 활용되고 있다.

비효율성과 아동 노동의 착취: 플레이펌프

2010년 미국의 PBS 방송사는 놀이터에서 아이들의 힘을 이용하여 수천 개의 아프리카 공동체에 식수를 공급할 계획이었던 플레이펌프(PlayPump)에 관한 이야기, '문제가 된 물(Troubled Water)'을 보도했다. 보도에 따르면, 모잠비크에 있는 수십 개의 플레이펌프가 유휴 상태에 있으며 많은 마을에서 플레이펌프가 제거되고 핸드펌프가 다시 설치되었다고 한다. 아이들에게는 놀이터를 제공하고, 마을에는 식수를 제공한다는 취지로 많은 기부와 광고를 받아 적정기술의 대표적 사례로 손꼽히며, 아프리카에 전면적으로 설치되던 플레이펌프는 왜 실패했을까?

● **플레이펌프의 디자인**

놀이터에서 흔히 볼 수 있는 대표적인 놀이기구인 라운드어바웃(Roundabout)과 펌프를 결합한 플레이펌프는 아이들이 풍차처럼 돌아가는 놀이기구를 돌리면서 만든 에너지를 사용하여 물을 이동시키는 장치로, 풍차 구동 워터 펌프와 비슷한 방식으로 작동한다. 이 제품은 아프리카에 처음 설치되었고, 남아프리카의 'Roundabout Outdoor'에서 생산되었다.

● **플레이펌프를 이용한 성공적인 모금과 확산**

플레이펌프는 남아프리카공화국의 시추공 드릴러이자 엔지니어인 로니 스투이버(Ronnie Stuiver)에 의해 발명되어 1989년 농업 박람회에서 처음 선보였다. 농업 경영진인 트레버 필드(Trevor Field)는 이 장치를 박람회에서 본 뒤 로니 스투이버로부터 사용 허가를 받는다. 필드는 1994년 남아공의 콰줄루-나탈(KwaZulu-Natal) 지역에 처음으로 두 개의 시스템을 설치했으며, 1999년 넬슨 만델라(Nelson Mandela)가 플레이펌프가 설치된 학교의 개교식에 참석하면서 플레이펌프는 언론의 주목을 받기 시작한다. 2000년 플레이펌프는 세계은행 개발 시장상(World Bank Development Marketplace Award)을 받았으며 2005년 미국 PBS에 보도되면서 국제적으로도 유명해졌고, 2006년 클린턴 글로벌 이니셔티브(Clinton Global Initiative) 행사에서 플레이펌프 설치 비용으로 약 190억 원(1,640만 달러)의 후원금이 약정되었다.

플레이펌프는 적정기술을 이용하여, 아이들을 위한 놀이기구와 물 부족을 동시에 해결하고, 많은 기업의 후원을 바탕으로 지속적인 관리까지 가능한 획기적인 아이디어로 일약 가장 유명한 물펌프 기부 사업으로 발전하게 된다. 실제로 2008년까지 1,000개의 플레이펌프가 설치되었으며 필드는 2010년까지 아프리카 전역에 4,000대의 플레이펌프를 설치하는 목표를 설정했다. 그러나 2009년 플레이펌프 인터내셔널(PlayPumps International)은 설치하지 않은 플레이펌프를 'People for Water'로 보내고, 기존 플레이펌프의 유지 관리에 집중하기 위해 새로운 플레이펌프 설치를 중단하게 된다.

그림 14.5 플레이펌프 적정기술을 이용하여 아이들을 위한 놀이기구와 물 부족을 동시에 해결하고, 많은 기업의 후원을 통해 지속적인 관리까지 가능한 획기적인 아이디어로 일약 가장 유명한 물펌프 기부 사업으로 발전하였다.

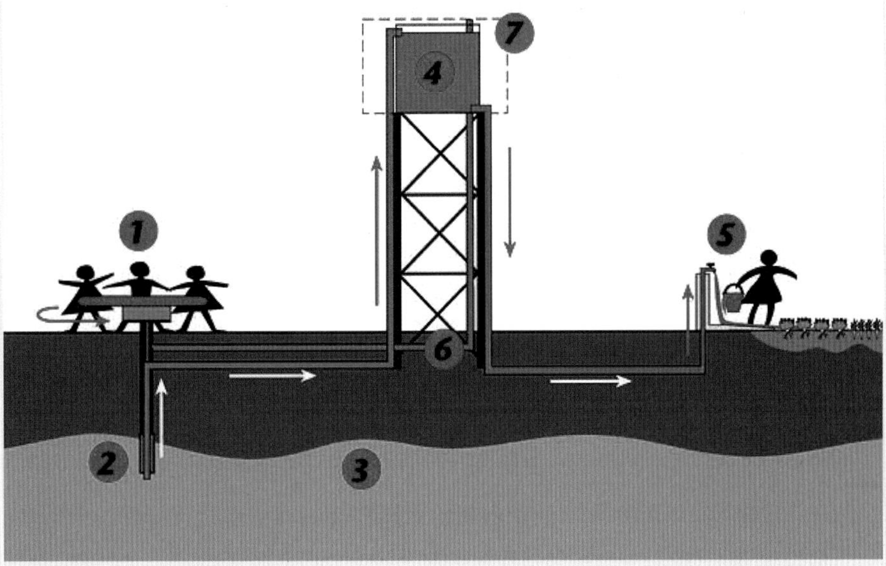

그림 14.6 플레이펌프 디자인 아이들이 풍차처럼 돌아가는 놀이기구를 돌리면서 만든 에너지를 사용하여 물을 이동시키는 장치로, 풍차 구동 워터 펌프와 비슷한 방식으로 작동한다(출처: www.playpumps.co.za).

● 비효율성과 아동 노동의 착취

플레이펌프는 처음 발표되었을 때 널리 알려지고 많은 기금도 모았다. 하지만 아프리카 지역에 설치 후 초기부터 장비의 지속적인 운영의 어려움, 비싼 수리 비용, 복잡한 수리 과정과 같은 경제적 문제와 함께 마을의 물 자원 확보를 위하여 아동이 자연스럽게 노는 것이 아니라, 실제 노동처럼 플레이펌프를 장시간 돌려야 한다는 점에서 놀이가 아니라 아동 노동의 착취로 변질될 가능성이 제기되었다. 아동의 노동에만 의존함에도 불구하고, 전통적인 핸드 펌프나 성인이 구동시켜야 하는 다른 워터 펌프가 놀이기구처럼 포장되었다는 점을 비판하는 의견이 나타나게 되었다. 이에 세계 최대의 물 자선단체 중 하나인 'WaterAid'는 플레이펌프에 반대하게 된다.

● 무엇이 잘못되었나?

기술적인 부분에서 단순한 놀이를 위한 회전목마와 펌프가 연결된 장치 사이의 회전축의 마찰에너지가 동일하지 않다는 점이 밝혀져 놀이기구로도 완벽하지 않았다. 무엇보다 가장 큰 문제는 아이들의 놀이가 아이들을 이용한 노동으로 바뀔 가능성을 간과한 것이다. 즉 놀고 있는 어린이의 활동이 물을 얻기 위한 적절한 에너지원인가에 대한 의문이다. 보도된 바와 같이 일과 놀이 사이의 경계가 생각만큼 명확하지 않았고, 플레이펌프가 작동하려면 아동들이 착취로 내몰릴 수 있는 실질적인 위협이 있었다. 즉 물 수요를 충족시키기 위해 아이들이 '노는' 상태를 유지하도록 강제하게 되는 것이다. 아이들이 마을의 식수를 해결하기 위하여 학교를 가지 않게 되거나, 노동력을 얻기 위해서 놀기를 강요당할 수 있는 현실이 일어날 수 있었다.

또한 플레이펌프는 매우 특정한 상황에서만 작동할 수 있다. 즉 식수로 활용이 가능한 지하수가 지표면 가까이에 많이 존재하지만, 지하수를 끌어올리기에 충분한 인프라가 없을 경우만 작동 가능하다. 그러나 많은 지역에서의 실제 문제는 수자원을 끌어올리는 장비의 부족이 아니라, 확보할 물이 근본적으로 부족하다는 점이다. 즉 수요를 충족시키기에 충분한 물의 절대량이 부족하므로, 이런 장비가 필요한 지역은 매우 한정적이다. 마찬가지로 물을 사용할 수 있지만 수질이 좋지 않은 경우 역시 플레이펌프가 해결책이 될 수 없다.

(출처: Daniel Stellar, 2010. July 1, State of the Planet, The PlayPump: What Went Wrong? http://blogs.ei.columbia.edu/2010/07/01/the-playpump-what-went-wrong/)

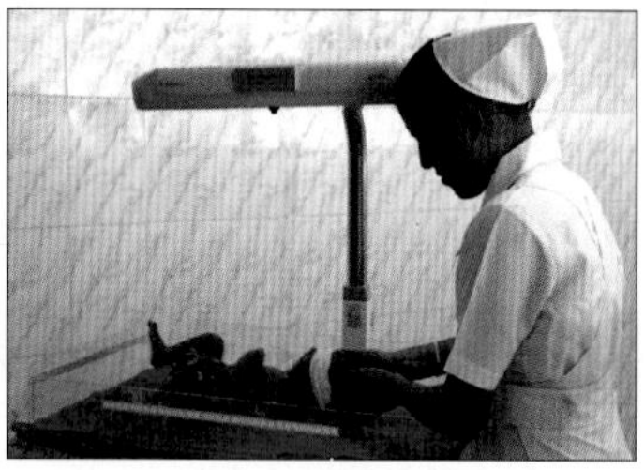

그림 14.7 적정기술을 적용한 치료 도구를 통해 4,900여 명의 영아들이 황달로 인한 사망이나 후유증으로 인한 장애에서 벗어난 것으로 나타났다.

3. 어린이를 위한 적정기술의 사례: 황달 치료기의 보급

황달은 신생아가 병원을 찾는 가장 흔한 원인으로 신생아 5명 중 3명이 다양한 수준의 황달을 경험한다. 또한 전체 신생아의 약 18%가 심각한 수준의 황달을 보이며 치료를 필요로 한다. 그러나 전 세계적으로 매년 6백만 명 이상의 영아들이 적절한 황달 치료를 받지 못하여 이후 심각한 장애와 사망에 이르고 있다. 특히 개발도상국의 병원에서는 가장 기본적인 황달 치료 방법인 광선 치료에 쓰이는 치료용 전구 3개 중 1개가 작동하지 않은 것으로 보고되고 있다. 또한 기존 광선요법을 위한 전구는 개당 15달러로 약 4개마다 교체해야 한다. 개발도상국의 많은 병원들은 광선요법을 위한 전구를 구하기도 어렵고 유지하거나 교체하는 비용을 충당하지 못함으로써, 적절한 시기에 적절한 방법으로 신생아의 황달 치료를 하지 못하는 경우가 많다.

적정기술을 통해 신생아 황달에 도움을 줄 수 있는 장비로 D-Rev를 꼽을 수 있다. D-Rev는 저비용으로 높은 질의 광선요법(phototherapy)을 제공하는 기기이다. D-Rev은 진단(identify), 디자인(design), 전달(deliver), 규모 및 측정(scale and measure)의 4가지 원칙을 기술적으로 구하였다. 첫 번째 원칙인 진단은 적정기술을 활용하여 불평등한 보건 수준을 해결하기에 효과적인 영역을 조사하고 확인한다. 두 번째 원칙인 디자인은 수요자의 필요에 부합하기 위해 제조, 유통 및 서비스 등의 관련 영역과 협력하여 적정기술을 적용한 생산품을 설계하는 것이다. 세 번째 원칙인 전달은 적정기술을 적용한 생산품의 지속가능한 효과를 극대화하기 위하여 생산품과 소비되는 시장을 유기적으로 연계하여 사용자에게 전달하는 것이다. 마지막으로 규모 및 측정은 적정기술이 적용된 생산품의 기대효과를 측정하여 그 효과를 극대화하기 위한 노력을 경주하는 것이다. 이

신생아 황달

신생아 황달이란 대개 생후 3~4일에 나타나며 아기의 피부가 밝은 오렌지색이나 노란색을 띠다가 생후 7~10일에 저절로 사라지는 증상이다. 신생아 황달은 정상 신생아의 60~80%에서 나타날 수 있는 생리적 황달로, 병적인 황달과는 차이가 있다. 병적 황달은 혈중 빌리루빈 수치가 기준 이상으로 높거나, 생후 2주 이상 황달이 지속되거나, 간접 빌리루빈의 수치가 올라가는 경우이다.

황달이 심한 경우 핵황달이라는 신경학적인 장애를 초래할 수 있으므로, 일정한 수준 이상의 빌리루빈 수치가 확인될 경우에는 입원하여 광선 치료, 교환수혈 등의 치료를 받아야 한다. 병적 황달의 대표적 치료요법인 광선요법은 빌리루빈이 많이 흡수하는 파장의 광선을 쪼여서 빌리루빈을 변형시켜 간의 대사를 거치지 않고 위장관과 콩팥으로 배설할 수 있게 하는 치료이다. 광선요법은 아기에게 통증이나 불편함을 주는 치료법이 아니며, 단지 아기 눈을 보호하기 위해 안대를 씌우고 옷을 모두 벗겨 노출시킨 상태로 푸른빛 또는 흰빛이 나는 특수 파장을 가진 광선치료기 아래에 눕혀 두는 단순한 치료법이다.

러한 기술 개발단계부터 효과 측정과 개선을 위한 추후 보완의 과정을 거쳐 개발된 영아 황달 치료 기구인 D-Rev는 현재 49개국 37만 명 내외의 영유아 치료에 활용되고 있다. D-Rev를 통해 치료를 경험한 영유아 80%는 지역적, 경제적 여건으로 황달 치료를 위한 시설 설치가 어려운 환경으로 인해 다른 치료를 받기가 어려웠던 것으로 분석되었다. 이러한 적정기술을 적용한 치료 도구를 통해 4,900여 명의 영유아들이 사망이나 후유증으로 인한 장애를 극복한 것으로 나타났다.

Do it yourself 14

- **실험제목 :** 3D 프린터를 이용한 탯줄 클램프 제작

- **실험 배경 및 목표 :** 최근 3D 프린터를 이용한 의족이나 의수 등의 제작은 현장 문제의 해결에 많은 가능성을 보여주고 있다. 특히 3D 프린터가 설치되면 새로운 디자인을 현장에서 전송 받아 직접 생산할 수 있기 때문에, 3D 프린터는 지역 간의 네트워크를 통한 기술전파 실현에 중요한 매개체가 될 것으로 전망되고 있다. 2013년 iLab은 중남미 아이티에 3D 프린터를 처음 소개하고, 탯줄을 자르는 클램프를 디자인하였다. 이는 매우 간단한 작업이나 태아와 산모의 비위생적인 감염 문제를 해결하는 데 도움이 된다.

- **실험 방법 :** 3D 프린팅을 위해서는 3D 프린터가 일반적으로 인식 가능한 stl 파일을 만들 수 있는 상업용 프로그램인 Autocad, Solidwork이나 무료 프로그램 Sketchup을 이용한다. 제작 과정은 다음과 같다.

① https://www.autodesk.com/education/free-software/autocad에서 학생용 AUTOCAD를 다운로드 받는다(무료 AUTOCAD 버전).
② 간단한 Autocad 교육 후 그림 14.8과 같은 디자인을 준비한다.
③ 3D 프린터를 이용하여 출력 후, 클램프의 절단 특성을 확인한다.
④ 제작 시간과, 레이어(layer)의 정밀도에 따른 클램프의 정밀도 등을 확인한다.

(a) (c) (d) (b)

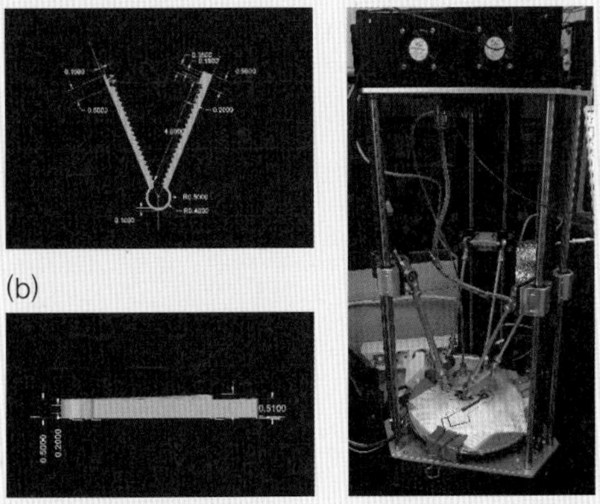

그림 14.8 (a,b) 탯줄 클램프 제작을 위한 디자인 설계도
(c) 탯줄 클램프 만드는 과정
(d) 완성된 탯줄 클램프

14.3 여성과 어린이를 위한 기술의 전망

인간으로서의 기본적인 권리를 온전히 향유하기 위해서는 제도적, 문화적 요건이 개선되고 기술이 지원되어야 한다. 특히 개발도상국에서 여성과 아동은 인권 측면에서 가장 취약한 계층이라는 점에서 이들에 대한 노동, 보건, 교육 활동 등에 대한 지원은 가장 중요한 적정기술의 실천적 요소였다. 여성과 아동의 일상에서 반복적인 노동의 무게를 완화시켜 주는 기술은 그들이 교육을 받고 경제 활동에 참여할 수 있는 시간을 보장해 줌으로써 불평등으로부터 벗어날 수 있는 기회를 제공하며, 의료 관련 적정기술은 지속적인 실행가능성을 확보함으로써 일상적인 죽음으로부터 여성과 아동을 해방시킬 수 있다.

그러나 수많은 국제 구호 단체들과 국제 원조 프로그램에서 적정기술이 인권이 위협받는 현장의 삶을 개선하기 위한 전제 조건이었다는 점은 분명하지만, 지난 반세기 동안 특히 여성과 아동의 기본적 권리 실현을 위한 다양한 프로젝트에서 '보다 적절한 기술이 보다 나은 삶을 가져올 수 있다'는 접근이 성공적이지만은 않았다는 사실을 간과해서는 안 된다.

적정기술의 출발이 그러했던 것처럼 일상에서 기술이 쓰이려면 그 기술 자체의 창의성과 혁신성이 실천되는 제도적, 문화적, 사회적인 다양한 맥락들과 결합되어야 한다. 즉 기술적 시각으로 인권을 바라보는 합리성과 함께 인권의 관점에서 기술을 해석하는 접근을 지향해야 한다. 이러한 적정기술과 인권에 대한 성찰을 유지하면서 기술적 혁신을 추구할 때 적정기술은 단지 기술로서가 아니라 수많은 인권 장애 요소를 제거하는 사회적 역동을 촉진할 수 있을 것이다. 또한 일회성 지원이나 단기적 성과 과시가 아니라, 과학과 기술 발전의 초점을 인간에 두고 지속가능한 방식으로 삶의 변화를 매개함으로써 인간의 권리를 증진하려는 관점을 공유해야 할 것이다.

이미 적정기술은 여성과 아동의 인권을 위해 개인적, 지역적 맥락 속에서 요구되는 바를 지속가능한 방식으로 실현시킬 수 있는 매우 도전적인 과제이다. 그러나 20세기 중반의 가난한 인도에서 시작된 '인간 중심의 기술로서의 적정기술'이라는 새로운 패러다임이 21세기에도 다양한 영역에서 그 의미가 재해석되는 실천 모형이라는 점에 더욱 주목할 필요가 있다. 이러한 적정기술의 개념 확장은 여성과 아동의 인권을 향상시키는 강력한 도구로 지역과 문화적 맥락에 맞게 혁신적이며 보편적 권리 보장을 추동하는 날개가 될 것이다.

연습문제

1. 생리대의 대안으로 반영구적으로 활용 가능한 생리컵은 현재 플라스틱 소재의 간단한 디자인이나, 다양한 소재와 디자인으로 개발될 수 있다. 생리컵에 대한 다음 물음에 답하여라.

1) 주변에서 쉽게 구할 수 있는 소재 중에서 현재의 실리콘 기반 생리컵을 대체할 수 있는 것으로 무엇이 있을지 생각해 보자.
2) 위생 문제와 사용 효과를 고려하여 생리컵에서 생리혈을 효과적으로 제거할 수 있는 디자인을 구상해 보자.
3) 해당 디자인으로 기대할 수 있는 직접적 효과뿐 아니라 교육, 사회, 문화, 경제, 환경 등에서의 간접적 효과를 논의해 보자.

2. 대부분의 국가에서는 물을 저장하는 데 30분 이하의 시간이 소요되거나 가정에 물이 공급되는 시설을 갖추고 있다. 그러나 사하라 남부 지역과 같은 일부 지역에서는 물을 구하는 데 1시간 이상 걸리기도 하며 경우에 따라서는 중장거리를 반복적으로 이동해야 한다.
오른쪽 그래프는 가정에 수도관 시설이 미비한 국가들에서 물 수집의 가사노동을 누가 부담하고 있는지를 보여 주는 자료이다. 제시된 자료를 보고 다음 물음에 답하라.

1) 제시된 자료를 참고하여 물 수집의 부담을 지는 이들의 성별, 연령별 특징을 요약해 보자.
2) 해당 가사노동의 부담이 성별과 연령에 대한 건강, 교육 및 성별 형평성(gender equality) 등에 어떠한 영향을 주는지를 논의해 보자.
3) 이러한 문제를 해결하기 위한 적정기술의 사례나 아이디어를 생각해 보고 그 효과를 제시해 보자.

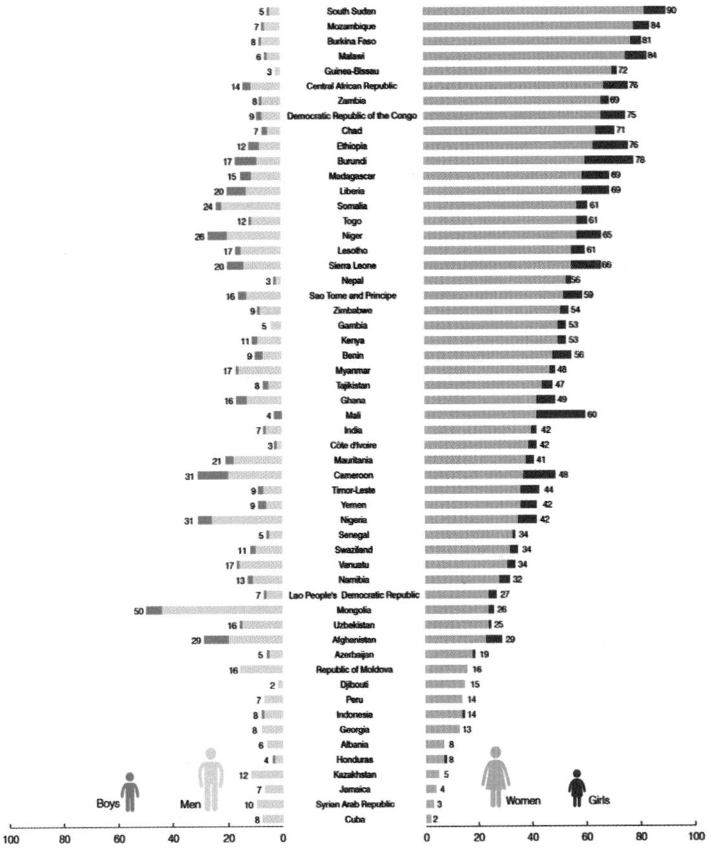

(출처: WHO and UNICEF, 2017, Safety managed drinking water–thematic report on drinking water)

참고 문헌

United Nations Haman Rights (2012), Human rights indicators: A Guide to Measurement and Implementation, Office of the High Commissioner.
UNDP (2015), Human Development Report 2015: Work for Human Development, the United Nationals Development Programme.
Lal G. and Degesys A. (2017), Portable Mobile Learning System: A Rural Training Solution for Health Workers, United Nations Population Fund.
UNFPA (2017), UNFPA Innovation Fund: Expanding the Possible, United Nations Population Fund.
UNFPA & UNICEF (2010), Women's & Children's Rights: Making the Connection, UNFPA & UNICEF.

Website
https://www.ohchr.org/Documents/Publications/Human_rights_indicators_en.pdf
http://hdr.undp.org/sites/default/files/2015_human_development_report.pdf
https://static.globalinnovationexchange.org

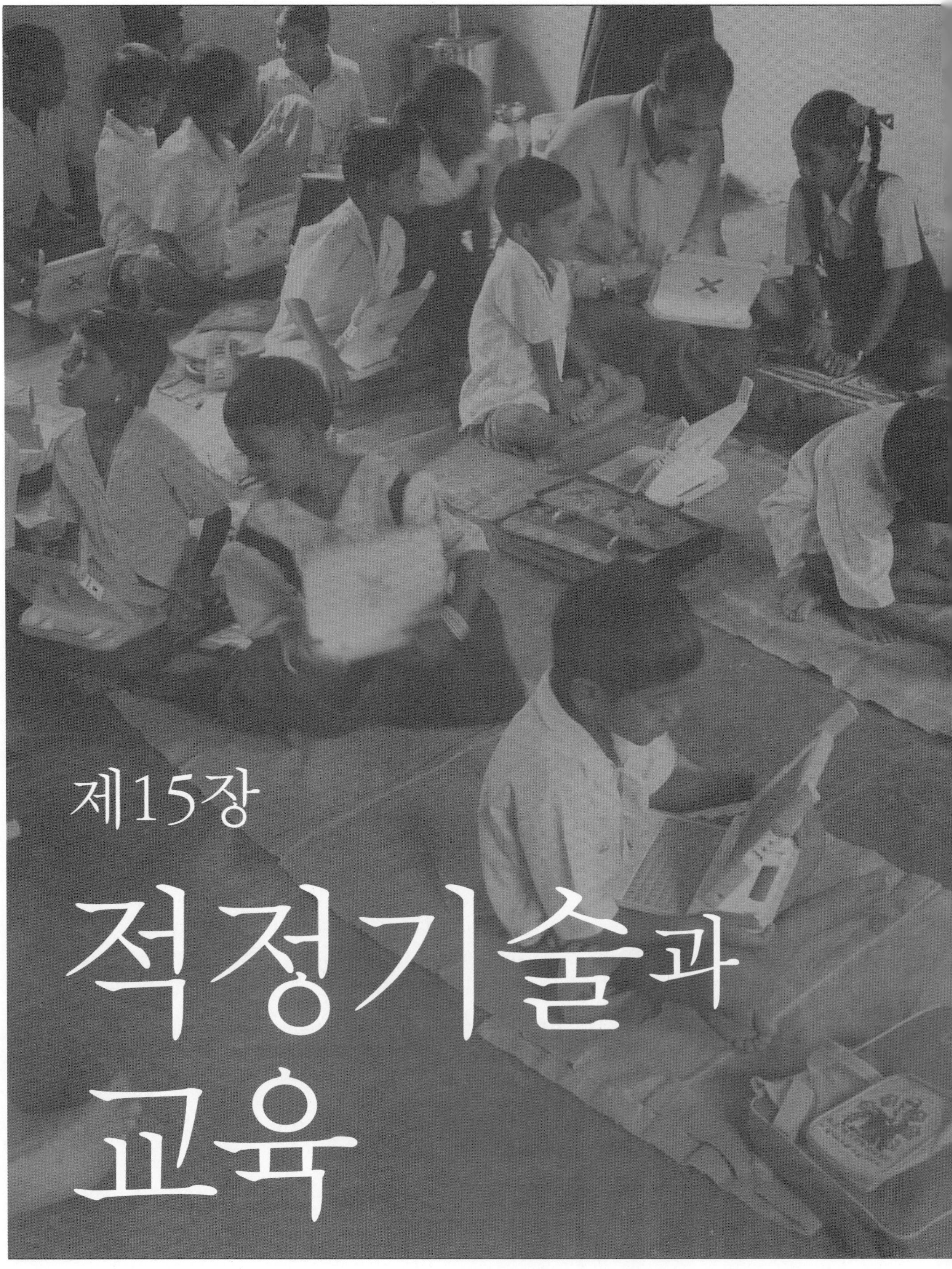

제15장 적정기술과 교육

"Nobody knows how the world will look in 2050. Much of what kids learn today will likely be irrelevant in their forties."

- Yuval Noah Harari -

"2050년 세상은 어떤 모습일지 아무도 모른다. 지금 배우는 대부분은 아이들이 40대가 되었을 때 그들의 삶과 관련 없는 것이 될 것이다."

- 유발 노아 하라리 -

생각해 봅시다

❶ 저개발국가에 교육이 필요한 이유를 생각해 보자.

❷ 교육이 다양한 분야에서 사회적 불평등과 가난을 해결하는 데 어떤 역할을 할 수 있을지 생각해 보자.

❸ 제 4차 산업혁명이 개발도상국의 교육에 어떤 변화를 가져다 줄 수 있을지 생각해 보자.

❹ 교육에 적정기술이 어떤 역할을 할 수 있을지 생각해 보자.

칸아카데미는 어떻게 교육을 재창조하는가?

그림 15.1 칸아카데미의 모토는 'You can learn anything. For free. For everyone. Forever'이다.

2012년 미국 시사 매거진 '타임'은 비영리 온라인 교육 기관인 '칸아카데미(Khan Academy)'의 설립자 겸 최고경영자(CEO)인 '살만 칸(Salman Khan)'을 세계에서 가장 영향력 있는 인물 100인 가운데 4위에 올렸다. 빌 게이츠는 살만 칸이 설립한 칸아카데미에 막대한 자금을 쾌척했고, 구글은 2010년 '세상을 바꿀 아이디어' 5가지 중 하나로 칸 아카데미를 선정한 바 있다.

2003년 살만 칸이 조카를 가르치기 위해서 만들기 시작한 동영상은, 2006년 유튜브를 통해 제공되면서 큰 인기를 끌기 시작했고, 제작한 동영상은 최고 1억 4천만 번의 조회수를 기록하는 등, 아시아와 아프리카를 포함하여 전 세계에서 가장 많은 학생을 가르치는 무료 교육 사이트로 성장하였다(Wikipedia). 칸아카데미는 당초 STEM(Science, Technology, Engineering, Mathematics) 콘텐츠를 중심으로 하는 교육 동영상을 주로 제공했으나, 지금은 역사, 예술 등으로 영역을 넓히고 있다. 미국은 물론, 전 세계 빈민 지역에 이르기까지 광범위한 사용자를 확보하고 있고, 기부 활동에 의존하는 비영리법인이란 점이 일반적인 스타트업과는 궤를 달리한다.

빌 게이츠가 명사들의 축제인 '아스펜 아이디어 페스티벌(Aspen Ideas Festival)'에서 자신이 칸아카데미의 열렬한 팬이라고 소개했는데, 아들이 칸아카데미를 활용해 공부하는 것을 보고 칸아카데미의 팬이 됐다고 한다. 행사 직후 빌 게이츠는 150만 달러를 기부한 데 이어 450만 달러를 추가 기부했다. 2011년 살만 칸의 TED 강연(주제: 영상을 통해 교육을 재창조하자) 말미에 빌 게이츠가 깜짝 등장해 "나는 교육의 미래를 보았다"고 극찬할 정도로 빌 게이츠는 칸의 든든한 후원자가 되었다.

최근 칸아카데미는 다양한 교육 실험으로 주목받고 있다. 2014년 실리콘밸리에 설립한 칸랩 스쿨(Khan Lab School)이 대표적이다. 학교 이름에 '랩'이라는 단어가 들어가 있는 것에서 알 수 있듯이 새로운 교육 실험이 이곳에서 진행되고 있다. 교육 과정과 학습 방식을 오픈소스 형태로 외부에 공개하겠다는 것이 살만 칸의 생각이다. 2015년 12월 인도 뭄바이에서 살만 칸은 타타그룹 회장인 라탄 타타와 만나 인도에 세계 수준의 교육을 무료로 제공하는 데 협력하기로 하고, 칸아카데미와 인도 타타그룹 산하 타타 트러스트(Tata Trust)는 향후 5년간 칸아카데미의 선진 테크놀로지를 인도의 교육시스템에 접목하는 데 함께 노력하기로 했다. 살만 칸은 인도뿐 아니라 라틴아메리카, 아프리카 등 교육 혜택을 제대로 받지 못하는 지역에도 큰 관심을 기울이고 있다.

칸아카데미는 비영리기업이지만 2017년 8월 교육용 게임 앱 스타트업인 덕덕무스(Duck Duck Moose)를 인수했다. 살만 칸은 이 업체를 인수한 뒤 앱을 무료로 제공하기 시작했다. 살만 칸은 이처럼 다각도로 교육 사업을 펼치면서 자기주도 학습, 협력과 프로젝트 중심의 교육이라는 교육 철학을 실천하고 있다. 앞으로 살만 칸의 철학이 교육의 미래를 어떻게 바꿔놓을지 주목된다.

(출처: 장길수 (테크M 제45호, 기사 2017년 1월), Wikipedia http://techm.kr/bbs/board.php? bo_table =article&wr_id=3559)

앞서 과학기술을 통해 빈곤을 해결할 수 있는 다양한 적정기술에 대하여 살펴보았다. 현장의 문제를 해결할 수 있는 아이디어 하나만으로 열악한 환경, 부족한 에너지 그리고 고된 노동의 어려움 등 개발도상국의 많은 문제를 개선할 수 있다는 점을 확인한 바 있다. 그러나 본 장에서 설명하고자 하는 '교육'이 뒷받침되지 않으면 기술을 이용한 빈곤 퇴치는 한계에 부딪힐 수 밖에 없다.

우리는 지식을 축적하고, 스스로를 발전시키면서 사회를 바꿀 수 있는 유일한 수단이 바로 교육이라는 것을 잘 알고 있다. 실제 개발도상국에서 교육의 의미는 선진국보다 훨씬 더 절실하다. 소외된 지역의 사람들이 빈곤에서 벗어나지 못하는 가장 큰 문제는 교육에 대한 접근성이 취약하기 때문이다.

다음에 서술한 유네스코, 유엔개발계획 그리고 국제은행의 조사 결과는 개발도상국에서 어려움에 처한 환경을 이겨내고 빈곤으로부터 탈출하는 것이 얼마나 어려운지를 보여 준다.

- 세계적인 빈곤 지역 인구 39%는 정규교육을 받지 못한다.
- 아프리카에서 도시 지역 아동은 시골 지역 아동에 비하여 중등교육을 마칠 확률이 5배 높다.
- 문맹률이 70% 이하인 세계 30개국 중 22개국이 사하라 사막 이남 아프리카에 위치한다. 이는 전 세계 문맹 인구의 26%에 해당하여 서남아시아는 전 세계 문맹 인구의 51%를 차지한다.
- 2015년 전 세계 성인 중 문맹자가 7억 8천만 명에 달한다.
- 1억 1천 4백만의 젊은이들은 읽고 쓸 수 없으며, 그중 2/3는 여성이다.
- 전 세계적으로 15세 이상의 여성은 남성보다 문맹률이 9% 이상 높다.
- 2014년 어린이 6천 1백만 명은 학교에 가지 못하고 있다. 그중 53%는 여성이다.
- 사하라 사막 이남의 아프리카 여성 39%가 경험하는 조혼풍습은 여성을 교육으로부터 소외시키고 있다.

위 내용에 따르면 지역에 따른 교육차별과 여성을 위한 교육이 매우 열악함을 알 수 있다. 대규모 원조와 지역 간 불평등이 세계적인 문제로 본격 제기되던 1980~1990년대나 전문가 그룹에서 적정기술이 활발하게 개발되던 2000년대 초반과 비교했을 때, 현재의 기술 발달은 이전 세대가 경험하지 못한 속도로 빠르게 진행되고 있다. 정보통신 기술의 발달을 비롯한 사물인터넷, 인공지능, 빅 데이터 등 **제4차 산업혁명**의 변화를 상징하는 기술 환경 변화가 나타나고 있고 그 변화는 급속한 지식과 정보의 질적 양적 변화를 일으키면서 우리가 살아갈 세상

제4차 산업혁명

2016년 세계 경제 포럼(World Economic Forum, WEF)에서 클라우스 슈왑(Klaus Schwab)에 의해 언급되었다. 정보통신 기술(ICT)의 융합으로 이루어 낸 혁명 시대를 뜻하는 것으로 빅데이터, 인공지능, 로봇공학, 사물인터넷, 무인 운송 수단(무인 항공기, 무인 자동차), 3D 프린터, 나노 기술 등의 새로운 기술 혁신이 핵심이다.

을 매우 빠르게 변화시키고 있다. 선진국에서도 기존 방식의 교육으로는 대처하기 어려운 새로운 세상으로의 변화가 감지되고 있다. 실제로 이런 사회적 변화에 대응하기 위해서 교육 선진국에서는 교육과정을 지식 중심에서 역량 중심으로 개정하였고 우리나라도 이런 흐름에 동참하고 있다. 그 결과 기초적인 정규교육의 시스템조차 완전히 정착하지 못한 많은 저개발국가는 선진국과의 교육 격차로 인해 정보화 간극이 점점 더 벌어질 것으로 예상된다.

빈곤한 저개발국가의 평균 소득은 선진국의 10분의 1에도 미치지 못한다. 지난 수십 년에 걸쳐 선진국들은 이들 나라에 돈, 식량, 보급품을 지원하고 전문가를 파견하는 등 다양한 방식으로 원조를 해 왔다. 하지만 아직까지 저개발 지역의 빈곤은 크게 나아지지 않고, 대부분의 사람들은 선진국에서 제공한 첨단기술의 혜택을 받지 못하고 있다.

생계조차 어려운 저개발국가부터 선진국까지 상황은 제각각 다르지만, 이러한 사회적 요구에서 대해 적정기술의 교육적 역할은 무엇일까? 먼저 제1장에서 정의한 적정기술의 두 가지 측면에 대해 다시 생각해 보자. 하나는 개발도상국이라 불리는 지역에서 발생한 경제적, 기술적, 사회적 문제에 대한 해결 방안으로서 적정기술이고, 다른 하나는 선진국을 포함하여 그 사회의 사회적 · 문화적 · 경제적 변화에서 기인한 대안기술로서 적정기술이다. 두 가지 측면 모두 공통적으로 '현지화', '지속가능', '환경친화'라는 가치를 중요하게 생각하고 있다. 이와 같은 점을 바탕으로 적정기술의 교육적 역할을 몇 가지 관점에서 짚어 보자.

기술적인 관점에서 적정기술을 활용하면 개발도상국에서 필요한 도구나 환경을 스스로 개선할 수 있도록 교육하거나, 더 쉽게 교육받을 수 있게 도움을 줄 수 있다. 그러나 개발도상국과 같이 경제적으로 어려운 국가가 아니더라도 각 지역 사회에는 다양한 사회 문제가 있다. 화석연료 사용에 의한 CO_2 배출이나 지구 온난화 문제와 같은 전 지구적인 문제를 비롯하여 특정 지역의 물 부족 문제와 같은 국지적인 문제까지 다양한데, 이러한 문제 대부분은 특정 소수의 노력으로 해결이 어렵고, 사회 구성원 전체가 문제를 공감하고 공동의 대책을 마련할 때 해결이 가능하다. 따라서 적정기술에서 다뤄야 할 교육은 위와 같은 부분까지 포함하여 생각할 수 있다.

15.1 교육의 필요성과 기본 요소

인간은 다른 동물과 달리 생물학적으로 매우 미성숙한 상태에서 태어난다. 이 때문에 부모나 사회의 도움을 장기간 필요로 하고, 미성숙한 인간을 돌보기 위한 교육이 필요하다. 대신 인간은 성장하고 나면 초기와 비교해 엄청나게 발전, 성숙하는 무한한 잠재 가능성과 변화 가능성을 가지고 있다. 인간이 성장하고 성숙한다는 것은 생물학적으로 인간의 형체와 기능을 가지는 것에서 그치지 않고, 인간 사회에서 어울려 살아갈 수 있는 능력을 가지는 것을 포함한다. 이를 위해서 인간은 다양한 사회적 활동을 통해서 인류의 문화와 역사를 학습하는 교육을 필요로 하고, 이를 바탕으로 고유 문명을 발전시키고 문화를 축적해 간다. 이와 같은 사회 · 문화적 교육은 인간이 소속된 사회의 문화와 역사를 배워서 즐기고 향유하는 측면의 교육과 그 사회에서 살아가는 데 필요한 지식과 능력을 키우는 측면의 교육이 포함된다. 또한 인간은 생물학적으로 완성되고 사회 · 문화적으로 충분한 성장했다고 하더라도 인간으로서 최소한의 도덕성과 규범을 갖추어야 한다. 사회마다 규정하는 도덕과 규범이 다를 수 있지만, 적절한 수준의 도덕적 규범을 지켜야 사회 구성원으로서 다른 사람들과 어울려 살아갈 수 있다.

인간에게 교육의 필요성은 사회 · 경제적으로 여건이 좋은 사회나 좋지 않은 사회나 구별 없이 적용되며, 다만 적용 방법의 차이가 있을 것이다. 교육의 혜택을 받지 못하는 사회의 경우, 보건 · 의료 측면의 교육이 우선적으로 필요할 것으로 보이지만, 그 지역의 미래를 위하여 사회 · 문화적 측면과 도덕적 측면의 교육 또한 강조되지 않을 수 없다.

교육과 관련된 사회 문제를 해결하기 위해서는 교육을 이루는 기본 요소를 파악하고 각 요소별로 문제에 접근할 필요가 있다. 전통적으로 교육은 교육자, 학생, 교육 내용의 3요소로 구성되어 있다. 그러나 교육의 개념을 확장하여 '학습사회'의 관점에서 **교육의 요소**를 구분하면, 교육 환경 또한 중요한 요소로 추가된다.

> **교육의 기본 요소**
>
> 교육의 질을 높이는 기본 요소는 다양하게 정의된다. 교육자, 학습자, 교육 내용 3가지로 분류하는 방법부터 '학습자와 학습 방법', '교육 내용', '학습 환경', '학교 행정', '학생의 조건', '재원'으로 분류하는 방법 등 교육 문제를 바라보는 관점에 따라 다르게 정의될 수 있다.

교육자는 사회, 학문, 학생의 요구를 고려하여 교육 내용을 선정, 재구성, 조직하여, 학습자에게 적절한 방법으로 가르치고 나아가 학생을 평가하는 역할을 한다. 최근 정규 교육 시스템에 있는 교사나 교육자뿐 아니라, 학교 밖 기관에서 제공하는 교육 등을 활용한 학습자 중심의 교육 기회가 확대되면서 '교육자'에 대한 개념이 전통적인 개념에서 비형식 교육의 기회를 제공하는 사람을 포괄하는 개념으로 확장되고 있다.

학생은 전통적인 교육에서 교육의 대상 또는 객체로 인식되었다. 그러나 학습자 중심 교육사상이 등장한 이후, 학습자는 모든 잠재 가능성을 가진 능동적인 존재로 인식되기 시작했다. 현재 우리 주변을 둘러보면 인터넷과 같은 무한한 정보의 접근성이 쉬워지면서, 학습자가 주체적으로 지식을 찾으며 학습하고 있고, 학습자의 수요에 따라 홈스쿨링과 대안학교, 대안 교육 또한 확산되는 추세이다.

교육 내용은 일반적으로 교육 과정(curriculum)이라고 부른다. 교육 내용은 전통적으로 교육 활동에서 교육자와 학습자 사이에 있는 매개체로 이해되어 왔다. 그러나 교육 내용은 단순한 매개체 이상의 의미를 가진다. 교육자가 교육을 위해서 학습자에게 제공하는 자료 자체는 교육의 소재일 뿐 그 자체가 교육 내용은 아니며, 그 자료를 통해 학습자가 궁극적으로 배우는 것이 진정한 교육 내용이라고 볼 수 있다.

교육자 – 교육 내용 – 학습자 세 가지 요소 사이에서 '교육 환경'은 별개의 요소로 역할을 한다. 소극적 관점에서는 교육은 항상 어떤 환경에서 일어난다. 그렇기 때문에 교육 활동을 계획하고 시행할 때 그 환경을 고려하지 않을 수 없기 때문에 교육 환경이 필수적인 요소이다. 인도의 어느 시골 학교에 가보면 교실에 책걸상이 없어 바닥에 앉아서 공책을 바닥에 놓고 공부하는 경우가 많다. 이러한 환경은 교육 내용과 방법을 선정하고 구성하는 데 매우 결정적인 요소로 작용한다. 그러나 적극적인 관점에서 보면, 교육 환경은 교육자 – 교육 내용 – 학습자의 특성과 역할에 중요한 영향을 미친다. 교육 환경에는 책상이나 교육 기자재 등 물리적 환경과, 교육 내용을 결정하는 사회 · 문화적 환경과 구성원 상호 관계 속에서 발생하는 심리적 환경도 포함된다.

교육 또한 보건이나 의료와 마찬가지로 교육적 구성 요소를 이해하며 다양한 학습자와 교육 환경에서 적절한 교육 내용을 갖추고 있는 전문가의 영역이다. 그러나 적정기술에서 다뤄야 하는 교육은 반드시 모든 조건과 환경이 갖춰진 상태에서 제공되는 것만이 아니라, 현실적으로 열악한 환경에서도 교육을 통해서 기여할 수 있는 모든 방법이나 교육 내용을 포함한다.

15.2 빈곤, 교육 그리고 벌어지는 격차

교육에 대한 세 가지 측면으로 보건 · 의료 측면, 사회 · 문화적 측면, 도덕적 측면을 살펴보았다. 빈곤에서 벗어나지 못한 개발도상국 대부분에서는 무엇보다도 보건 · 의료 측면이 가장 큰 문제라고 할 수 있다. 한 예로 급성 설사로 인한 질병의 발생 빈도를 보면 아프리카와 서남아시아 지역에서 매우 높게 나타난다. 설사로 인한 질병은 제13장 보건과 기술에서 다룬 바와 같이, 간단한 손 씻기와 깨끗한 물의 제공으로 거의 완벽하게 예방할 수 있는 질환으로 보건 교육과 시스템이 잘 정착된 국가에서는 발병률이 매우 낮다. 발병 후 의료 시스템의 차이도 있지만, 이는 기초적인 보건 교육의 문제일 것이다.

빈곤은 먹고 살기 위한 생존의 문제를 야기하고 교육 받을 기회를 놓치고 먹을 음식을 구하는 데 많은 시간을 소비하게 만든다. 그 과정에서 비위생적인 환경이나 질병에 노출되어 사망에 이를 가능성도 높지만, 이를 사전에 방지할 수 있는 교육을 받을 기회도 가질 수 없다. 혹여 교육의 기회가 주어지더라도 빈곤 때문에 누릴 수 없고, 이는 보건, 의료, 에너지, 환경, 인권 등 모든 분야에서 악순환을 가져온다. 이러한 사회 모든 분야의 문제 중 단순한 물적 지원으로 해결할 수 없는 것이 바로 교육이며, 반대로 교육에 의해 문제 해결이 가능할 수도 있다.

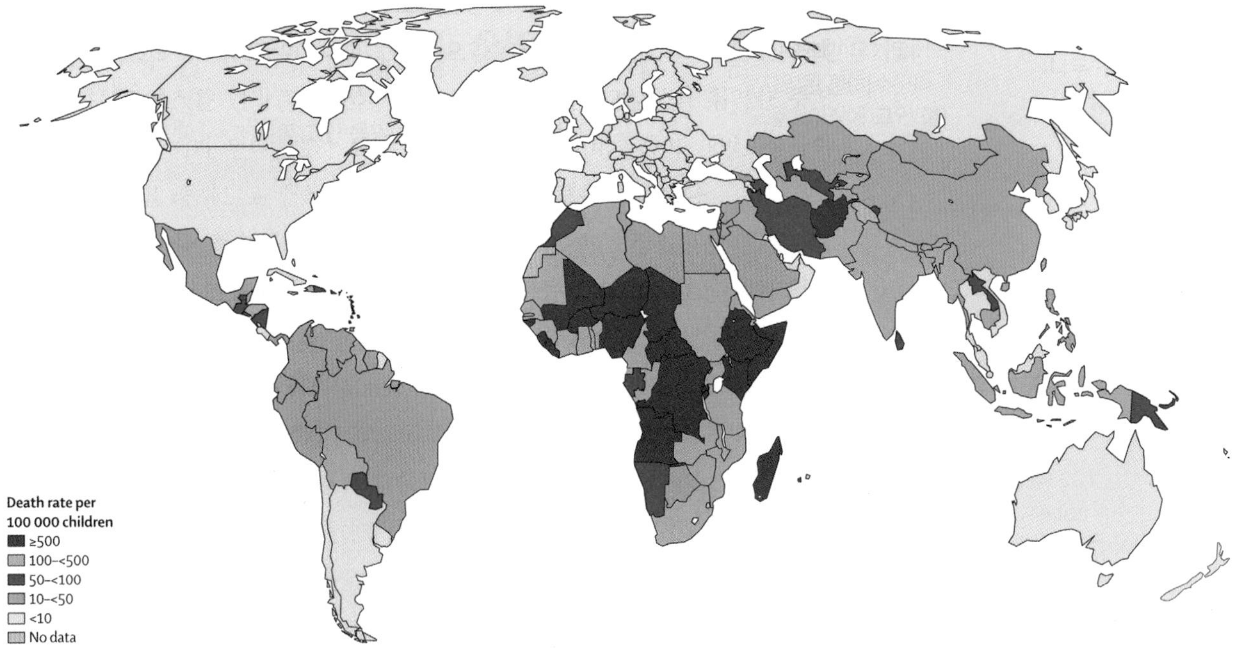

그림 15.2 급성 설사질환의 분포(출처: The Lancet, Vol. 376, 9734, 63–67 (2010), Santosham, *et al*. Progress and barriers for the control of diarrhoeal disease)

저개발국가의 교육 환경은 국가의 사회 · 경제적 발전을 더디게 하고 선진국과 격차를 점점 벌어지게 한다. 그런데 이들의 문제는 이들만의 문제가 아니다. 인간으로서 최소한 삶을 누려야 한다는 도덕적 인도적 가치를 강조하지 않더라도 지구에 함께 사는 다른 이의 불행은 전 지구적 사회 문제로 확산된다. 이는 지구의 지속가능성을 떨어뜨리는 것으로 국가 및 사회 사이의 격차를 줄이기 위한 노력이 요구된다.

격차를 줄이는 일은 보건 · 의료 측면의 문제를 해결하는 것만으로 충분하지 않다. 지금 우리 사회는 선진국과 개발도상국의 구별 없이 첨단 정보통신기술의 발달로 인류가 경험하지 못한 급격한 사회 변화를 경험하고 있다. 이러한 변화에 대처하기 위해서 교육의 패러다임이 변하고, 이와 함께 교육 내용과 방법도 크게 변하고 있다. 이러한 시대적 변화에 대해 저개발국가는 대처가 늦거나 대처하지 못할 가능성이 높다. 하지만 저개발국가에 사는 사람들도 같은 시대적 변화 속에 놓여 있으며, 급변하는 미래 사회에 적응할 역량을 갖추어야 한다. 따라서 우리는 현재와 미래의 교육 환경의 변화를 이해하고, 적정기술을 활용하여 교육과 관련된 사회적 격차를 줄이는 데 어떻게 기여할 수 있을지를 고민해야 할 것이다.

교육 혁명의 방향 : 거꾸로 교실 (flipped learning)과 융합교육

● 거꾸로 교실

교실에서 학습자의 능동적인 참여를 높이기 위한 방법으로 '거꾸로 교실'이 많은 곳에서 시도되고 있다. 전통적인 교실에서는 강의자가 가르치고 이를 바탕으로 학생은 집에서 과제를 하면서 학습한다. 이런 환경에서 진행되어 온 교실 수업은 생소한 주제를 예습 없이 처음 접하게 되는 학생들에게 수업을 따라가기 힘들게 만들어 능동적으로 수업에 참여하기 힘든 구조적 한계를 가지고 있다. 이러한 환경적 한계를 극복하기 위한 방법으로 나타난 것이 바로 거꾸로 교실이다. 거꾸로 교실에서는 수업 전 강의 관련 내용을 집에서 미리 학습하도록 동영상 등의 자료가 제공된다.

수업에서는 이를 기반으로 토론과 질문을 활성화한 수업으로 학습자의 능동적 수업 참여를 이끈다. 거꾸로 교실의 도입과 성공은 기술 발달의 도움을 많이 받는다. 개발한 자료를 공유하고 개별 학생들이 접근할 수 있는 인터넷 환경이 보편적으로 갖추어져야 하고, 학생들이 자료에 접근하여 볼 수 있는 디바이스(스마트폰, 노트북 등)가 학생들 손에 있어야 한다. 또한 학생들이 미리 공부할 교육 자료의 개발에 비용과 시간이 많이 소요되면 거꾸로 교실은 널리 확산될 수 없다.

● 융합교육

초·중등 과학교육은 미국, 일본, 한국의 구분 없이 수십 년 동안 내용이나 구성에서 거의 변화가 없었다. 그러나 그 사이 과학·기술·공학에서는 엄청난 변화가 있었다. 이렇듯 교육 현장과 사회 현실 사이의 격차가 심해지는 상황에서 빠른 사회 변화에 유연하게 대처하고 새로운 것을 만들어 낼 수 있는 역량을 갖춘 미래형 인재를 양성하는 것은 불가능한 일이다.

우리나라에서도 미래사회의 변화에 대비하기 위해서 창의 융합형 인재 양성을 주요한 교육 목표로 삼고 교육부에서는 2015년 교육과정을 개정했다.

창의 융합형 인재를 '인문학적 상상력과 과학기술 창조력을 갖추고 바른 인성을 겸비하여 새로운 지식을 창조하고, 다양한 지식을 융합하여 새로운 가치를 창출할 수 있는 사람'이라고 정의하고, 기존의 STEM에 Art가 포함되어 교육의 맥락이 과학기술 분야에 한정하지 않고 인문 사회 예술을 포함하는 더 폭넓은 사회적 맥락에서 과학기술 교육이 이루어질 것을 강조하고 있다.

● ICT를 활용한 예술 및 융합 교육

싱가포르 비샨파크 중학교(Bishan Park Middle School)에서는 학습자 중심의 교육을 위해서 첨단기술을 적극적으로 활용하여 학습자의 적성과 흥미를 고려한 수업을 설계, 운영하고 있다.

학교 방송실을 이용하여 방송, 미디어, 영상기술을 배우거나, 컴퓨터 전자 악기와 미디 등을 이용하여 기존의 피아노 및 관현악을 넘어서 전통악기나 다양한 종류의 장비 그리고 개인연습과 합주의 협력 학습까지 가능하도록 진행하고 있다.

과학기술 분야에서도 새로운 융합 학습이 진행된다. 싱가포르 NIE 연구소와 협업하여 학생들이 실제 과학기기를 제작하고 탐구할 수 있는 환경을 제공하고 있다. 학생들은 아두이노 코딩(arduino coding)과 센서를 활용하여 온도와 습도 센서를 제작하고 교내의 지정된 위치에 설치하여 온도와 습도 등 실제 일상생활에서 얻을 수 있는 날씨 정보를 빅데이터로서 수집한다. 학생들은 센서 설치 및 구현에 대한 기본적인 이해를 갖출 수 있도록 투명한 플라스틱 통을 이용해서 과학기기를 만들고, 수집된 온도 습도 빅데이터를 처리하는 과정에서 데이터를 분석하고 활용할 수 있는 능력(data literacy)을 키울 수 있다.

그림 15.3 싱가포르 비샨파크 중학교의 저널리즘 시설

15.3 교육 환경과 기회의 격차 줄이기

기술 발달로 급변하는 미래 사회를 대비하는 선진국의 상황과 저개발국가의 교육 상황은 차이가 매우 크다. 앞에서 소개한 바와 같이 2015년을 기준으로 약 7억 8,100만 명의 성인이 문맹이고(2015 모두를 위한 교육 세계현황보고서, UNESCO), 이들 중 3분의 2는 초등교육도 제대로 받지 못하고 있다. 이들에게는 앞에서 소개한 새로운 교육 변화에 대한 대처보다는 기초적인 생계 문제의 해결이 더 현실적일 것이다. 하지만 이들에게도 선진국에서 일어나고 있는 기술 혁명에 따른 사회 변화가 영향을 미치며, 미래 사회에 필요한 역량을 키우지 않으면 선진국과의 사회 경제적 격차는 더 커질 것이다. 이러한 문제의 해결에 적정기술은 어떻게 기여하고 있을까? 또 앞으로 어떻게 기여할 수 있을까?

다음에서는 적정기술을 이용하여 교육의 변화를 이끄는 적정기술 제품과 이를 이용해 마을의 변화를 일으키는 활동단체를 소개하고자 한다.

1. 적정기술을 이용한 학습 도구: 200원짜리 책가방과 책상

인도의 시골 학교에 가 보면 책가방 없이 학교에 오는 아이들이 대부분이고, 교실에는 책걸상이 없어 바닥에 앉아서 공책을 바닥에 놓고 공부하는 경우가 많다. 바닥에 엎드려 공부를 하면 자세가 나빠서 집중이 잘 안 되며 시력도 나빠지고 글씨도 제대로 쓸 수 없다. 인도의 열악한 환경에서도 모일 수 있는 장소가 있

그림 15.4 전 세계 문해율 분포 (출처: Our World in Data at http://ourworldindata.org/literacy)

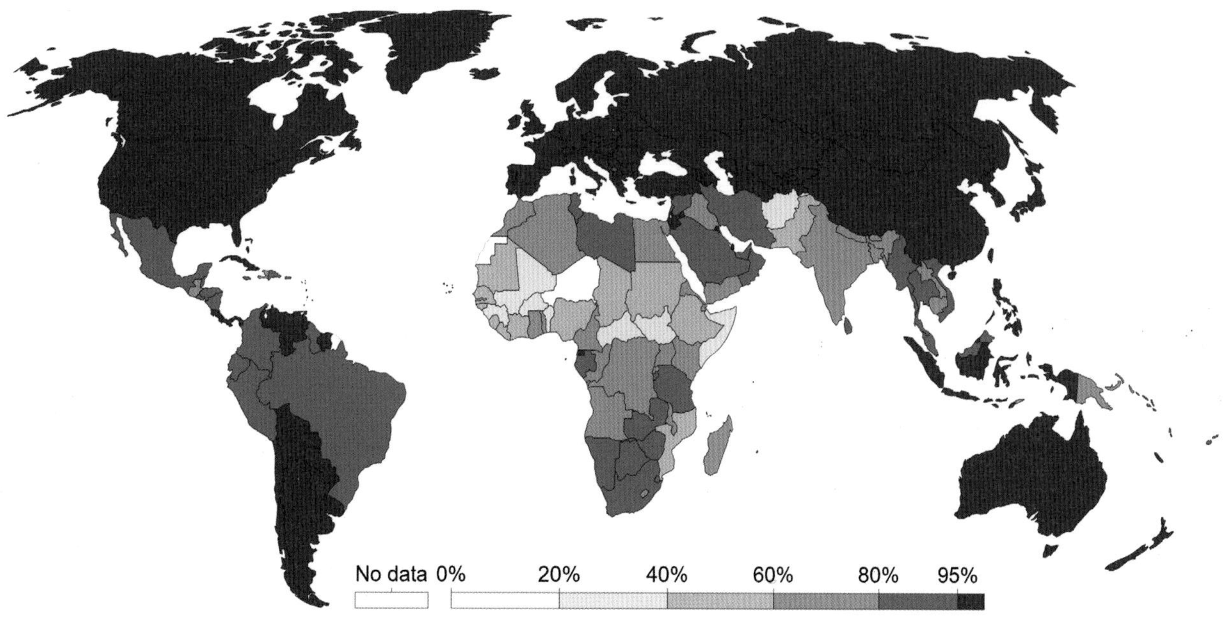

그림 15.5 아람브에서 개발한 헬프데스크 인도 학생들이 교실에서 헬프데스크를 이용하여 공부하는 모습(좌)과 헬프데스크를 가방 또는 책상으로 활용하는 방법(우)

고 교사도 있으니, 공부하려는 의지만 있으면 될 거라고 생각할 수도 있지만, 큰 비용을 들이지 않고도 학습 여건을 크게 개선시킬 수 있다면 학생들의 학습 의지를 더 고양시킬 수 있을 것이다.

인도의 비영리단체 아람브(Aarambh)는 이러한 문제를 해결하기 위해 가방 기능을 하는 책상인 '헬프데스크(Helpdesk)'를 고안하였다. 폐지를 모양대로 자른 뒤 접어서 만들 수 있는 헬프데스크는 200원도 채 안 되는 비용으로 가방이나 책상을 만들 수 있다. 헬프데스크는 종이로 만들기 때문에 반영구적이지는 않다. 다만 학습 동기를 유발하고, 누구나 책가방과 책상을 가질 수 있고, 집에서나 학교에서 활용할 수 있도록 디자인했다. 놀랍게도 단돈 200원으로 학습에 필요한 가장 중요한 두 가지를 동시에 학생들에게 제공할 수 있다. 아람브는 그 외에도 사회에서 소외된 어린이와 여성에게 교육과 보건 그리고 직업교육을 제공하며, 소외된 이들을 위한 공동체 봉사활동을 꾸준히 진행하고 있다.

헬프데스크의 디자인을 담당한 DDB Mudra의 아트 디렉터인 사누리 고메스(Sanuree Gomes)은 "해결책은 눈앞에 있었습니다. 우리는 강하고 유연하며 경제적인 소재가 필요했습니다. 그 때 사무실에는 막 배달된 물품이 있어서 종이상자들이 주변에 널려 있었지요."라고 말하면서 목적과 그에 맞는 디자인의 중요성을 강조한다.

2. 적정기술을 이용한 학습 도구: One Laptop Per Child

매사추세츠 공과대학교 미디어 연구소의 니콜라스 네그로폰테 교수(Nicholas Negroponte)는 비영리단체 OLPC(one laptop per child)를 세우고, 경제적으로 어려운 환경의 아이들에게 1인당 1대의 노트북 컴퓨터를 보급하려는 프로젝트로 100달러짜리 노트북 컴퓨터를 개발하였다. 이는 사회 경제적 이유로 정보화 격차(digital divide)가 커지는 현실에 대한 고민에서 출발한 것으로 다음과 같은 5가지 핵심 원칙을 기반으로 개발되었다.

그림 15.6 OLPC에서 개발한 XP 노트북 (좌)과 인도 교실에서 XP 노트북을 활용하는 모습(우)

① 어린이가 학교나 집에서 항상 휴대하게 한다.
② 어린이 교육에 활용한다.
③ 차별 없이 모든 학생들에게 제공한다.
④ 서로 연결될 수 있다.
⑤ 무료 소프트웨어를 사용한다.

이렇게 해서 개발된 노트북(model XO)은 현재 버전 4.0으로, 초기 모델에 비해서 4배 빠르고 1~2 GB RAM과 16 GB까지 하드디스크를 탑재할 수 있다. 터치 스크린 기능이 가능해졌고 5 GHz 와이파이를 지원하고 햇빛 아래서도 화면을 볼 수 있고 저전력 CPU와 수동 충전 기능이 탑재되어 있다.

OLPC 운동은 위와 같이 좋은 취지에서 시작되었으나, 수 년이 지난 후 효과적이지 않다는 평가를 받게 되었다. 그 이유는 다음과 같다.

첫째, 일회성으로 노트북이 보급된 뒤 기술 지원이나 교사 훈련 프로그램이 거의 제공되지 않았다. 실제 OLPC 재단은 저소득 어린이에게 XO 노트북을 제공하기만 하면 혼자서도 사용법을 배울 수 있다고 확신했다. 하지만 하드웨어나 소프트웨어의 버그라도 나타나면 교사나 학생은 어떻게 대처해야 할지 몰랐기 때문에 결국 노트북을 다시 박스에 넣어서 구석에 쌓아 두게 되었다고 한다. 이는 학생 대상 교구를 제공할 때 현장에서 가르칠 수 있는 교사 교육이 선행되거나, 동시에 진행되어야 함을 보여 준다.

둘째, 하드웨어와 소프트웨어의 지속적인 업데이트가 필요했지만, 네트워크가 연결되어 있지 않은 지역이 많았다. 페루에서는 XO 노트북의 운영체제를 현장에 맞게 개량(fork)하여 보급한 후, 운영체계의 개선사항을 반영시키기 위하여 추가 활동이 진행되었으나, 실제 현장에서는 반영되지 않거나 시간 소요 및 추가 비용 발생으로 감당하기 어려운 점이 있었다.

셋째, 도난을 방지하기 위한 활성화 키가 소프트웨어의 결함에 의해 사용에 지장이 있거나, 내부의 운영체계가 시간 설정 등을 잘못하는 등 현장에서의 기술 지원 부재로 인해 지속적인 이용에 많은 어려움을 겪게 되었다. 이는 기술적으로 완벽하다고 해도, 현장에 실제 적용될 때는 미처 생각하지 못한 수많은 난관을 만날 수 있고, 하나의 기술이 완벽하게 적용되려면 이를 지원하는 현장의 수많은 자원봉사자와 함께 기술을 이해할 수 있는 교육이 필요하다는 사실을 알려 준다. 교육 도구를 통해 다시금 새로운 사실을 배우게 되는 역설적인 사례라 할 수 있다.

그러나 가장 중요한 점은 소외된 학생에게 부족한 것이 능력이 아니라 기회라는 것으로, OLPC는 이 점을 잘 이해하고 있다. 그런 측면에서 XO 노트북은 학생들의 잠재력을 일깨우는 도구로 자리 잡아, 한정적이기는 하나 42개국 300만 명의 학생과 교사에게 보급되면서 지속적으로 시도되고 있다. 관련 개발자들은 XO 노트북을 통해서 학생들이 교육에 참여하여 배우고 창작하고 서로 공유하면서, 세계와 연결되고 더 밝은 미래로 이르기를 희망하고 있다.

3. 무선 도서관 'RACHEL Pi Project'

IT 장비의 비약적인 발전과 함께 메모리 용량이 급격하게 늘어나면서 도서관에 소장된 수백~수천 권의 책을 완전히 대체할 수 있는 용량의 메모리가 매우 저렴해지고, 쉽게 이용할 수 있게 되었다. 따라서 도서관이라는 공간과 함께 실물로 필요한 책들을 메모리에 담고, 이를 이용하여 수업과 교육을 하는 프로젝트가 제안되었다. 오프라인에서도 손쉽게 자료를 찾고, 필요한 시각자료와 수업에 필요한 교과서 등으로 활용할 수 있는 것으로, '교육과 학습을 위한 소외된 지역 사회 핫스팟(Remote Area Community Hotspots for Education and

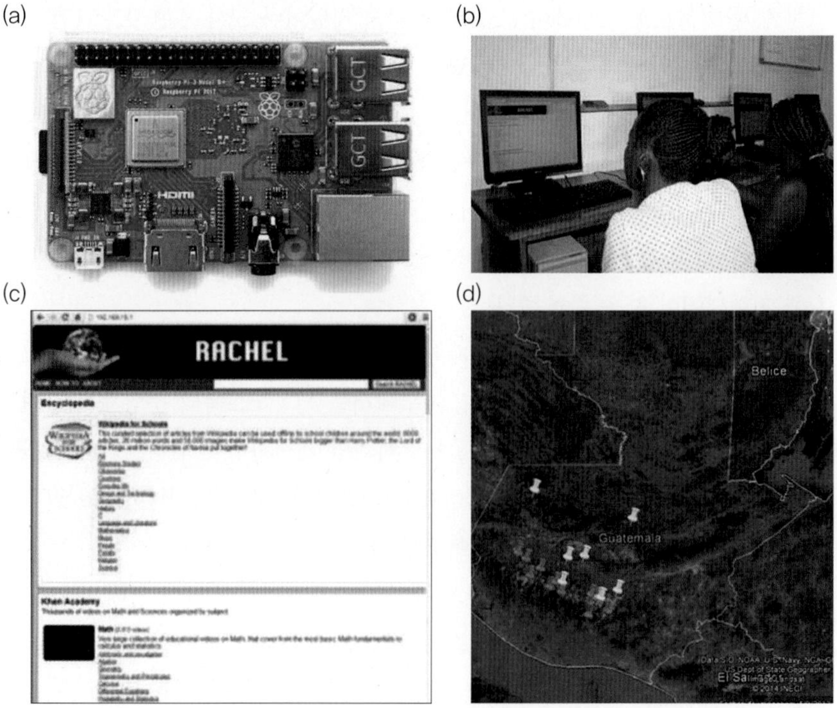

그림 15.7 (a) 레이첼 파이의 구동 하드웨어를 구성하는 Raspberry Pi (b) 우간다에서 레이첼 파이에 접속하여 정보를 검색하는 모습 (c) 스페인어로 설명된 레이첼 파이 정보 (d) 과테말라에 레이첼 파이가 설치되어 구동되는 곳을 나타낸 지도

Learning, R.A.C.H.E.L.)'이라 명명되었다. 레이첼 파이(RACHEL Pi)는 2009년 미국 네트워크 장비기업인 CISCO에서 근무하던 기술자들이 모여 공개된 정보를 모아서 오프라인에서도 사용할 수 있도록 배부한 것에서 시작되었다.

레이첼 파이는 비용을 낮추기 위해 오프라인에서도 사용 가능하도록 위키피디아의 방대한 백과사전 내용과 앞에서 소개한 칸아카데미, 고전문학 등과 같이 학습에 필요한 참고자료를 하나의 메모리에 담아 제공하고자 하였다. 특히 레이첼 파이를 이용하면 인터넷이 없이도 동영상 학교 수업을 들을 수 있고, 초중고 교과서의 내용을 볼 수 있어서 다양한 교육을 구현할 수 있다.

레이첼 파이는 메모리가 아니라, 오프라인 서버 개념으로 지역의 독립된 핫스팟에서 업로드된 자료를 무선 네트워크를 통해 여러 명이 동시에 활용 가능하도록 설계되었다. 소규모 학교나 커뮤니티 센터에 설치하면 스마트폰이나 노트북 컴퓨터에서 인터넷 망 없이도 손쉽게 다양한 정보를 찾고 접근할 수 있다. 특히 응급처치 방법이나 필수 의료 정보 등과 같이 현장에서 필요한 정보를 얻을 수 있으므로, 교육 목적뿐 아니라 정보의 비대칭적 불평등도 완화할 수 있는 최소한의 기술적인 대안으로 평가 되고 있다.

2009년 시범 운영 당시, 시에라리온에 레이첼 파이를 제공했으나 단순한 접근법 및 과다한 전력 소요로 인해 확산에 어려움을 겪었다. 이후 현장 활동가 및 여러 NGO와 파트너십을 맺어 레이첼 파이 프로젝트는 매우 성공적으로 여러 지역으로 확산되고 있다. 이는 기술적으로 매우 효과적인 **라즈베리 파이**(Raspberry Pi)와 같은 값싸고 작은 보드를 사용하면서 가능하게 되었다.

하지만 레이첼 파이 프로젝트가 성공하기 위해서는 아직도 많은 노력이 필요하다. 오픈소스 기반 프로그래밍에 대한 현지 교육, 오프라인에서 구동이 가능한 웹브라우저의 표준화 그리고 저가의 보드와 메모리의 지속적인 개발이 해결해야 할 기술적인 문제이다. 또한 간과해서는 안 되는 것은 지역 커뮤니티에서 필요로 하는 콘텐츠의 개발이다. 이를 위해서는 많은 재원이 필요하며 현재 빌앤멀린다게이츠재단이나 도서관과 같은 기부자의 참여가 이어지고 있어 지속적으로 더욱 확산될 전망이다.

과테말라 현지에서 스페인어로 기부된 레이첼 파이로부터 농업의 관개 시스템이 구축된 사례가 보고되었고, 지역의 페이스북을 통해 과테말라의 각지에서 설치를 요청하고 있다. 또한 버섯 재배 방법이나 복숭아 잼 요리법과 같은 농업 공동체의 성공 사례, 직업 및 문화 컨텐츠 등도 보강되고 있다. 레이첼 파이와 관련된 모든 정보는 전 세계 다양한 지역 사회에서 웹사이트, Dropbox, FTP를 통해 다운로드 받아서 스스로 제작 설치 가능하도록 공개되었다. 세계 각지에서 네트워크 및 장비 전문가와 자원 봉사자들이 레이첼 파이를 설치 운영하기 위한 노력에 속속 동참하고 있다. 최근 미크로네시아, 케냐, 동아프리카에서 지역과 학교를 통해서 레이첼 파이가 배포되고, 지역 독자적 네트워크와 디지털도서관이 설치되는 것도 매우 고무적이다.

라즈베리 파이(Raspberry Pi)

아두이노와 유사한 오픈소스 기기로 영국에서 개발되었다. 단일한 작은 보드에 컴퓨터 프로세서인 CPU와 그래픽 프로세서를 결합했고, 자유롭게 입출력 단자를 결합할 수 있다. 미니 컴퓨터의 역할을 plug-and play 방식으로 쉽게 제어할 수 있는 단일보드 컴퓨터이다.

4. 접근성이 높아진 피지컬 컴퓨팅 교육 환경

그동안 온도나 습도를 측정하거나 특정 조건에서 LED를 켜는 등의 전자장치는 전문가만이 가능한 영역이었다. 그러나 이제는 누구나 간단한 코드 사용법과 회로 연결 방법을 몇 시간만 배우면 원하는 기능을 구현할 수 있는 환경이 만들어졌다. 아두이노(arduino) 프로젝트는 전자회로 및 기기의 복잡성을 제거하여 예술가나 디자이너가 전자기기를 쉽게 다루어 예술에 접목할 수 있도록 하는 목적으로 2002년 이탈리아 이브레아(Ivrea)에서 시작되었다. 손바닥보다 작은 보드에 빛, 소리, 온도, 습도, 압력 등의 센서를 연결하여 원하는 물리값을 측정할 수 있고, 스피커, LED, 모터 등을 연결하여 빛을 내거나 소리를 내거나 움직임을 제어할 수 있다. 쉽게 말해서 우리가 살고 있는 세상의 정보를 인식하고 상황에 따른 행동을 제어할 수 있는 피지컬 컴퓨팅(physical computing) 세상이 전문가에서 일반인에게로 열리게 되었다.

무엇보다 아두이노가 주목받는 이유는 2만 원 정도의 가격으로 원하는 장치를 구현할 수 있다는 것이다. 간단히 센서(sensor)와 액츄에이터(actuator)를 연결하고 이를 제어하기 위한 간단한 코드를 작성하면 된다. 코드는 C언어를 기반으로 하여 간소화시킨 간단한 문법으로 아두이노 통합개발환경(arduino IDE)에서 누구나 쉽게 접근할 수 있도록 하였고, 센서에 따른 예제를 제공하고 무료 강좌도 인터넷에서 쉽게 찾을 수 있어 특별히 가르쳐 주는 사람이 없어도 스스로 배울 수 있는 환경이 마련되었다. 아두이노와 몇 가지 센서, 액츄에이터로 세상을 변화시킬 아이디어를 상상하고 바로 구현해 볼 수 있는 여건이 조성된다.

상상을 구현할 예술가에게도 좋은 툴이 되겠지만 놀이와 교육 교구가 제한적인 개발도상국 학생들에게 필요한 고가의 실험 측정기구를 저렴하게 만들거나 주변의 불편한 점을 바꿀 장치를 만들어내는 등, 상상을 구현하는 수단이자 놀이기구로, 더불어 현실 기반의 상상력을 키워 주는 교육 방법으로도 큰 역할을 할 수 있다. 세계 각국의 사람들이 아두이노로 만든 작품을 유튜브와 인스트럭터블(instructable)과 같은 공유를 위한 메이커 사이트에 공개하고 있으므로 누구나 보고 배울 수 있다.

여기에 한 발 더 나아가 2014년 10월 13일 와이파이(wifi) 통신 기능을 갖춘 nodeMCU가 등장하였다. 2013년 12월 말에 에스프레시프(Espressif Systems)라는 중국 회사에서 ESP8266 와이파이 칩을 판매함에 따라 3달러(USD)가 안 되는 비용으로 wifi를 탑재한 피지컬 컴퓨팅이 가능하게 되었다. ESP8266은 wifi SoC (System on a chip)로 2달러가 안 되는 가격으로 무선통신을 가능하게 한다. nodeMCU는 ESP-12 module에 기반한 하드웨어와 ESP8266 SoC의 펌웨어를 가지고 있는 오픈소스 플랫폼이다. 여러 사람의 손을 거치며 만들어진 nodeMCU는 아두이노 통합개발환경을 사용하여 아두이노에서 개발하듯이 코드를 넣으며 사물인터넷을 구현하는 피지컬 컴퓨팅이 되었다. 이제 3달러로 사물인터넷을 만들 수 있는 생태계가 조성되었다.

그림 15.8 nodeMCU wifi가 탑재된 오픈소스 플랫폼으로, 개당 2.31달러(USD)로 구입 가능하다.

Do it yourself 15-1

- **유튜브 강좌 또는 인터넷 오픈자료를 활용하여 다음을 실습해 보자.**

1. 아두이노 혹은 nodeMCU를 사용할 수 있는 환경을 만들고 예제의 blink를 실행해 보자.

2. Blynk 앱을 사용하여 스마트폰으로 집에 있는 nodeMCU를 모니터링하고 제어해 보자.

아두이노 배우기

아두이노 기초 실습에 관한 강의 자료는 미래창조과학부에서 지원한 한국과학창의재단의 Opensource DIY 사이트 http://opensource.kofac.re.kr에서 무료로 볼 수 있다.

Do it yourself 15-2

- **레이첼 파이 홈페이지의 설치 설명서를 따라 다음 작업을 해 보자.**

1. 라즈베리 파이에 라즈비안 OS를 설치하여 인터넷이 가능한 컴퓨팅 환경을 만들어 보자.

2. 레이첼 파이 전자도서관을 설치해 보자.

Do it yourself 15-3

- **참고 동영상을 보고 다음 프로젝트를 실행해 보자.**

1. 라즈베리 파이로 나만의 웹서버 만들기
   라즈베리 파이에 CODER를 설치해 HTML과 CSS, JAVA를 이용해 접속이 가능한 웹서버를 만들어 보자 (참고 동영상: http://opensource.kofac.re.kr/edu/detail_view.do?aIdx=143).

2. 인터넷으로 사물인터넷의 기초인 센서 값 확인하기
   아두이노로 간단한 센서를 제작하고, 이를 인터넷에 연결하여 그 값을 읽고 제어하는 방법을 실습해 보자. 인터넷에 접속 가능한 PC와 아두이노가 필요하다 (참고 동영상: http://opensource.kofac.re.kr/edu/detail_view.do?aIdx=150).

3. 아두이노를 이용한 자동 물주기 기계 제작
   아두이노를 이용하여 자동으로 화분에 물 주는 기계를 제작해 보자 (참고 동영상 : http://opensource.kofac.re.kr/edu/detail_view.do?aIdx=153).

한편 그래픽 카드를 포함하여 작은 리눅스(Linux) 컴퓨터로 사용할 수 있는 라즈베리 파이(Raspberry Pi)도 35달러면 구입이 가능하다. 라즈베리 파이는 영국의 라즈베리 파이 재단이 학교의 기초 컴퓨터 과학 교육용 프로젝트의 목적으로 개발하였다. 신용카드 크기의 초소형 하드웨어에 키보드, 마우스, 모니터만 연결하면 핫스팟(hot spot) 기능을 가진 멋진 컴퓨터가 된다. 무료로 다운받을 수 있는 Linux OS를 설치하면 초보 프로그래머에게 맞춤형 환경을 제공할 수 있다. 앞서 나온 레이첼 파이 무선 도서관도 라즈베리 파이를 통해 구현 가능하다. 2006년에 개념이 형성되어 2012년 처음 제품으로 나온 이후 꾸준히 판매되어 2018년 3월에는 전 세계적으로 1천 3백만 대가 팔렸다.

15.4 정보화 격차와 제4차 산업혁명

1. 정보의 불균형

냉전시대

제2차 세계 대전 이후부터 미국과 소비에트 연방을 비롯한 양측 동맹국 사이에서 갈등, 긴장, 경쟁 상태가 이어진 대립 시기를 말한다. 소련의 미하일 고르바초프 서기장이 정치 개혁 정책을 추진하면서 1991년 소련이 붕괴되고 냉전은 종식되었다.

냉전시대에는 정치적으로 세계를 구분하여 미국과 유럽을 중심으로 한 제1세계, 소련과 중국을 중심으로 한 제2세계 그리고 이에 참여하지 않는 아시아, 아프리카, 중남미 국가들을 제3세계라고 하였다. 소련이 붕괴된 1991년 이후 더 이상 정치적인 동맹관계로 국가를 구분하지 않으면서, 제3세계의 의미는 GDP, GNP, 문맹률, 평균수명, HDI와 같은 경제적인 삶의 질과 정치적인 안정성을 근거로 IMF나 세계은행에서 제안한 '개발도상국' 또는 '저개발국가'와 동일한 의미로 사용되고 있다. 동일한 맥락에서 일반적으로 사용되는 '자원이 부족한 국가(low resource countries)'는 그 사회의 인프라 개발이나 보건, 의료, 교육 등 사회적 안전망을 구축하지 못한 사회를 지칭한다. 적정기술은 이러한 물질적 자원의 격차를 근거로 삶의 질 향상을 목표로 하는 기술 이전을 진행해 왔다.

20세기 후반 제3차 산업혁명 이후 컴퓨터와 인터넷 보급에 따른 지식정보의 확산과 축적은 막대한 양의 정보를 생산하기 시작한다. 정보란 뉴스, 영화, 문화적 콘텐츠뿐 아니라, 학술, 금융, 의학, 과학 지식을 모두 포함한다. 이와 같은 지적 콘텐츠와 이를 처리할 수 있는 하드웨어적 기술은 기존의 경제적, 물적인 토대로 구축된 '자원'과 다른 새로운 '정보 자원'으로 구분할 수 있으며, 이를 기준으로 국가 간 격차를 구분하게 되었다. 즉 새로운 정보를 만들 수 있고, 이를 축적할 수 있는 인프라가 갖추어져 있는 정보 중심 국가들과 이들이 생산한 정보에 의존할 수밖에 없는 주변부 국가들로 구분될 수 있다. 인터넷 시대를 넘어, 무선통신과 스마트폰이 일상화되면서 국가 간 정보의 불균형은 점점 더 확대되고 있다. 이와 같은 정보 불균형은 정보에서 소외된 국가들이 경제적 인프라를 갖추는 것만으로는 새로운 단계의 발전된 사회로 진입하기 어려움을 보여 준다. 압도적인 정보 생산 능력의 차이로 인해 후발 국가들이 발전을 위한 양질의 정보를 확보하기 어려워 선진국으로부터 그대로 수입하는 문화 콘텐츠 등에 따른 문화적 종속화의 문제가 나타나고 있다.

2. 새로운 희망 그리고 교육

세계는 지금 컴퓨터를 기반으로 한 인터넷이 스마트폰을 통한 무선통신으로 급속히 변화하면서 새로운 정보화 시대로 발전하고 있다. 그 결과 기존의 물적 불균형 및 정보의 불균형이 영구적인 격차로 고착되지 않고, 극복 가능하다는 새로운 희망과 가능성이 나타나고 있다. 이미 한국, 일본, 타이완 등은 세계적으로 하드웨어와 콘텐츠 분야를 선도하는 국가로 자리 잡았으며, 중국, 인도네시아, 말레이시아, 인도 등과 같이 인구가 많고 국토가 넓은 개발도상국들도 스마트폰을 기반으로 한 '연결망'에 급속하게 편입되고 있다. 이러한 국가들은 물류나 교

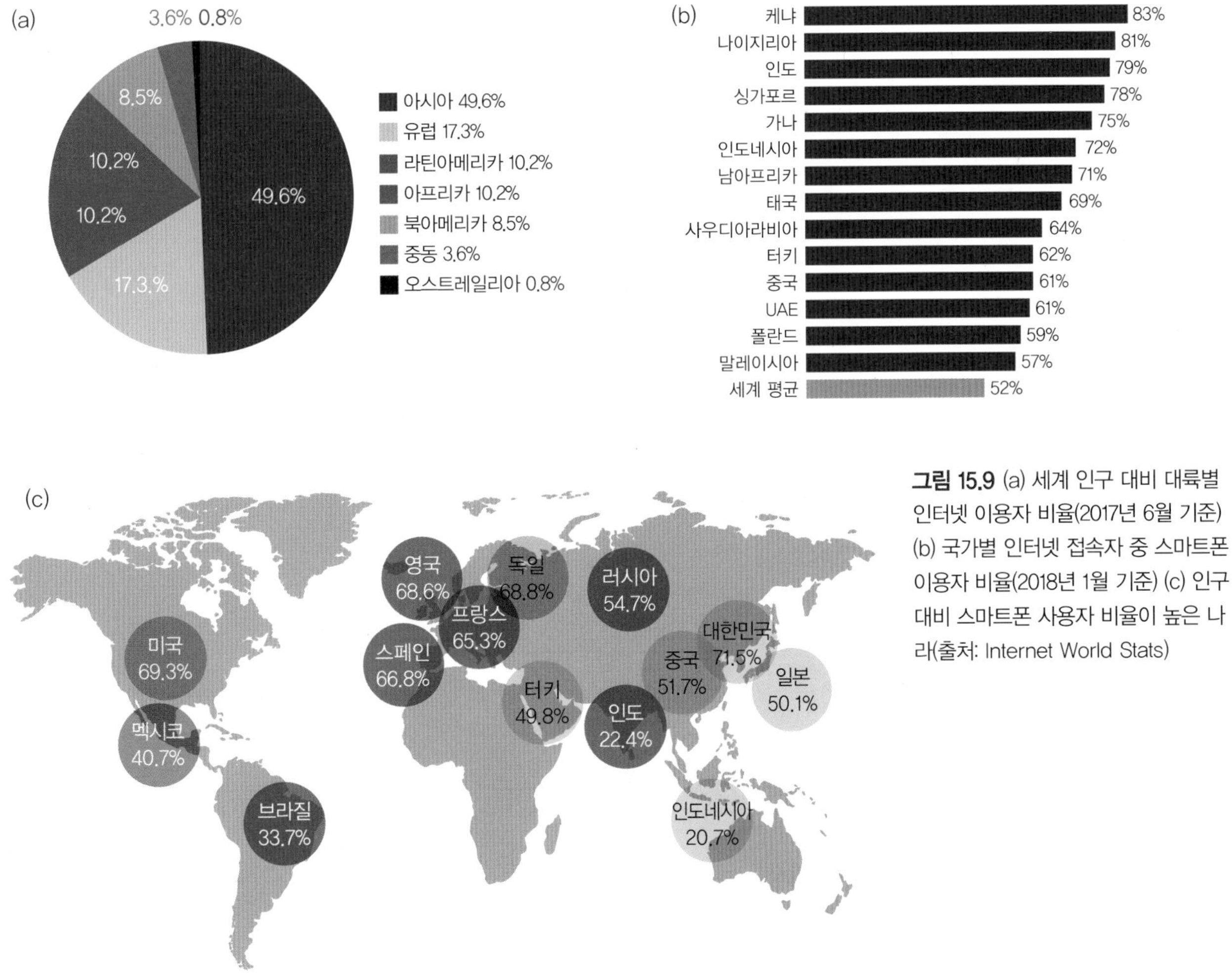

그림 15.9 (a) 세계 인구 대비 대륙별 인터넷 이용자 비율(2017년 6월 기준) (b) 국가별 인터넷 접속자 중 스마트폰 이용자 비율(2018년 1월 기준) (c) 인구 대비 스마트폰 사용자 비율이 높은 나라(출처: Internet World Stats)

통망 등에 존재하던 문제점을 무선통신을 이용하여 완벽하게 극복하면서 눈부신 발전을 거듭하고 있다.

2018년 전 세계 인터넷 사용자 41억 명을 기준으로 한 인터넷 사용자 수의 비율을 보면, 중국, 인도 그리고 터키를 포함하는 아시아 국가가 거의 절반을 차지하고 있으며, 라틴아메리카와 아프리카는 각각 10.2%씩을 차지하고 있다. 이는 라틴아메리카와 아프리카에서 적지 않은 인구가 인터넷 사용자로 참여하고 있음을 의미한다. 중국은 전체 인구의 약 50%가, 인도와 인도네시아는 전체 인구의 약 20% 내외가 스마트폰을 이용한 무선 인터넷을 사용하고 있어, 인구의 70%가 스마트폰을 활용하는 한국이나 미국에는 못 미친다. 하지만 인구의 50%만이 스마트폰을 이용하고 있는 일본과 비교해 보면, 빠른 속도로 스마트폰이 확산되고 있으며 각 나라의 인구수를 고려할 때 매우 놀라운 현상이라고 평가할 수 있다. 이것은 인터넷 연결 방식이 막대한 인프라가 필요한 유선 방식에서 선이 없는 무선 방식으로 바뀌면서 가능해진 현상이다. 실제 케냐는 무선통신에 의한 인터넷 사용이 인구의 83%로 전 세계적으로 유선 대비 무선 인터넷 트래픽이 가장 높은 국가이며, 나이지리아와 인도도 무선 인터넷 사용이 80%에 육박하고 있다. 이러한 현상은 정보의 이동과 공유 형태가 봉화, 파발마, 전보, 전화, 라디오나 TV 등의 미디어 그리고 고속 인터넷으로 변천하는 과정에서 어려움을 겪고 있던 주변부 국가가 선진국과 견줄 수 있는, 인류 역사상 처음으로 도래한 새로운 가능성을 보여 주고 있다.

그림 15.10 구글은 열기구 '프로젝트 룬'을 통해 저개발국가에 인터넷을 무료로 제공하여 정보화 격차를 줄이기 위한 프로젝트를 진행 중이다. 열기구를 통해 1000 km 거리까지 데이터를 전송하는 데 성공했고, 2019년 아프리카 케냐에서 첫 상용화 서비스를 시작할 예정이다.

이미 많이 알려져 있는 제4차 산업혁명의 특징은 '연결'이다. 4차 산업으로 대표되는 기술은 크게 '인공지능'과 '사물인터넷'으로 대표되고 있으며, 3D 프린터를 통한 현장 생산, 원격 진료를 통한 보건 및 의료기술의 확산 등이 제4차 산업혁명을 통해 가능할 것으로 예상되고 있다. '연결'을 통한 지역, 사람, 사물 사이의 정보 전달 및 공유는 무엇을 의미할까? 예를 들면 사물인터넷(Internet of Things, IoT)은 여기저기 흩어져 있는 물건들이 서로 인터넷에 연결되어 기능을 수행하게 한다. 가령 한국에서 아프리카 어느 지역의 태양광 발전량을 확인하여 생산된 전기를 배분하는 것도 가능하고, 식물의 온습도를 확인한 후 최적의 수량(水量)을 공급하는 새로운 관개 시스템도 가능하다. 영상을 통해 현지 상황을 신속히 공유할 수도 있다. 이것이 가능하려면 현지에 통신을 위한 단말기나 wifi 중계기만 있으면 된다. 가령 현지에서 식물을 키우려고 하면 인터넷이 되는 지역 어디서든 wifi와 연결된 장치의 정보를 확인하고 기기의 역할을 수행하도록 명령을 내릴 수 있다. 이는 원격 의료 진단과 진료를 통한 보건, 에너지, 환경, 인권, 빈곤 등 거의 모든 적정기술 분야에서 소외된 지역의 문제를 해결할 가능성을 열어 준다.

무엇보다도 개발도상국의 지역 사회와 개인이 연결되면 교육 분야에서 가장 큰 수혜를 받을 수 있을 것이다. 제4차 산업혁명의 변화를 이용하면 배움의 기회가 없는 곳에서 교육 기회를 제공할 수 있다. 인터넷 검색으로 통해 누구나 공평하게 자신이 원하는 지식을 찾고, 다양한 언어로 자동 번역되는 유튜브나 위키피디아와 같은 사이트를 통해서 다른 언어의 정보도 쉽게 얻을 수 있다. 더욱 적극적인 방법으로는 MOOC (Massive Open Online Courses)나 칸아카데미를 이용하면 대학 수준의 강의를 들을 수 있다. 세계 다른 지역의 뉴스를 인터넷을 통해 실시간 확인하고, 주변 소식은 SNS (Social Network Service, 사회연결망)를 통해 언제든 확인할 수 있다. 심지어 도서관까지 인터넷으로 옮겨가고 있다. 꼭 필요한 도구가 있다면 설계도를 인터넷에서 내려 받고, 3D 프린터를 이용하여 제작할 수도 있다.

제4차 산업혁명을 이끄는 이러한 도구들은 인터넷 망에 의해서 더욱 발전, 개선될 것이다. 2011년 구글은 인터넷 접근성을 높이기 위한 시도로, 하늘에 커다란 열기구를 띄워서 지상에 인터넷을 제공하는 '프로젝트 룬(Project Loon)'을 회사 내부에서 실험적으로 시작했다. 이후 2015년 알파벳 지주 회사 체제로 변화하면서 자회사로 성장한 구글 X는 이 프로젝트를 계속 진행했고, 2018년 텔콤케냐(Telkom Kenya) 통신사와 계약을 체결하고 케냐 지역에서 인터넷 접근성이 매우 낮은 곳을 대상으로 상용 서비스를 준비하고 있다. 이러한 시도의 성공 여부를 평가하기는 아직 이르다. 그러나 과거 적정기술 아이디어나 구체적 실천이 인력과 자금의 한계 때문에 특정 지역의 혜택 받은 사람에게만 적용되었으나, 이제는 전 지구적 문제를 효과적으로 해결할 수 있는 새로운 세상으로 변화하고 있는 것은 틀림없다.

15.5 교육의 역할과 적정기술의 미래

제4차 산업혁명으로 상징되는 수많은 기술의 발달 속도가 가속되면서 우리가 살아가는 사회의 생태계가 급격하게 변하고 있다. 그 속도가 매우 빨라서 학교에서 배운 지식만으로 미래 사회의 변화에 적응하고 대응하여 살아갈 수가 없으므로 학생들이 미래 사회에 필요한 핵심 역량을 키우도록 교육의 패러다임이 변하고 있다. 이러한 변화가 전 지구적으로 일어나고 있지만, 낙후된 지역과 국가에서는 기본적인 생존도 해결하지 못하고 있다. 이러한 격차는 잠재적, 현실적으로 사회 불안의 원인이 되므로, 함께 살아가기 위해서는 반드시 해소되어야 한다.

적정기술은 선진 사회와 낙후된 사회 사이의 교육 기회의 격차를 해소하는 데 핵심적인 역할을 할 수 있다. 간단한 학습 도구에서 디지털 소양을 키우는 교육 도구까지 제공 가능하며 더 나아가 인터넷을 통하여 세계의 지식과 정보에 접근하도록 도움을 줄 수 있다. 교육의 기회와 자료를 제공하면 비록 지금은 낙후된 환경의 학생이라도 앞으로 잠재력을 개발하고 미래 사회의 변화에 대응, 적응하면서 살아갈 역량을 키울 수 있다. 즉 기술 발달로 벌어진 사회적 격차를, 적정기술을 활용하면 그 간격을 좁힐 수 있다.

우리는 본 장에서 교육 격차를 줄일 수 있는 여러 사례를 살펴보았다. 우리 앞에 놓인 현실을 들여다보면 앞으로 더 많은 부분에서 유사한 노력이 필요한 곳을 발견할 수 있을 것이다. 이때 적정기술을 배운 학생들이 융합창의적인 사고로 멋진 해결 방안을 찾을 수 있기를 기대한다.

연습문제

● 다음의 문제를 풀면서 교육에 적정기술이 적용될 경우의 활용 방안을 생각해 보자.

1. 교육 환경 및 기회의 격차를 줄이기 위한 방법으로 여러 사례를 살펴보았다. 소개되지 않은 기술 및 전략으로 교육 환경 및 기회의 격차를 줄일 수 있는 것을 발굴하여 제안해 보자.
2. 교육적 문제를 해결하려는 노력으로 시도된 적정기술 중 실패한 사례를 찾아보고, 실패의 원인을 분석하고 대안을 제안해 보자.
3. 저개발국가가 아니더라도 우리 주변에서 여러 가지 이유로 교육 환경이나 교육 기회에서 소외된 곳이 많다. 한 가지 사례를 선정하여 어떤 적정기술을 활용할 수 있을지 디자인해 보자.

공동 설계 프로젝트

● 설계 프로젝트는 최종 작품의 요구 사항에 맞는 디자인이 필수이며, 학생들이 공동 작업하여 실제 프로토타입을 설계, 제작하는 것을 목표로 한다.

1. 카드보드지로 세상을 변화시킬 아이디어를 제안해 보자. 추후 보다 안정적인 재료로 만들기 위한 프로토타입이어도 좋다.
2. 피지컬 컴퓨팅(예〉 아두이노, 라즈베리 파이)으로 우리는 무엇을 할 수 있을지 토의해 보자.

참고 문헌

UNESCO (2015). 모두를 위한 교육(EFA) 세계현황 보고서 2015 (Education for All 2000-2015: achievements and challenges; EFA global monitoring report). UNESCO.

유세경 (2013). 글로벌 커뮤니케이션. 커뮤니케이션북스.

UNDP (2016). Human Development Report 2016. Human Development for Everyone.

UNESCO (2016). 2016 Global Education Monitoring Report .Gender Review: Creating Sustainable Futures for All. UNESCO.

UNESCO Institute for Statistics (2016). 50th Anniversary of International Literacy Day: Literacy rates are on the rise but millions remain illiterate. UNESCO.

UNESCO Institute for Statistics (2016). Out of School Children Policy Paper 27 / Fact Sheet 37. UNESCO.

UNESCO (2015). Education for All 2000-2015: Achievement and Challenges 2015. UNESCO.

World Bank (2015). Global Monitoring Report 2014/2015: Ending Poverty and Sharing Prosperity. World Bank. DOI: 10.1596/978-1-4648-0336-9.

World Bank (2016). Poverty and Shared Prosperity 2016: Taking on Inequality. World Bank. DOI:10.1596/978-1-4648-0958-3.

Website

https://www.compassion.com/poverty/education.htm

https://ko.vpnmentor.com/blog/vital-internet-trends/

http://one.laptop.org

http://opensource.kofac.re.kr/index.do

http://uis.unesco.org/en/home

https://www.arduino.cc/

https://www.compassion.com/poverty/education.htm

https://www.raspberrypi.org/

https://www.raspberrypi.org/blog/rachel-pi-delivering-education-worldwide/

http://rachelfriends.org/previews/rachelusb_32EN_

찾아보기

ㅁ

ㅂ

ㅅ

ㅎ

기타

사진 출처

p.16 © kickstart international
p.18 **그림 1.1** https://www.designindaba.com/articles/creative-work/combatting-drought-orange-peels
p.19 **그림 1.2** © Q DRUM SA (Pty) Ltd www.qdrum.co.za
p.20 **그림 1.3** © 미진사
p.21 **그림 1.4** http://www.jihansbakker.com/
p.23 **그림 1.5** https://www.abebooks.co.uk
그림 1.6 By Unknown - gandhiserve.org, Public Domain, https://commons.wikimedia.org/w/index.php?curid=6367822
p.24 **그림 1.7** http://embraceglobal.org/
p.25 **그림 1.8** (좌) https://www.flickr.com/photos/aidg/301938739/
그림 1.8 (우) http://news.mit.edu/2009/itw-bicilavadora-0219 Photo: Gwyndaf Jones
p.27 빅터 파파넥 http://papanek.org/
폴 폴락 https://www.flickr.com/photos/poptech2006/2966654473, POP!Tech/CC BY 2.0
p.28 **그림 1.9** Shutterstock.com
p.30 **그림 1.10** www.playpumps.co.za
그림 1.11 © kickstart international
p.31 **그림 1.12** https://www.flickr.com/photos/pmigov/31103784264/in/dateposted/
p.35 **그림 1.14** https://www.amazon.com/
p.38 **그림 1.15** © 마인드풀북스
그림 1.16 © Mitticool Clay Creation
p.40 BalkansCat / Shutterstock.com
p.47 **그림 2.2** http://www.un.am/en/p/mdgs-and-armenia
p.48 **그림 2.3** https://www.un.org/development/desa/dspd/2030agenda-sdgs.html
p.52 **그림 2.4** (좌) © Edge of Montreal Gazette, http://timeline.worldbank.org/event/1776
그림 2.4 (우) https://www.flickr.com/photos/61838152@N06/15229937917/CC BY-SA 2.0
www.amazon.com/
p.55 **그림 2.5** www.amazon.com/
p.56 **그림 2.7** © Jonhnny Miller
p.57 **그림 2.8** © Jonathan Beilin
p.58 **그림 2.9** World Vision Source: public domain (world vision) from Wikimedia Commons
care Source: (WP:NFCC#4), Fair use, https://en.wikipedia.org/w/index.php?curid=52080024
Oxfam Source: Fair use, https://en.wikipedia.org/w/index.php?curid=58687841
PLAN Source: Fair use, https://en.wikipedia.org/w/index.php?curid=57028618
Save the Children Source: public domain (save the children) from Wikimedia Commons
Medicins sans Frontieres Source: Jislinn [CC BY-SA 4.0 (https://creativecommons.org/licenses/by-sa/4.0)], from Wikimedia Commons
p.63 **그림 2.10** CC-BY-SA 2013 Public Lab contributors
그림 2.11 © University of Leeds
p.68 Shutterstock.com
p.73 **그림 3.2** Shutterstock.com
p.80 **그림 3.10** http://www.diplomacypakistan.com/america/usaid-inaugurates-a-micro-hydropower-station-in-swatai-village/
그림 3.11 © CSIRO Australia
p.81 **그림 3.12** © 안성훈
그림 3.13 © 안성훈
p.86 Shutterstock.com
p.90 **그림 4.2** Nick84 [CC BY-SA 3.0 (https://creativecommons.org/licenses/by-sa/3.0)], via Wikimedia Commons
p.91 **그림 4.3** © CDC
p.92 **그림 4.4** https://www.researchgate.net/figure/Solar-Still-at-Las-Salinas-Chile-1872-2_fig2_258217631
그림 4.5 © 박형동
p.93 **그림 4.6** © 박형동
p.95 **그림 4.8** © 박형동
p.97 **그림 4.11** Shutterstock.com
p.99 **그림 4.12** © 박형동
그림 4.13 © 박형동
그림 4.14 © 박형동
그림 4.15 © 박형동
p.100 **그림 4.16** (하) © 박형동
p.101 **그림 4.17** © 박형동
그림 4.18 © 박형동
그림 4.19 © 박형동
그림 4.20 © 박형동
그림 4.21 © 박형동
p.104 Shutterstock.com
p.106 **그림 5.1** Shutterstock.com
p.107 **그림 5.2** (좌) © Ørsted
그림 5.2 (우) http://educypedia.karadimov.info/

사진 출처

education/diywindturbine.htm
p.109 **그림 5.4** Shutterstock.com
그림 5.5 Shutterstock.com
p.110 **그림 5.6** https://mechaniclove.com/wind-turbine-types/main-qimg-94635f1f0ea3aa06995be51f04c4e43a-c/
p.114 **그림 5.9** https://www.instructables.com/id/Pringles-Wind-Turbine-Pleech---Version-One/
p.115 **그림 5.10** ㈜에너지팜 제공
p.116 **그림 5.11** © Mine Kafon
p.117 **그림 5.12** (좌) Shutterstock.com
p.122 Shutterstock.com
p.124 © Woods Hole Oceanographic Institution
p.130 **그림 6.3** Shutterstock.com
그림 6.4 © CSIRO
p.132 **그림 6.5** © James T M Towill/cc-by-sa2.0
p.133 **그림 6.6** © NASA
그림 6.7 Lehnherr I. et al., Nature Comm. 9, 1290 (2018) https://doi.org/10.1038/s41467-018-03685-z
p.135 **그림 6.8** Shutterstock.com
p.136 **그림 6.9** (좌) 주식회사 글로리엔텍 제공
그림 6.9 (우) www.reachwater.org.uk
p.138 **그림 6.10** Shutterstock.com
p.142 주식회사 글로리엔텍 제공
p.144 **그림 7.1** U.S. Department of the Interior
p.150 **그림 7.4** (우) www.smithsonianmag.com
p.153 **그림 7.7** 국경없는 과학기술자회 제공
그림 7.8 국경없는 과학기술자회 제공
p.155 **그림 7.10** Shutterstock.com
그림 7.11 Shutterstock.com
p.156 **그림 7.12** 국경없는 과학기술자회 제공
p.158 **그림 7.13** 국경없는 과학기술자회 제공
p.159 **그림 7.14** 쉐어라이트 제공
p.161 **그림 7.16** 김효현 외, 적정기술학회지, 2015
p.162 **그림 7.17** 주식회사 글로리엔텍 제공
p.164 (주) 두산중공업 제공
p.166 **그림 8.1** S.A. Kalogirou, (2005), Seawater desalination using renewable energy sources, Progress in Energy and Combustion Science 31 242-281
p.168 **그림 8.2** Solar resource data obtained from the Global Solar Atlas, owned by the World Bank Group and provided by Solargis
p.175 **그림 8.11** © 박헌균
p.180 **그림 8.14** © 박헌균
p.186 Shutterstock.com
p.188 **그림 9.1** www.amazon.com
p.191 **그림 9.2** (좌) © Hippo roller
그림 9.2 (우) © StoveTeam International
p.197 **그림 9.3** Shutterstock.com
p.200 **그림 9.4** Shutterstock.com
그림 9.5 (좌) © Worldbike
그림 9.5 (우) https://www.flickr.com/photos/aaronwieler/456549248/in/dateposted/.aaron wieler/CC BY-NC-SA 2.0
p.201 **그림 9.6** © Joel Jenkins
p.202 **그림 9.7** © Job Ebenezer
p.203 **그림 9.9** © Maya Pedal
p.207 **그림 9.13** http://www.olpcnews.com/countries/afghanistan/updates_from_olpc_afghanistan_1.html
p.208 **그림 9.14** https://www.instructables.com/id/Bike-Generator-Charging-Station/
p.209 **그림 9.15** © Urs Gaudenz, GaudiLabs
p.210 **그림 9.16** © NASA
p.212 Shutterstock.com
p.214 **그림 10.1** Shutterstock.com
p.227 **그림 10.8** © IDEI
p.228 **그림 10.9** © skipumps.com
p.229 **그림 10.10** Shutterstock.com
p.233 **그림 10.11** (우) http://shamballapermaculture.com/mud-cook-stove/
p.234 **그림 10.12** (a) https://www.instructables.com/id/Cardboard-and-Duct-tape-Solar-Oven/
p.235 **그림 10.13** (우) http://www.appropedia.org/File:Improvedfuel8.jpg#filehistory
p.236 **DIY** http://prepared-housewives.com/how-to-build-a-rocket-stove-and-impress-the-boys/
p.240 Shutterstock.com
p.242 **그림 11.1** 한국해비타트 제공
그림 11.2 한국해비타트 제공
p.243 **그림 11.3** 희망브리지 전국재해구호협회 제공
p.248 **그림 11.4** Shutterstock.com
p.254 **그림 11.10** © 여명석
p.255 **그림 11.12** © 안성훈
p.256 **그림 11.13** 특허청 제공

p.257 **그림 11.14** http://www.globalvillageshelters.com/#!
그림 11.15 https://www.globalpeace.org/media-gallery/detail/3116/5429
p.258 **그림 11.16** (a), (b) © Dr. Owen Geiger
그림 11.16 (c)~(e) © Good Earth Global
p.259 **그림 11.17** 굿네이버스 제공
p.261 **그림 11.18** © 여명석
p.262 Shutterstock.com
p.264 **그림 12.1** https://www.amazon.fr/
p.268 **그림 12.2** www.globalhungerindex.org
p.269 **그림 12.3** ©FAO
그림 12.4 http://thebritishgeographer.weebly.com/spatial-patterns-of-food.html
p.271 **그림 12.5** © healthpovertyaction.org
p.272 **그림 12.6** Shutterstock.com
p.273 **그림 12.7** Susanne Bollinger [CC BY-SA 4.0 (https://creativecommons.org/licenses/by-sa/4.0)], via Wikimedia Commons
p.274 **그림 12.8** © 이호용
p.278 **그림 12.9** (좌) http://www.appropedia.org/Treadle_pump_design_optimization#cite_note-20
그림 12.9 (중) © FAO
그림 12.9 (우) http://www.ropepumps.org
p.280 **그림 12.10** (좌) https://www.instructables.com/id/Universal-Nut-Sheller/
그림 12.10 (중) https://www.flickr.com/photos/aquarius_75/2969809815
p.281 **그림 12.11** © Cindy Conner
p.282 **그림 12.12** Shutterstock.com
p.288 Shutterstock.com
p.290 **그림 13.1** © 2017, Mukundarajan et al.
p.291 **그림 13.2** Shutterstock.com
p.294 **그림 13.3** National Academic press
p.297 **그림 13.6** © 정해관
p.301 **그림 13.11** Shutterstock.com
p.316 Shutterstock.com
p.318 **그림 14.1** WHO(Department of Health Statistics & Information Systems)
p.321 **그림 14.2** Human Development Report 2015: Work for Human Development – Table 5: Gender Inequality Index. United Nations Development Programme (2014). Retrieved on 8 January 2017.
p.323 **그림 14.3** Shutterstock.com

p.321 **그림 14.4** (좌) https://www.unfpa.org/news/new-device-brings-midwifery-education-remote-offline-communities
그림 14.4 (우) UNFPA. (2017). Portable mobile learning system: A rural training solution for health workers. New York: United Nations Population Fund.
p.326 **그림 14.5** www.playpumps.co.za
p.327 **그림 14.6** www.playpumps.co.za
p.328 **그림 14.7** http://d-rev.org/projects/newborn-health/
p.329 **그림 14.8** 서강대 바이오계면연구소 제공
p.331 **연습문제** Safely managed drinking water – thematic report on drinking water 2017. Geneva, Switzerland: WHO and UNICEF; 2017. License: CC BY-NC-SA 3.0 IGO. https://washdata.org/report/jmp-2017-tr-smdw
p.332 https://www.flickr.com/photos/olpc/4844934010 (CC BY 2.0)
p.334 **그림 15.1** 퍼블릭도메인 (Khan Academy) wikimedia
p.339 **그림 15.2** The Lancet, Vol. 376, 9734, 63-67 (2010), Santosham. et al. Progress and barriers for the control of diarrhoeal disease
p.340 **그림 15.3** © 정대홍
p.341 **그림 15.4** Max Roser and Esteban Ortiz-Ospina (2018) - "Literacy". Published online at OurWorldInData.org. Retrieved from: 'https://ourworldindata.org/literacy' [Online Resource]
p.342 **그림 15.5** © HelpDesk Aarambh
p.343 **그림 15.6** https://www.flickr.com/photos/olpc/3079782689/in/dateposted/CC BY 2.0
p.344 **그림 15.7** https://www.raspberrypi.org/blog/rachel-pi-delivering-education-worldwide/
p.346 **그림 15.8** Make Magazin DE [CC BY-SA 4.0 (https://creativecommons.org/licenses/by-sa/4.0)], from Wikimedia Commons
p.349 **그림 15.9** https://ko.vpnmentor.com/blog/vital-internet-trends/
p.350 **그림 15.10** by Bruce Washburn, flickr
source: https://www.flickr.com/photos/btwashburn/ CC BY 2.0

신선경 제1장
(전) 한국기술교육대학교 교양학부 교수

한국기술교육대학교에서 인간의 삶과 적정기술, 창의적 사고와 글쓰기, 독서와 토론 등을 강의하며, 국어 문법론, 텍스트언어학, 이공계 전공자를 위한 의사소통 교육에 대해 연구해 왔다. 2010년부터 한국기술교육대학교 Glocal Engineering Project 팀의 지도교수로 인도와 탄자니아 등지에서 적정기술 관련 활동을 지도하고 있다.

email: skshin4@koreatech.ac.kr

이충훈 제2장
서강대 바이오계면연구소 연구원

경희사이버대, 성공회대, 아주대, 한서대 등에서 사회과학 및 교양 과목을 강의하고, 역서로는 『작은 것들의 정치』, 『여론』, 『아시아 인권 공동체를 찾아서』, 『아메리칸 그레이스』 (공역), 『성적 계약』(공역), 『여권의 발명』(근간) 등이 있다. 주요 관심사 중 하나로 과학기술과 사회와의 관계에 천착해 왔다.

email: chlee0815@sogang.ac.kr

안성훈 제3장
서울대학교 기계항공공학부 교수

한국연구재단 탄자니아-한국 적정기술거점센터의 사업단장으로 신재생에너지, 스마트그리드, 스마트팩토리 등을 연구하고 있다. 네팔, 탄자니아, 중국 등의 오지에 적정기술을 적용한 지역개발에 관심이 있다.

fab.snu.ac.kr email: ahnsh@snu.ac.kr

반다리 비나약 제3장
우송대학교 철도공학과 교수

재료 역학 및 CAD를 강의하고 있고 유한 요소 해석, 기계학습 및 햅틱 로보틱스를 연구하고 있다. 2011년부터 네팔에서 수력, 태양 및 풍력 에너지 시스템을 중심으로 적정기술 기반 프로젝트에 참여하고 있다.

www.sira.wsu.ac.kr email: binayak@sis.ac.kr

박형동 제4장
서울대학교 에너지자원공학과 교수

서울대학교에서 신재생에너지, 에너지GIS, 에너지 원격탐사, 지질공학 등을 강의하며, 에너지자원량 및 최적입지 분석기술을 연구하며, 네팔, 모잠비크, 동남아 지역에 대한 에너지 보급 사업 및 연구에 참여하고 있다. 북한에 대한 에너지자원량 분석 연구도 수행 중이다.

http://geo.snu.ac.kr email: hpark@snu.ac.kr

김준원 제5장
포항공과대학교 기계공학과 교수

포항공과대학교에서 초소형기계전자시스템(MEMS)을 강의하고 있고 MEMS와 나노기술을 활용한 바이오/메디컬 기기 및 미세유체칩 개발을 연구하고 있으며, 2016년부터 공학을 바탕으로 한 적정기술개론 과목을 개설하여 적정기술에 대한 내용을 공학도들에게 소개하고 있다.

http://mnt.postech.ac.kr email: joonwon@postech.ac.kr

이원구 제6장
서강대학교 화학과 교수

서강대학교에서 유기화학을 강의하고 있고 아지리딘을 이용한 생체 활성 물질 합성을 연구하고 있으며, 서강대학교 과학기술 국제협력센터를 설립하여 2016년부터 인도네시아 사나타다마 대학교에 화학교육과 설립 및 지역 개발에 참여하고 있다.

http://aziridine.sogang.ac.kr/ email: wonkoo@sogang.ac.kr

윤제용 제7장
서울대학교 화학생물공학부 교수

환경공학기술과 에너지저장기술의 융합을 통한 수처리 및 자원회수 기술을 연구하고 있다. 또한 과학기술의 나눔과 사회적 공헌에 관심을 가지고 이를 위한 다양한 적정기술 교육 및 연구 활동을 하고 있으며, 국경없는 과학기술자회 회장을 역임하였고 현재는 적정기술학회 공동 회장과 과총 과학기술 ODA 위원장을 맡고 있다.

http://env.snu.ac.kr email: http://appropriate.or.kr

박순호 제7장
글로리엔텍 주식회사 대표이사

서울대학교에서 환경관리와 화학생물공학을 전공했고 아시아와 아프리카의 개발도상국을 위한 물과 에너지 사업을 수행하는 글로리엔텍 주식회사를 운영하고 있다. 겸직하고 있는 서울대 아시아에너지환경 지속가능발전연구소에서는 대학생들과 중고생들을 대상으로 한 적정기술 교육 프로그램을 운영하고 있다.

www.gatc.co.kr email: deltat@snu.ac.kr

박헌균 제8장
한국전자통신연구원 책임연구원

한국전자통신연구원에서 태양전지 관련 연구를 하였고, 현재는 공공연구기관 연구인력파견사업을 통해, 중소기업에서 에너지 관련 기술 개발을 지원하고 있다. 2013년부터 낮은 비용으로 개인이 설치 및 운용할 수 있는 초소형 태양열 담수기를 개발하고 있다.

email: pak@etri.re.kr, hunkyunpak1@gmail.com

여명석 제11장
서울대학교 건축학과 교수

서울대학교에서 건축환경 및 건물에너지, 건축설비시스템 등을 강의하며, 특히 건물 열공기 환경과 냉난방 공기청정환기 시스템에 대한 연구를 주로 하며, 캠퍼스 건물에너지문제, 노후주거 환경문제 등에 대한 연구와 적정기술학회 활동을 하고 있다.
http://aeprl.snu.ac.kr/ email: msyeo@snu.ac.kr

이호용 제12장
(전) 상지대학교 생명과학과 교수

상지대학교에서 1985년부터 2018년까지 미생물학을 강의하다가 2018년 건강 문제로 퇴임. 2000년부터 (사)가나안 세계 지도자 교육원과 한국 국제협력단 및 (사)캠프 등을 통하여 미얀마, 우간다, 필리핀 등 10여 개 국가에서 지역사회 개발을 진행하여 왔다. 현재는 적정 농업기술을 이용한 축산 사료 첨가제 개발을 필리핀과 인도네시아에서 시도하고 있다.
email: hoylee08@naver.com

정해관 제13장
성균관대학교 의과대학 사회의학교실 교수

기후변화를 포함한 환경요인이 인구집단의 건강에 미치는 영향을 역학적 방법을 이용하여 미세먼지, 모기와 매개질환 등 다양한 연구를 지역사회를 기반으로 진행하고 있으며 파푸아뉴기니, 몽골, 태평양 도서지역 등에서 기후변화 건강영향 관련 자문을 수행하고 있다, 기술로 인한 취약인구집단의 삶의 변화를 건강수준의 향상으로 계량화하여 그 효과를 평가하는 일에 관심이 있다.
http://biomed.skku.edu/hkcheong email: hkcheong@skku.edu

홍수진 제14장
우석대학교 혁신사업단 교수

우석대학교에서 창의융합적 사고, 교육 및 문화콘텐츠 전략을 강의하면서 대학혁신정책을 개발하고 있다. 미래형 교육과정, 교양교육과정, 산업교육 질 관리를 연구하며 중고등학생 대상 지역문제 해결 프로젝트를 지도하고 있다.
email: anne722@woosuk.ac.kr

정대홍 제15장
서울대학교 화학교육과 교수

서울대학교에서 물리화학을 강의하고 있고, 나노물질과 분광기술을 활용하여 생체 분자 측정 및 진단 방법을 연구하고 있으며, 중고등학교 교육과정과 실험교육에 관한 교육 연구 및 국내외 교육 재능기부 활동을 하고 있다.
http://jeonglab.snu.ac.kr email: jeongdh@snu.ac.kr

김형진 제15장
대원국제중학교 교사

적정기술학회에서 중•고등학생을 대상으로 적정기술 아이디어스케치 대회와 적정기술국제컨퍼런스 학생 행사를 이끌고 있다. 문명의 혜택을 받지 못하는 이들을 공감하고 이들의 문제를 해결할 아이디어를 과학적 방법으로 검증하면서 세상과 소통하는 법을 가르친다. 학교현장의 자유학기제, 방과후수업, 동아리활동에 메이킹 교육과 함께 적정기술을 적용하고 있다. 상대론의 교육, 융합과학, 적정기술로 박사 연구 중이다.

email: darline2@snu.ac.kr

대표저자

신관우 제9장, 제10장
서강대학교 화학과 교수

서강대학교에서 분석화학 및 고분자화학을 강의하고 있으며, 종이를 이용한 질병진단 및 인공세포를 연구하고 있다. 지난 수 년 동안 캄보디아와 인도네시아 현장에서 3D 프린터를 이용한 STEM 교육을 하고 있다.

www.nano-bio.com email: kwshin@sogang.ac.kr